系统备份、数据还原、故障急救

Xitong Beifen、Shuju Huanyuan、Guzhang Jijiu

远望图书部 编

人民交通出版社

BOOK
远望图书

内容提要

本书主要面向对系统应用感兴趣、有需求的计算机初中级用户。全书从操作系统备份、还原开始，分别讲解电脑系统信息的备份与还原、个人数据资料的备份与还原、网络资源的备份与还原、数据灾难恢复、系统备份还原后的优化与调整、系统备份还原故障应急处理、系统安全与故障急救等内容。配套光盘中收录了有关备份、还原、故障急救、电脑安全的各类工具软件，丰富、实用。

图书在版编目（CIP）数据

系统备份、数据还原、故障急救／远望图书部编．－北京：人民交通出版社，2005.3
ISBN 7-114-05478-5

Ⅰ.系...　Ⅱ.远...　Ⅲ.电子计算机－维护－基本知识　Ⅳ.TP307

中国版本图书馆CIP数据核字(2005)第017973号

监　　制／谢　东　　　　策　划／车东林　张仪平
项目主任／王　炜　戚　斌
执行编辑／马　声　周业友　魏　华　吴艳薇
正文设计／李明忠　刘　琼

系统备份、数据还原、故障急救

远望图书部　编

责任编辑：杨捷
出版发行：人民交通出版社
地址：（100011）北京朝阳区安定门外外馆斜街3号
网址：http://www.ccpress.com.cn
销售电话：（010）85285838，85285995
总经销：北京中交盛世书刊有限公司
经销：各地新华书店
印刷：北京交通印务实业公司
开本：787×1092　1/16
印张：18
字数：44.8万字
版次：2005年3月第1版
印次：2005年8月第2次印刷

ISBN 7-114-05478-5
定价：23.00元
（图书＋配套光盘）

前言

“亡羊补牢”的成语故事想必大家都听说过，意即知错就改，还不至于造成最严重的后果。在日常使用过程中，电脑不可避免地要出现一些故障，如运行速度较慢，软件运行出错等。遇到这些故障，我们可以“亡羊补牢”，通过简单的处理即可解决。但是如果遇到较严重的系统问题该怎么办？电脑无法启动、系统崩溃、硬盘分区表丢失、重要的数据文件损坏，这些故障将给我们带来严重的损失。为了避免这种彻底破坏性故障的发生，我们应该对电脑的各种数据进行及时备份，并定期对电脑系统进行维护。即使产生严重故障，有备无患，及时恢复，在工作和生活中就省心多了。

《系统备份、数据还原、故障急救》就是这样一本全面展示必要的系统和数据备份、还原、维护、故障处理方法的实用参考书。有了它，能让你在使用电脑的过程中更加放心、省心，全身心地专注于工作，尽情享受电脑带来的快乐。

本书从操作系统备份、还原开始，分别讲解电脑系统信息的备份与还原、个人数据资料的备份与还原、网络资源的备份与还原、数据灾难恢复、系统备份还原后的优化与调整、系统备份还原故障应急处理、系统安全与故障急救等内容。配套光盘中收录了有关备份、还原、故障急救、电脑安全的各类工具软件，丰富、实用。

目 录 CONTENTS

专题四 网络资源的备份与还原

专题五 数据灾难恢复

专题六 系统备份、还原的优化与调整

专题七 系统备份、还原和网络故障急救

专题八 系统安全与故障急救

光盘导航

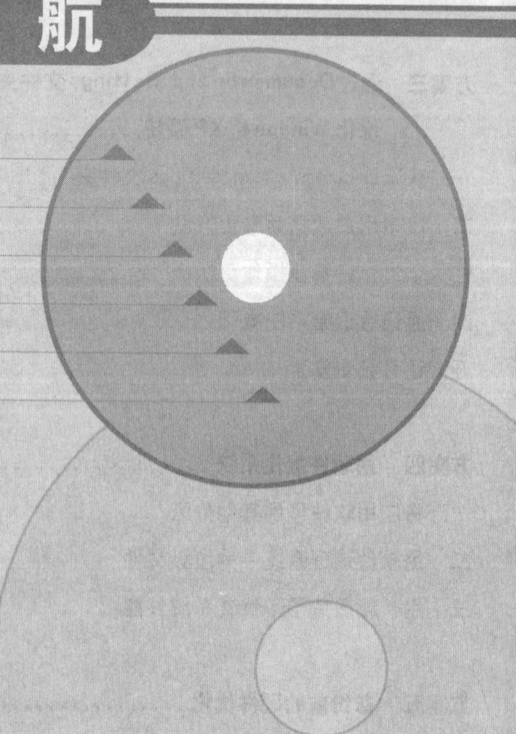

备份还原软件
系统软件
网络软件
驱动程序
磁盘工具
安全工具

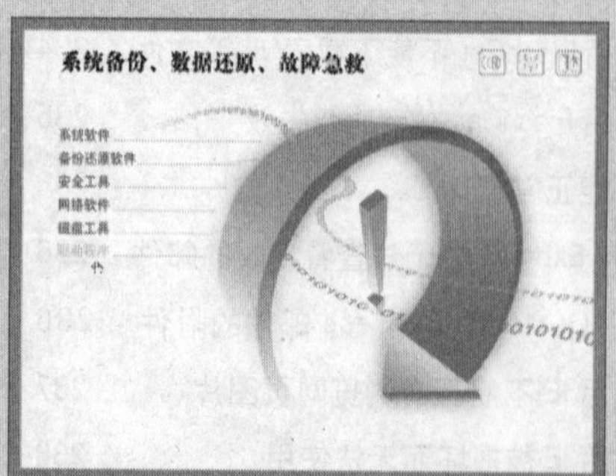

操作系统的备份与还原

文／图 朱青亮

或许你钟情于“兼善天下”的Windows，或许你执着于“独善其身”的Linux，作为各种应用软件的运行平台，操作系统在电脑使用中的特殊地位使人们不敢轻视它们的作用。正因为如此，操作系统的稳定性受到广大电脑用户的特别关注。

当你的操作系统瞬间崩溃时，如何在最短的时间内将其恢复正常是大家最关心的问题。本专题将跟大家一起全面探讨有关备份和还原Windows操作系统的方法。

方案一 在DOS下 用Ghost备份/还原分区

如果没有Norton Ghost，也许在系统崩溃后我们惟一能做的就是按部就班地重新安装操作系统。然而安装系统是一件费时的事，而且安装好系统之后还要安装各种硬件驱动程序和常用软件。Norton Ghost的出现使这一切变得简单，只要在第一次安装完系统、硬件驱动程序和应用软件之后，利用Ghost对系统分区进行一次备份操作，就可以在系统崩溃之后利用事先备份的映像文件瞬间将其恢复至正常状态。所花费的时间也许不及我们喝一杯香茶的时间，这是多么惬意的事情。

小知识

Norton Ghost是一个极为出色的硬盘“克隆”(Clone)工具软件，它可以在最短的时间内给予硬盘数据以最强大的保护。它不但可以把一个硬盘中全部内容完全相同地复制到另一个硬盘中，还可以将一个分区中的全部内容复制为一个分区映像文件备份至另一个分区中，这样以后就能用映像文件还原系统或某个分区的数据，最大限度地减少安装操作系统和恢复数据的时间。除此之外，Norton Ghost支持Windows 9x/NT的长文件名，支持FAT16/32、NTFS、OS/2文件系统。当克隆硬盘时，该软件还具有自动分区并格式化目标硬盘的功能。

以目前较新版本的Ghost 8.0为例。备份、还原系统分区的操作分为两种情况：将系统分区备份为映像文件或将系统分区备份到其他分区。Norton Ghost 8.0的主文件Ghost.exe约为1.32MB，一张软盘就可以装下。该文件是在纯DOS环境中运行的，因此建议将软盘做成DOS或Windows 9x启动盘，并将文件Ghost.exe复制到该启动盘上。

一、备份分区为映像文件

利用Ghost把系统分区备份成映像文件并保存在一个可靠的位置，这样可以在系统无法使用时利用该映像文件将系统迅速复原。

第1步，用DOS启动软盘启动电脑，进入纯DOS环境中。再键入“Ghost”命令并按回车键（或者在Windows 98环境中双击执行“Ghost.exe”文件），即可打开Ghost 8.0的运行界面。首先会弹出一个软件信息提示框，按回车键将其关闭。

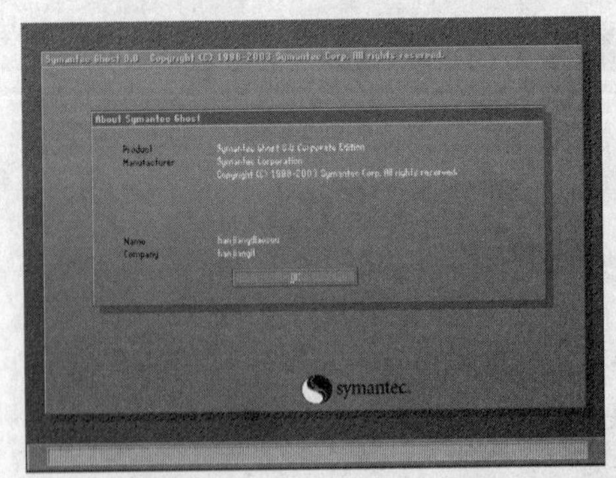

软件信息提示框

第2步，进入程序的主界面后，其中各个菜单项的

含义分别为：

Local：本地硬盘间的操作。

Peer to peer：节点并口连接的硬盘间操作。

NetBIOS：网络硬盘间的操作。

Option：设置(一般使用默认值)。

因为我们的备份操作仅限于本机，所以只需按上下方向键选中“Local”菜单项即可。

第3步，按下键盘上向右指的方向键，弹出下一级菜单。在这一级菜单中共有三个菜单项，其含义分别为：

Disk：硬盘操作选项。

Partition：分区操作选项。

Check：检查功能。

我们准备把系统分区备份成一个映像文件，因此需要按方向键选中“Partition”菜单项。接着在弹出的下一级子菜单中选中“To Image”选项，并按回车键。

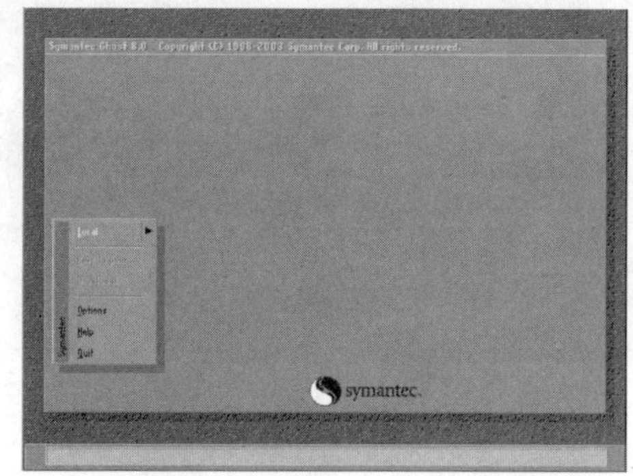

选择“Local”菜单

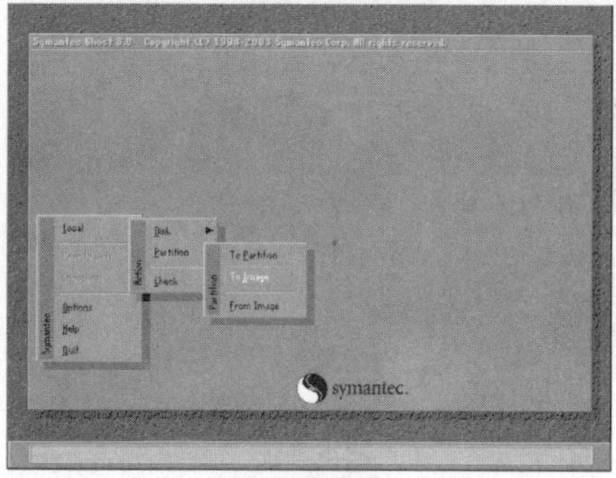

选择“To image”菜单

小提示

在“Partition”菜单下面有三个菜单项，分别是“To Partition”(分区对分区复制)、“To Image”(分区备份成映像文件)和“From Image”(从映像文件还原到分区)。相对而言，用户使用频率较高的是“To Image”和“From Image”两项。

第4步，出现“Select local source drive by clicking on the drive number”对话框，选中本地电脑中将要备份的分区所在的硬盘。本例中选择了第二块硬盘，并按回车键继续。

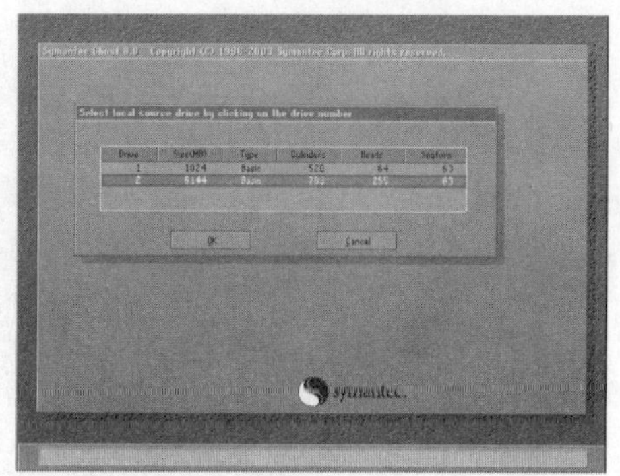

选择源驱动器

小提示

如果电脑中只安装了一块硬盘，则直接按回车键即可。如果安装了多块硬盘，则必须谨慎选择硬盘，以免错选而导致无法挽回的数据损失。

第5步，接下来会打开“Select source partition(s) from Basic drive：2”对话框，选择将要备份的分区，按回车键确认选中。然后按键盘上的“Tab”键使“OK”按钮处于选中状态，并按回车键。

第6步，在打开的“file name to copy image to：”对话框中，需要选择生成的映像文件的存放路径，并为映像文件命名。按“Tab”键使“look in”路径框处于选中状态，然后按键盘上的向下方向键，弹出路径选择下拉菜单。再次按方向键选择合适的分区，并按回车键确认选中。

继续按“Tab”键，使“File name”编辑框处于选中状态。键入合适的文件名（如“Sysbackup”）后，按回车键继续。

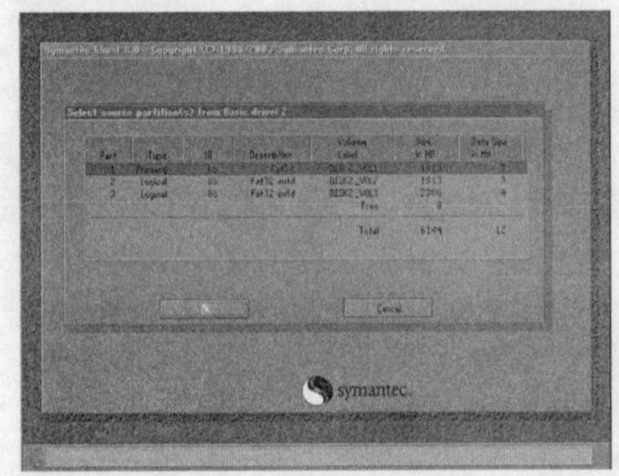

选择源分区

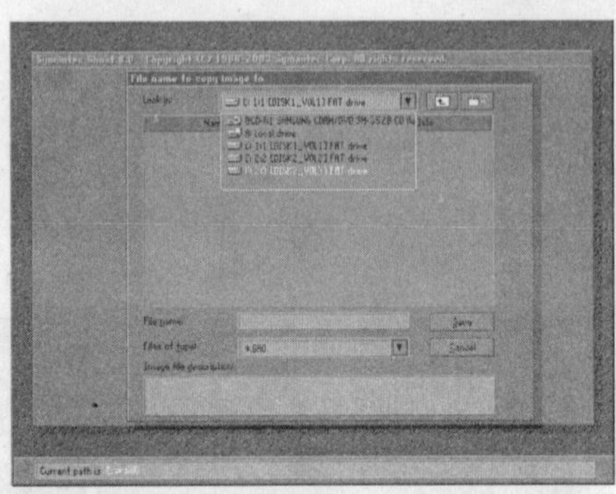
选择映像保存位置

小提示

不能选择将映像文件保存在源分区中。例如本例中我们选择的源分区是第一个分区（即C区），因此不能将生成的映像文件保存在C区，而只能选择保存在D区或E区。

第7步，接下来会弹出“Compress Image”（压缩映像）对话框，Ghost会询问你是否需要压缩映像文件。其中“No”表示不做任何压缩；“Fast”是进行小比例压缩但是备份工作的执行速度较快；“High”是采用较高的压缩比但是备份速度相对较慢。根据使用习惯，很多人都喜欢选择“High”模式。选择这种模式虽然创建映像文件的速度要慢一些，但映像文件所占用的硬盘空间会大大降低。按方向键选中

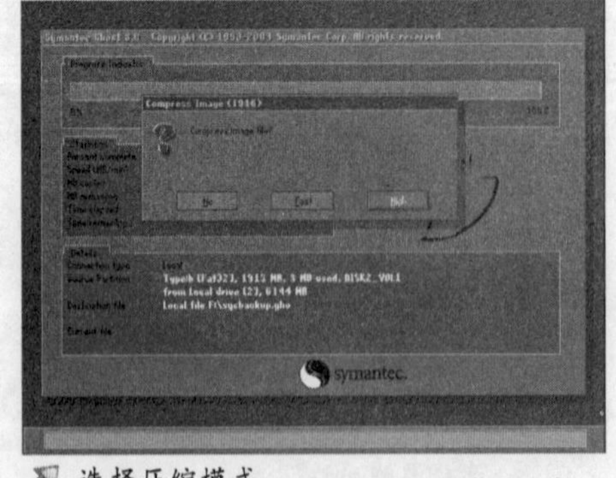

选择压缩模式

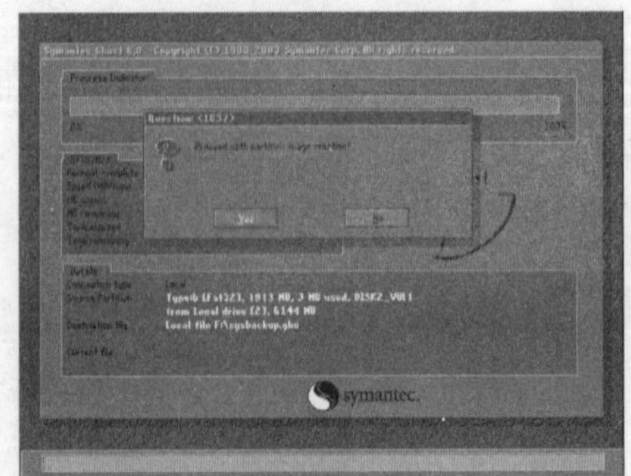

确认备份

"High"按钮，并按回车键继续。

第8步，最后还会弹出一个提示框，请用户确认是否要真的进行创建分区映像的操作。按方向键选中"Yes"按钮，并按回车键。

第9步，Ghost开始创建映像文件，从进度条可以观察到创建进度。完成以后会弹出提示框，直接按回车键即可。

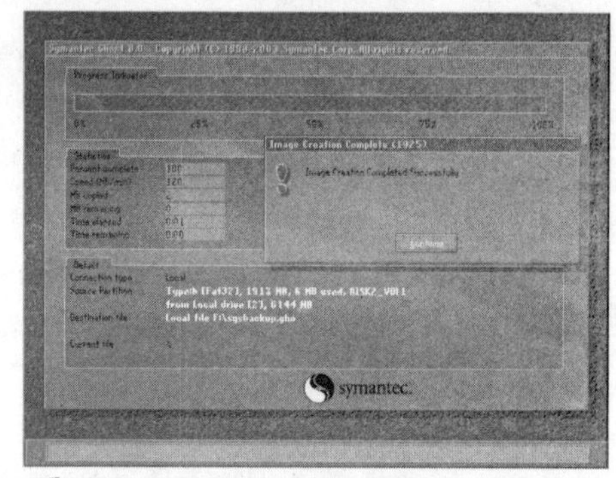

备份完成

小提示

实际经验表明，备份的速度与CPU运行频率和内存的容量有着很大的关系。笔者的电脑配置为P4 1.8GHz、512MB内存，备份速度达到了120MB/min（这一点可以从备份界面的"Speed"提示框中看到）。

二、利用映像文件恢复分区

那么当系统崩溃以后，如何利用刚才创建的映像文件迅速恢复系统呢？

第1步，从光盘或软盘启动电脑，启动盘中应该包含"Ghost.exe"文件。执行"Ghost.exe"文件，打开Ghost程序主界面。

第2步，按键盘上的方向键，依次选中"Local"→"Partition"→"From Image"选项，并按回车键。

第3步，在打开的"Image file name to restore from（从哪一个映像文件恢复）"对话框中按键盘上的"Tab"键，选中"look in（查找）"编辑框。然后按键盘上的向下方向键，弹出路径选择下拉菜单。按方向键选中保存有映像文件的分区，并按回车键。

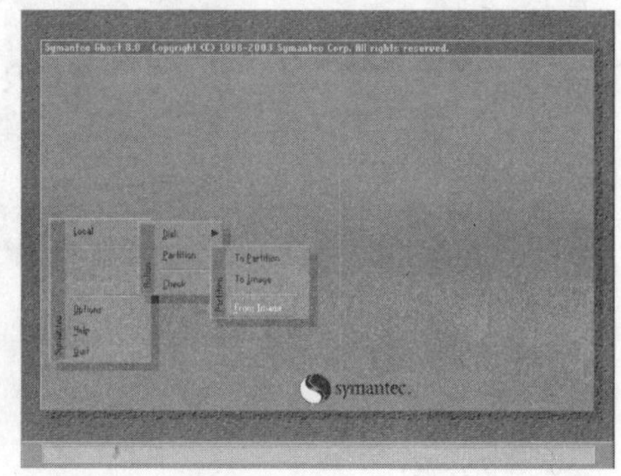

选择"From Image"选项

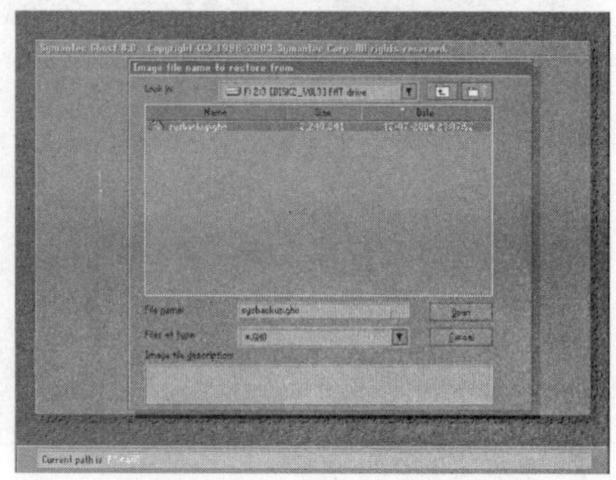

选择映像文件

第4步，这时会在被选中分区的列表框中列出事先备份的映像文件（本例中的文件名称是"Sysbackup.gho"），且默认处于选中状态。按"Tab"键选中"File name"编辑框，这时按向下方向键即可在“File name”编辑框中出现映像文件的文件名。按“Tab”键选中“Open”按钮并按回车键，打开“Select source partition from image file（选择映像文件的源分区）”对话框。按方向键在分区列表中选中合适的分区，然后按“Tab”键选中“OK”按钮并按回车键。

第5步，打开“Select local destination drive by clicking on the drive number”对话框，选择本机目标驱动器并点击相应的驱动器序号。在本例中，按键盘上的方向键选中驱动器2，然后按“Tab”键选中“OK”按钮并按回车键。

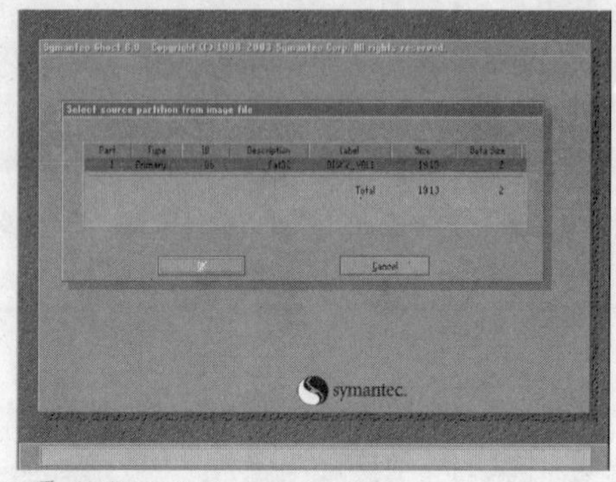

选择源分区

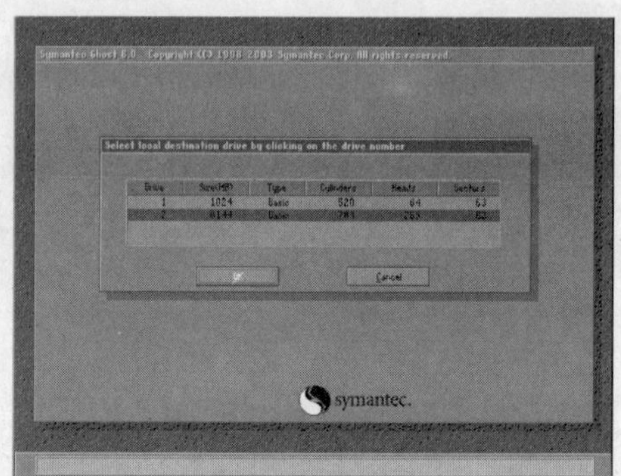

选择目标驱动器

第6步，在打开的“Select destination partition from basic drive：2”对话框中，在第二个驱动器中选择目标分区。在本例中，我们已经事先将该硬盘的第一个分区备份成了映像文件，因此在这里仍然选择该分区作为目标分区。按“Tab”键选中“OK”按钮，并按回车键。

第7步，接着会弹出一个对话框，请用户进一步确认恢复操作不会给用户带来数据损失。按方向键选中“Yes”按钮，并按回车键开始恢复操作。

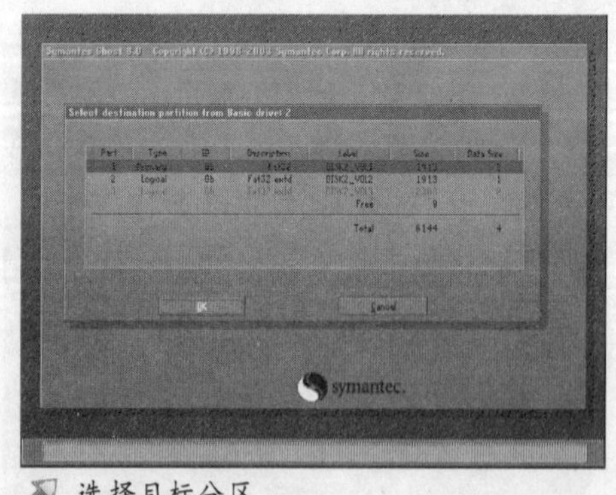

选择目标分区

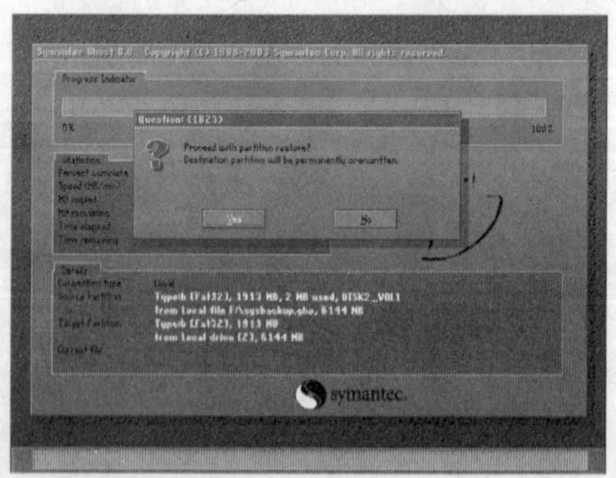

确认还原

第8步，根据电脑的硬件配置高低和映像文件的大小不同，恢复操作所需的时间不尽相同。恢复操作完成后会弹出“Clone complete”（克隆完成）提示框，按方向键选中“Continue”（继续）或“Reset Computer”（重启电脑）按钮并按回车键。重启电脑后，系统即恢复到备份前的状态。

三、分区间的对拷

系统分区的备份和恢复操作除了可以通过制作映像文件并从映像文件恢复以外，还可以利用Ghost提供的分区对拷功能来实现。在进行分区对拷时，源分区和目标分区既可以在同一个硬盘中，也可以在不同的硬盘中，只要保证源分区和目标分区具有相同的容量。下面以不同硬盘之间的分区对拷为例介绍。

第1步，执行“ghost.exe”命令，打开Ghost操作界面。点击“local”→“Partition”→“To Partition”菜单并按回车键。

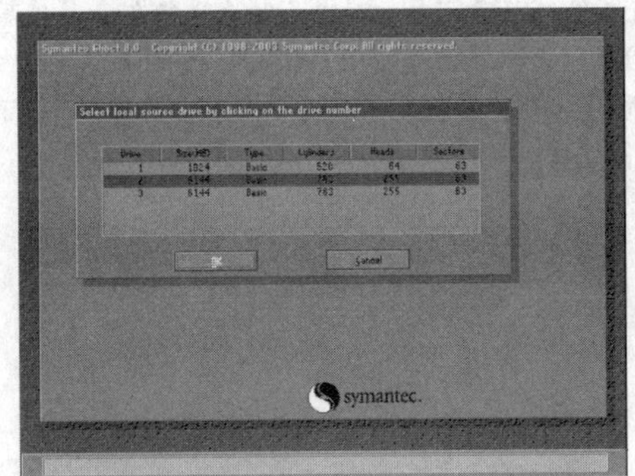

选择源驱动器

第2步，在打开的“Select local source drive by clicking on the drive number”对话框中，选择本机源硬盘并点击相应的硬盘序号，本例中我们选中第二个硬盘。然后按“Tab”键选中“OK”按钮并按回车键。

第3步，打开“Select source partition from Basic drive：2”对话框，默认选中的是第一个分区（这个分区常常就是系统分区）。按“Tab”键选中“OK”按钮并按回车键。

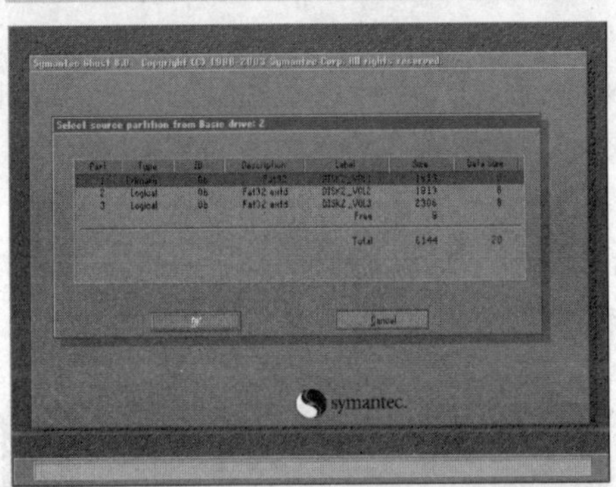

选择源分区

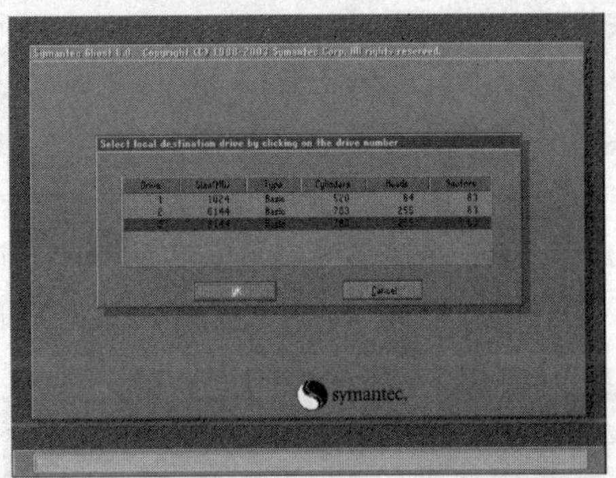

选择目标驱动器

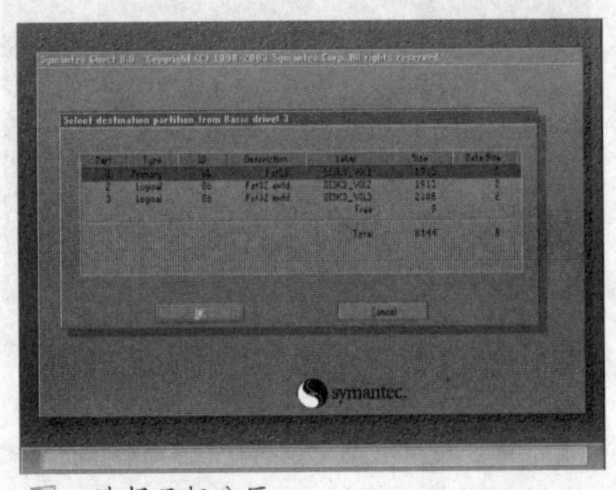

选择目标分区

第4步，在打开的“Select local destination drive by clicking on the drive number”对话框中，通过按方向键选择目标硬盘。然后按“Tab”键选中“OK”按钮并按回车键。

第5步，打开“Select destination partition from Basic drive：3”对话框，在驱动器3中选择目标分区，默认选中的同样是第一个分区，该分区通常也作为系统分区。因此保持默认的选中状态，按“Tab”键选中“OK”按钮并按回车键。

第6步，在弹出的提示框中按方向键选中“Yes”按钮并按回车键，对拷操作开始。对拷操作所需要的时间跟分区内数据的大小和电脑硬件配置有关。完成后选择重新启动电脑即可。

方案二 在DOS下用Ghost对整个硬盘进行备份/还原

在实际工作当中，除了需要对分区进行备份/还原以外，对整个硬盘进行备份/还原操作也很常见。例如，将整个硬盘数据备份成一个映像文件以便在需要时进行恢复，或者是两块硬盘之间进行对拷操作（这主要应用在机房中为多台电脑快速安装操作系统）。下面我们针对这两种情况分别介绍具体的操作方法。

一、备份硬盘为映像文件

利用Ghost可以把整个硬盘的内容（连同分区）备份到一个映像文件当中。不过此类操作需要电脑中安装有两块或两块以上的硬盘。

第1步，执行“ghost.exe”命令，打开Ghost操作界面。按键盘上的方向键依次选中“local”→“Disk”→“To Image”菜单并按回车键。

第2步，在打开的“Select local source drive by clicking on the drive number”对话框中，按方向键选中合适的驱动器作为源驱动器（即运行正常的系统所在的驱动器），本例中我们选中第三个驱动器。然后按“Tab”键选中“OK”按钮并按回车键。

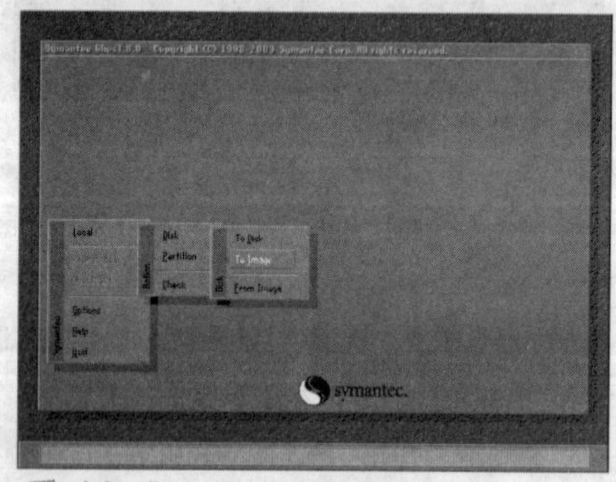

选择“Disk To Image”选项

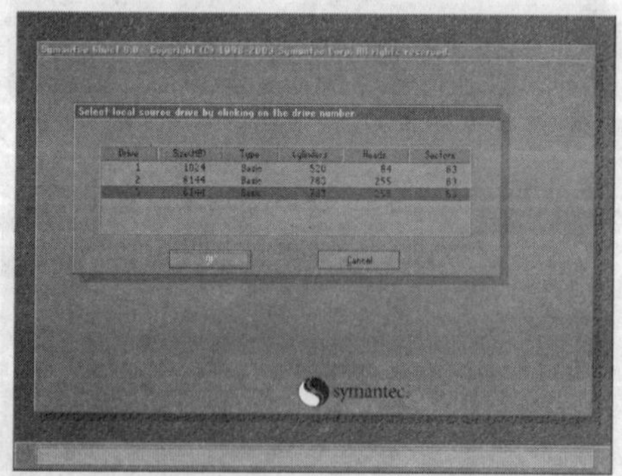

选择源驱动器

第3步，打开“File name to Copy image to”对话框。按“Tab”键选中“look in”编辑框，然后按方向键弹出分区列表，并从列表中选中映像文件的保存分区。需要注意的是，映像文件的保存分区不能在源磁盘上。接着按“Tab”键选中“File name”编辑框，键入一个合适的文件名（如Diskbackup.gho）。再次按“Tab”键选中“Save”按钮并按回车键。

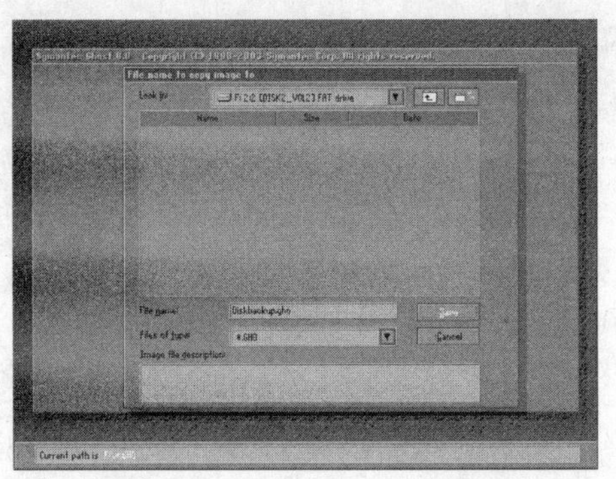

命名映像文件

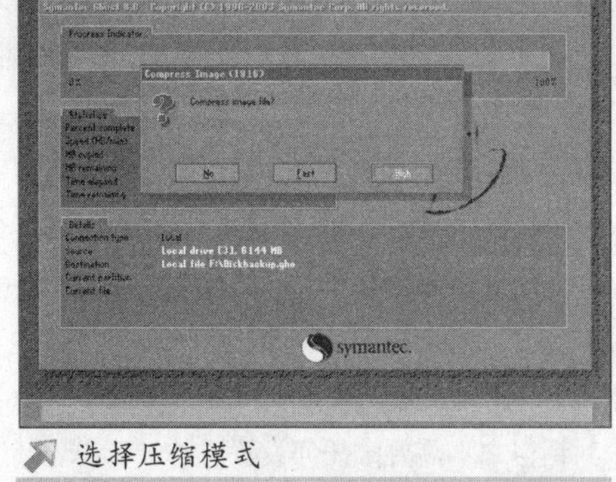

选择压缩模式

第4步，在打开的“Compress Image”（压缩映像）对话框中选择合适的压缩模式，该对话框提供了“No”（不压缩）、“Fast”（快速）和“High”（高压缩）三种模式。我们在这里选择“High”模式并按回车键。

第5步，在随后打开的提示框中会要求再次确认操作的正确性。选择“Yes”按钮并按回车键即可开始备份映像文件。备份过程需要一段时间，完成后按回车键继续。

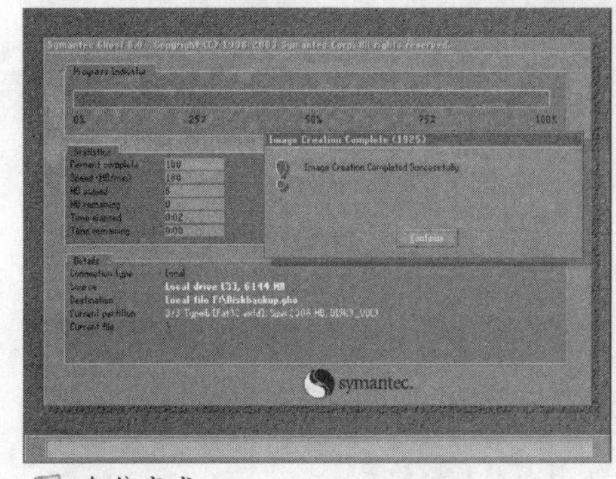

备份完成

二、从映像文件恢复整个硬盘

上文介绍了将整个硬盘数据备份成一个映像文件的方法，在需要的时候，可以利用这个映像文件对整个硬盘进行恢复。

第1步，运行Ghost.exe程序，打开Ghost操作界面。依次点击“local”→“Disk”→“From Image”菜单并按回车键。

第2步，在打开的“File name to load image from”对话框中，按“Tab”键选中“Look in”编辑框，并按方向键选中事先保存有映像文件的分区并按回车键。这时会在被选中分区的列表框中列出

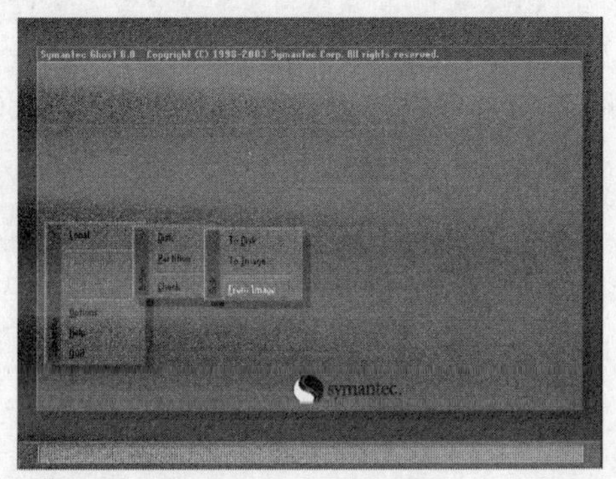

选择“Disk From Image”选项

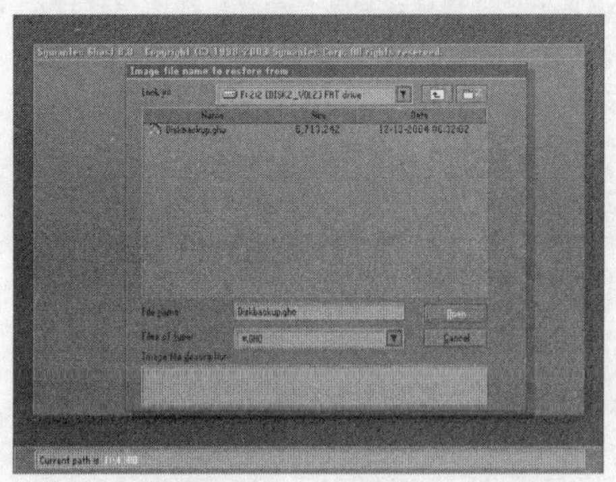

选择映像文件

事先备份的映像文件（本例中的文件名称是“Diskbackup.gho”），且默认处于选中状态。按“Tab”键选中“File name”编辑框，这时按向下方向键即可在“File name”编辑框中出现映像文件的文件名。按“Tab”键选中“Open”按钮并按回车键。

第3步，打开“Select local destination drive by clicking on the drive number”对话框，通过按方向键选择要恢复的目标驱动器。这时读者可能会发现，保存有映像文件的驱动器此时为红色显示。这是Ghost非常细心的设计，可以有效防止用户误操作。按方向键选中目标驱动器（本例为驱动器3），然后按“Tab”键选中“OK”按钮并按回车键。

第4步，在打开的“Destination Drive Details”对话框中列出了目标驱动器比较详细的分区信息。在这个对话框中不需要做任何设置，按“Tab”键选中“OK”按钮并按回车键。

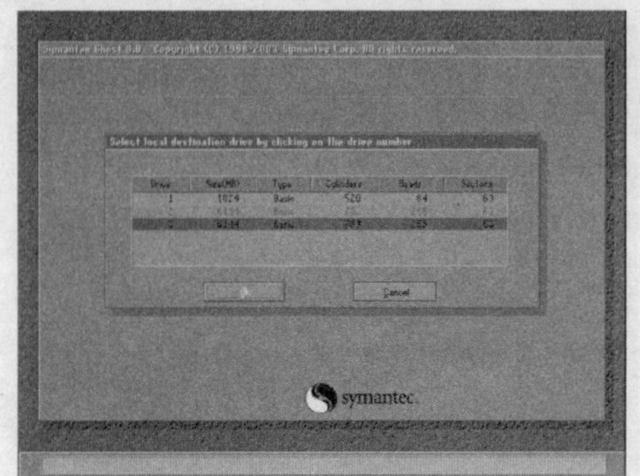

选择目标驱动器

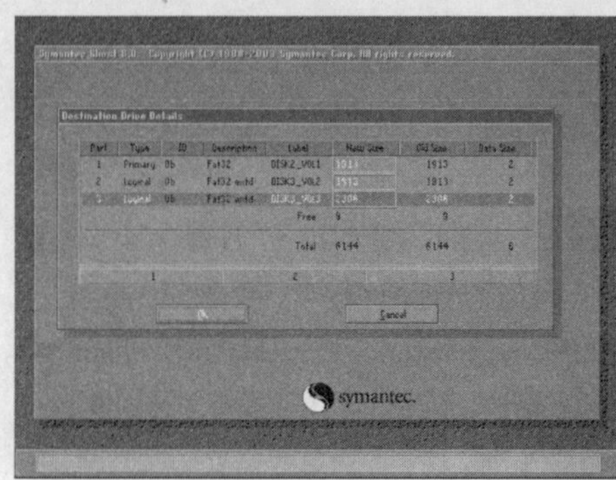

目标驱动器分区信息

第5步，打开提示框，软件警告用户该操作将使目标驱动器的数据全部被覆盖（即目标驱动器的数据将丢失）。确认对拷操作不会带来数据损失，然后按“Tab”键选中“Yes”按钮并按回车键。

第6步，经过一段时间的对拷操作，源硬盘的所有内容（包括分区信息）将被原封不动地复制到目标硬盘中。操作完成后，在打开的“Clone Complete”对话框中按回车键重新启动电脑，即可完成恢复工作。

小提示

在使用Norton Ghost备份为映像文件或进行恢复操作时，建议遵循以下原则：

（1）将Norton Ghost存放到启动盘上。

（2）正确设置硬盘的工作模式，如果使硬盘在Ultra ATA/66或Ultra ATA/100的模式下工作，则备份映像文件的速度将大大加快。

（3）在备份映像文件以前，应保持源硬盘系统的工作正常，并尽量只安装一些最基本、最常用的软件。

（4）利用映像文件进行恢复操作时，目标硬盘上的数据将会全部覆盖，使用任何方法都无法恢复。因此在进行恢复操作以前必须做好数据的备份工作。

方案三 克隆 Windows XP

在P4平台的电脑上安装包含有最新SP2升级包软件的Windows XP系统，再加上安装最常用的应用软件，花费两个小时的时间恐怕不为过。如果采用克隆安装的方式，则这一过程将大大缩短。利用Ghost 2003，可以将事先安装的Windows XP系统克隆成映像文件，然后即可利用该映像文件为本机重装系统，或者为其他电脑快速安装系统。

小提示

平常大家提到的对Windows XP系统进行备份往往只是针对本机的系统备份。而如果直接将Windows XP系统克隆成映像文件然后再恢复到其他电脑上常常无法正常使用。我们这里将主要针对这个问题提供可行的方法。

鉴于Windows XP系统的特殊性，制作通用的Windows XP映像文件时需要遵循一定的步骤。我们拟定为一台电脑（作为母机）全新安装Windows XP系统（包含SP2升级包）和应用软件，然后使用Windows XP SP2部署工具对母机进行封装，并手动清除母机上的硬件驱动程序。接着使用Ghost 2003将母机的系统分区（往往是C区）备份成映像文件，最后利用这个映像文件在其他电脑上直接安装Windows XP。

一、优化系统

为了确保作为母机的电脑中的Windows XP系统处于最佳工作状态，并且使克隆生成的映像文件体积较小，建议首先对母机系统进行优化。

1. 将页面文件移到其他位置

页面文件（即常说的虚拟内存）中保存的大多是一些临时性信息，这些信息对恢复后的新系统没有任何意义，因此可以暂时把它移动到其他位置。在桌面上用鼠标右键单击“我的电脑”，在弹出的快捷菜单中执行“属性”命令，打开“系统属性”对话框。单击“高级”标签，在“高级”选项卡中单击“性能”区域的“设置”按钮，打开“性能选项”对话框。然后单击“高级”标签，在“高级”选

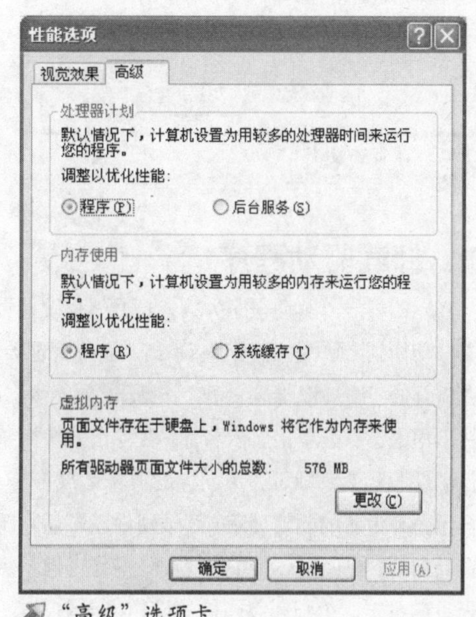

“高级”选项卡

项卡中单击“虚拟内存”区域的“更改”按钮。

在打开的“虚拟内存”对话框中可以发现，页面文件默认保存在Windows XP所在的系统分区中(本例为D区)。为了将其移动到其他分区，首先在“驱动器”列表中单击非系统分区，然后点选“自定义大小”单选框，并在“初始大小”和“最大值”编辑框中键入跟默认页面文件大小相当的值，并单击“设置”按钮生效。接着在“驱动器”列表单击系统分区，然后点选“无分页文件”单选框。最后依次单击“设置”→“确定”按钮并重新启动电脑使设置生效。

2. 关闭“电源管理”下的休眠功能

默认情况下Windows XP并没有启用休眠功能，但如果启用了休眠功能则建议将其关闭。打开“控制面板”窗口，在“经典视图”下双击“电源选项”图标，打开“电源选项 属性”对话框。然后单击“休眠”标签，在“休眠”选项卡中取消“启用休眠”复选框的选中状态，并单击“确定”按钮。

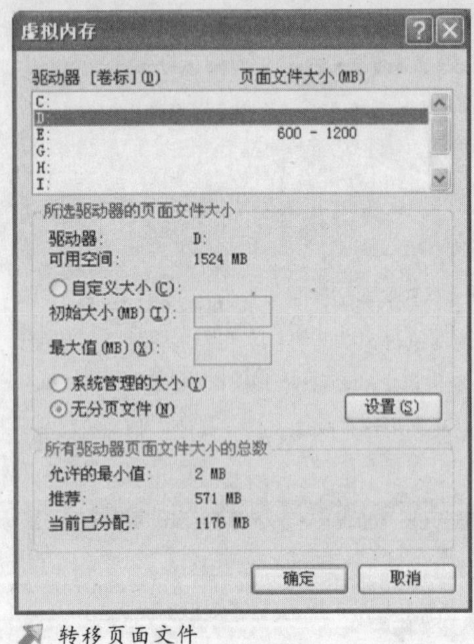

转移页面文件

3. 删除垃圾文件及冗余注册表信息

系统运行过一段时间以后，会不可避免地留下一些毫无用处的垃圾文件和冗余的注册表信息，既浪费了磁盘空间又影响了系统的运行速度。因此在进行克隆操作以前建议使用“Windows优化大师”等系统优化工具将这些垃圾信息删除（更全面的优化方法请参见本书专题六）。

二、卸载硬件信息

在实际应用中，所有的电脑不可能具有相同的硬件配置，因此克隆出一套不带电脑本身硬件信息的映像文件将更具实用价值。使用这样的映像文件为其他电脑恢复安装系统时，能够重新发现硬件配置信息并安装新硬件的驱动程序。

1. 卸载驱动程序

以卸载显卡驱动程序为例，打开“系统属性”对话框并切换到“硬件”选项卡。单击“设备管理器”按钮，在打开的“设备管理器”窗口中展开“显示卡”目录树。然后用鼠标右键单击显卡名称，在弹出的快捷菜单中执行“卸载”命令即可。用同样的方法卸载声卡、网卡、显示器等设备的驱动程序。卸载硬件设备后系统会要求重新启动，在使用Ghost进行克隆操作以前一定要保证未重启系统，否则卸载硬件的操作将无效。

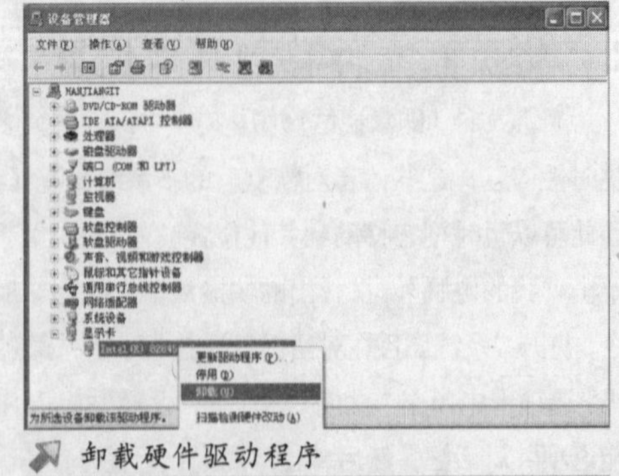

卸载硬件驱动程序

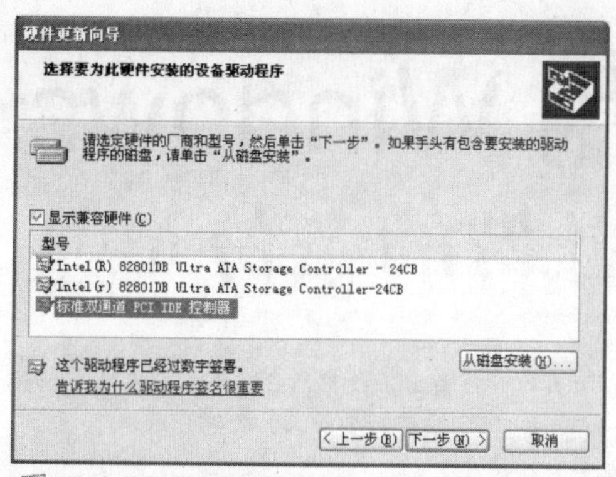

更改IDE控制器类型

2．更改IDE控制器类型

在“设备管理器”窗口中展开“IDE ATA/ATAPI控制器”目录树，然后用鼠标右键单击母机的IDE控制器名称，在弹出的快捷菜单中执行“更新驱动器程序”命令，打开“硬件更新向导”。点选“从列表或指定位置安装(高级)”单选框并单击“下一步”按钮。然后点选“不要搜索。我要自己选择要安装的驱动程序”单选框并单击“下一步”按钮。在硬件列表中单击选中“标准双通道PCI IDE控制器”选项，依次单击“下一步”按钮进行更新。

三、备份激活信息文件

如果在安装Windows XP的时候已经进行了系统激活，那么我们可以在“\windows\system32”文件夹中找到激活信息文件“wpa.dbl”。将该文件备份至光盘或软盘中，这样在使用克隆生成的映像文件恢复系统后，一旦出现激活提示，可将“wpa.dbl”文件复制到 “system32”文件夹并重新启动电脑即可。在系统提示激活Windows XP时单击“确定”按钮 ，Windows XP则会提示系统已被激活。

四、重新封装Windows XP及SP2补丁包

为了保证克隆后的Windows XP系统及所包含的SP2补丁包能正常使用，建议到微软官方网站下载专门用于对Windows XP SP2进行封装的工具包。解压缩后运行工具包中的“sysprep.exe”程序，在打开的“系统准备工具2.0”提示框中单击“确定”按钮，打开“系统准备工具 2.0”。勾选“选项”区域的“使用最小化安装”复选框，并在“关机模式”下拉菜单中选择“重新启动”选项。最后单击“重新封装”按钮，重新启动电脑。

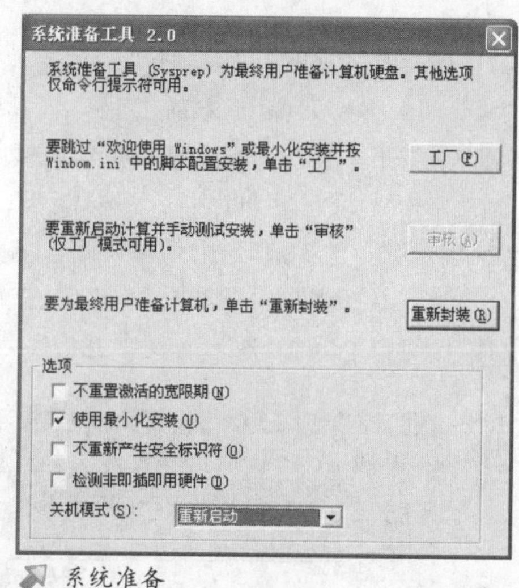

系统准备

小提示

不要轻易单击“工厂”和“审核”两项按钮，一旦没有经过正确设置而单击了这两项中的其中一项，则电脑就会按“关机模式”下的设置生效，且常常会导致重新准备并使启动后的系统极不稳定。

五、生成映像文件及安装

使用包含有“Ghost 2003”程序在内的DOS启动盘启动电脑，按照前文所述方法将Windows XP所在的系统分区(常常是C区)备份成映像文件。关于如何使用该映像文件在其他电脑上恢复安装系统的方法，将在本书后面章节中的“制作自启动系统备份/还原光盘”中作详细阐述。

方案四 巧用Windows系统中自带的备份工具

Windows操作系统的功能历来非常强大，其自身带有备份工具软件也就不足为奇了。在下文中，我们将对Windows 98、Windows 2000和Windows XP自带的备份工具软件分别介绍，以期对大家了解和使用这些备份工具有所裨益。

一、Windows 98中自带备份工具的使用

作为一款极其脆弱的操作系统，Windows 98非常容易出现问题。其实，Windows 98本身内置了一个免费的备份工具软件，可以帮助我们对系统作一下备份，以便在出现问题时进行恢复。下面介绍如何使用这款工具软件。

1.安装“备份”工具

Windows 98操作系统的“备份”工具为我们提供了一个文件备份、打开备份和还原备份的功能。默认情况下，该工具并没有随系统自动安装，需要手动添加。

单击“开始”→“设置”→“控制面板”命令，打开“控制面板”对话框。在“控制面板”对话框中双击“添加/删除程序”图标，在“添加/删除程序 属性”对话框中单击“Windows安装程序”选项卡。

在“组件列表”中找到并选中“系统工具”选项，然后单击“详细资料”按钮。在打开的“系统工具”对话框中勾选“备份”选项，然后依次单击“确定”→“确定”按钮。

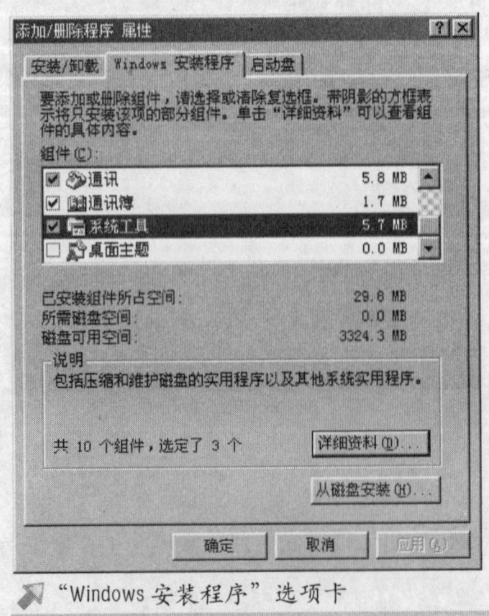

“Windows安装程序”选项卡

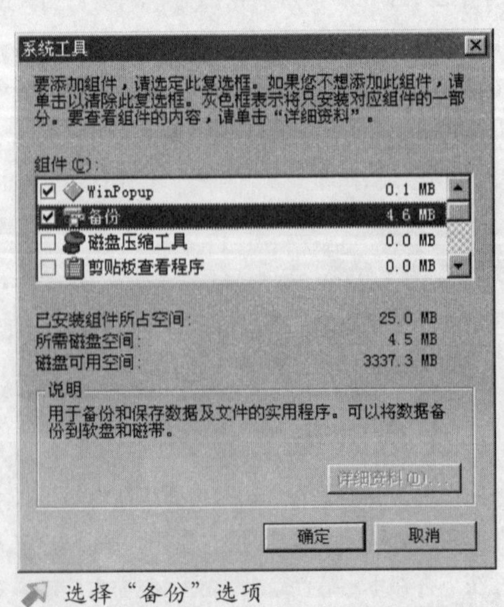

选择“备份”选项

系统自动进行安装（需要在光驱中放入Windows 98安装光盘）。安装完成以后重新启动系统即可。

2.进行数据“备份”

依次单击“开始”→“程序”→“附件”→“系统工具”→“备份”命令。系统默认将磁带机等存储设备作为备份工具，如果没有安装这些设备，系统会弹出一个找不到备份工具的提示框，直接单击“否”即可。

在打开的欢迎对话框中，选择我们想要进行的工作：新建备份、打开现有备份或还原备份。这里我们点选“新建备份作业”选项，弹出“备份向导”对话框。

在该对话框中点选“备份我的电脑”选项，并单击“下一步”按钮。

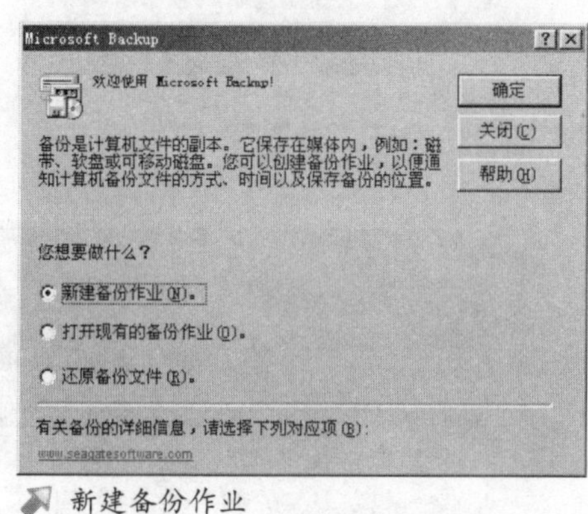

新建备份作业

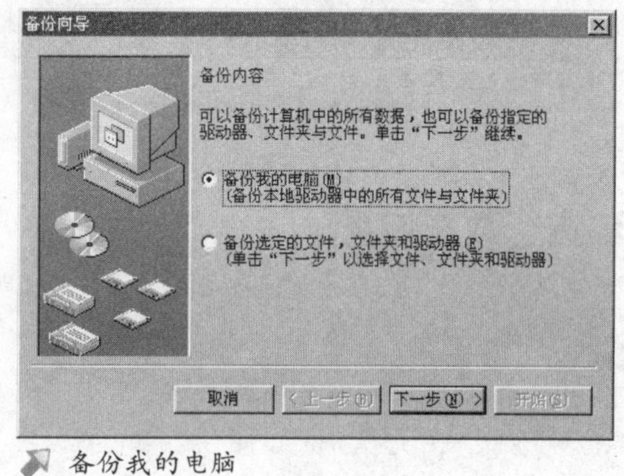

备份我的电脑

然后选择想要备份的数据，保持默认选项，单击“下一步”按钮。

在“备份至何处”对话框中选择备份的位置，并连续单击“下一步”→“下一步”按钮。

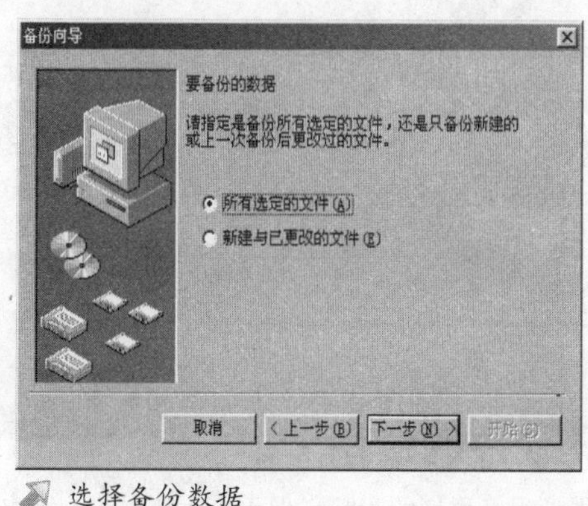

选择备份数据

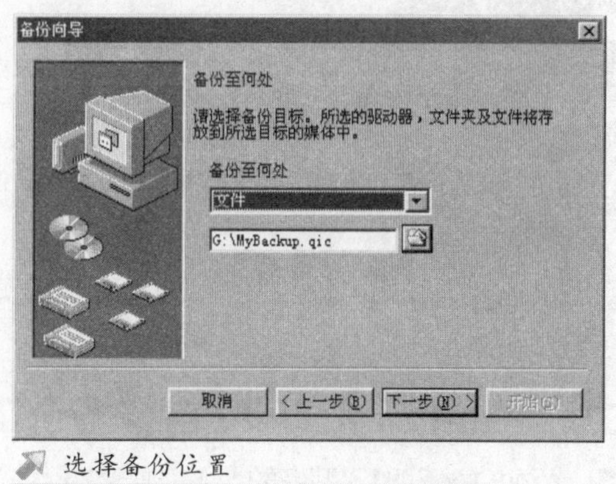

选择备份位置

最后为该备份作业定义一个文件名，并单击“开始”按钮。

如果所需备份数据量较大，可能需要一定的时间才能完成备份工作。

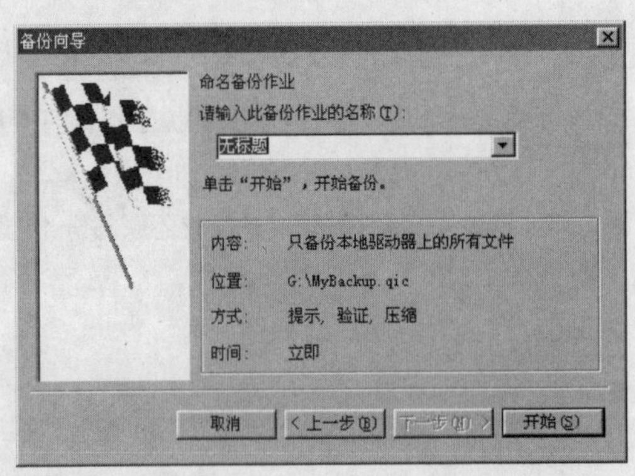

命名备份作业

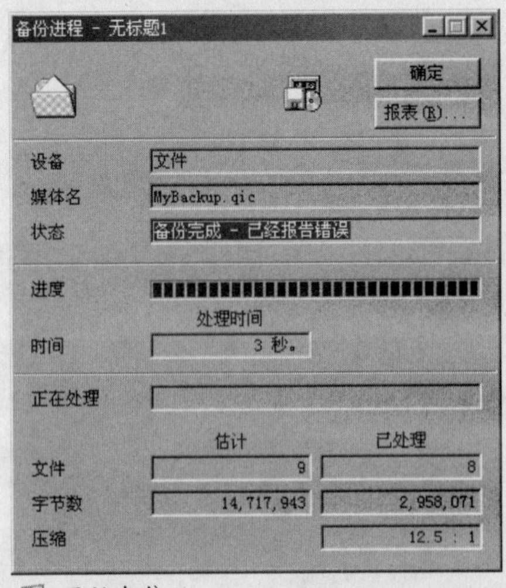

开始备份

3.进行数据恢复

启动"备份"工具，在欢迎界面中点选"打开现有的备份作业"选项，并单击"确定"按钮。

在"备份"工具对话中单击"恢复"标签，在"还原位置"对话框中选择备份文件的来源和位置，在"还原方向"中选择还原的目标位置，单击"选项"按钮，选择"不替换"、"用新文件替换"或"永远替换"。

进行完以上步骤后，单击"开始"就正式进行恢复工作了。

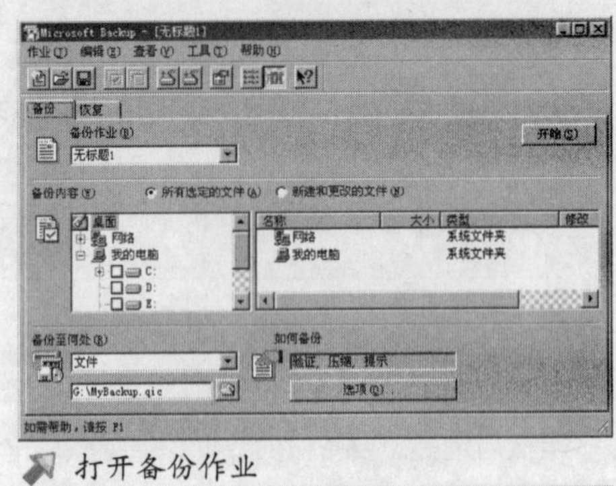

打开备份作业

小提示

(1)"不替换"是指不用备份文件替换当前的已经损坏或丢失的文件，只是运用"备份"工具的还原功能对当前系统或应用程序进行验证，找出出错的部分。

(2)"用新文件替换"是指运用备份文件来替换当前系统或应用程序已经损坏、丢失或出错的文件，以校正错误。

(3)"永远替换"是指运用备份文件来替换当前系统或应用程序中的所有文件。

二、Windows 2000 自带备份工具软件的使用

Windows 2000 以其出色的稳定性和易操作性赢得了很多用户的青睐。但天有不测风云，谁也不能保证成熟的产品就不会出现问题。出于保护数据安全的目的，利用 Windows 2000 自身提供的数据备份工具对系统进行备份很有必要。

Windows 2000 自带的备份工具可以帮助用户备份硬盘上选定的文件和文件夹；将备份的文件和

文件夹还原到硬盘上；创建紧急修复盘；备份电脑的系统状态（包括注册表、启动文件和系统文件）；制定备份计划并按规定进行备份等。

1. 利用备份向导备份及还原数据

Windows 2000的备份工具提供了强大的向导功能，我们可以在它的帮助下快速完成系统的备份及还原工作。

第1步，依次单击“开始”→“程序”→“附件”→“系统工具”→“备份”，打开“备份”窗口。

第2步，在“欢迎”选项卡中单击“备份向导”按钮，打开“备份向导”。在欢迎页中单击“下一步”按钮。

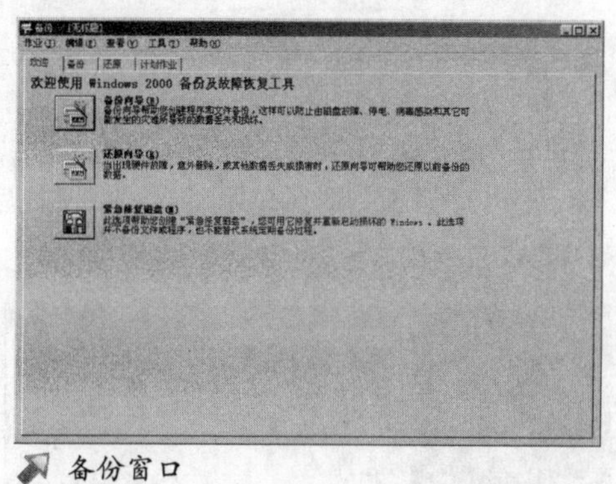

备份窗口

进入备份向导

第3步，打开“要备份的内容”向导页，此时系统将会询问用户需要备份的对象，主要包括“备份整个系统”、“备份选定的文件、驱动器或网络数据”、“只备份系统状态数据”三种。用户可根据自己的需要加以选择。我们点选“备份选定的文件、驱动器或网络数据”单选框，单击“下一步”按钮。

第4步，在打开的“要备份的项目”向导页中，展开“备份内容”窗格中的目录树。勾选准备备份的内容，并单击“下一步”按钮。

第5步，打开“备份保存的位置”向导页，单击“浏览”按钮，为将要生成的备份文件选择合适的保存位置并命名合适的名称。单击“下一步”按钮。

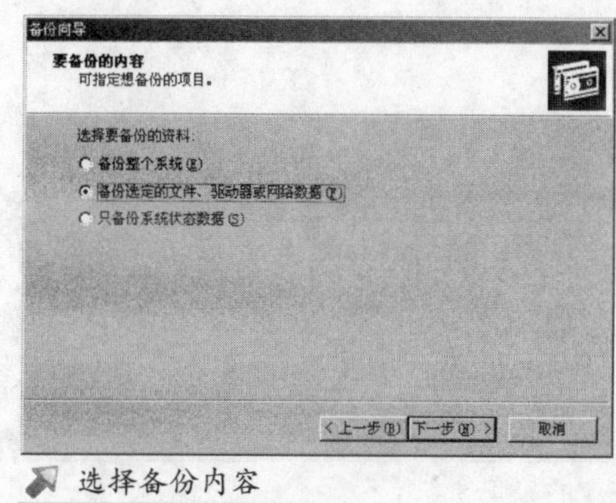

选择备份内容

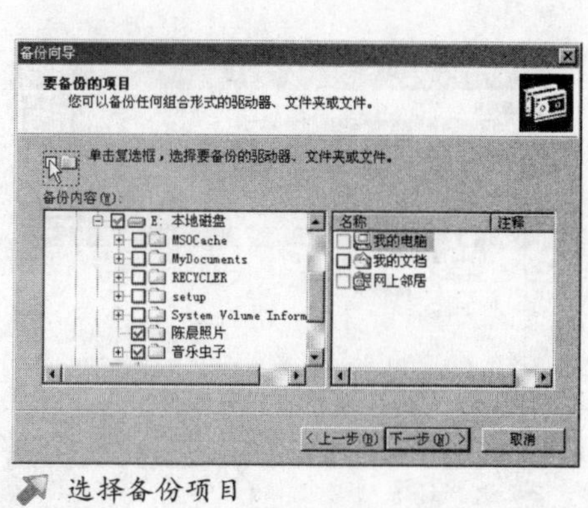

选择备份项目

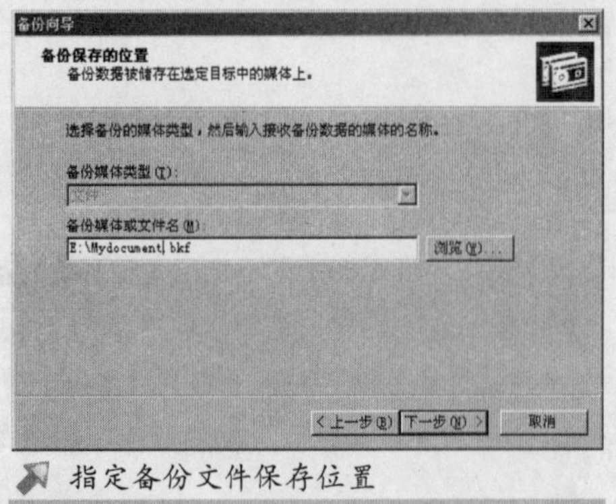

指定备份文件保存位置

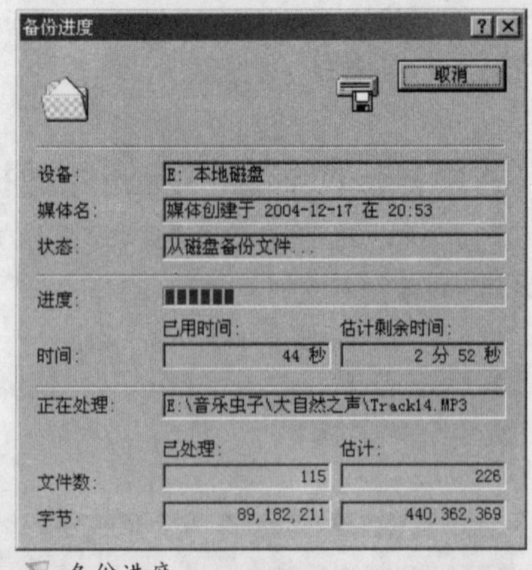

备份进度

第6步，在打开的“完成备份向导”向导页中列出了所作的设置，检查无误后单击“完成”按钮开始备份过程。

第7步，根据备份文件的大小以及电脑的硬件配置，备份过程需要的时间有所不同。备份完成后会打开“备份完成”的提示框。最后单击“关闭”按钮即可。

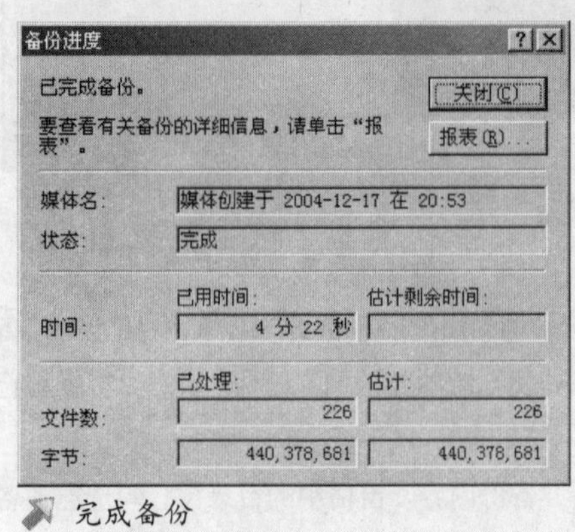

完成备份

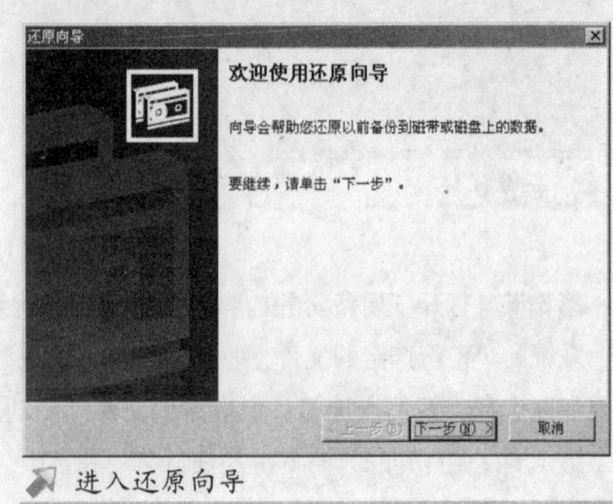

进入还原向导

那么如何利用向导程序来恢复数据呢？其实步骤也很简单。

第1步，在“备份”窗口中单击“还原向导”按钮，打开“还原向导”。在欢迎页中单击“下一步”按钮。

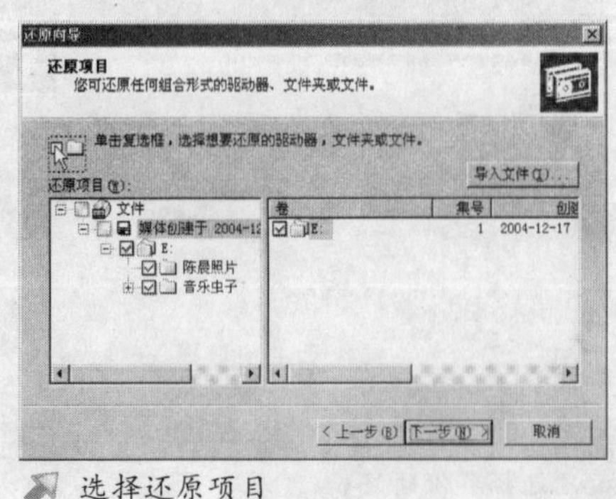

选择还原项目

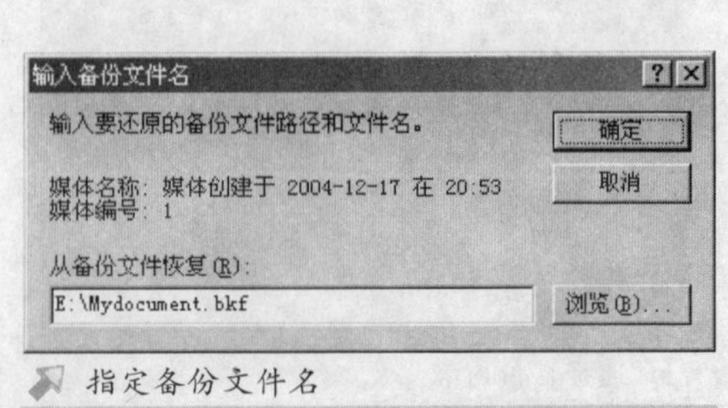

指定备份文件名

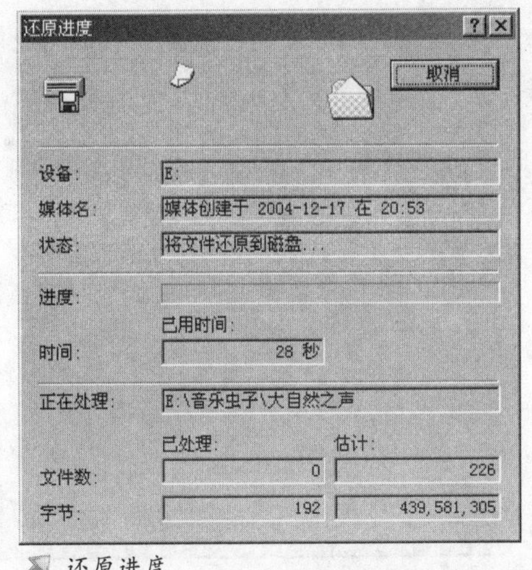

还原进度

第2步，打开“还原项目”向导页，在左窗格中列出了事先备份的文件名称。双击该名称，然后在“还原项目”窗格中选择需要还原的类型、驱动器及文件等内容。选择好以后单击“下一步”按钮。

第3步，在打开的“完成还原向导”向导页中列出了所作的设置，确认无误后单击“完成”按钮。接着打开“输入备份文件名”对话框，要求指定从哪一个备份文件恢复。在默认情况下已经选定了前面备份操作生成的备份文件，直接单击“确定”按钮。

第4步，在还原操作开始后，可以在“还原进度”对话框中观察还原的进度情况。还原完成后单击“关闭”按钮即可。

2.手工进行备份及还原

虽然利用备份向导可以快速地对数据进行备份和还原，但毕竟系统控制功能相对比较薄弱，因此很多时候不能完全满足用户的需要。手动备份的方式要灵活得多，步骤如下所述。

第1步，打开“备份”窗口，单击“备份”标签。在“备份”选项卡中勾选左窗格中的驱动器或文件夹，并在右窗格中勾选准备进行备份的文件。然后单击“备份媒体或文件名”区域的“浏览”按钮，指定备份的目标路径及文件名。单击“开始备份”按钮。

第2步，在打开的“备份作业信息”对话框中，用户可根据描述性信息进行设置。

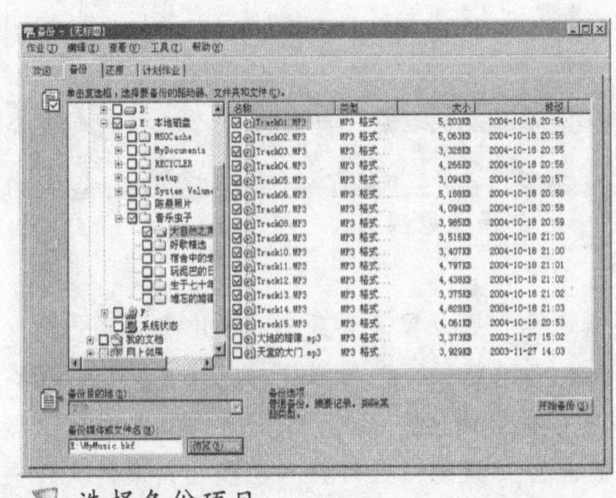
选择备份项目

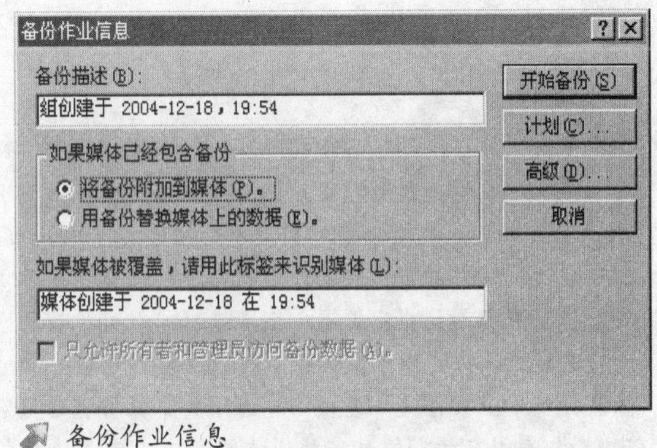

备份作业信息

第3步，在“备份作业信息”对话框中单击“高级”按钮，打开“高级备份选项”对话框。在该对话框中可以对有关高级备份选项（如数据验证、备份类型等）进行设置，并单击“确定”按钮。

第4步，回到“备份作业信息”对话框，单击“开始备份”按钮做备份操作。备份完成以后会给出简单的信息，单击“关闭”按钮即可。

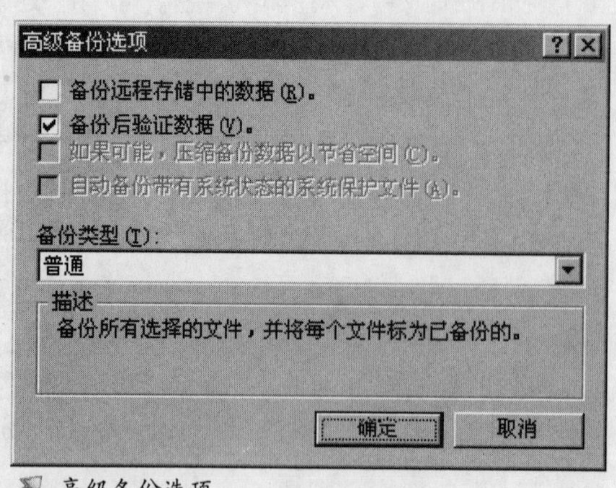

高级备份选项

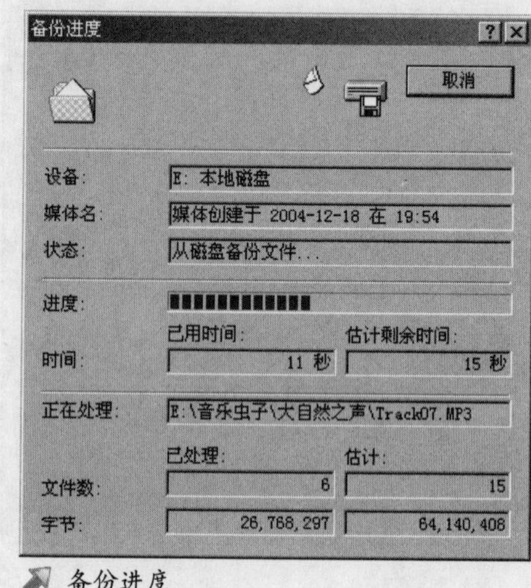

备份进度

小提示

如果单击“报表”按钮，会在“记事本”文件中列出详细的备份信息。

当由于某种原因需要对所作的备份进行还原时，可以按照以下步骤进行。

第1步，打开“备份”的窗口，单击“还原”标签。在“还原”选项卡中展开左窗格中的“文件”目录树，并展开合适的备份文件目录。然后在右窗格中勾选需要还原的文件。

选择还原项目

小提示

在“将文件还原到”下拉菜单中有三个选项，分别是“原位置”、“替换位置”和“单个文件夹”。如果准备将备份的文件或文件夹还原到备份时其所在的文件夹，则选择“原位置”选项；如果准备将备份的文件或文件夹还原到指定位置，则应选择“替换位置”选项（此选项将保留备份数据的文件夹结构，所有文件夹和子文件夹将出现在指派的替换文件夹中）；如果准备将备份的文件或文件夹还原到指派位置，则应选择“单个文件夹”选项（此选项将不保留已备份数据的文件夹结构，文件将只出现在指派的文件夹中）。如果用户选择的是“替换位置”或“单个文件夹”选项，则应在“备用位置”下键入需要还原的目标文件夹。

第2步，执行“工具”菜单的“选项”命令，打开“选项”对话框。在“还原”选项卡可以设置还原已在本机上的文件所采取的方式。如果用户不希望还原操作覆盖硬盘上的文件，则应选择“不要替换本机上的文件”选项；如果想让还原操作仅仅替换硬盘上的旧文件，则应选择“仅当磁盘上的文件是旧的情况下，替换文件”选项；如果想进行无条件地替换磁盘上的文件，则应选择“无条件替换本机上的文件”选项。单击“确定”按钮。

第3步，回到“还原”选项卡，单击“开始还原”按钮，打开“确认还原”对话框。单击“确定”按钮。

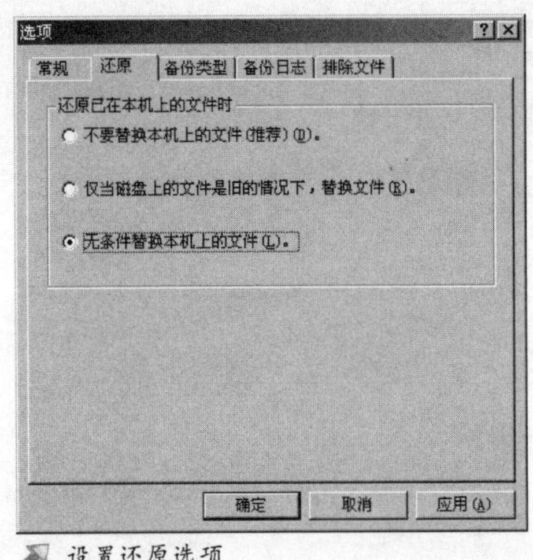

设置还原选项

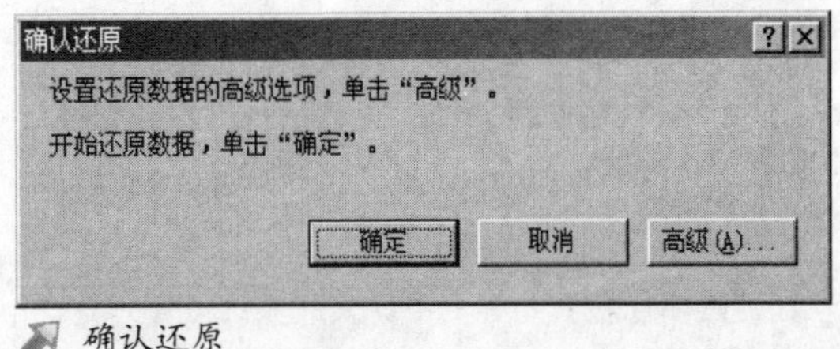

确认还原

第4步，在打开的“输入备份文件名”对话框中默认已在“从备份文件恢复”编辑框中列出了还原操作需要使用的备份文件名称。单击“确定”按钮。

第5步，系统开始还原操作，在“还原进度”对话框中会显示出还原进度。还原完成以后单击“关闭”按钮即可。

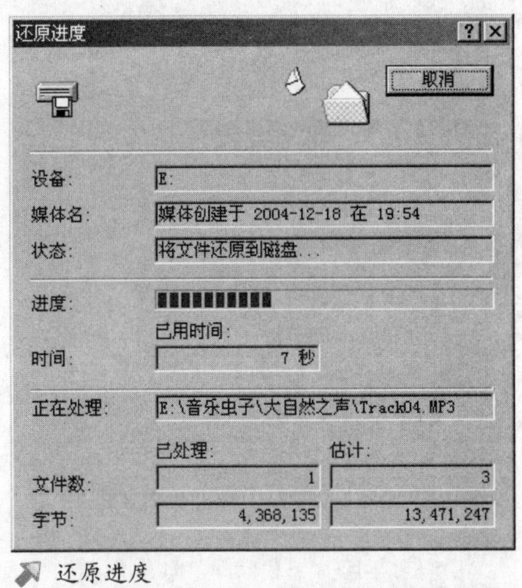

还原进度

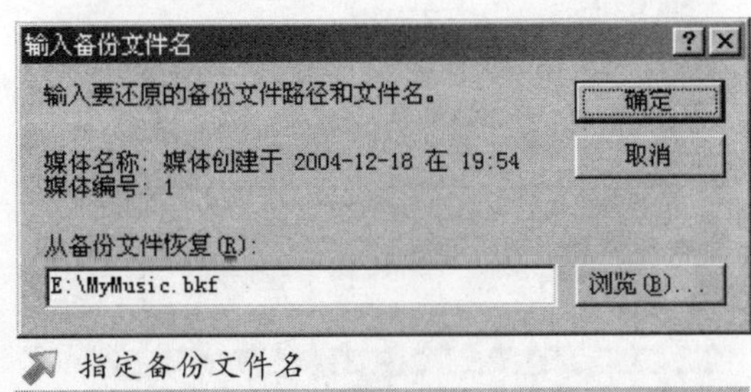

指定备份文件名

3.制定备份计划实现自动备份

尽管使用Windows 2000的备份程序对系统进行备份并不复杂，但如果能够制定适当的备份计划并由系统自动进行备份无疑将更加方便。在Windows 2000中达到这种目的并不难，利用系统自带的备份工具就可以实现。

第1步，打开“备份”窗口，并单击“计划作业”标签，打开“计划作业”选项卡。

第2步，单击“添加作业”按钮，在打开的“备份向导”中单击“下一步”按钮。打开“要备份的内容”向导页选择要备份的资料（本例中我们选择“备份选定的文件、驱动器或网络数据”），单击“下一步”按钮。

第3步，在接着打开的“要备份的项目”、“备份保存的位置”、“备份类型”、“如何备份”、“媒体选

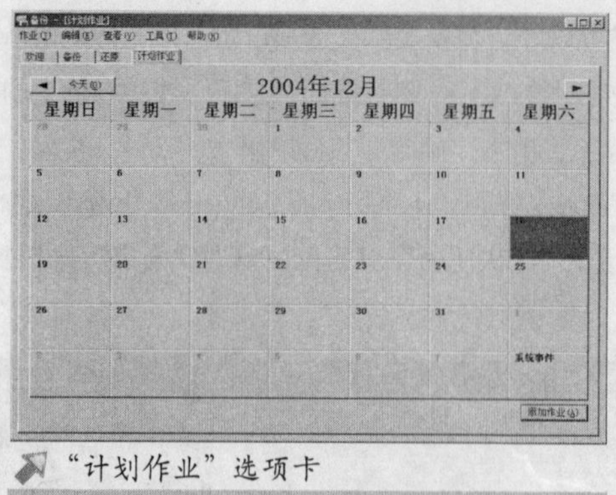

"计划作业"选项卡

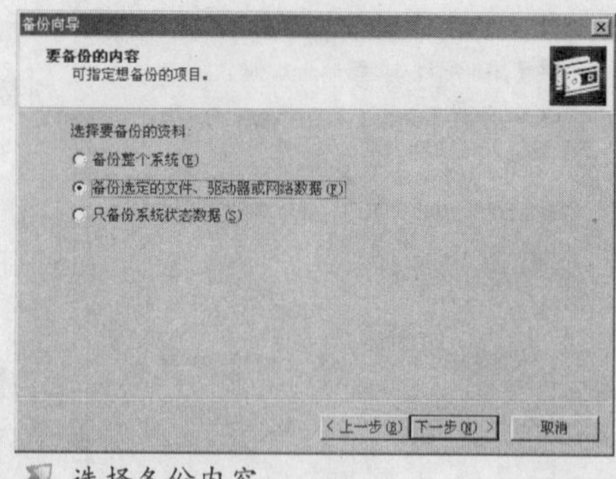

选择备份内容

项"和"媒体标签"向导页中均采取默认设置，直接单击"下一步"按钮。

第4步，打开"备份时间"向导页，在这里会询问用户是现在就进行备份还是以后再按照计划进行备份，我们点选"以后"单选框。紧接着会弹出一个"设置账户信息"对话框，要求设置密码。键入密码，并单击"确定"按钮（如果单击"取消"按钮则跳过此项）。

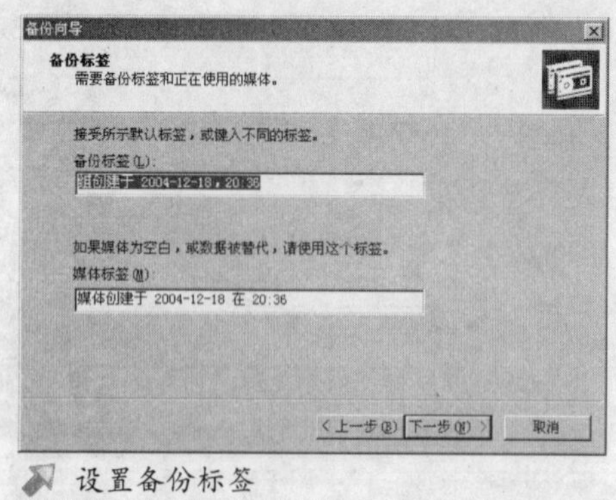

设置备份标签

设置账户信息

第5步，回到"备份时间"向导页，在"作业名"编辑中键入计划备份作业的名称。

第6步，单击"设定备份计划"按钮，打开"计

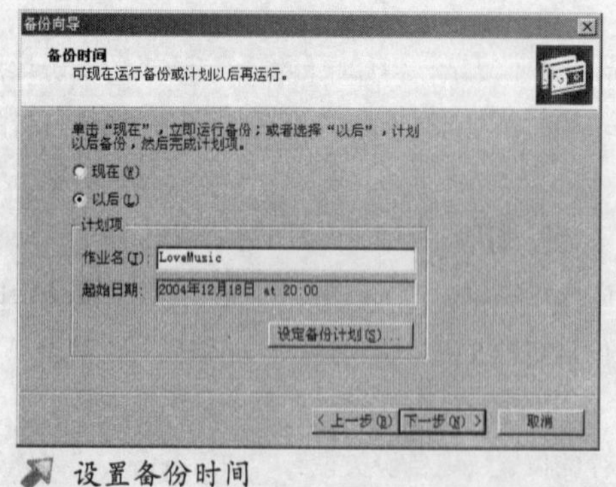

设置备份时间

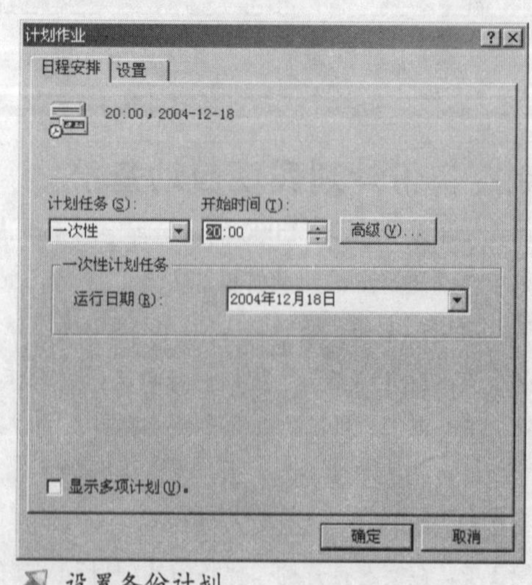

设置备份计划

任务清单

划作业”对话框。在该对话框中对自动备份的日期、时间和计划备份的频率等参数进行设置，并单击“确定”按钮。

第7步，回到“备份时间”向导页，单击“下一步”按钮。在打开“完成备份向导”向导页中列出了计划备份任务的详细信息，确认无误后单击“完成”按钮。

这样系统的自动备份计划就会保存下来，并添加到Windows 2000的“任务计划”程序（即Windows 98的“计划任务”程序）中，并按照用户的指定自动进行备份。

4. 创建紧急修复磁盘

我们还可以利用Windows 2000自带的备份工具创建紧急修复盘。紧急修复盘主要用于在系统出现故障时修复系统，而不能用来启动电脑。

第1步，首先准备一张已经格式化且质量较好的1.44 MB软盘，并插入软驱。

第2步，打开“备份”窗口，在“欢迎”选项卡中单击“紧急修复磁盘”按钮，打开“紧急修复盘”对话框。勾选“也将注册表备份到修复目录中”复选框（选择该选项之后，系统会将当前的注册表数据库备份到systemroot/repair文件夹中的一个文件夹中，这样在注册表出现问题需要还原时非常有用），并单击“确定”按钮。

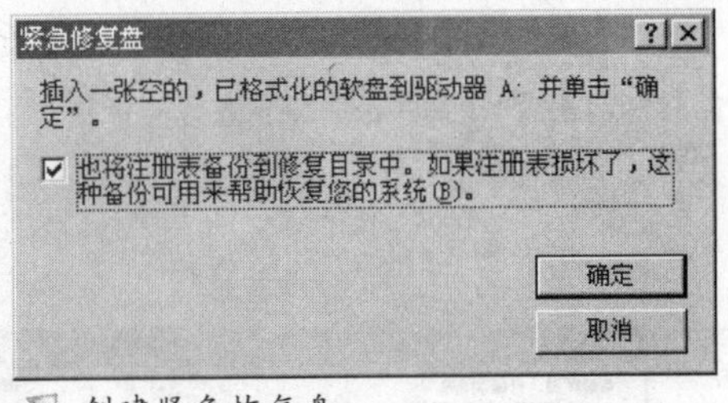

创建紧急恢复盘

这时系统将创建一张紧急修复磁盘，当系统出现故障的时候可以用它来紧急修复系统。

三、Windows XP自带备份工具软件的使用

相对于Windows 98和Windows 2000而言，Windows XP自带的备份工具功能明显增强。下面以Windows XP Professional+SP1为操作平台，通过“系统文件备份”、“整体系统备份”和“还原数据”等几方面，介绍如何使用该工具进行系统备份还原。

1. 系统文件备份

通过创建“系统恢复磁盘”，在系统崩溃以后，我们可以使用这张系统恢复盘来对系统文件、引导扇区和启动环境进行恢复，从而达到修复系统的目的。创建“系统恢复盘”的方法如下所述。

第1步，依次单击“开始”→“所有程序”→“附件”→“系统工具”→“备份”命令，打开“备份或还原向导”对话框。单击“下一步”按钮，在打开的“备份或还原”对话框中点选“备份文件和设置”选项，并单击“下一步”按钮。

第2步，在打开的“要备份的内容”对话框中点选“这台电脑上的所有信息”选项，并单击“下一步”按钮。

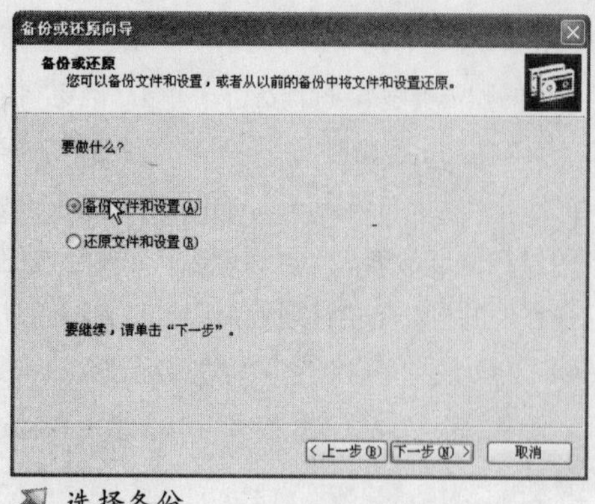

选择备份

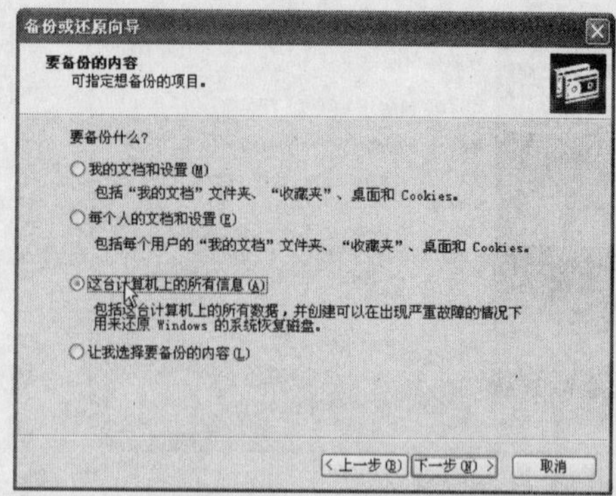

选定备份内容

第3步，在打开的“备份类型、目标和名称”对话框中，单击“选择保存备份的位置”右侧的“浏览”按钮，找到一个合适的位置。在“键入这个备份的名称”编辑框中键入一个名称，如“Backup”。在软驱中插入一张空白软盘，并单击“下一步”按钮。

第4步，在打开的“正在完成备份或还原向导”对话框中单击“完成”按钮，经过系统自动保存卷信息和对需要保存的文件大小进行分析后，系统进入正式的备份状态。

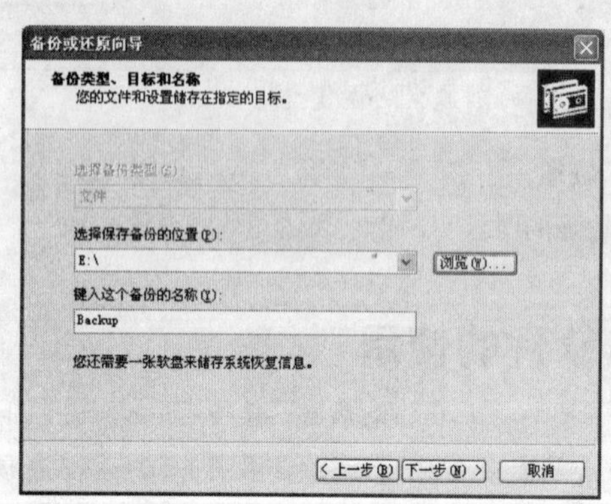

设置备份选项

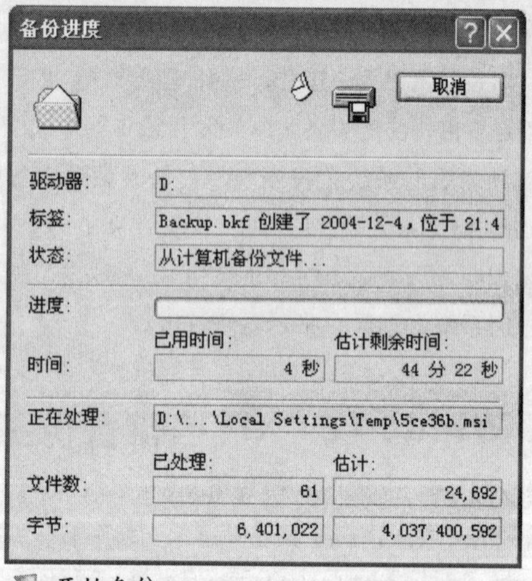

开始备份

根据电脑的配置和所存储的数据量的大小不同，备份所需要的时间是不一样的。

2.特定文件备份

很明显，仅仅对系统文件自身进行备份是远远不够的。因为在我们使用电脑进行办公的过程当中，在硬盘里留下了大量宝贵的数据。相对而言，这些数据比系统本身重要得多。因此我们在备份系统的同时，对那些重要数据进行一下备份也是很有必要的。

对特定文件进行备份的步骤如下：

第1步，依次单击“开始”→“所有程序”→“附件”→“系统工具”→“备份”命令，打开“备份或还原向导”对话框。

第2步，单击“欢迎使用备份和还原向导”对话框中的“高级模式”，打开“备份工具”对话框。

第3步，单击“备份工具”对话框的“备份”选项卡，在左侧的目录树中依次展开相应的目录，找到需要备份的内容。然后单击决定备份内容前面的方框，打上钩。最后单击对话框右下方的“开始备份”按钮，打开“备份作业信息”对话框。

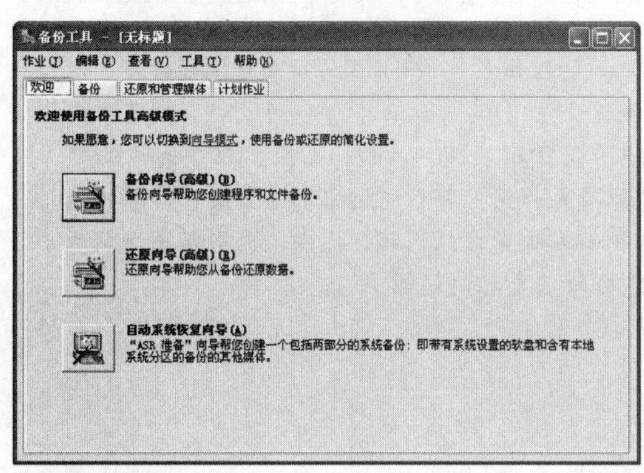

高级模式

“备份工具”对话框

第4步，保持“备份作业信息”对话框中的默认设置，单击右上方的“开始备份”按钮系统，开始对选定数据进行备份操作。

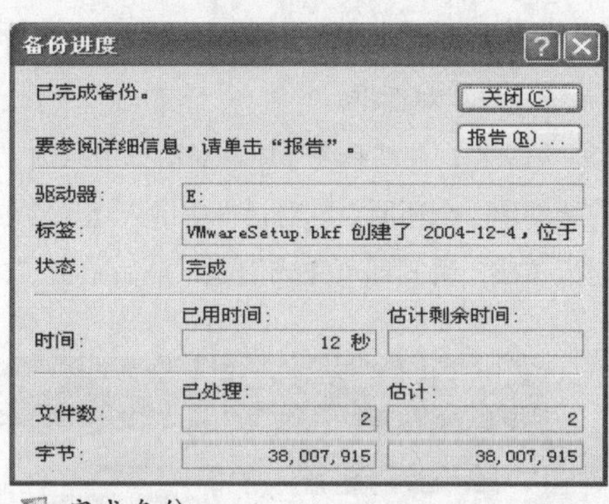

完成备份

3.还原数据

如果Windows XP系统出现了问题，导致无法启动或运行异常，那该如何处理呢？当Windows XP中的数据被破坏时，我们可以使用“备份”工具的还原向导，还原整个系统或还原被破坏的数据。

第1步，依次单击“开始”→“所有程序”→“附件”→“系统工具”→“备份”命令，打开“备份或还原向导”对话框。

第2步，单击“欢迎使用备份和还原向导”对话框中的“下一步”按钮，在打开的“备份或还原”对话框中点选“还原文件和设置”选项，并单击“下一步”按钮。

第3步，在“还原项目”对话框中选中以前制作的备份文件，单击“下一步”按钮按照操作向导即可还原。

选定还原项目

方案五 玩转 Windows XP 系统还原功能

“系统还原”程序是 Windows XP Professional 的组件之一，用以在系统出现问题时将电脑还原到过去的某个状态，并且不会丢失个人数据文件（如 Microsoft Word 文档、浏览历史记录、图画、收藏夹或电子邮件）。“系统还原”可以监视系统和一些应用程序文件的更改，并自动创建容易识别的还原点。这些还原点允许用户将系统还原到过去某一时间的状态。还原点每日创建，同时也在发生一些重要的系统事件（例如，已安装应用程序或驱动程序）时创建，另外还可以在任何时候创建并命名自己的还原点。

一、创建系统还原点

创建系统还原点的步骤如下：

第1步，依次单击“开始”→“所有程序”→“附件”→“系统工具”→“系统还原”命令，打开“系统还原”对话框。

第2步，在“系统还原”对话框中点选“创建一个还原点”选项，并单击“下一步”按钮，在打开的“创建一个还原点”对话框中键入还原点的描述信息（如“2004年12月2日的还原点”）。单击“创建”按钮，瞬间即可完成创建，最后单击“关闭”按钮即可。

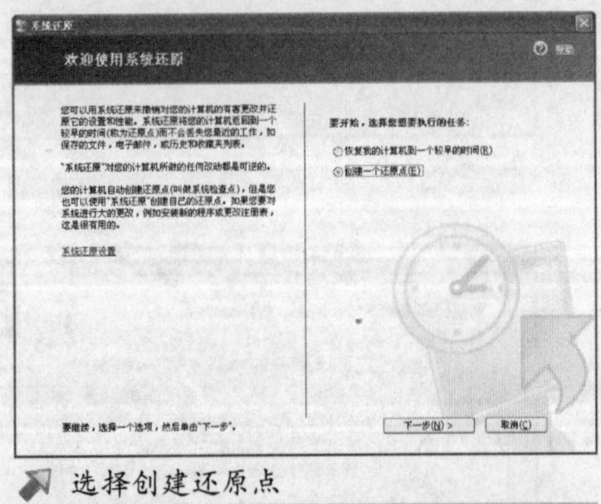

选择创建还原点

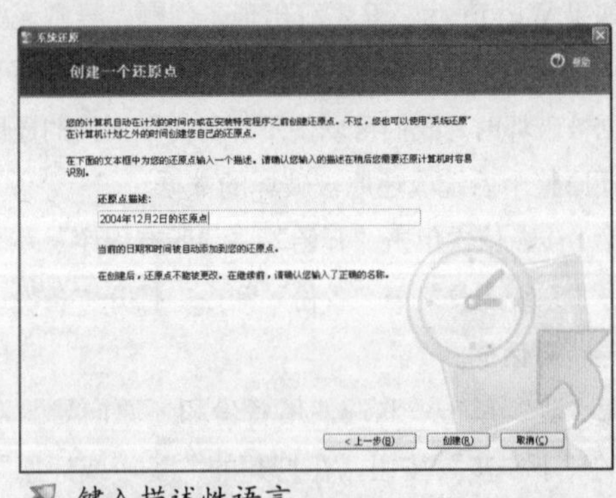

键入描述性语言

二、使用“系统还原”恢复

通过使用“系统还原”功能，我们可以将出现问题的电脑还原到创建的“还原点”的状态，具体操作步骤如下所述。

第1步，依次单击“开始”→“所有程序”→“附件”→“系统工具”→“系统还原”命令，打开

“系统还原”对话框。

第2步，在“系统还愿”对话框中点选“恢复我的电脑到一个较早的时间”选项，并单击“下一步”按钮，打开“选择一个还原点”对话框。

第3步，在“选择一个还原点”对话框的“还原点”列表中单击选中创建的“还原点”，然后单击“下一步”按钮。在确认页面再次单击“下一步”按钮。这时系统会自动开始还原。

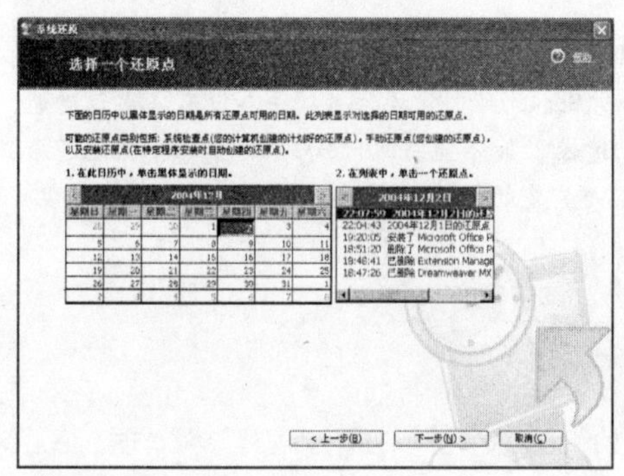

选择还原点

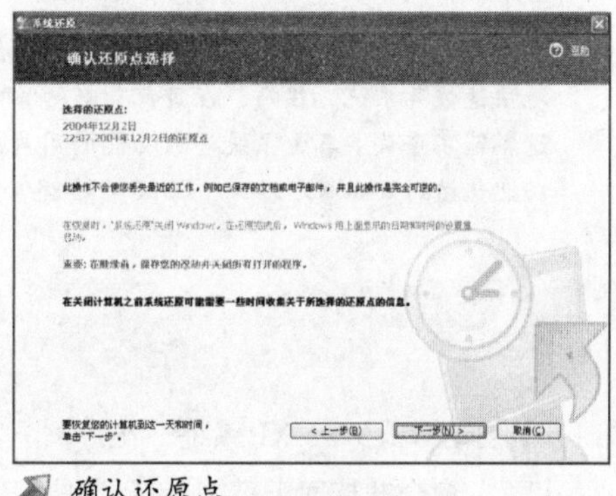

确认还原点

重新启动电脑后，会弹出提示恢复成功的对话框，这时检查系统，会发现系统已经恢复了。

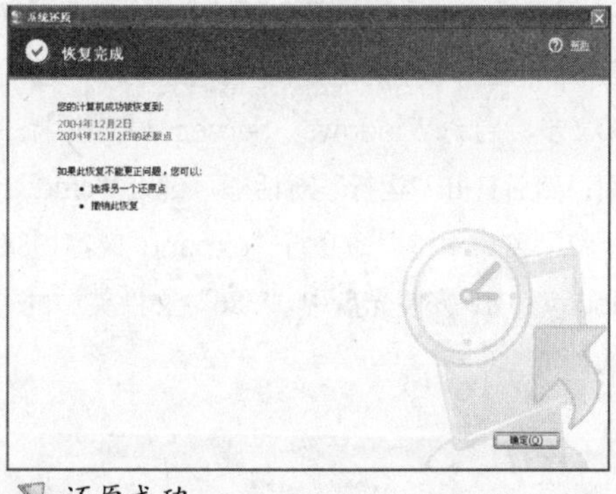

还原成功

小提示

虽然系统还原支持在“安全模式”下使用，但是电脑运行在安全模式下，“系统还原”不创建任何还原点。因此，当电脑运行在安全模式下时，无法撤销所执行的还原操作。

方案六 移植“系统还原”功能到Windows Server 2003中

当系统出现问题后，Windows XP操作系统的“系统还原”功能可以帮助用户非常方便地快速恢复系统。然而，在目前最新的Windows Server 2003操作系统中却没有集成该功能，这不能不令许多喜爱系统还原功能的用户感到遗憾。能不能将Windows XP中的“系统还原”功能移植到Windows Server 2003中去呢？答案是肯定的。

第1步，启动Windows XP系统，依次单击“开始”→“运行”，打开“运行”编辑框。然后键入“Regedit”命令并按回车键，打开“注册表编辑器”窗口。在左窗格中依次展开如下分支：“[HKEY_LOCAL_MACHINE/SOFTWARE/Microsoft/Windows NT/CurrentVersion]”，并单击选中“SvcHost”。然后在右窗格中双击“netsvcs”键值项，打开“编辑多字符串”对话框。用鼠标拖选“数值数据”编辑框中的全部内容，复制到“记事本”中并保存至U盘中备用。

第2步，启动Windows Server 2003并将一张Windows XP安装光盘放入光驱。取消其自动运行界面，然后打开“运行”对话框，键入“cmd”命令并按回车键，打开“命令提示符”窗口。在“命令提示符”窗口中键入命令行“expand X:\i386\sr.in_ C:\sr.inf”并按回车键。该命令的作用是将Windows XP安装光盘中“i386”文件夹中的“sr.in_”文件提取到C盘根目录下，其中的“X”指光驱的盘符。

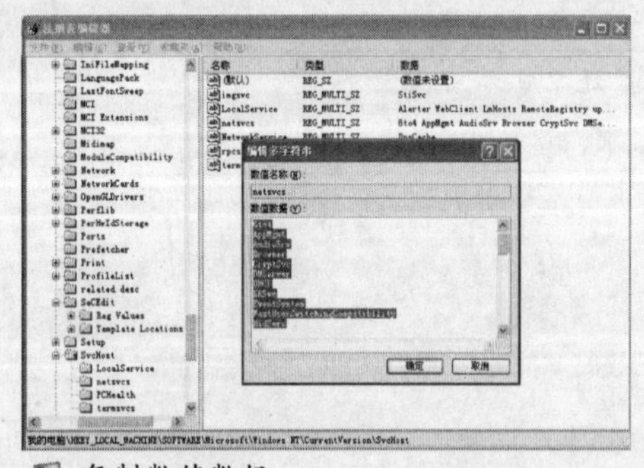

复制数值数据

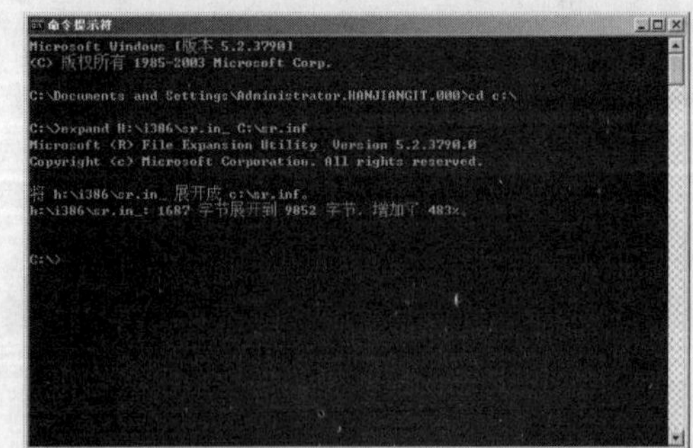

提取Sr.inf文件

第3步，打开“资源管理器”窗口，在C盘的根目录下用鼠标右键单击刚刚释放出来的“Sr.inf”文件，并在弹出的快捷菜单中执行“安装”命令，开始复制文件。在安装过程中，安装程序会提示找不到某些文件，此时请单击提示对话框的“浏览”按钮，定位到Windows XP安装光盘的“i386”文件夹并单击“确定”按钮即可。

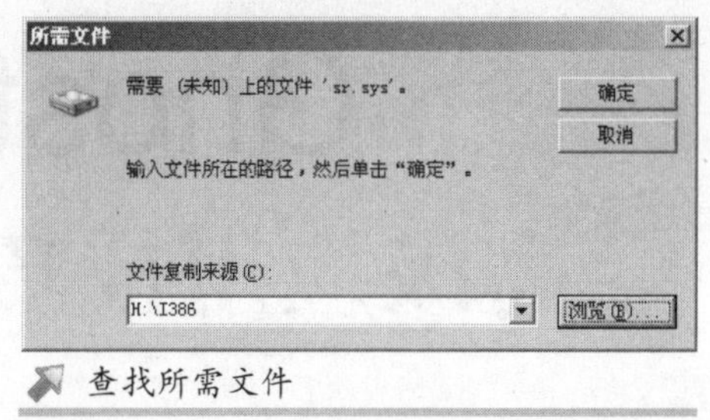

查找所需文件

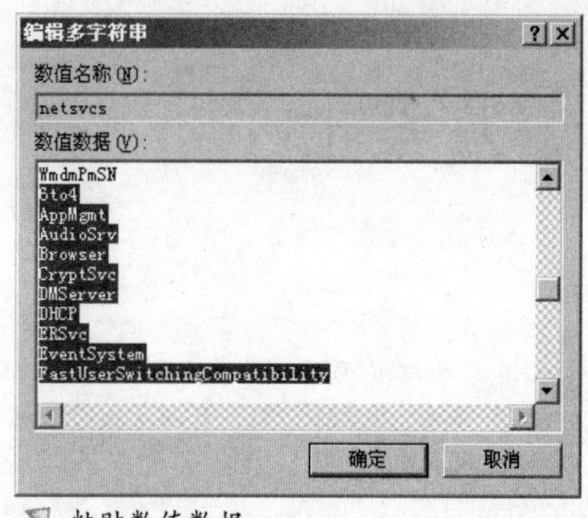

粘贴数值数据

第4步，安装完毕后系统会提示“系统设置改变”，并要求重新启动电脑。启动完毕后，打开“注册表编辑器”，并依次展开如下分支：

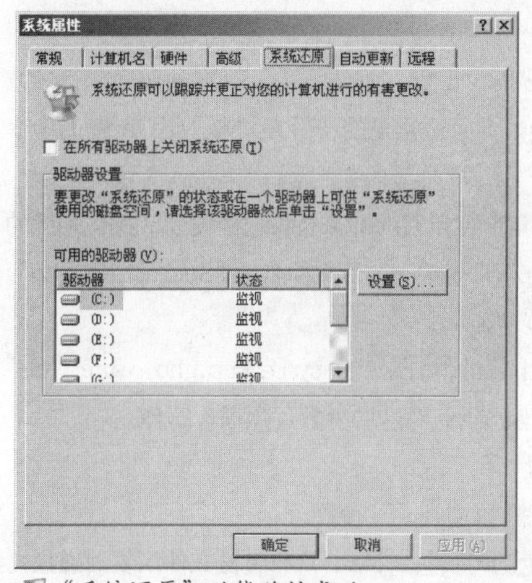

“系统还原”功能移植成功

“[HKEY_LOCAL_MACHINE/SOFTWARE/Microsoft/Windows NT/CurrentVersion]”。单击选中“SvcHost”，同样在右侧窗口中找到并双击名为“netsvcs”的键值项（如果没有请在右侧窗口中单击鼠标右键，并执行“新建/多字符串值”命令），打开“编辑多字符串”窗口。在“数值数据”文本框中粘贴事先保存的内容，单击“确定”按钮关闭“注册表编辑器”。

第5步，重新启动电脑，这时错误提示已经没有了。在桌面上用鼠标右键单击“我的电脑”，执行“属性”命令，打开“系统属性”对话框。这时可以发现“系统还原”标签已经出现了。

方案七 Ghost 高级应用技巧

Norton Ghost 是一个功能非常强大的软件，除了常用的功能外，还有很多实用的功能。熟练地掌握这些功能，有助于我们更高效地进行系统或数据的备份、还原操作，成为系统应用高手。

一、Ghost 命令行使用实例

使用 Ghost 备份/还原系统不仅能在 Ghost 的操作界面中进行，而且可以在 DOS 通过命令行参数来操作，其参数就是 Ghost 中的 OPTION 选项。现在我们以大家最常见的备份方式来介绍 Ghost 的命令行参数。

假设某电脑中安装了一个硬盘（划分为多个分区），用户使用 Ghost 来备份已经安装好操作系统的"C"区。Ghost 主程序"Ghost.exe"位于 D 盘的"backup"目录中，备份文件名为"Sysbackup.gho"。那么在命令行方式下备份系统分区的命令行（不含引号）为：

"d:\backup\Ghost.exe -clone,mode=pdump,src=1:1,dst=d:\backup\sysbackup.gho -sure -z9 "

看到这长长的命令行是否有点陌生？不用担心，下面让我们对这些参数逐项进行解释。

"d:\backup\Ghost.exe"是指 Ghost 主程序的位置。

"-clone"是克隆的命令参数，它后面的部分都是克隆的"开关"参数。

"mode"开关可以有 6 个选项："copy"（磁盘到磁盘的拷贝）、"load"（将备份文件恢复到磁盘）、"dump"（从磁盘备份到文件）、"pcopy"（分区到分区的拷贝）、"pload"（将备份文件恢复到分区）、"pdump"（从分区备份到文件）。

"src"是用来指出"clone"操作的源盘（分区、文件），如本例中的备份源区是"C"区。由于它是第一个硬盘的第一个分区，所以参数是"1（第一个磁盘）:1（第一个分区）"。如果进行的是硬盘克隆操作且源磁盘是第一个磁盘，那么参数形式则为"src=1"。

"dst"开关是用来指出目标分区的。本例中的目标是备份到一个文件中，所以我们在这里输入的是最后备份文件的路径和文件名。

"-sure"这个开关是让用户跳过确认过程的。

"-z"这个开关是指备份过程中对内容的压缩比："-z"或者"-z1"是快速压缩。"z"后面的数字越大，压缩比率就越大，而速度也就越慢，压缩率最大的是"z9"。

既然备份操作的时候可以使用命令行方式，那么是否也可以使用命令行方式进行还原操作呢？答案是肯定的，还原操作的命令行（不含引号）为：

"d:\backup\Ghost.exe -clone,mode=pload,src=d:\backup\sysbackup.ghost:1, dst=1:1 -sure -rb"

与备份操作不同的是，这里的“mode”开关用的是“pload”，因为是从文件恢复到分区；“src”变成了文件；“dst”变成了分区，正好是备份过程的逆过程。增加的惟一一个开关是“-rb”，它的意思是在还原过程结束后重新启动电脑。

如果将这两个命令行保存成两个批处理文件，就可以制作一张可以自动备份/还原的软盘或光盘了。

下面是Ghost最常用的几个命令行参数供大家参考：

● -rb

即本次Ghost操作结束退出时自动重新启动电脑。这是一个很有用的参数，特别是在复制系统时你可以放心地离开了。

● -fx

即本次Ghost操作结束退出时自动回到DOS提示符（前提是你以DOS命令的方式启动的Ghost）。

● -sure

即对所有要求确认的提示或警告一律回答“YES”。此参数有一定的危险性，只建议高级用户使用，小心为妙。

● -fro

如果源分区发现坏簇，则略过提示强制拷贝。此参数可用来试着挽救硬盘坏道中的数据。

● -fnw

禁止对FAT分区进行写操作，以防误操作（此参数对NTFS分区无效）。

● -f32

将源FAT16分区拷贝后转换成FAT32（前提是目标分区不小于2GB）。除非是复制Windows 98分区，否则此参数慎用。

● -f64

将源FAT16分区拷贝后转换成64kB/簇（原是512kB/簇，前提是目标分区不小于2GB）。此参数仅仅适用于Windows NT系统，因为其他操作系统均不支持64kB/簇的FAT16分区。

● -fatlimit

将Windows NT的FAT16分区限制在2GB。此参数在复制Windows NT分区，且不想使用64kB/簇的FAT16时非常有用。

● -span

即分卷参数。当空间不足时提示复制到另一个分区的另一个映像文件中。

● -auto

分卷拷贝时不提示就自动赋予一个文件名继续执行。

● -crcignore

忽略映像文件中的校验错误。除非拷贝的东西无关紧要，否则不要使用此参数，以防数据错误。

二、“一键恢复”功能DIY

大家知道目前许多品牌机在出厂时都预装了Windows操作系统，并提供系统恢复盘。此外“蓝色巨人”IBM的笔记本电脑还提供“一键恢复”的功能，即系统损坏后，只需在重启电脑的同时按住某一个功能键就能将系统恢复到出厂状态。遗憾的是，很多组装的电脑甚至于很多品牌机并没有预装

Windows，更别提“一键恢复”了。为了保证自己爱机的数据安全，我们可以自己动手打造“一键恢复”功能。

1.实现构想

假设硬盘中同时存在多个主分区，在默认情况下只有一个是可见的，并且可以通过“Partition Magic 6.0”（硬盘分区魔术师，以下简称PM6.0）附带的程序“Pqboot.exe”在各主分区间切换。例如一块硬盘存在两个主分区：主分区1和主分区2。在主分区1中安装有正常使用的系统软件和应用软件，将主分区1克隆生成映像文件，并将该文件保存在主分区2中。一旦主分区1中的系统损坏，就可以利用保存在主分区2中的映像文件恢复。主分区2一般情况下是隐藏的，不易造成映像文件的丢失。

2.准备Fdisk.exe、Ghost8.0和PQMagic 6.0

这几个工具软件相信大家都很熟悉吧，前两个不必多说，至于PQ6.0，在许多随机光盘中都能找到，当然也可以上网搜寻。

3.实现步骤（以Windows 98为操作平台）

（1）主分区1的划分和软件安装

首先将重要文件转移到其他硬盘上，然后用光盘引导系统，用Fdisk先为硬盘划分出主分区1。格式化后安装必要的系统软件和应用软件（注：必须安装“PM6.0”），并且一定要保证所有软件均工作在最佳状态下。在Windows界面下从PQ6.0的安装目录（“PM6.0\UTILITY\DOS”）中找到“Pqboot.exe”文件，并将其复制到根目录下。编辑批处理文件“r.bat”。为防止误删除，建议将这两个文件的属性改成隐藏和只读。

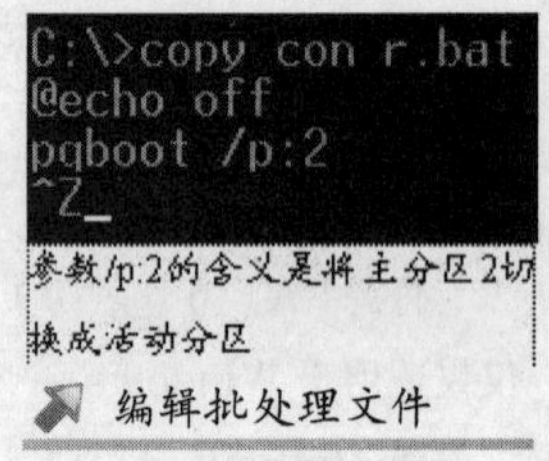

编辑批处理文件

（2）主分区2的划分和相关软件的设置

用PQ6.0在主分区1后面再划分出一个主分区（我们称为主分区2）以及若干逻辑分区，各分区的类型均为FAT32。主分区2的大小一般不超过2GB，并将其隐藏属性去掉。耐心等待分区完成后，重新启动电脑至Windows界面下，以“仅复制系统文件”方式格式化主分区2，并复制“Ghost.exe”、“Pqboot.exe”两个文件到主分区2的根目录下。在MS-DOS窗口中将当前盘符切换成主分区2的盘符（本例为E盘），编辑自动批处理文件“Autoexec.bat”。

```
E:\>copy con Autoexec.bat
@echo off
if exist sys.gho ghost.exe -clone,mode=pload,
src=sys.gho:1,dst=1:1 -sure -fx
if exist sys.gho pqboot /p:1
^Z_
```

1、第一个if命令行为一整行，中间没有回车。本图是为了适应图片的长宽比例而写成了以上格式。

2、ghost参数提示：-clone（自动执行克隆操作），mode=pload（克隆方式为从文件到分区），src=sys.gho:1（源文件），dst=1:1（目标分区），-sure（在克隆过程中出现的对话接钮一律执行“确定”），-fx（克隆完成后返回dos提示符）

编辑自动批处理文件

然后运行Ghost程序，将主分区1克隆生成映像文件Sys.gho，并保存在主分区2的根目录下。

(3) 运行试验

重新启动电脑至MS-DOS方式，在“C：\>_”状态下敲击R键。如果电脑重新启动并自动运行Ghost程序，运行完毕以后又自动重新启动至Windows界面说明已经设置成功了。打开“我的电脑”，会发现主分区2是看不到的，这样就起到了保护映像文件的作用。

(4) 注意事项

①如果使用的Pqboot.exe是经过汉化的，在使用参数“/P:2”的时候可能会提示“无效参数”，应改用英文版的Pqboot.exe。

②在用PM划分主分区2和逻辑分区时，应该将PartitionType设置为FAT32类型。

③如果在试验时Ghost没有自动运行，可能是参数设置不正确。这时只有启动至Windows界面下，执行PM6.0，将主分区2的隐藏属性取消，检查Autoexec.bat中Ghost.exe的参数设置情况。

④上述步骤要经过反复试验，不能随意颠倒和跳过。

如果有刻录机，只需将Autoexec.bat文件内容稍作改动，就能做成一张系统恢复盘。

三、“Ghost浏览器（Ghost Explorer）”应用实例

使用Ghost生成的映像文件可以在系统崩溃后迅速得到恢复，这当然是非常实用的。借助Ghost的得力助手“Ghost浏览器（Ghost Explorer）”可以实现更加高级的功能。

1.还原单（多）个文件

进行单（多）个文件的还原是“Ghost浏览器”的主要功能之一，具体实现方法如下所述。

第1步，进入Norton Ghost 2003软件主界面。单击“Ghost实用工具”按钮，并在左边的工具列表中单击“Norton Ghost浏览器”按钮。

第2步，在打开的“Ghost浏览器”窗口中依次执行“文件”→“打开”菜单命令，找到并打开事先备份的映像文件。这时可以发现“Ghost浏览器”窗口变成了形如Windows资源管理器的样式。

单击“Norton Ghost浏览器”工具

“Ghost浏览器”窗口

第3步，依次展开左窗格中的相关目录定位至所要还原的文件所在的目录，然后在右窗格中用鼠标右键单击准备还原的文件，在弹出的快捷菜单中执行“解压缩”命令。

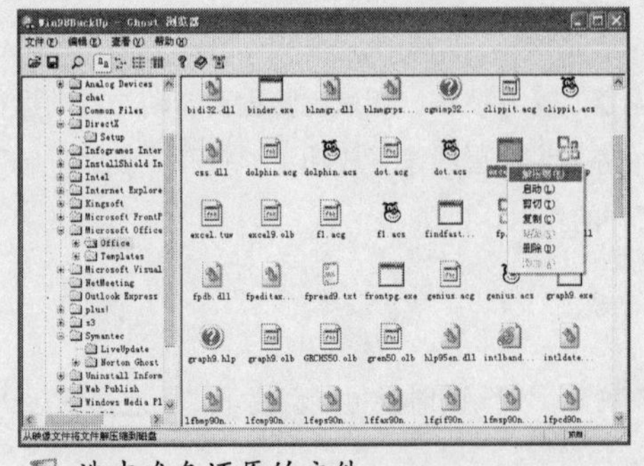

选中准备还原的文件

第4步，打开“解压缩到”对话框，该对话框的使用方法跟Windows系统中的“保存”或“打开”对话框完全相同。定为到合适的目标位置，单击“解压缩”按钮。

第5步，文件很快就会解压缩至目标位置，最后关闭“Ghost浏览器”窗口即可。

2.修改和编译映像文件

使用“Ghost浏览器”还可以对映像文件进行修改，这些修改包括剪切、复制、粘贴、删除操作，并且还可以对修改后的映像文件重新进行编译。以删除映像文件中已经没有用处的冗余文件为例，操作步骤如下。

第1步，在“Ghost浏览器”窗口中打开事先备份的映像文件，找到目标冗余文件。然后用鼠标右键单击该冗余文件，在弹出的快捷菜单中执行“删除”命令。

第2步，打开“确认删除”对话框，确认无误后单击“确定”按钮可将文件删除。

第3步，依次执行“文件”→“编译”菜单命令，打开“另存为”对话框。命名文件并为重新编译后的映像文件选择合适的保存位置（注意进行覆盖原映像文件的操作）。单击“保存”按钮。

第4步，稍等片刻之后编译过程结束，关闭“Ghost浏览器”窗口即可。

3.用“Ghost浏览器”设置分割文件大小

类似于压缩软件的“分卷压缩”功能，“Ghost浏览器”也可以将映像文件分割成几个体积更小的文件以方便保存。在“Ghost浏览器”中该功能被称为“跨度拆分点”功能。“跨度拆分点”功能允许设置每个跨度的大小，这样可以在编辑映像文件时（如添加文件）每个跨度文件不会大于指定大小。设置方法为：依次执行“查看”→“选项”命令，在打开的“选项”对话框中设置“跨度拆分点”的大小。默认是“2048MB”，且最大允许值也是“2048MB”。然后勾选“自动命名跨度文件”复选框，并单击“确定”即可。

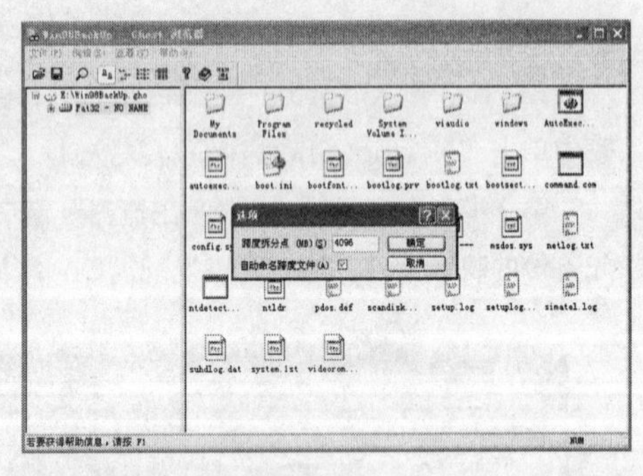

设置“跨度拆分点”

小提示

如果没有对映像文件进行编译也可以执行还原操作，但由于经过修改后的映像文件变得不连续，在进行还原操作的时候会花费更长的时间。而编译的过程就是对映像文件中的内容重新进行整理，这样可以大大加快映像文件还原的速度。

方案八 常见还原工具的使用

采用一些还原工具软件也可以起到很好的数据还原作用。目前比较著名的有电脑护卫（即"虚拟还原"）、还原精灵等，这些工具在很多电脑机房中均得到了广泛应用。下文将以"电脑护卫"为例谈谈使用软件还原工具保护硬盘数据的方法。

"如何将被修改得一塌糊涂的系统瞬间恢复如初？"这是很多机房管理人员都希望实现的愿望。实现这一愿望并不困难，"电脑护卫"就可以帮我们做到。"电脑护卫"是纯软件硬盘还原工具，安装并设置保护以后，可以使电脑远离病毒的侵扰，并可以瞬间恢复遭到破坏的系统，甚至格式化后的分区也可以恢复（当然必须事先设置为保护状态）。目前的较新版本是"电脑护卫5.0"。

一、安装"电脑护卫5.0"

第1步，首先将"电脑护卫5.0"的安装光盘放入光驱，光盘自动运行。在欢迎界面中单击"安装电脑护卫"按钮。

第2步，进入"电脑护卫"安装向导，在提示框中提示用户将安装"电脑护卫"。单击"继续"按钮开始安装。

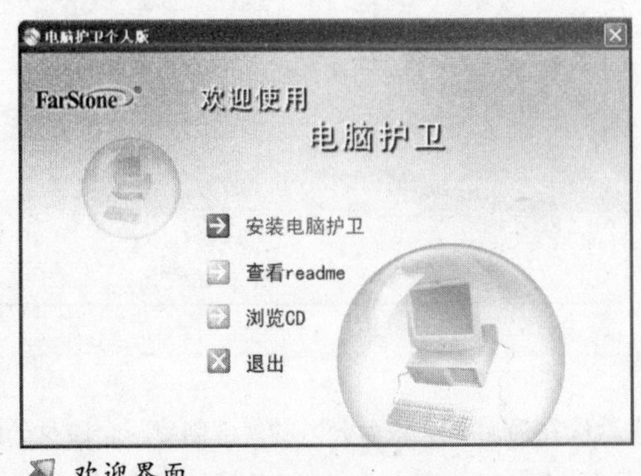

欢迎界面

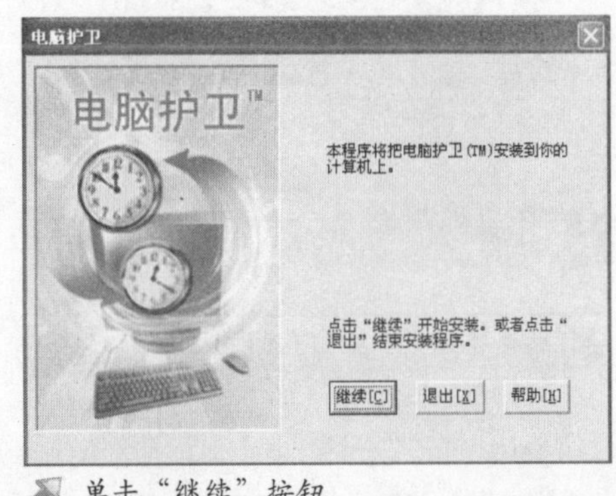

单击"继续"按钮

第3步，打开"授权合约"对话框，文本框中列出了使用者应该遵守的合约。如果没有问题则单击"我接受"按钮。

第4步，在打开的"设定目录"对话框中单击"浏览"按钮选择合适的安装目录，并单击"继续"按钮。

第5步，“虚拟还原”开始在后台进行安装，稍等片刻会打开“电脑护卫－制作救援盘”对话框。“电脑护卫救援盘”上提供了很多实用工具，用于在紧急情况下恢复被破坏的分区表、启动程序等重要系统数据。也可以用于修复“电脑护卫”、删除“电脑护卫”等。将一张MS-DOS启动软盘（或Windows 98启动盘）插入软驱，单击“下一步”按钮。

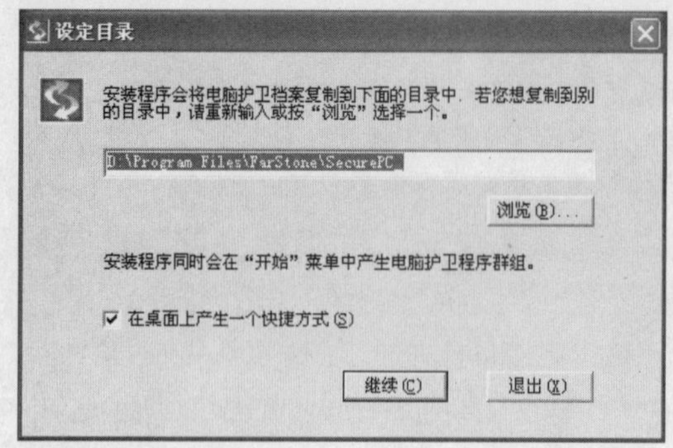

选择安装路径

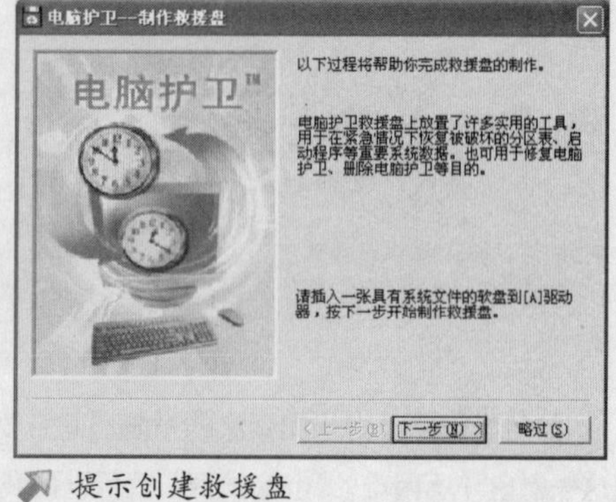

提示创建救援盘

第6步，系统开始创建救援盘。创建过程中一定要保证不断电，以免造成软盘的损坏。创建完毕后单击“完成”按钮即可。

第7步，在打开的“完全备份点”对话框中，用鼠标勾选“建立完全备份点”复选框，然后在“请选择要建立完全备份点的磁盘”列表中勾选相应的分区。默认情况下已经选中了系统分区，单击“建立”按钮。

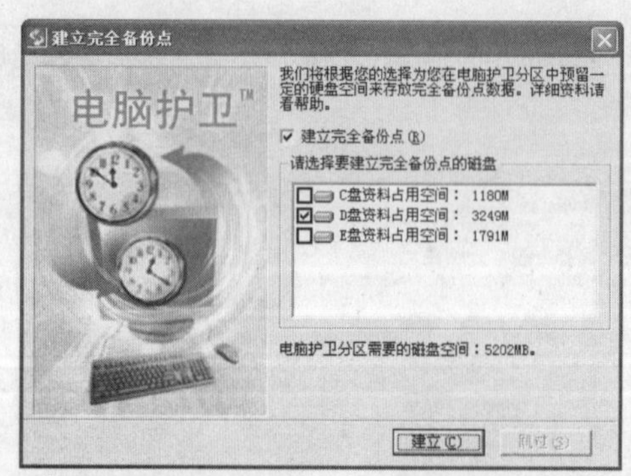

选择建立完全备份点的分区

选择分区

第8步，打开“分区工具”对话框，安装程序将默认在最后一个磁盘分区的尾部创建一个磁盘分区供“电脑护卫”使用。单击“确定”按钮，在弹出的“注意”提示框中单击“确定”按钮重新启动电脑并开始磁盘整理操作。

第9步，磁盘整理完毕后会再次重新启动电脑，这时“电脑护卫”会自动启动并开始进行“创建完全备份点”的操作。根据硬盘中数据的多少和电脑运行速度的快慢，创建备份点所花费的时间不尽相同。创建完毕后会再次重新启动电脑，并且在重启过程中会提示用户按空格键进入程序管理界面。至此“电脑护卫”的安装完成了。

二、还原数据

在Windows系统环境中还原数据的操作分为两种方式，即“使用一般模式完全备份点”和“使用高级模式完全备份点”。使用“一般模式完全备份点”还原硬盘资料的步骤如下。

第1步，在桌面上双击“电脑护卫”的快捷方式，打开“电脑护卫 快速向导”对话框。单击对话框底部的“高级模式”按钮，切换至高级模式窗口。

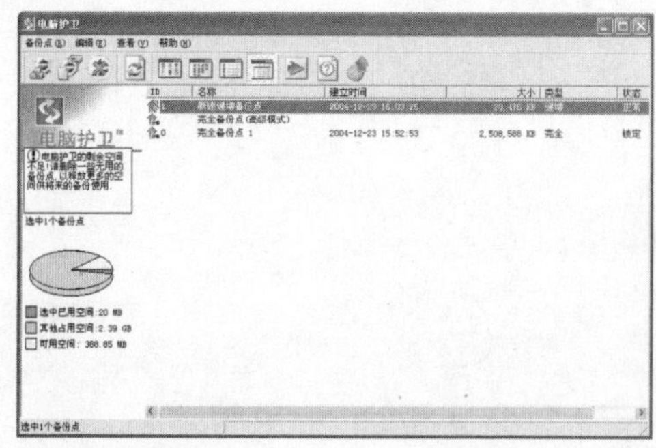

高级模式窗口

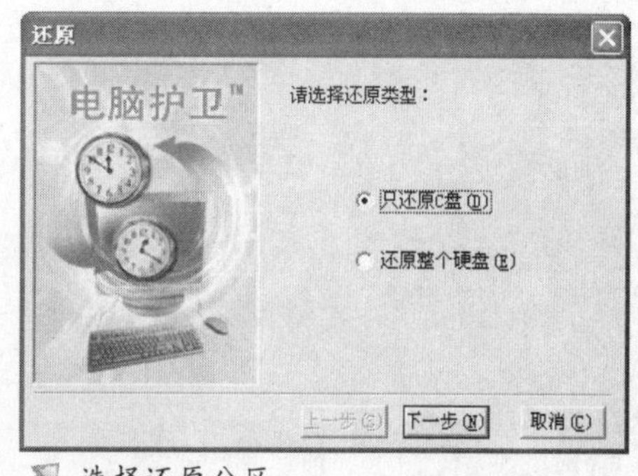

选择还原分区

第2步，在窗口右侧的备份资料区单击使用“一般模式完全备份点”创建的备份点，并执行“备份点/还原”菜单（或在选定的“一般模式完全备份点”上单击鼠标右键，在弹出的快捷菜单中执行“还原”命令），打开“还原”对话框。选择所要还原的分区后，单击“下一步”按钮。

第3步，“电脑护卫”会将你所选取的“一般模式完全备份点”的相关信息列出，在确定信息无误后，单击“下一步”按钮。“电脑护卫”将会立即重新启动电脑，并将硬盘还原到所选取的“一般模式完全备份点状态”。

第4步，重新启动电脑，可以发现所选分区已经被还原了。

如果需要将硬盘资料还原到某个已创建的“高级模式完全备份点”，则按如下步骤操作：

第1步，在“电脑护卫”窗口的备份资料区中选取高级模式完全备份点，并执行“备份点/还原”菜单（或者在选定的“高级模式完全备份点”上单击鼠标右键，在弹出的快捷菜单中执行“还原”命令），打开“还原完全备份点”向导对话框。

第2步，在“还原完全备份点”向导中单击“下一步”按钮，重新启动电脑后“电脑护卫”进入DOS实模式状态。首先选择存储完全备份点的映像文件，然后单击“下一步”按钮。

第3步，接下来将出现选择源分区的对话框（一个高级模式完全备份点可能备份了多个分区），选择要还原的分区（在复选框中打钩），然后单击“下一步”按钮。

第4步，选择要将高级模式完全备份点还原到的目标硬盘和目标分区。

第5步，用户可以在弹出的对话框中检查自己设置的内容是否正确，如需修改，请单击“上一步”按钮返回并修改；如果确认无误，单击“下一步”按钮继续。

第6步，开始还原高级模式完全备份点，用户可以看到还原进度。还原全部完成。

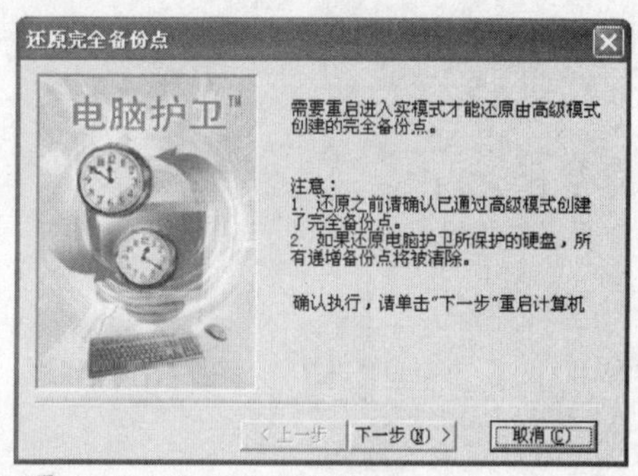

还原完全备份点向导

电脑系统信息的备份与还原

文/图 朱青亮

电脑系统信息(包括硬盘主引导区、BIOS信息、系统注册表等)是保证电脑正常工作的基本条件,一旦这些信息遭到破坏,将导致电脑系统的瘫痪。由此可见,对这信息进行备份非常重要。本专题将详细介绍有关电脑系统信息备份与还原的方法。

方案一 备份、还原主引导扇区

硬盘的主引导扇区中存储着硬盘的重要信息，一旦由于病毒、误操作等原因导致硬盘主引导扇区信息损坏，就可能会造成硬盘分区表丢失，从而造成系统无法启动的故障。本方案将介绍用“三茗硬盘医生”工具对硬盘主引导扇区所进行的备份、还原操作。

一、备份主引导扇区

第1步，首先制作一张MS–DOS启动盘，并将“三茗硬盘医生”的主程序“hdd21.exe”复制到软盘中。用刚刚制作的MS–DOS启动盘启动电脑至DOS提示符下，然后键入命令“hdd21”并按回车键，进入“三茗硬盘医生”的主界面。

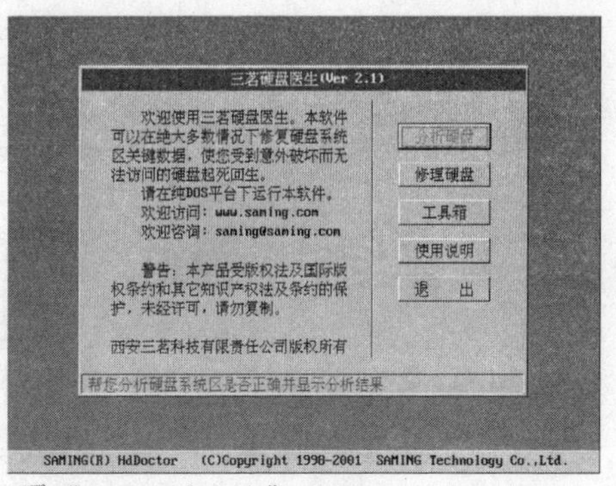

“三茗硬盘医生”主界面

小提示

制作MS–DOS启动盘的方法比较简单。在Windows 98下制作启动盘的方法为：打开“控制面板”并双击“添加/删除程序”图标。在打开的“添加/删除程序”对话框中单击“启动盘”选项卡，单击“创建启动磁盘”按钮。然后按照提示插入软盘并插入Windows 98安装光盘即可。

在Windows XP下创建MS–DOS启动盘的方法为：首先准备一张完好无损的软盘并插入软盘驱动器中，然后打开“我的电脑”，在“A盘”图标上单击鼠标右键，在弹出的快捷菜单中执行“格式化”命令。在打开的“格式化”对话框中勾选“创建一个MS–DOS启动盘”复选框，并单击“开始”按钮。这时系统会弹出提示框，确认继续格式化操作。单击“确定”按钮，稍等片刻之后即可成功完成格式化操作。最后单击“关闭”按钮将“格式化”对话框关闭。

格式化 3.5 软盘 (A:)
容量(P):
3.5", 1.44MB, 512 字节/扇区
文件系统(F)
FAT
分配单元大小(A)
默认配置大小
卷标(L)
格式化选项(O)
快速格式化(Q)
启用压缩(E)
创建一个 MS-DOS 启动盘(M)
开始(S) 关闭(C)

创建MS–DOS启动盘

第2步，按键盘上的方向键选择“工具箱”按钮，按回车键进入工具箱对话框。然后继续按方向键选择“备份主引导扇区”按钮，按回车键开始执行备份操作。

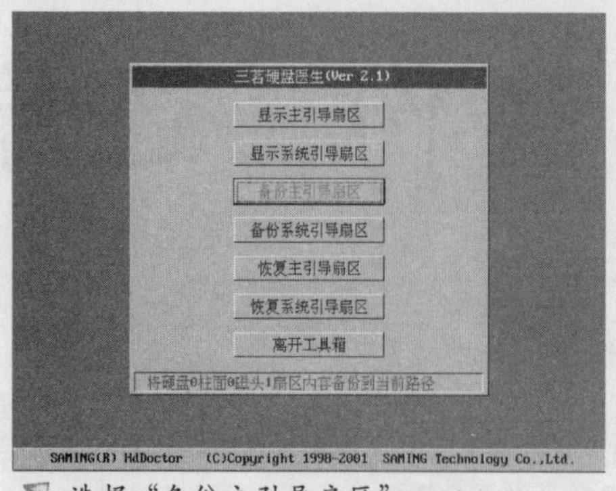

选择“备份主引导扇区”

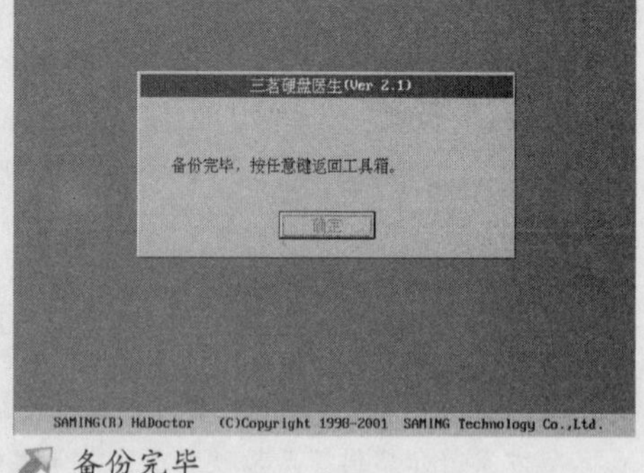

备份完毕

第3步，备份完毕后按任意键返回工具箱。在“三茗硬盘医生”备份主引导扇区的过程中，无须用户进行任何干预。

“三茗硬盘医生”会自动在主程序所在的目录中（即软盘中）生成一个名为“001.dat”的文件，该文件保存了主引导扇区信息，必须妥善保存。

二、恢复主引导扇区

备份的目的就是为了在主引导扇区损坏后能够恢复，恢复主引导扇区的步骤如下。

第1步，首先用保存有主引导扇区备份文件“001.dat”MS–DOS启动盘启动电脑，在DOS提示符下键入“hdd21”命令并回车，打开“三茗硬盘医生”的主界面。

第2步，按方向键选择“工具箱”按钮并回车进入工具箱界面，接着按方向键选择“恢复主引导扇区”按钮并按回车键。已损坏的硬盘主引导扇区将得到修复。

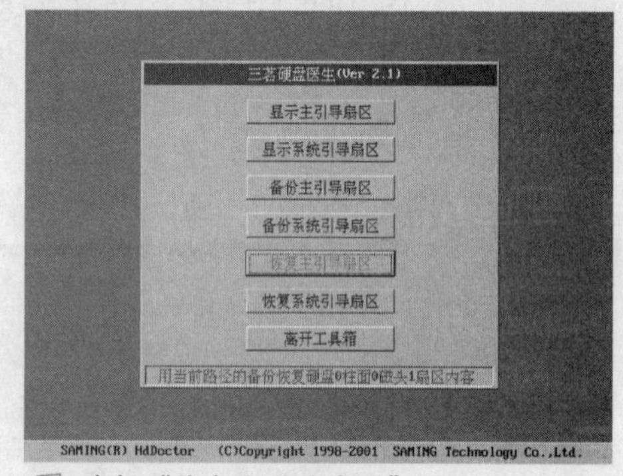

选择“恢复主引导扇区”

方案二　备份、修复硬盘分区表

硬盘分区表保存的是硬盘的分区信息，如果没有它也就谈不上使用硬盘存储数据了。但分区表也并不坚固，有时病毒也会毫不客气地将其破坏。那么在分区表损坏以后如何才能拯救硬盘于危难之中呢？有了事先备份的分区表信息将会使你从容应对。

有很多软件具有备份和还原硬盘分区表的功能，下文以大家比较熟悉的硬盘分区维护工具“Disk Genius”为例，介绍如何备份和还原硬盘分区表。

一、备份硬盘分区表信息

首先准备一张MS-DOS启动盘。我们知道在硬盘分区表损坏以后硬盘中的数据是无法读出的，因此为了保证“Disk Genius”能在硬盘分区表损坏以后将其成功恢复，应该将分区表备份文件保存在软盘中。备份硬盘分区表的步骤如下所述。

第1步，将“Disk Genius”主程序“diskgen.exe”复制到MS-DOS启动软盘上，然后用启动软盘引导系统进入DOS状态。键入命令“diskgen”并按回车键，进入“Disk Genius”程序主界面。

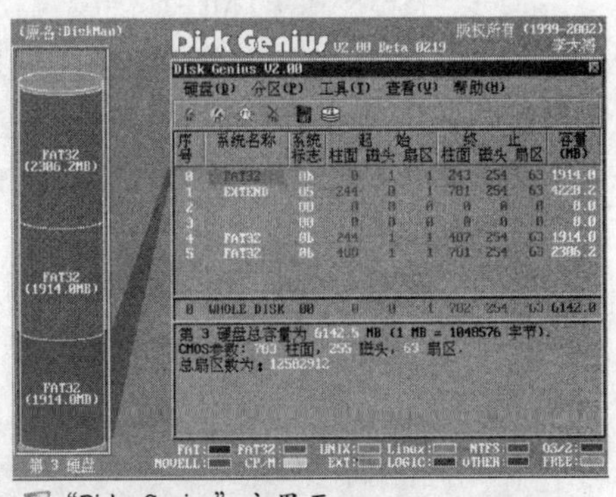

“Disk Genius”主界面

小提示

“Disk Genius”主界面中的硬盘分区情况一目了然，左边柱状图是分区情况，右边则是分区的详细信息。另外还在底部提供了颜色对照表，以帮助用户理解磁盘分区类型。

第2步，进入“Disk Genius”程序主界面后，按键盘上的“Alt+T”组合键激活“工具”菜单，然后按方向键选择“备份分区表”菜单并按回车键（也可以直接按“F9”键。如果加载鼠标驱动则可以执行“工具”→“备份分区表”菜单命令）。在出现的“备份到文件”对话框中键入文件名(默认保存在A盘上)并按回车键，瞬间即可备份当前硬盘的分区表信息。

备份完成后，可以通过程序主界面的下半部分查看当前分区文件系统信息。

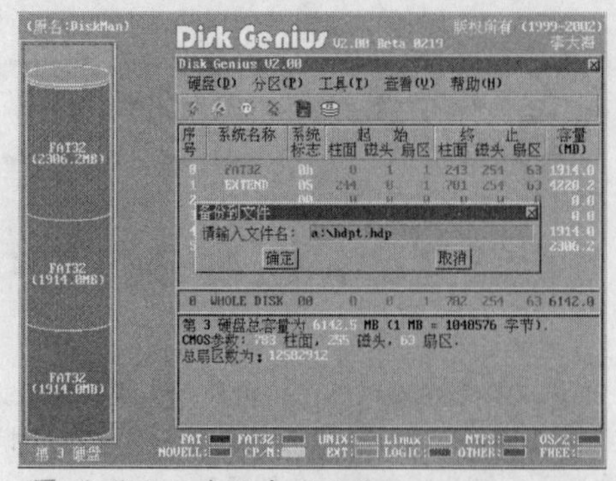

备份分区表信息到文件

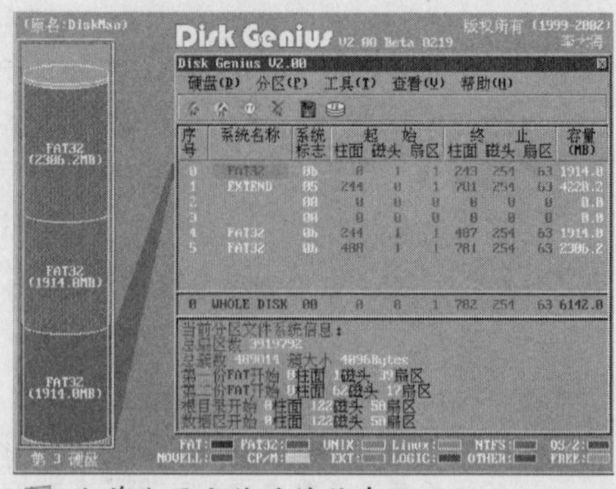

当前分区文件系统信息

二、恢复硬盘分区表信息

一旦硬盘分区表信息遭到破坏，就可以利用刚才备份到MS-DOS启动软盘中的分区表备份文件进行恢复，恢复的步骤如下所述。

第1步，用MS-DOS启动盘引导系统至DOS提示符下，键入“diskgen”命令并按回车键，进入“Disk Genius”程序主界面。

第2步，按键盘上的“Alt+T”组合键激活“工具”菜单，然后按方向键选择“恢复分区表”菜单并按回车键（也可以直接按“F10”键）。在打开的“从备份恢复分区表”对话框中键入事先备份的文件(默认从A盘读取)，然后按回车键。

“Disk Genius”将读入指定的分区表备份文件，并更新屏幕显示，在确定后瞬间即可将备份的分区表恢复到硬盘上。

第3步，按键盘上的“Alt+D”组合键激活“硬盘”菜单，选择“退出”菜单并按回车键（也可以按“Esc”键）退出“Disk Genius”程序。

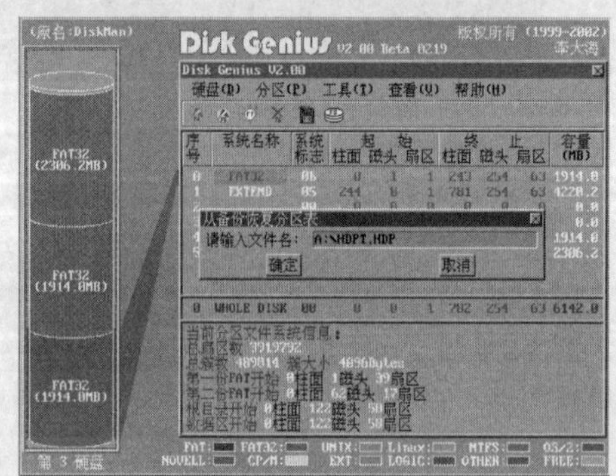

从备份文件恢复分区表

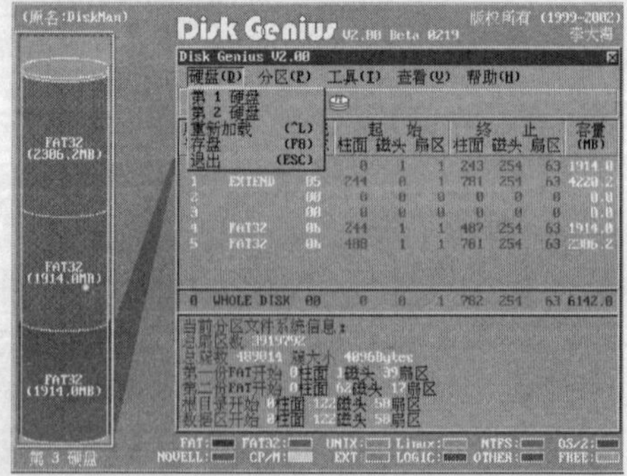

退出“Disk Genius”

三、重建分区表

尽管备份硬盘的分区表信息非常重要，但有时候用户却不喜欢事先备份或者曾经备份过但却丢失了。在这种情况下如何修复损坏的分区表信息呢？那么可以尝试通过“Disk Genius”的“重建分区”

功能修复分区表。

第1步，按键盘上的“Alt+T”组合键激活“工具”菜单，然后按方向键选择“重建分区”菜单，打开“信息”提示框 ，要求对现有硬盘分区表进行备份，单击“继续”按钮。

第2步，在接着打开的“信息”提示框中会提示用户采用哪种方式进行搜索分区的操作。这里我们选择“自动方式”，按回车键。

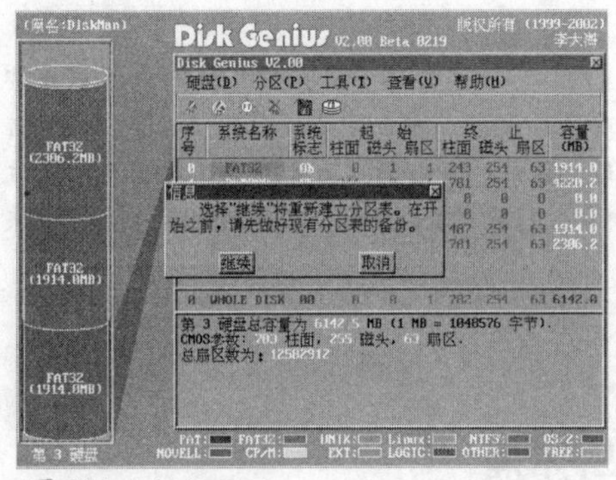

“信息”提示框

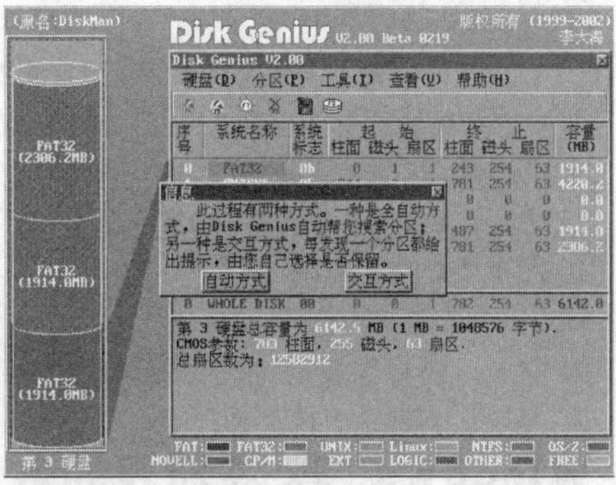

选择分区搜索方式

第3步，“Disk Genius”开始搜索分区，并自动处理所搜索到的分区信息。

第4步，搜索完毕后“Disk Genius”自动进行重建分区的操作。重建过程非常快，瞬间即可完成。完成后出现“分区表重建完毕，存盘后生效”的提示，表明重建分区表成功。按回车键即可。

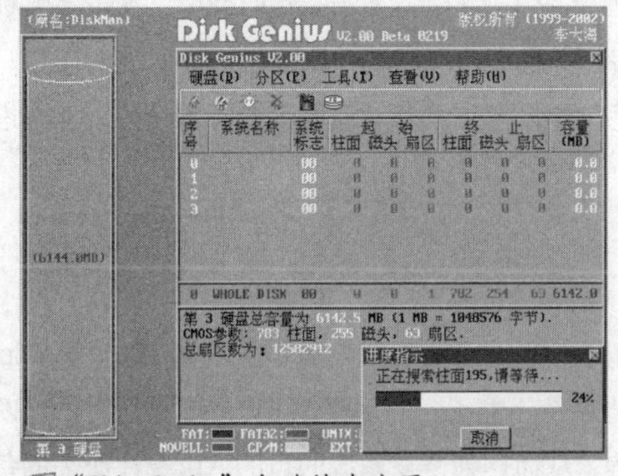

“Disk Genius”自动搜索分区

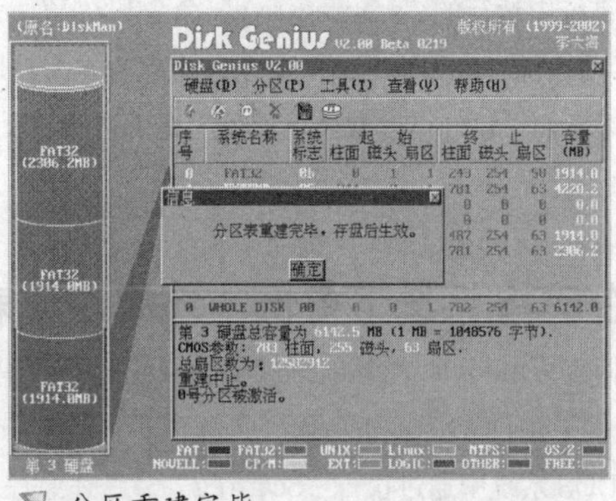

分区重建完毕

小提示

“Disk Genius”是通过搜索分区表结束标志“55AA”来重新建立分区表的。

四、重写主引导记录

如果硬盘的主引导记录(位于硬盘的0柱面0磁头1扇区)损坏，不能引导系统时，可使用“Disk Genius”的重写主引导记录的功能让软件自动检查并重写损坏的主引导记录。方法为在“Disk Genius”程序主界面中按键盘上的“Alt+T”组合键激活“工具”菜单，然后按方向键选择“重写主引导记录”菜单并按回车键。打开“信息”提示框后直接按回车键，瞬间即可实现主引导记录的重写。

方案三 注册表的备份与恢复

Windows的注册表存储着系统的软硬件配置信息、状态信息等诸多维持Windows系统正常运行的关键信息。注册表简化了系统管理的难度，但另一方面对注册表进行的一个小小错误改动又常常导致系统瘫痪。只有加强对注册表信息的备份工作，才能在系统出现问题后通过恢复注册表的方式迅速修复系统。下面将详细讨论在各种Windows系统平台下备份与恢复注册表的方法。

一、Windows 9x注册表的备份与还原

实质上在Windows 9x系统启动过程中会自动对注册表进行扫描，并将注册表文件及“Win.ini”和“System.ini”文件打包为“rb00?.cab”文件，然后将该文件存储在“\Windows\sysbckup”目录下，一旦系统出现错误便尝试自动修复。

但并不是所有的错误都可以自动修复，因此Windows 9x系统提供了两个注册表扫描工具，即在DOS系统中运行的“scanreg.exe”命令和在Windows系统中运行的“scanregw.exe”。无论在哪种系统中，只要执行“Scanreg”命令，相应版本的注册表扫描程序即可启动并执行扫描注册表的操作。扫描结束后如果发现错误便会提示用户是否进行自动修复，如果事先没有对注册表进行备份可以考虑进行自动修复。

1.在DOS系统下备份、还原注册表

相信Windows 9x系统的脆弱性在我们心中印象深刻，系统无法正常启动非常多见，幸好Windows 9x提供了在DOS方式下备份/还原注册表的方法。当系统不能正常启动至Windows界面时，可以考虑在DOS系统中通过执行“Scanreg”命令还原注册表，从而达到修复系统的目的。由于注册表的备份是系统在每天第一次启动时自动进行的，因此我们主要谈一谈如何在DOS系统中还原注册表。其步骤如下所述。

第1步，启动电脑的同时点按“F8”键，激活启动菜单。然后选择“Command prompt only”选项并按回车键，进入纯DOS系统。

第2步，在命令提示符中键入“scanreg”命令并回车，打开“Check Your Registry”对话框。保持“Start”按钮的选中状态，按回车键。

第3步，在打开的“Good Registry”对话框中，按键盘上的方向键选中“View Backups……”按钮并按回车键。

第4步，接着会出现以前自动备份的注册表文件列表，并且提供了每个注册表文件的备份日期。按键盘上的方向键选中最近的一个注册表文件，保持“Restore”按钮的选中状态并按回车键。

第5步，系统开始备份当前的系统文件，然后尝试利用选中的注册表文件恢复已经损坏的注册表。如果恢复成功，则提示重新启动电脑。在打开的“You Have Restored a Good Registry”对话框中按回车键重新启动电脑，一般情况下都可以成功修复Windows。

小提示

除了在交互模式备份/还原注册表以外，“Scanreg”命令还有几个参数供用户使用，分别是“/backup（备份注册表）”、“/restore（还原注册表）”和“/fix（修复注册表）”

2.在Windows系统下备份、还原注册表

如果系统能正常进入Windows界面，那就可以使用系统自带的“注册表编辑器”对注册表进行备份/还原。

(1)备份注册表

在Windows系统中备份注册表的步骤如下。

第1步，依次单击“开始”→“运行”，在“运行”编辑框中键入“regedit”命令并按回车键。

第2步，打开“注册表编辑器”窗口，在左窗格中列出了注册表的根键。然后依次单击“注册表”→“导出注册表文件”菜单命令。

键入“regedit”命令

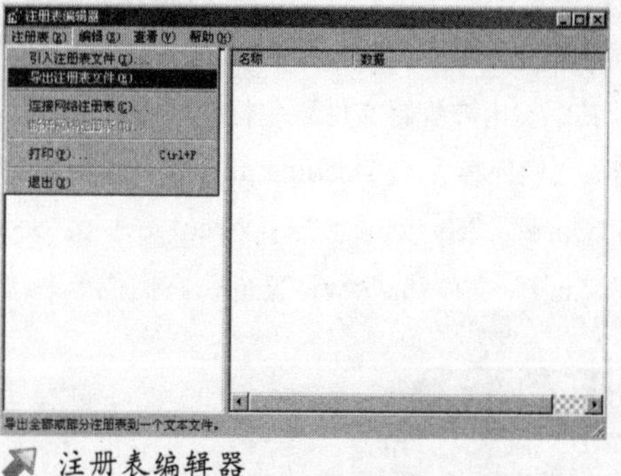

注册表编辑器

第3步，在打开的“导出注册表文件”对话框中，选择注册表备份文件的保存路径、命名导出文件的名称以及保存全部还是只保存注册表的某个分支。根据需要设定后单击“保存”按钮即可。

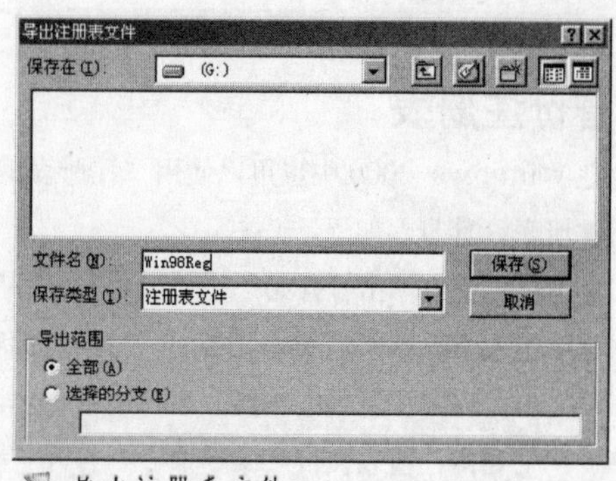

导出注册表文件

(2)还原注册表

在Windows系统中还原注册表的方法也比较简单，只需在“注册表编辑器”中依次单击“注册表”→“引入注册表文件”菜单命令，打开“引入注册表文件”对话框。找到事先导出的注册表备份文件，单击“打开”按钮。

注册表的还原过程比较快，还原完成后出现一个提示框，单击“确定”按钮并重新启动电脑。

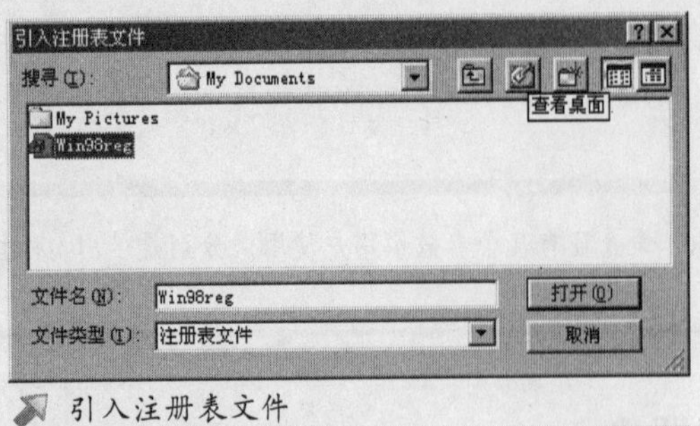

引入注册表文件

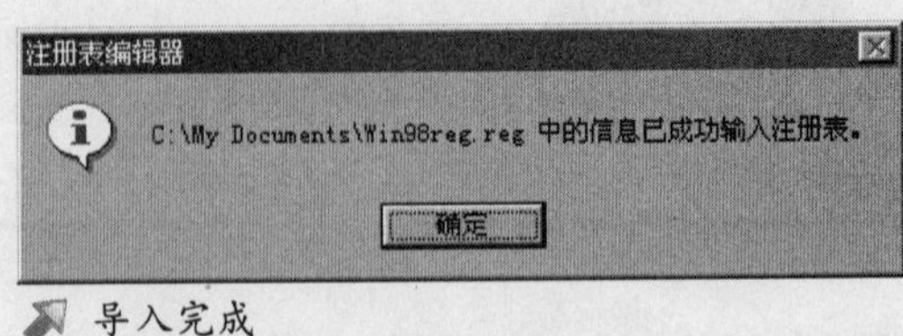

导入完成

小提示

如果在注册表出错前备份过注册表，也可以在DOS环境下使用“Regedit”来还原。使用启动盘启动电脑，然后进入“Windows”目录。在该目录下键入“Regedit /C *.reg”（其中*.reg为备份的注册表文件名），最后重新启动电脑使新的注册表生效。不过这种方法的还原速度较慢。

二、Windows 2000注册表的备份、还原

跟Windows 9x相比，Windows 2000的注册表包括“用户配置文件”和“系统配置文件”两部分。其中“用户配置文件”包括“Ntuser.dat”和“Ntuser.ini”两个隐藏文件及“Ntuser.log”日志文件，它们保存在“\Documents and Settings\”下的用户名目录中。“系统配置文件”包括“Default”、“Software”、“System”、“Appevent.evt”、“Secevent.evt”和“Sysevent.evt”等多个隐藏文件及其相应的“log”文件和“sav”文件，它们位于系统目录下的“system32\config”文件夹中。

小提示

与Windows 9x下的“System.dat”及“User.dat”注册表文件不同，Windows 2000的注册表文件在系统运行时无法使用第三方工具软件打开。

1.备份注册表

在Windows 2000中也可以使用“注册表编辑器”备份注册表，其步骤如下。

第1步，依次单击“开始”→“运行”，在“运行”编辑框中键入“Regedit”命令，打开“注册表编辑器”。

第2步，在“注册表编辑器”窗口中依次单击“注册表”→“导出注册表文件”菜单命令，打开“导出注册表文件”对话框。勾选“全部”复选框，然后指定备份注册表文件的路径及名称，单击“保存”按钮即可。

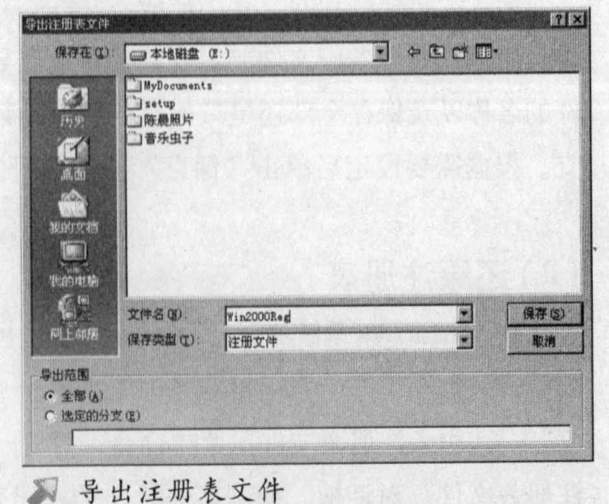

导出注册表文件

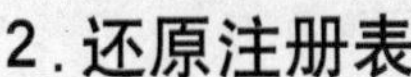

2. 还原注册表

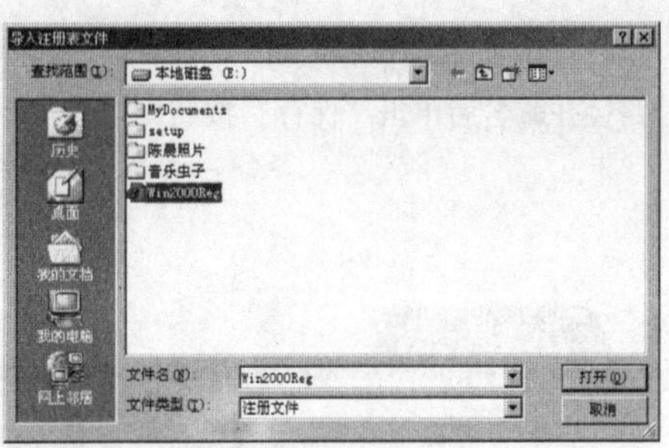

导入注册表文件

还原注册表的操作同样需要在“注册表编辑器”中进行，步骤如下。

第1步，依次单击“注册表”→“导入注册表文件”菜单命令，打开“导入注册表文件”对话框。找到并选中事先备份的注册表文件，然后单击“打开”按钮。

第2步，系统开始自动进行导入注册表的操作，可以通过进度条查看导入的进度。导入完成后重新启动电脑即可生效。

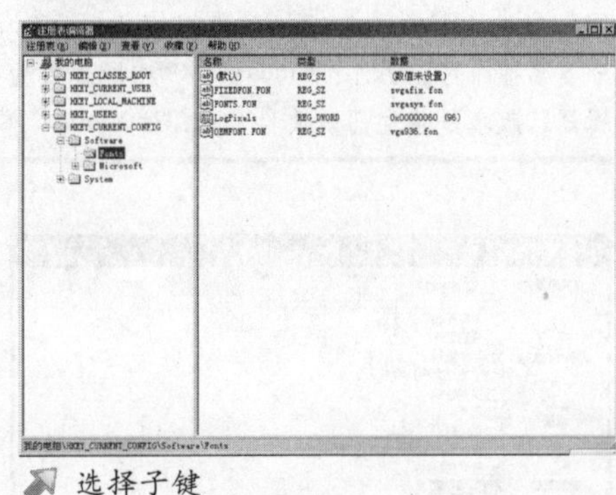

选择子键

3. 备份注册表分支

在Windows 2000中除了可以对整个注册表文件进行备份以外，还可以备份某个根键或某个子键。首先在“注册表编辑器”窗口中选中要导出的根键或子键，然后依次单击“注册表”→“导出注册表文件”菜单项，在打开的“导出注册表文件”对话框中指定注册表文件的文件名，并单击“保存”按钮即可。

小提示

Windows 2000是一个真正的多用户操作系统，因此在保存某些根键或子键时，因为执行操作的用户不同，或者是该根键或子键正在被系统使用，会出现禁止访问的警告，例如出现“权限不足、无法保存项”等消息提示。这时如果是Administrator身份则可以使用“安全”菜单下的“权限”命令，对这些根键或子键的用户赋予“完全控制”的权限，然后就可以保存该项了。

三、Windows XP注册表的备份与还原

众所周知，注册表是Windows系统的核心文件，Windows XP的注册表当然也不例外，因此经常对注册表进行备份很有必要。利用Windows XP自带的“注册表编辑器”可以实现对注册表文件的备份/还原操作。

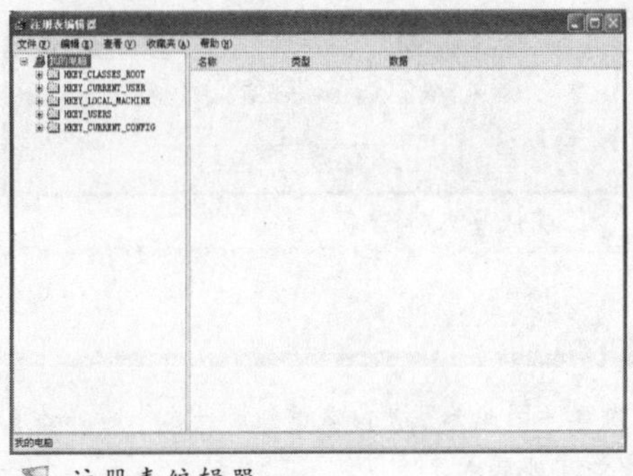

注册表编辑器

1. 备份注册表

在Windows XP中备份注册表的步骤如下所述。

第1步，依次单击“开始”→“运行”，在“运行”框中键入“Regedit”命令并按回车键，打开“注册表编辑器”窗口。

第2步，在“注册表编辑器”窗口的左窗格中选中“我的电脑”节点，然后依次单击“文件”→“导出”命

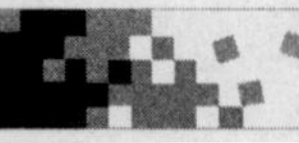

令，打开“导出注册表文件”对话框。选择合适的保存路径并命名后单击“保存”按钮即可。

导出注册表文件

小提示

在默认情况下，“注册表编辑器”会对整个注册表进行备份。如果只备份注册表中的某一分支，在“导出范围”中点选“所选分支”单选按钮，然后输入要导出的分支名称即可。另外，Windows XP中所提供的“注册表编辑器”版本是将注册表文件作为“Unicode”格式输出的。

2.还原注册表

还原注册表的操作同样需要在“注册表编辑器”中进行，步骤如下。

第1步，打开“注册表编辑器”窗口，依次单击“文件／导入”菜单命令，打开“导入注册表文件”对话框。找到并选中事先备份的注册表文件，然后单击“打开”按钮。

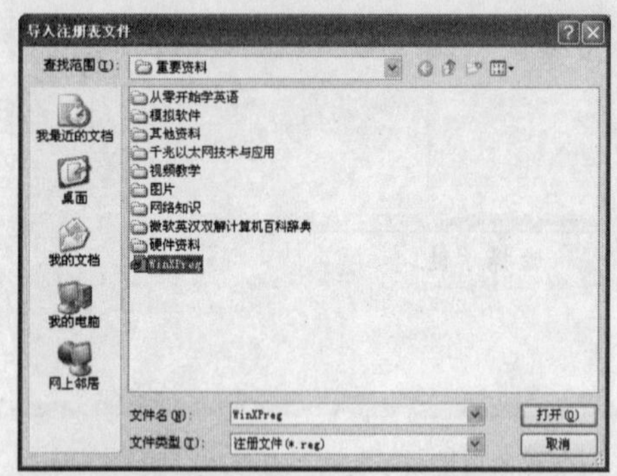
导入注册表文件

第2步，系统开始自动导入注册表操作，用户可以通过进度条观察导入的进度。

小提示

如果在导入注册表的过程中打开了某些应用程序，则会在导入完成后提示用户部分数据未成功写入注册表。因此建议在进行导入注册表操作时关闭所有应用程序。

3.加载“.reg”文件还原注册表

使用“注册表编辑器”导出的注册表文件默认保存为一个扩展名为“.reg”的文本文件，并且Windows XP可以识别出这种文件就是注册表文件。因此在还原注册表的时候，也可以直接运行此类文件。具体方法就是找到并双击事先备份的“.reg”文件，在打开的“注册表编辑”对话框中单击“确定”按钮，系统会自动加载此文件到注册表。

确认导入注册表

小提示

由于Windows XP在运行时高速缓存了大多数的注册表内容，因此为了使修复的注册表起作用，必须重新启动Windows XP。只有重新启动之后，许多注册表的更新才被载入。

方案四 BIOS程序的备份与修复

BIOS（Basic Input/Output System，基本输入／输出系统）是电脑系统中较底层的“操作系统”，它可以为系统提供最基本、最直接的硬件控制。BIOS 程序固化在主板上的BIOS 芯片中，其中包含了各种硬件设备的基本驱动程序和其他重要程序。可以这么说，BIOS 程序一旦被损坏且没有有效的补救措施，那么整块主板将报废。因此应提前做好BIOS 程序的备份，以便在需要的时候挽救 BIOS。

BIOS程序的开发厂商有多家，目前市场上比较常见的有 Award BIOS和AMI BIOS两家。每一类BIOS 程序都提供了专门的刷新程序对BIOS进行备份、修复和升级操作。为便于读者掌握BIOS 备份／修复的方法，我们将分别针对每一类BIOS 做详细介绍。

一、Award BIOS 程序的备份与修复

目前大多数电脑主板都采用了 Award BIOS，Award BIOS 提供了专门的BIOS 刷新工具“AWDFlash.exe”。这是一个只能在DOS下运行的程序，借助该工具，用户可以完成BIOS程序的备份、修复和升级工作。BIOS 程序的升级不在本书的讨论范围之内，因此我们的讨论重点将放在如何使用 AWDFlash 备份和修复 Award BIOS 程序上。

1. 备份 Award BIOS 程序

为安全起见，建议把“AWDFlash.exe”程序复制到一张MS-DOS启动盘（或者 Windows 9x启动软盘）上，然后再执行备份操作。当然也可以在启动 Windows 9x 的时候点按“F8”键，选择进入 DOS 实模式，然后运行“AWDFlash.exe”程序。

```
FLASH MEMORY WRITER V8.09
(C)Award Software 2001 All Rights Reserved

For i440BX-W83977-2A69KA1EC-S DATE: 10/10/2003
Flash Type - WINBOND 29C020 /5V

File Name to Program :

Message:  Do You Want To Save Bios (Y/N)
```

按“Y”键确认

```
FLASH MEMORY WRITER V8.09
(C)Award Software 2001 All Rights Reserved

For i440BX-W83977-2A69KA1EC-S DATE: 10/10/2003
Flash Type - WINBOND 29C020 /5V

File Name to Program :

Save current BIOS as : OBIOS.bin

Message:
```

键入备份文件名

第1步，用启动盘启动电脑至DOS提示符，然后键入“awdflash”命令并按回车键，进入AWDFlash界面。在AWDFlash界面中出现提示“File Name to Program（程序文件名）”文本框，提示用户输入要刷新的BIOS文件名。因为我们要进行的操作是备份BIOS程序，因此直接按回车键。

第2步，接着屏幕下方会出现提示“Do You Want to Save BIOS（Y/N）”（是否需要保存当前BIOS程序），按键盘上的“Y”键确认继续。

第3步，得到输入BIOS备份文件名称的提示，可在“Save current BIOS as”（将源BIOS保存为）编辑框中键入一个文件名（如Obios.bin）并按回车键。

第4步，程序开始备份BIOS程序的操作，所生成的“Obios.bin”文件将保存在“AWDFlash.exe”程序所在的目录中，备份操作完成后自动退出AWDFlash界面。

2.修复Award BIOS程序

BIOS程序的还原操作其实就是BIOS程序的刷新过程。在DOS提示符状态下运行AWDFlash程序，当出现“File Name to Program（程序文件名）”提示框时键入事先备份的BIOS程序文件名，并连续按回车键即可完成修复。

修复BIOS程序

小提示

Award BIOS的备份和修复操作也可以通过命令的方式来完成。如在DOS提示符中键入“awdflash OBIOS.bin /sy/pn”命令行即可将当前的BIOS程序保存下来。下面列出了有关“AWDFlash.exe”程序详细的参数信息：

/? 显示帮助信息
/py 自动完成BIOS程序的刷新任务
/sy 备份原来的BIOS程序到磁盘
/sb 在升级BIOS程序时强行跳过BootBlock模块
/cp 在刷新结束后清除即插即用数据(ESCD)
/cd 在刷新BIOS程序结束后清除DMI数据
/r 在刷新BIOS程序结束后自动重启动
/pn 不运行升级程序
/sn 不备份系统老的BIOS文件
/sd 保存DMI数据到一个文件
/cks 在更新BIOS程序时显示备份文件的数据
/tiny 只占用很少的内存
/e 刷新结束后自动回到DOS命令行状态
/f 刷新时使用原来的BIOS数据
/ld 在刷新结束后清除CMOS数据并且不重新引导系统
/cksxxxx 将老的备份BIOS文件与新的BIOS文件进行比较校验

二、AMI BIOS 程序的备份与修复

AMI BIOS 的刷新程序名为“AMIFlash.exe”，目前的较新版本为 8.79 版。

1.备份 AMI BIOS 程序

备份 AMI BIOS 程序的操作跟备份 Award BIOS 程序基本类似，具体步骤如下。

第 1 步，启动系统至 DOS 提示符，然后键入“amiflash”命令并按回车键，进入 AMIFlash 程序界面。跟 AWDFlash 程序界面相比，AMIFlash 的界面要复杂一些，分为“Main（主要）”、“File（文件）”、“Info（信息）”和“Help/Message（帮助/消息）”四个区域。

第 2 步，默认情况下“Main”区域的“File”选项处于选中状态。按键盘上的“Tab”键将光标移动至“Save”编辑框，并键入文件名（如“Obios.bin”），然后按回车键。稍等片刻即可提示备份成功。

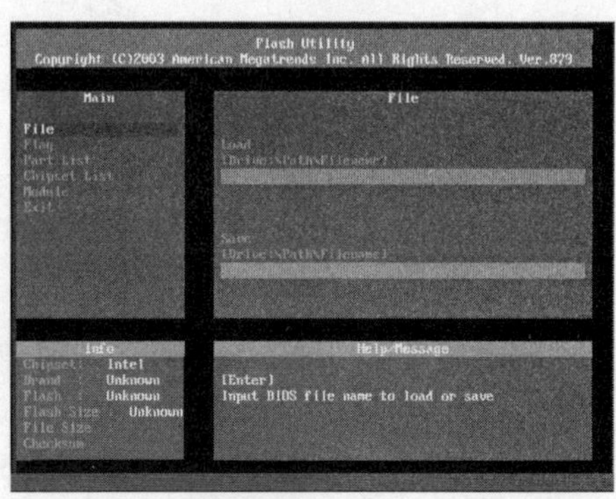

AMIFlash 程序界面

2.修复 AMI BIOS

目前版本的 BIOS 程序中都含有“Boot Block（引导块）”功能，这是 BIOS 文件中的一段程序代码，支持从软驱启动计算机。当 BIOS 程序出现问题时，如果“Boot Block”没有被破坏，它就会自动从软盘启动，从而提供修复 BIOS 程序的可能。借助该功能，修复 AMI BIOS 程序的步骤如下所述。

第 1 步，将事先备份的 BIOS 程序文件更改文件名为“Amiboot.rom”，然后将其复制到一张空白软盘上。

第 2 步，打开电脑电源，在电脑启动的过程中按住“Ctrl+Home”组合键，强制电脑从软盘启动。

第 3 步，AMI 的引导块会自动从软盘中读取“Amiboot.rom”文件对 BIOS 程序进行刷新。完成后发出四声提示音。

第 4 步，取出软盘重新启动电脑即可。

方案五 硬件配置文件备份与修复

当我们安装了某个新硬件设备，或者对某个硬件的驱动程序进行了升级或更改，可能常常使系统无法正常启动。可是如果事先备份了硬件配置文件，就可以将硬件配置还原到以前的状态。因此大家在安装硬件或升级硬件驱动程序以前对硬件配置文件进行备份很有必要，这样可以非常方便地解决许多因硬件配置而引起的系统问题。

一、备份硬件配置文件

以Windows XP系统为例，备份硬件配置文件的步骤如下。

第1步，在桌面上用鼠标右键单击“我的电脑”，在弹出的快捷菜单中执行“属性”命令，打开“系统属性”对话框。然后单击“硬件”标签，切换到“硬件”选项卡。

第2步，在“硬件”选项卡中单击“硬件配置文件”按钮，在打开的“硬件配置文件”对话框的“可用的硬件配置文件”列表中显示了本地计算机中可用的硬件配置文件清单。如果Windows XP有多个硬件配置文件，那么在默认情况下，用户在30秒内仍没有选择选用哪一个硬件配置文件，则系统自动从当前列表中选用第一个配置文件启动系统。

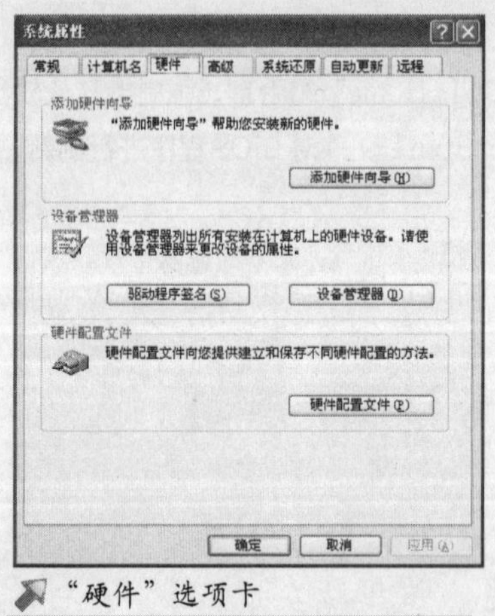

“硬件”选项卡

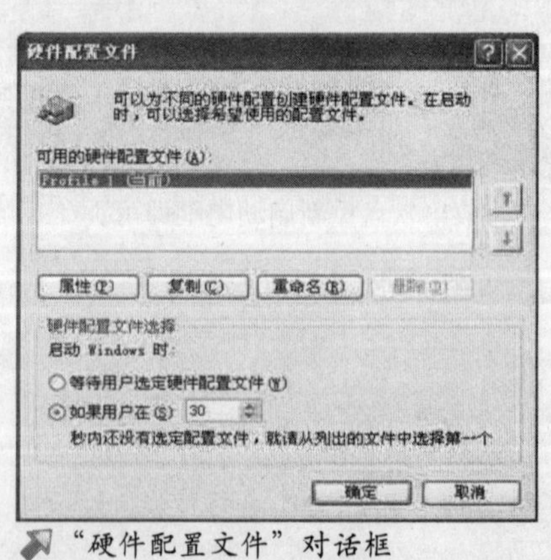

“硬件配置文件”对话框

第3步，在“硬件配置文件”对话框中单击“复制”按钮，在打开的“复制配置文件”对话框的“到”文本框中键入一个新的文件名并单击“确定”按钮。

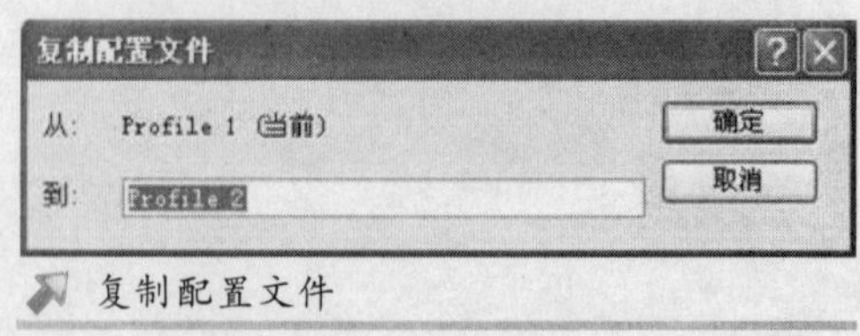

复制配置文件

第4步，回到“硬件配置文件”对话框后可以看到在“可用的硬件配置文件”列表中已经添加了一个新的文件，依次单击“确定”按钮即可。

复制后得到另一个硬件配置文件

二、还原硬件配置文件

当由于升级或更改硬件驱动程序而导致硬件不能使用或系统不稳定时，应该如何还原硬件配置文件呢？其实很简单，只需将事先备份的硬件配置文件设置为第一个文件就行了。

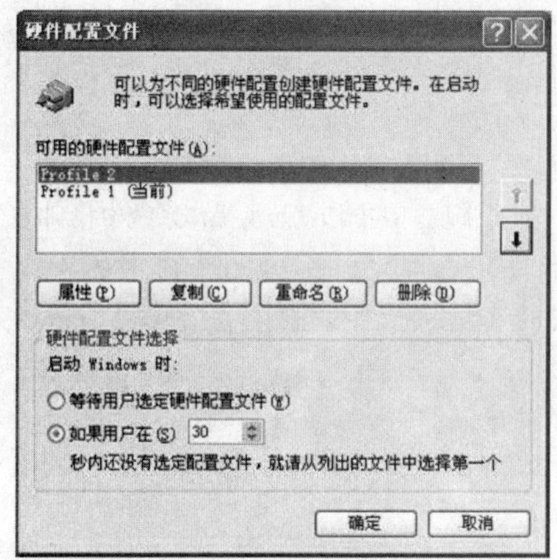

更改硬件配置文件的位置

小提示

如果觉得每次都要选择硬件配置比较麻烦，可以在“硬件配置文件”对话框中将存在问题的硬件配置文件删除。

第1步，打开“硬件配置文件”对话框，在“可用的硬件配置文件”列表中选中备份的硬件配置文件。然后单击列表右侧的上箭头将其移动到第一的位置，并依次单击“确定”按钮。

第2步，重新启动Windows XP，在出现选择硬件配置文件的菜单时直接按回车键（或者等待30秒）即可应用原来的硬件配置文件。

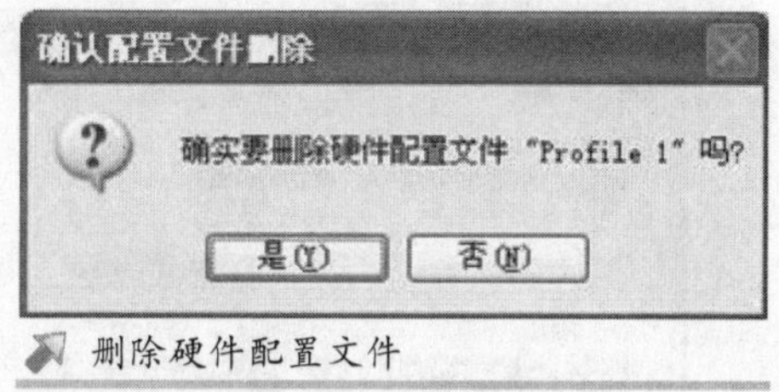

删除硬件配置文件

方案六 驱动程序的备份与还原

尽管在目前较新的操作系统（如Windows XP）中集成了很多硬件设备的驱动程序，但并不意味着我们就无需担心驱动程序的丢失或损坏了，毕竟并不是所有的硬件设备都能被操作系统正确识别。做好硬件驱动程序的备份工作后，在驱动程序丢失或损坏的情况下才不至于手忙脚乱。下文将着重讨论如何备份、还原硬件设备的驱动程序。

一、手动备份、还原驱动程序

手动备份、还原硬件驱动程序无需借助第三方工具软件即可实现。其方法就是从操作系统中找到相关硬件的安装信息文件（通常文件名为*.inf），然后从inf文件里找到驱动程序包括的所有文件的名称，再通过“搜索”功能或直接在Windows目录下找到这些硬件的驱动程序文件并进行备份。而在Windows XP中则无需安装信息文件就可以直接找到驱动程序文件。

1.手动备份驱动程序

以备份网卡驱动程序为例，具体操作步骤如下所述。

第1步，在桌面上用鼠标右键单击“我的电脑”图标，在弹出的快捷菜单中执行“属性”命令，打开“系统属性”对话框。然后单击“硬件”标签，切换至“硬件”选项卡。

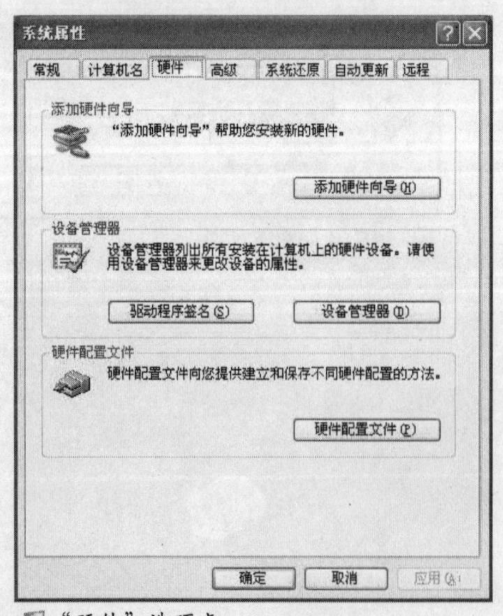

“硬件”选项卡

第2步，在“硬件”选项卡的“设备管理器”区域单击“设备管理器”按钮，打开“设备管理器”对话框。单击“网络适配器”左边的“+”号展开该目录，在“网络适配器”目录中会列出本机中安装的网卡名称。

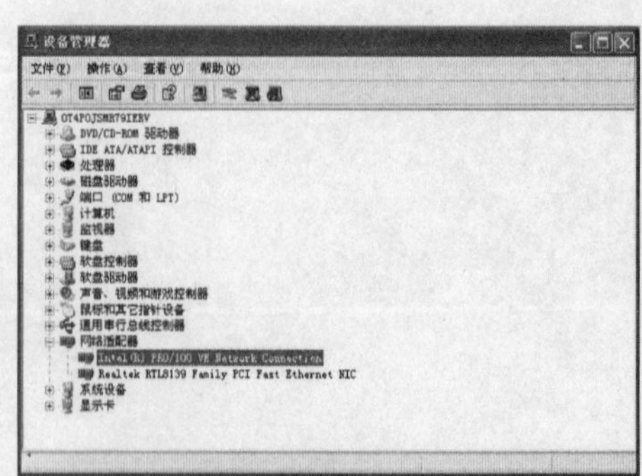

“设备管理器”窗口

第3步，用鼠标右键单击“网络适配器”中的其中一个网卡名称（本例为“Intel PRO/100 VE……”），在弹出的快捷菜单中执行“属性”命令，打开“Intel PRO/100 VE……属性”对话框。单击“驱动程序”标签，切换至“驱动程序”对话框。

第4步，在网卡属性对话框的“驱动程序”选项卡中单击“驱动程序详细信息”按钮，打开“驱动程序文件详细信息”对话框。在“驱动程序文件”列表框中列出了该网卡驱动程序的所有文件。

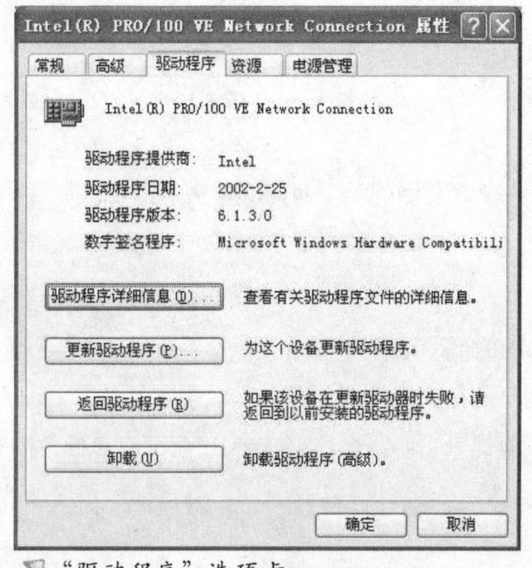

“驱动程序”选项卡

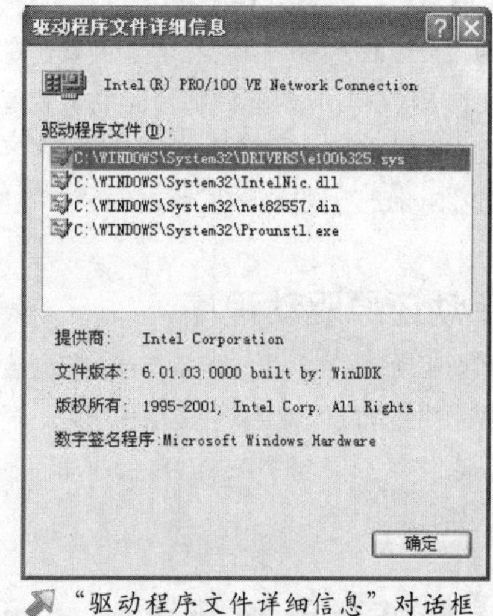

“驱动程序文件详细信息”对话框

第5步，记下所有的驱动程序文件的详细路径，然后依次单击“开始”→“所有程序”→“附件”→“Windows资源管理器”，打开“Windows资源管理器”窗口。

Windows 资源管理器

第6步，由于系统文件受到系统隐藏保护，因此为了保证能找到所有的文件，需要取消Windows XP隐藏系统的属性。在“Windows资源管理器”窗口中依次单击“工具”→“文件夹选项”菜单命令，打开“文件夹选项”对话框。然后单击“查看”标签，在“查看”选项卡的“高级设置”列表框中找到并点选“显示所有文件和文件夹”单选框。单击“确定”按钮。

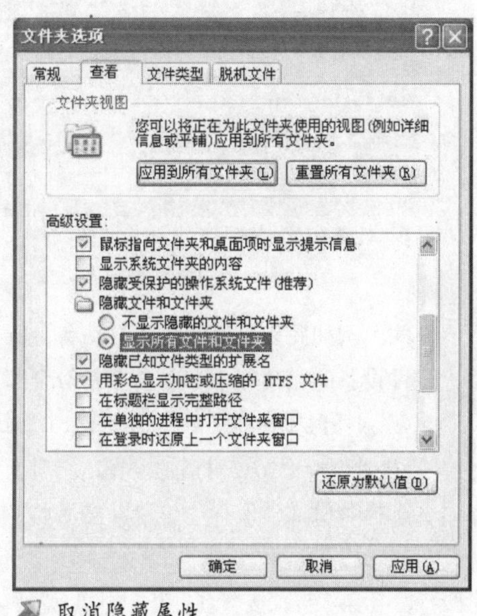

取消隐藏属性

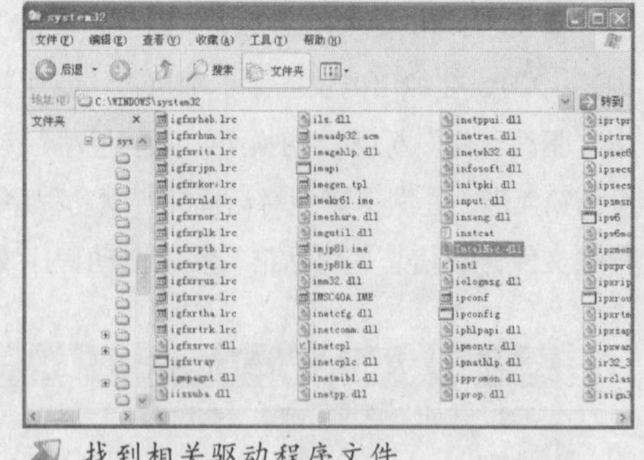

找到相关驱动程序文件

第7步，根据事先记下的驱动程序文件的保存路径，在“Windows资源管理器”中找到相关文件并将它们复制到一个专门的文件夹中（可以建立一个“Drivers”文件夹，将其放到比较安全的地方）。

2. 备份全部硬件驱动程序

通过上述方法备份驱动程序所需花费的时间比较长，也许有时根本不知道该硬件的名称，或者准备将所有硬件的驱动程序全部备份，那么可以将系统文件夹下的“System”、“Inf”和“System32”三个文件夹全部复制到一个新的文件夹中即可。

3.手动还原驱动程序

所谓驱动程序的还原一般是指在重新安装操作系统时或驱动程序意外丢失时重新安装驱动程序。当系统提示找到新硬件需要安装驱动程序时，通过“浏览”按钮定位至保存有驱动程序的“Drivers”文件夹，系统会自动搜索并安装硬件的驱动程序（当然前提是“Drivers”文件夹中保存有该硬件的驱动程序文件）。

二、借助第三方工具软件备份、还原

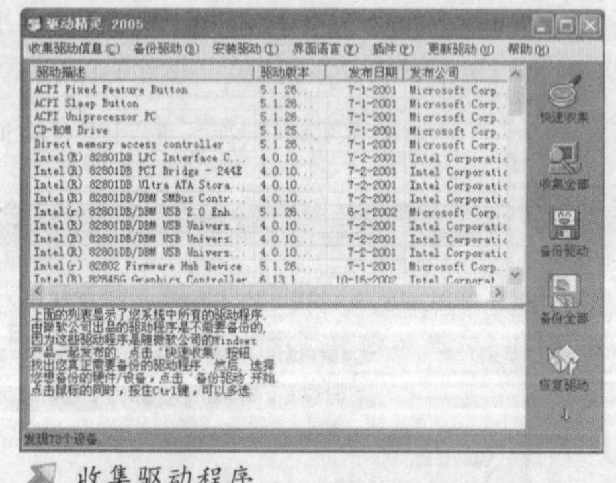

收集驱动程序

“驱动精灵”是一款相当不错的驱动程序备份软件，目前的较新版本是“驱动精灵2005”。下面我们来看看如何使用“驱动精灵2005”备份、还原驱动程序。

第1步，下载安装“驱动精灵2005”，然后在桌面上双击“My Drivers”图标，打开“驱动精灵2005”主界面。然后单击“收集全部”按钮，软件会自动搜集操作系统中各种硬件设备的驱动程序，并生成一个驱动程序列表。

第2步，“驱动精灵”提供了备份单个硬件设备的驱动程序和备份所有硬件设备的驱动程序两种方式。例如我们可以让软件自动备份所有硬件设备的驱动程序，单击“备份全部”按钮，打开“Choose the folder to backup all drivers to”对话框。在这个对话框中选择备份文件保存的位置，然后单击“开始”按钮。

选择保存位置

第3步，接着会打开一个提示框，提示

用户在备份过程中不要点击任何按钮。单击“OK”按钮开始备份。

第4步，备份完成后弹出提示框，单击“OK”按钮即可。

小提示

软件在进行驱动程序备份的时候建议不要运行其他程序，以利于备份工作。在备份过程中如需停止备份操作，可以单击“停止备份”按钮。

如果操作系统找不到某个硬件所匹配的硬件驱动程序，可以使用“驱动精灵”恢复驱动程序。

第1步，打开“驱动精灵2005”，在主界面中单击“恢复全部”（或者单击“恢复驱动”）按钮。然后，选中驱动程序备份的位置，单击“开始恢复”按钮。

第2步，“驱动精灵”自动还原并重装所有硬件设备的驱动程序，然后重新启动计算机。

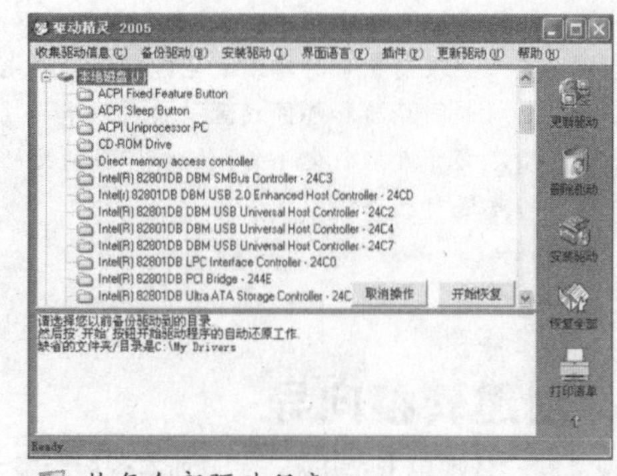

恢复全部驱动程序

三、返回硬件驱动程序

如果在安装或更新了某一硬件设备的驱动程序后系统不能正常工作了，可以尝试使用还原硬件驱动程序的方法来解决。

第1步，打开“系统属性”对话框，在“硬件”选项卡中单击“设备管理器”按钮，打开“设备管理器”窗口。

第2步，展开相应目录找到准备还原驱动程序的硬件，然后用鼠标右键单击该硬件名称（本例选中了显卡），在弹出的快捷菜单中执行“属性”命令，打开显卡属性对话框。单击“驱动程序”标签，接着在“驱动程序”选项卡中单击“返回驱动程序”按钮。

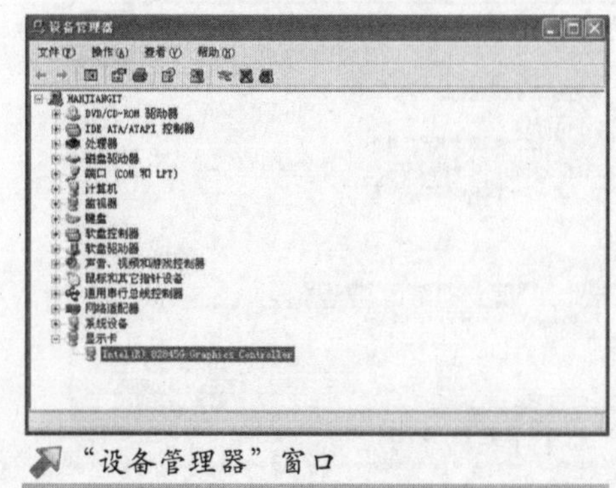

“设备管理器”窗口

第3步，接着会打开一个提示框，请用户确认返回驱动程序的操作，单击“是”按钮即可。

第4步，成功返回旧版本的驱动程序后，依次单击“确定”按钮关闭属性页。

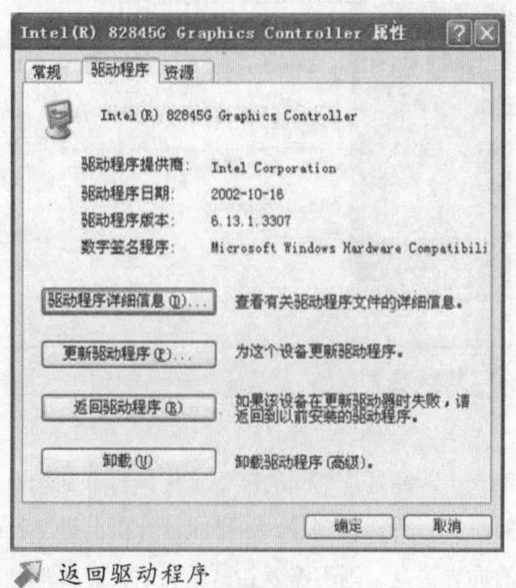

返回驱动程序

方案七 Windows XP 转移向导

在Windows XP中，“文件和设置转移向导”可以帮助用户把原来电脑上的数据、系统设置、个人设置等内容方便地转移到新的电脑中，不需过多重复在原来电脑上已进行过的设置（如浏览器和邮件设置、文件夹和任务栏选项、个人显示属性等）。该向导还可以转移指定文件或整个文件夹，例如“我的文档”、“图片收藏”等。下面我们就谈谈如何使用该向导进行转移。

一、创建转移向导

第1步，依次单击“开始”→“所有程序”→“附件”→“系统工具”→“文件和设置转移向导”，打开“文件和设置转移向导”对话框。在欢迎页中提示用户可以转移Internet Explorer、Outlook Express的设置，同时也可以转移桌面和显示设置、拨号网络设置和其他类型的设置。用这个向导转移文件和设置的最佳方法是直接用电缆连接或网络连接。单击“下一步”按钮。

第2步，打开“这是哪台计算机”向导页。要进行文件和设置转移，必须在新计算机和旧计算机上同时运行转移向导。其中新计算机的操作系统必须是Windows XP，而旧计算机的操作系统可以是Windows XP，也可以是Windows 9x/Me/NT/2000。保持“新计算机”单选框的选中状态，单击“下一步”按钮。

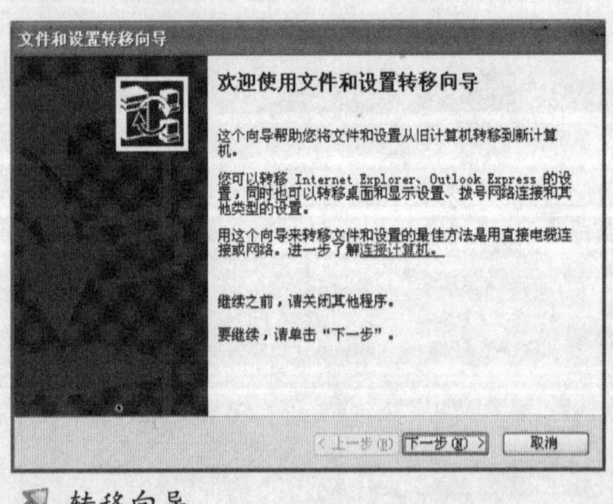

转移向导

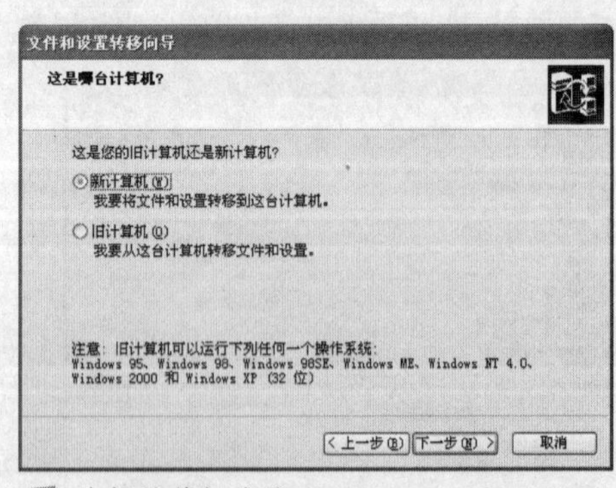

选择计算机身份

第3步，经过片刻间的准备工作，打开“您有Windows XP CD吗？”向导页，提示用户如何在旧计算机上运行转移向导。如果旧计算机上是Windows XP，或者虽然旧计算机上不是Windows XP，但已有向导磁盘，则不需要在这里为旧计算机创建转移向导，点选“我已有向导磁盘”单选框即可。如果旧计算机上不是Windows XP，而用户有Windows XP安装光盘，则可以选择第三项“我将使用

Windows XP CD中的向导”。如果想为旧计算机创建一个转移向导，则可以选择第一项“我在以下驱动器中创建向导磁盘”，然后按提示完成向导磁盘的创建。本例中我们点选“我将使用 Windows XP CD 中的向导”单选框，单击“下一步”按钮。

第4步，在打开的“请转到您的旧计算机”对话框中，提示用户在旧计算机上如何使用转移向导。

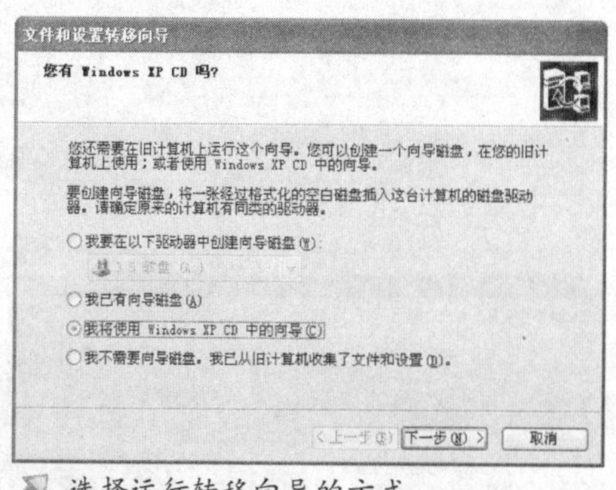

选择运行转移向导的方式

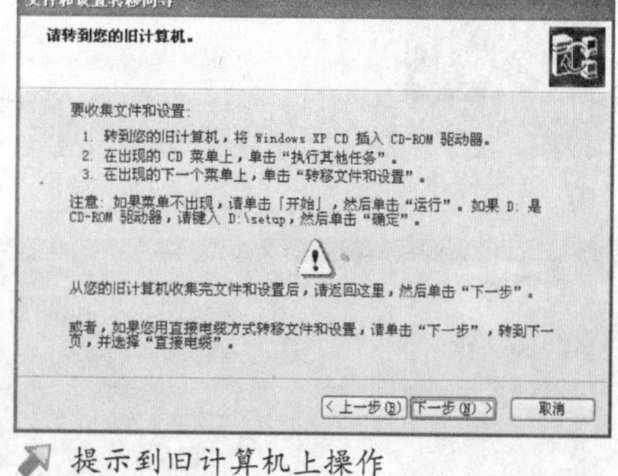

提示到旧计算机上操作

二、收集文件或设置

现在需要到旧计算机上收集相关信息，具体步骤如下。

第1步，将 Windows XP 安装光盘插入光驱，当光盘自动运行并出现选择菜单时单击“执行其他任务”按钮。

第2步，在打开的“您希望做什么”向导页中单击“转移文件和设置”按钮。

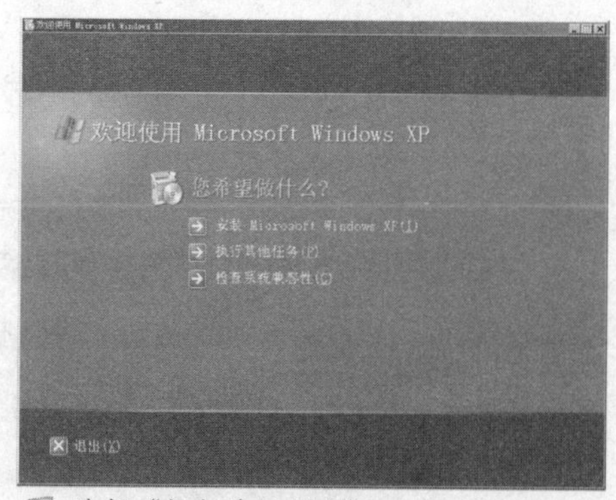

选择“执行其他任务”

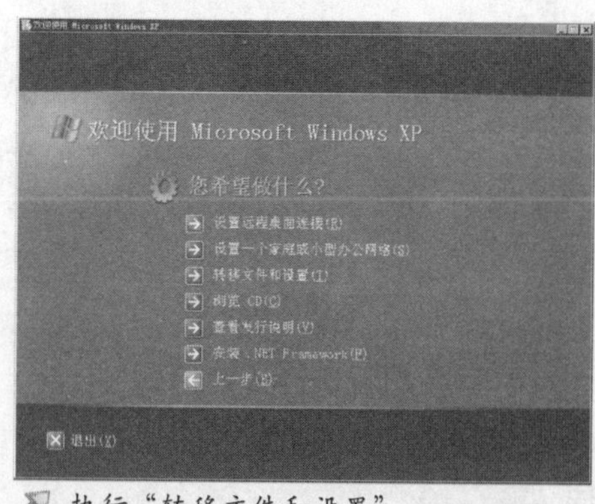

执行“转移文件和设置”

第3步，打开“文件和设置转移向导”，按照提示将正在运行的其他程序关闭，单击“下一步”。

第4步，打开“选择转移方法”向导页。可以根据自己的实际情况进行选择。我们这里选择网络转移方式，因此点选“家庭和小型办公网络”单选框，单击“下一步”按钮。

第5步，打开“要转移哪些项目”向导页，在这里可以根据自己的需要进行选择。如果不需要选择全部文件和设置，则要选中窗口下面的“单击‘下一步’时由我来选择……”前的复选框。建议选中该复选框，以方便有选择地转移数据或设置。选择完成以后单击“下一步”按钮。

第6步，在打开的“选择自定义文件和设置”向导页中列出了可以转移的设置和文件类型，可以将

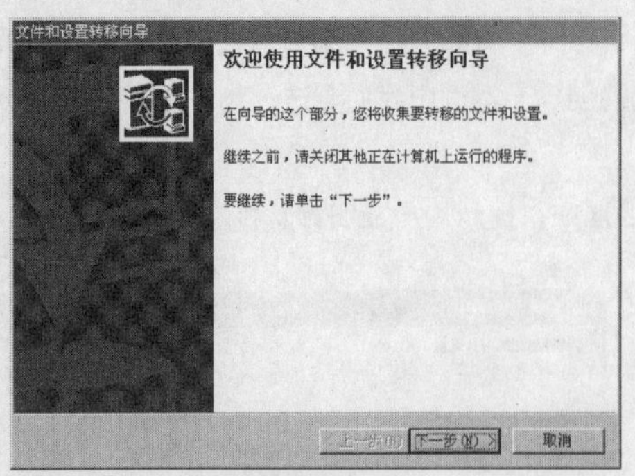

进入转移向导

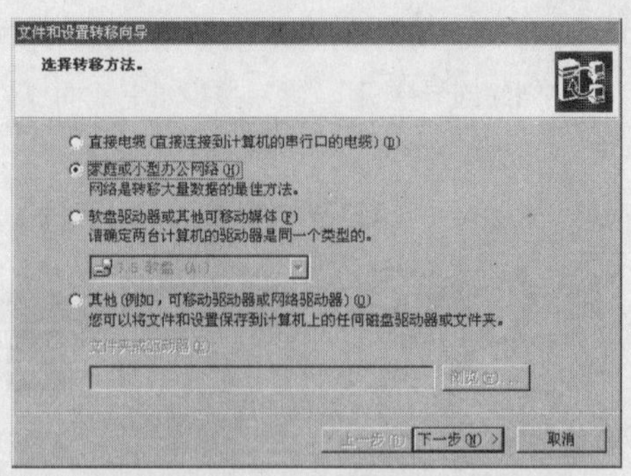

选择转移方法

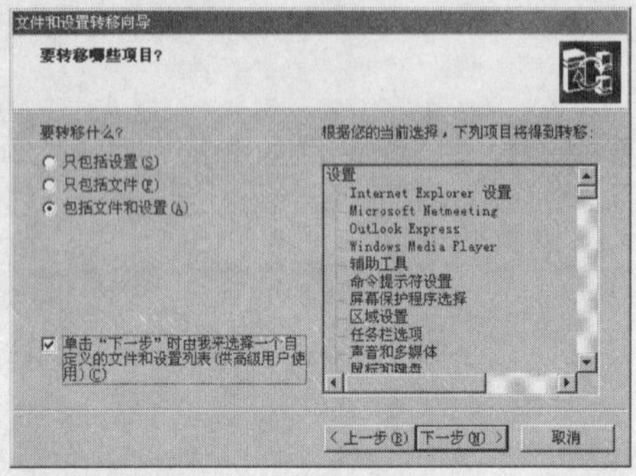

选择转移项目

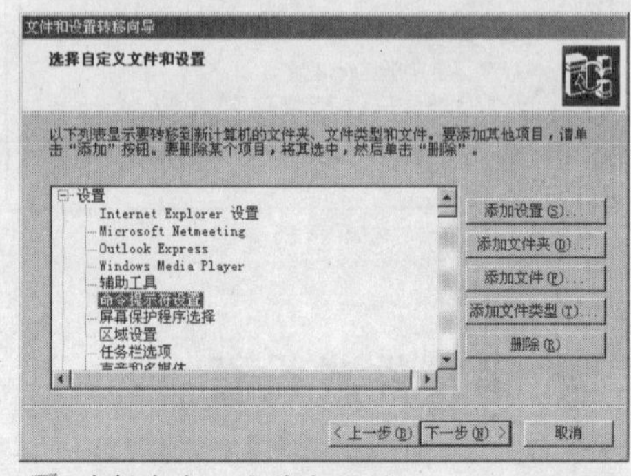

选择自定义文件和设置

不需要转移的项目选中并单击“删除”按钮将其删除。对于想转移但没有列出的项目可以单击相应的添加按钮添加。选择好后单击“下一步”按钮。

第7步，接着系统自动旧电脑中搜索并收集文件和设置。

第8步，在收集过程中，会弹出一个“密码”输入框，要求输入一个密码，这是为了传输过程的安全而设置的密码保护功能。输入合适的密码并单击“确定”按钮。

第9步，完成文件和设置的收集工作以后，会提示用户转到新计算机进行操作。单击“完成”按钮即可。

三、传输数据完成转移

成功地收集完要转移的文件和设置后，就可以开始数据的传输了。

第1步，在“请转到您的旧计算机”对话框中单击“下一步”按钮，打开“文件和设置在哪儿”对话框。因为我们准备使用网络传输文件，因此点选“其他”单选框。

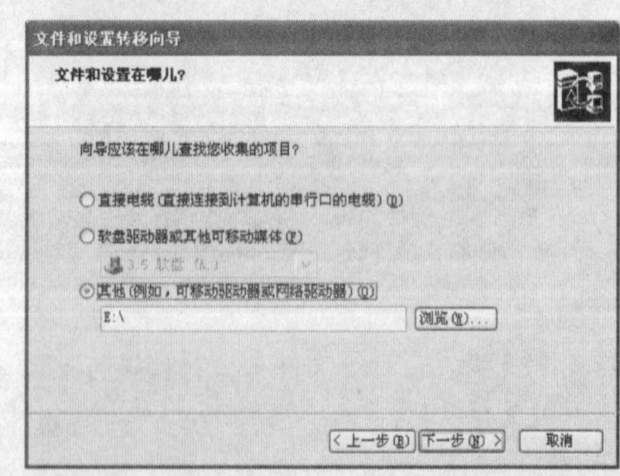

选择文件和设置的位置

第2步，接着单击“浏览”按钮，通过“网上邻居”找到网络上的旧计算机中共享出来的文件夹，单击“确定”按钮。

第3步，在“文件和设置在哪儿”对话框中单击“下一步”按钮，可以按照向导的指示逐步完成文件和设置的转移，最后新计算机上还会提示“要使修改生效，需要注销”。只要注销当前用户，就可完成文件和设置转移的全部过程和工作。

方案八 网络配置的备份与还原

对于服务器操作系统而言，有关网络方面的各种配置是非常重要的。这些网络配置不仅包括IP地址、DNS和网关地址等比较基础的配置参数，还包括端口代理配置、远程访问配置、路由配置、DNS代理配置、NAT配置、DHCP中继代理配置等。对于一个有经验的网络管理员而言，对这些网络配置做好备份工作，以便在系统遭到毁灭性破坏时迅速有效地还原网络配置无疑是一个明智之举。下文将介绍一下如何使用"Netsh"命令备份和还原网络配置。

一、备份网络配置

在Windows XP中备份网络配置的方法为：依次单击"开始"→"所有程序"→"附件"→"命令提示符"，打开"命令提示符"窗口。在命令提示符中键入如下命令行："netsh -c interface dump > e:\lan.txt"，并按回车键，很快就可以将网络的相关配置（IP地址、网关、子网掩码、DNS等）备份到相应的文件夹中。

备份后得到的是一个文本文件，可以用任意一款文本编辑器将其打开。

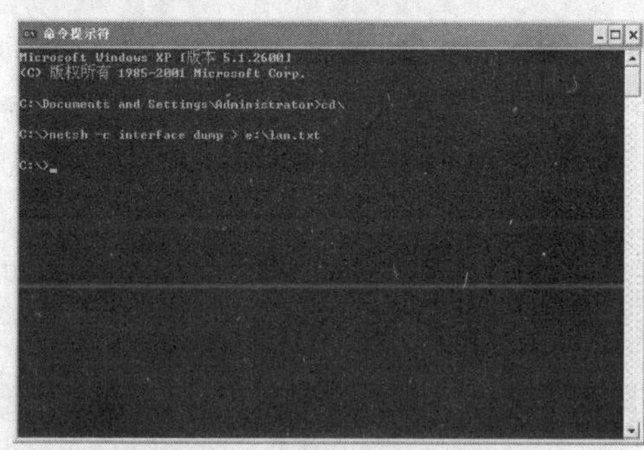

备份网络配置的命令行

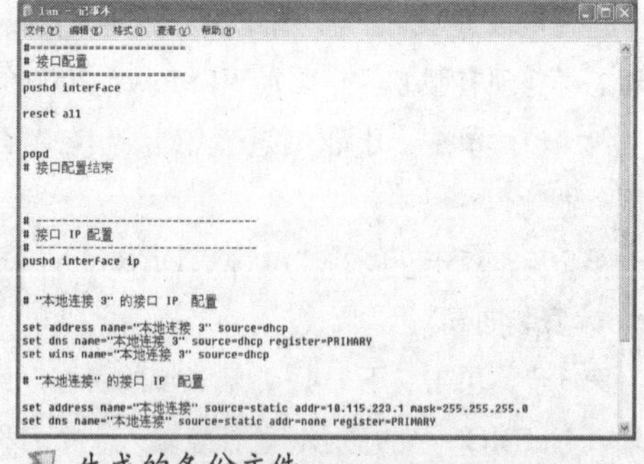

生成的备份文件

二、还原网络配置

如果在重新调整网络配置后出现了操作失误，或者服务器网络出现故障，可以利用已备份的文本文件快速还原网络配置。还原方法为：在"命令提示符"窗口中键入命令行"netsh -f e:\lan.txt"并按回车键。还原过程需要的时间比备份过程长。

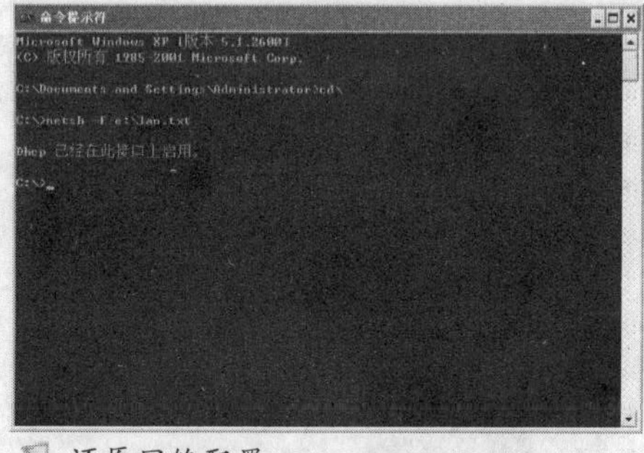

还原网络配置

可见，通过"Nctsh"命令对服务器网络设置进行备份／还原操作不但方便有效，而且无需第三方软件的帮助，因此适合网络管理人员用来对服务器网络配置进行备份和还原操作。

方案九 备份 Windows 2000/XP 用户个人配置文件

随着移动办公的逐渐盛行，基于域的账号漫游功能也越来越体现出它的价值。这种账号漫游方式有很多好处，可以给我们提供更得心应手的“工作环境”。它可以让我们在任何一台域内的计算机上都拥有相同的应用程序和桌面设置，如以下这些具有人性特色的配置信息：

(1) 桌面墙纸（其前提是操作系统默认的背景，或者图片存储在配置文件中）；

(2) Outlook 设置（自动签名、窗体、交换配置文件）；

(3) 桌面内容（任何文件夹和快捷键）；

(4) IE 收藏夹和快速启动栏；

(5) Cookies 和 AutoComplete（各种 Web 站点上的设置）；

(6) Office 设置（自定义词典、固定文档等）。

一、把服务器升级为域控制器

这一步很重要，因为只有把服务器升级为域控制器之后才可以进行账号漫游功能的设置。下面就来看看怎样将现有服务器升级为 Windows 2000 的活动目录（即增加域功能）。

第 1 步，单击“开始”按钮，依次选择“程序”→“管理工具”→ “配置服务器”命令，出现配置服务器窗口。

第 2 步，点击左侧的“Active Directory”条目，再单击右侧的“启动”命令，启动“Active Directory 安装向导”。

第 3 步，单击“下一步”，输入域的名称，比如：www.adxx.net；继续单击“下一步”按钮，出现输入 NetBIOS 名的提示窗，任意输入一个名称（如：ADXX），再点击“下一步”按钮。

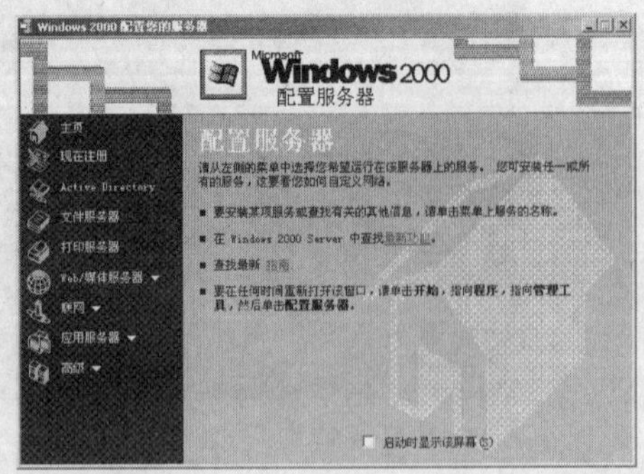

配置服务器

启动“Active Directory 安装向导”

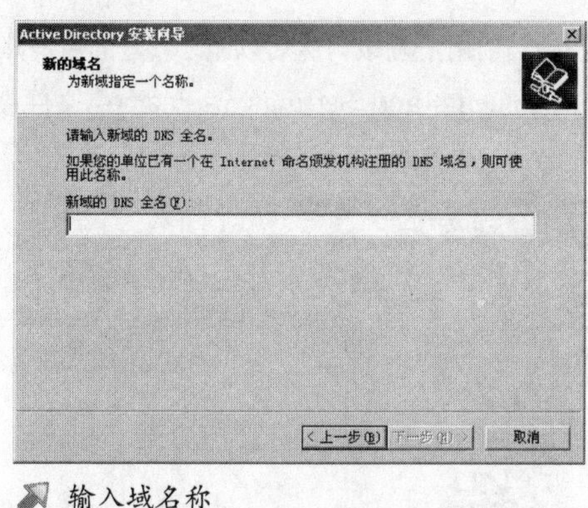

输入域名称

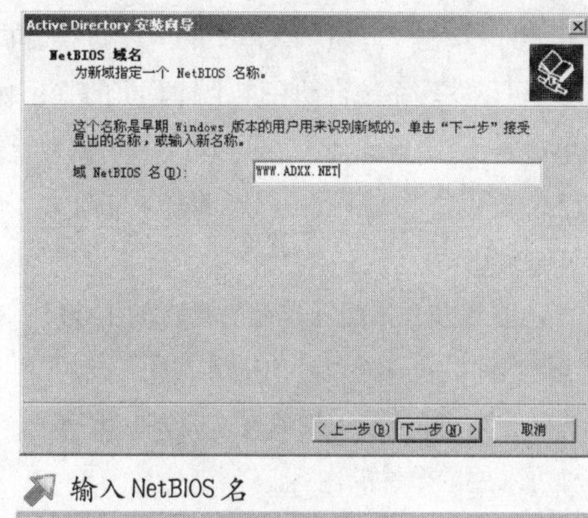

输入 NetBIOS 名

第4步，如果你的这台服务器暂时还没安装DNS服务，这时会弹出安装向导对话框，单击“确定”按钮，选择“推荐”项，单击“下一步”按钮，直到升级工作全部完成。

安装向导

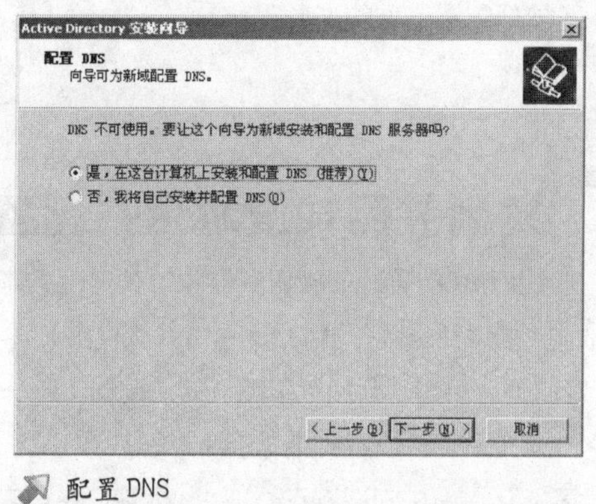

配置 DNS

服务器升级成功后我们就可以进行下一步的“漫游配置文件”的创建工作了。

二、创建漫游用户配置文件

第1步，依次单击“开始”→“程序”→“管理工具”→“Active Directory 用户和计算机”命令，打开窗口。

第2步，展开域服务列表，单击“USERS”项，在右窗格的空白处右击，选择“新建”选项下的“USER”命令，创建一个用户账号。创建的过程和在正常的 Windows 2000 中一样，这里不再细述。

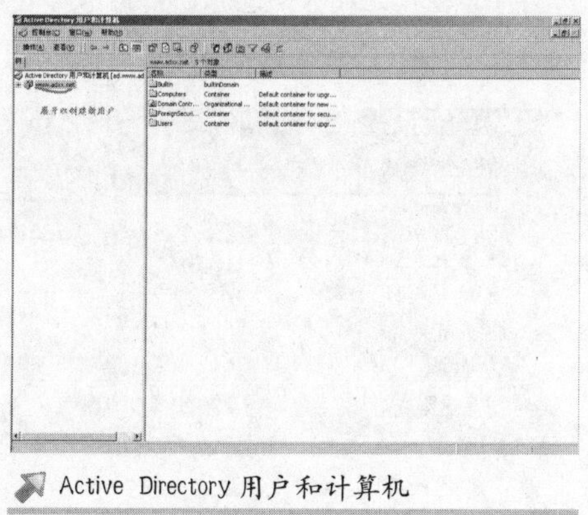

Active Directory 用户和计算机

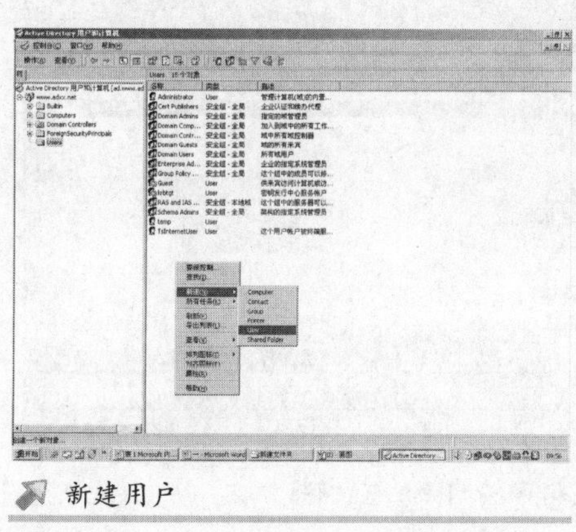

新建用户

第3步，单击“开始”菜单下的“注销”菜单，注销当前用户登录，然后以刚才新建的用户账号登录。这时可以发现系统自动在本地计算机的“drive:\Documents and Settings\username”文件夹（其中 drive 是安装 Windows 的驱动器）中创建该用户的配置文件（也就是以当前登录账号命名的文件夹）。

第4步，现在开始配置自己所喜欢的工作环境，包括桌面设置（外观、快捷方式和“开始”菜单选项等）、IE 设置（收藏夹、COOKIE 等）等各种可以展示个性的内容。

第5步，完成上述操作后，把当前用户注销，再次以管理员的身份登录系统。

通过上述的五步操作，就有了一个系统用户的配置信息。有了这些我们就可以为该用户的漫游做好配置文件的准备工作。

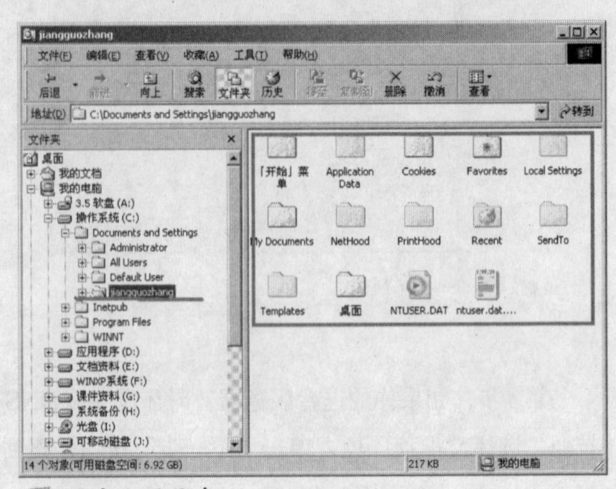

用户配置信息

三、复制并测试漫游用户配置文件

第1步，在配置好的域服务器上增加一个共享文件夹，用来存放刚才创建好的漫游账号的用户配置文件（共享路径是服务器的 temp\ad 文件夹）。

第2步，单击“开始”菜单下的“设置”命令，打开“控制面板”，在打开的窗口中双击“系统”选项，打开“系统”设置对话框。

第3步，单击“用户配置文件”标签，在列表框中选择需要漫游的账号，然后单击右下角的“复制到……”按钮。打开“复制到”对话框，在“将配置文件复制到”下的输入框中填入增加的用于存放用户漫游配置文件的共享文件夹路径（也可以单击“浏览”按钮进行选择）。

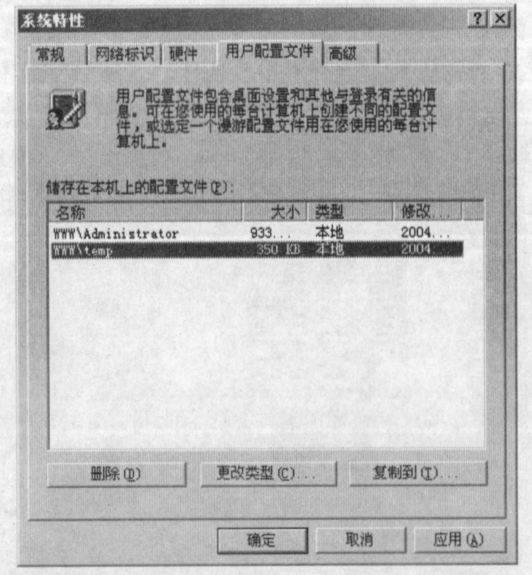

查看用户配置文件

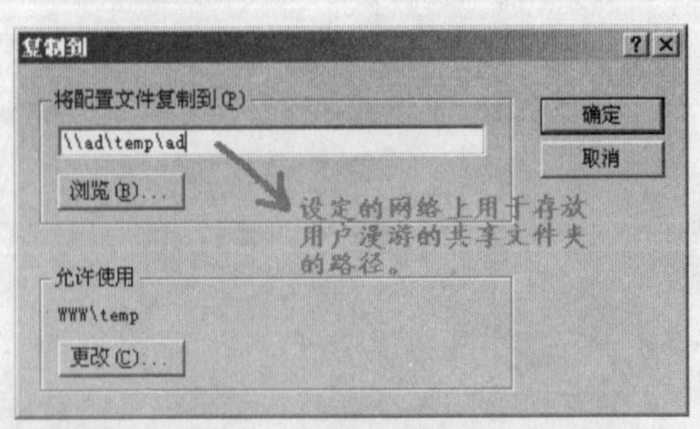

复制配制文件

第4步，再单击“允许使用”项中的“更改……”按钮，在弹出的“选择用户或组”对话框中选择我们所要漫游的用户账号，最后单击“确定”按钮保存配置。再次单击“确定”按钮退出“系统”对话框。

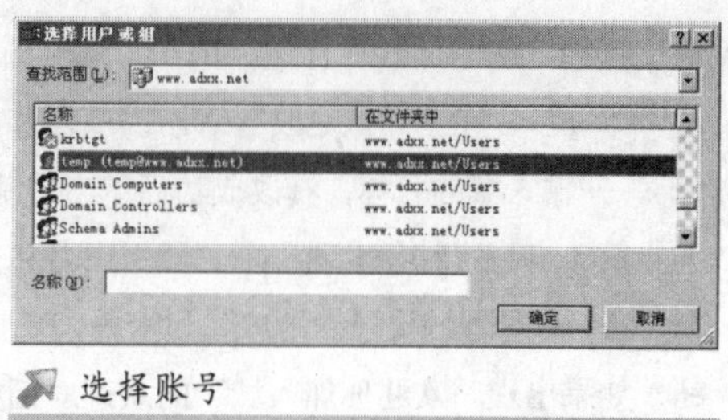

选择账号

四、给漫游用户账号授予登录权限

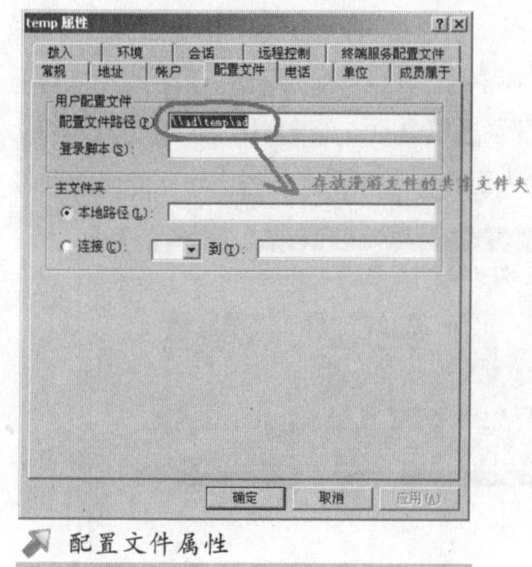

配置文件属性

第1步，点击“开始”菜单，再次打开“Active Directory用户和计算机”窗口，双击前面所建立的漫游账号（也可以右击，然后选择“属性”命令），打开“账号属性”对话框。

第2步，单击“配置文件”标签，在“用户配置文件”选项框中的“配置文件路径”后输入用户配置文件的详细网络存放路径（就是前面共享的路径）。

第3步，单击“确定”按钮，保存配置，关闭当前窗口。

通过这些操作，漫游服务器就全部配置好了，下面就可以用那个账户来漫游登录了。不过在使用这个账号漫游登录之前，必须保证所使用的电脑在这台域服务器的域内。如果不在，还得做如下工作。

五、将客户机加入到域控制器内

第1步，在客户机桌面上的“我的电脑”上右击，选择“属性”命令。在弹出的“系统特性”对话

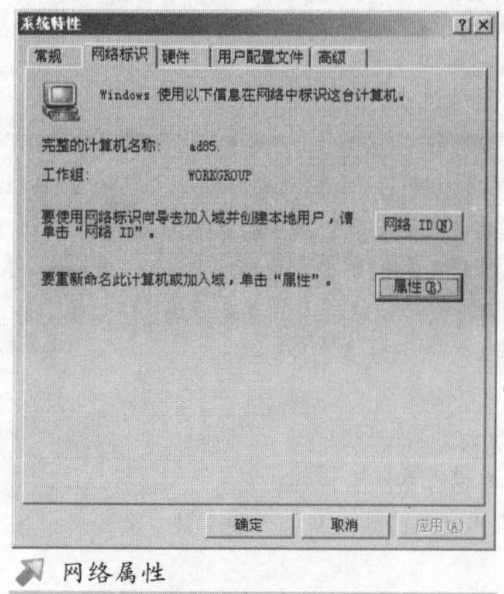

网络属性

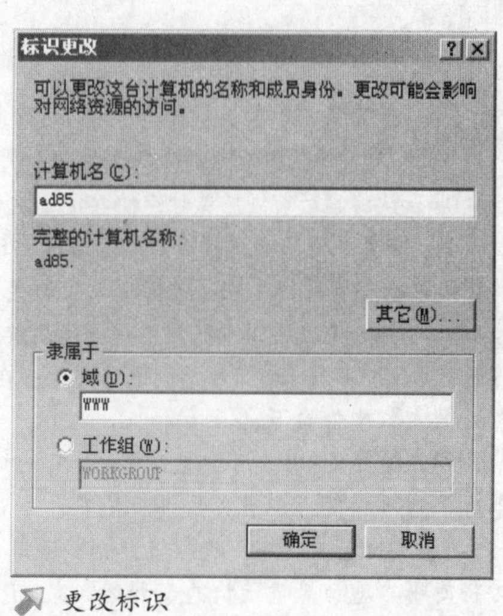

更改标识

框中选择“网络属性”标签，单击“属性”按钮，打开“标识更改”对话框。

第2步，在“标识更改”对话框中，选择“隶属于域”，并输入域的名称，修改成功后单击“确定”按钮。

第3步，这时会出现一个“域用户名和密码”对话框，输入有管理域权限的用户名和密码，单击“确定”按钮，如果出现“欢迎你加入域”的欢迎对话框，说明已经成功加入到了该域内。

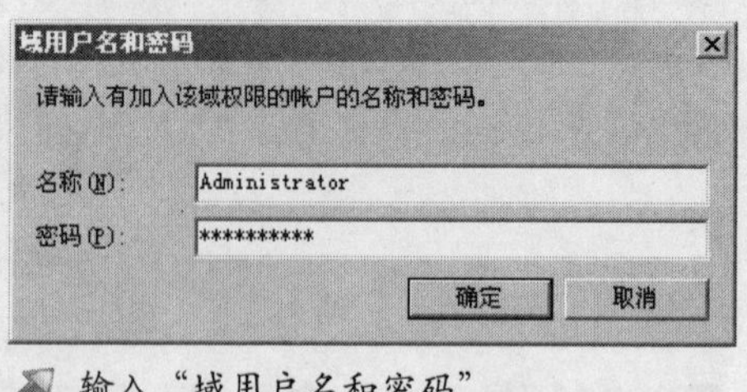

输入“域用户名和密码”

六、体验账号漫游

第1步，以刚刚加入的这台电脑为例，单击“开始”菜单中的“注销”命令，然后用在域服务器上所建立的漫游账号重新进行登录，要注意的是一定要选择登录选项中的“登录到域”。

第2步，当登录成功后，就会发现所见到的桌面等个人配置信息和在服务器上建立的漫游账号

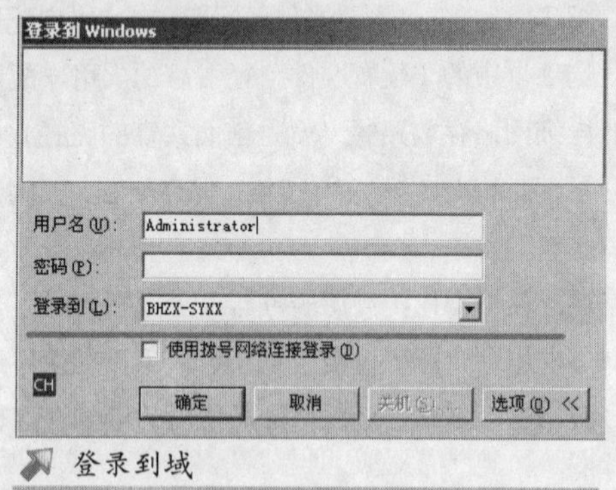

登录到域

的配置信息是一模一样的，而且当再次打开“系统特性”下的“用户配置文件”标签查看配置文件时，会发现账号类型已经由“本地”变为“漫游”了。

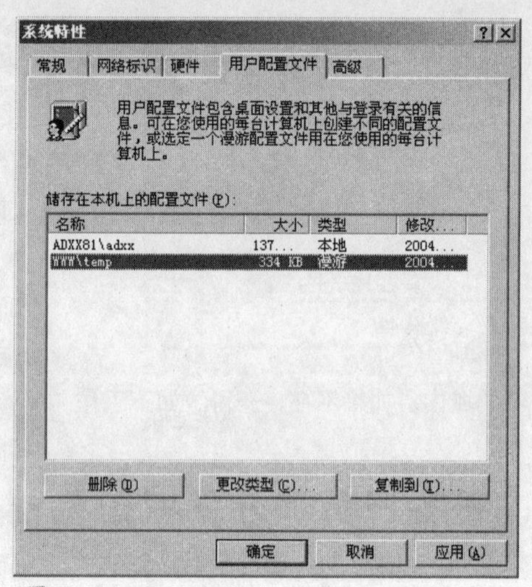

用户配置文件类型

注　意

(1)非默认的桌面墙纸应单独存储在配置文件目录中。在默认情况下，桌面墙纸保存到 %systemdrive%\winnt 下。但如果用户漫游到 Windows 2000 Professional 系统安装于非默认驱动器上的计算机时，则自定义的桌面墙纸将不可用。在这种情况下，如果把桌面墙纸保存到与用户账户相关的目录\Document and Settings\ 下时，它就可以跟随该用户一起漫游了。当发现漫游账号的墙纸不能漫游到其他计算机上时，很有可能就是没有单独将墙纸存放到配置文件所在的同一文件夹下，也就是“drive:\Document and Settings\漫游账号名”文件夹下。

(2)漫游配置文件中是不包括“My Documents”文件夹的，如果你希望“My Documents”文件夹存储到服务器上，则可以使用注册工具进行注册，方法可以查看相关的资料。

(3)漫游配置文件中不包括“开始”菜单，“开始”菜单已从漫游配置文件中去除。使用漫游账号登录时将使用本地计算机默认的“开始”菜单。

方案十 备份、还原常见的网络服务

要想将计算机连入网络，就必须先要进行网络配置。对于个人计算机来说，网络配置就只有接口IP配置参数。而对于服务器而言，网络设置还包括接口配置、端口代理配置、远程访问配置、路由配置、DNS代理配置、NAT配置、DHCP中继代理配置等内容。

一、有备无患之DHCP服务器

在使用TCP/IP协议的网络上，每一台计算机都拥有惟一的计算机名和IP地址。可以利用DHCP（动态主机分配协议，Dynamic Host Configure Protocol）服务器管理动态的IP地址分配及其他相关的环境配置工作（如：DNS、WINS、Gateway的设置）。DHCP可以让用户将DHCP服务器中的IP 地址数据库中的IP 地址动态地分配给局域网中的客户机，从而减轻了网络管理员的负担。

1.轻松备份DHCP

DHCP 服务器是将DHCP租约与保留数据储存在数据库档案中。默认情况下，这些档案是储存在%SystemRoot%\System32\dhcp文件夹中的，其中Dhcp.mdb是其存储数据的文件。如何备份这些数据防止意外的数据风险呢?

首先停止DHCP服务。点击“开始”菜单中的“运行”，输入：net stop dhcpserver，点击“确定”，这样DHCP服务器就被停止了。接下来就是把DHCP配置信息备份下来，运行Regedit.exe，打开注册表编辑器，依次展开HKEY_LOCAL_MACHINE\SYSTEM\CurrentControlSet\Services，用鼠标右击其下的DHCPServer子键，在弹出的快捷菜单中选择“导出”，将该键的所有设置值导出，另存为注册表文件Dhcp.reg。然后再对%systemroot%\system32\dhcp文件夹进行备份。最后再启用DHCP服务，命令为：net start dhcpserver。

小提示

Windows Server 2003操作系统可以实现DHCP的自动备份，即通过修改注册表HKEY_LOCAL_MACHINE\SYSTEM\CurrentControlSet\Services\DhcpServer\Parameters子键下的“BackupDatabasePath”键值项，来指定DHCP备份路径（默认为%SystemRoot%\System32\dhcp\backup）。

2.无忧还原DHCP

还原DHCP时首先停止DHCP服务，用原先备份的dhcp文件夹覆盖%systemroot%\system32\dhcp文件夹，再双击先前导出的注册表文件Dhcp.reg还原DHCP配置，然后启用DHCP服务器，恢复正常IP分配。

二、有备无患之DNS 服务器

域名系统（DNS）是用于 TCP/IP 网络的名称解析协议。DNS 服务器用来存放能使客户端计算机将可记忆的字母数字的 DNS 名称解析为 IP 地址的信息。为了确保DNS服务器的数据完整性，建议平时做好DNS的备份工作。

1.轻松备份DNS

默认情况下，DNS数据文件储存在 %SystemRoot%\System32\dns文件夹中，如何备份DNS服务器数据呢？

第一步，停止DNS服务。点击“开始”菜单中的“运行”，输入：net stop dns，点击“确定”即可停用DNS服务。

第二步，把DNS配置信息备份好。运行Regedit.exe，打开注册表编辑器，依次展开HKEY_LOCAL_MACHINE\SYSTEM\CurrentControlSet\Services，用鼠标右击其下的DNS子键，在弹出的快捷菜单中选择“导出”，将该键的所有设置值导出，另存为注册表文件Dns.reg。

第三步，备份数据文件。只要对%systemroot%\system32\dns文件夹进行备份即可。最后恢复DNS服务，请运行命令：net start dns。

2.无忧还原DNS

先停止DNS服务，用原先备份的dns文件夹覆盖%systemroot%\system32\dns文件夹，再双击先前导出的注册表文件Dhcp.reg还原DNS配置，然后启用DNS服务器即可。

三、有备无患之IIS 服务器

Internet Information Server(IIS) 是允许在公共Intranet或Internet上发布信息的Web服务器。IIS通过使用超文本传输协议(HTTP)传输信息。还可配置IIS 以提供文件传输协议(FTP)和gopher服务。此外，利用其提供的图形界面的管理工具Internet服务管理器，可以方便地监视配置和控制Internet服务。

1.轻松备份IIS

IIS本身自带了备份和恢复IIS设置的功能。在恢复IIS设置之前需要备份IIS。备份的过程很简单。打开Internet信息服务（IIS）管理器，在服务器名称上右击，在弹出的快捷菜单中选择“所有任务”中的“备份／还原配置”，打开“配置备份／还原”对话窗口，点击“创建备份”按钮，打开“配置备份”对话框，在“配置备份名称”中输入一个备份名称。如果想加密备份，请勾选“使用密码加密备份”复选框，再输入两次密码，点击“确定”即可。

2.无忧还原IIS

当IIS服务器出现故障时，请在“配置备份／还原”对话窗口的“备份”列表中选择一个备份，点击“还原”，再点“是”即可快速还原IIS。

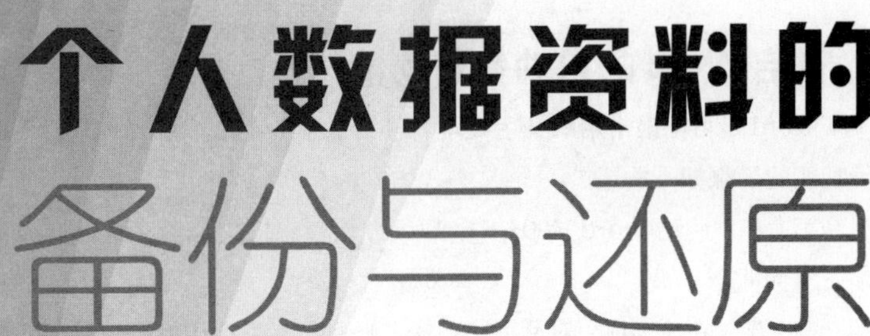

个人数据资料的备份与还原

文/图 朱青亮

系统有备无患固然重要，但我们不要忘记对常用数据资料的备份。系统一般安装在系统分区里，崩溃后重装或还原后就可以。而数据资料一般保存在非系统分区，一旦丢失了，那后果就比较严重了。本章就着重介绍如何备份、还原常见类型的数据资料。

方案一 备份／还原 办公文档资料

尽管电脑应用丰富多彩，但我们平时使用电脑最常做的事情就是办公。而字表处理则是办公应用中最常见的形式。有时为了防止数据的意外损坏或丢失，通常会对重要文件进行备份。下面将详细介绍办公文档备份、还原的方法。

一、自动备份文件

目前常用的字表处理软件一般都具有自动备份文档的功能，不过有些软件在默认情况下并没有开启该功能，因此需要手动开启。

1. 开启Word的自动备份功能

Word是目前最常用的文字处理软件，最新版本是“Word 2003”。在Word 2003中开启自动备份功能的步骤如下所述。

第1步，启动Word 2003，在Word 窗口中依次单击“工具”→“选项”菜单命令，打开“选项”对话框。

第2步，在“选项”对话框中单击“保存”标签，切换至“保存”选项卡。在“保存区域”中勾选“保留备份”复选框，然后单击“确定”按钮。

经过上述设置，以后使用Word编辑并保存所有文件时，系统会在保存原文件的文件夹中自动生成一个名为“备份属于 原文件名.wbk”的备份文件，并且该备份文件可以用Word直接打开编辑。

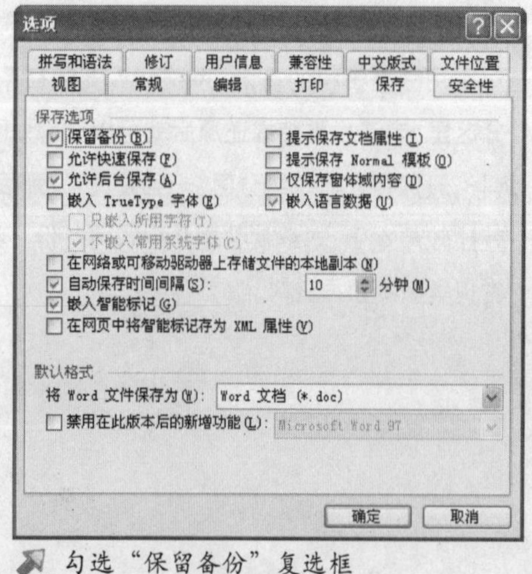

勾选“保留备份”复选框

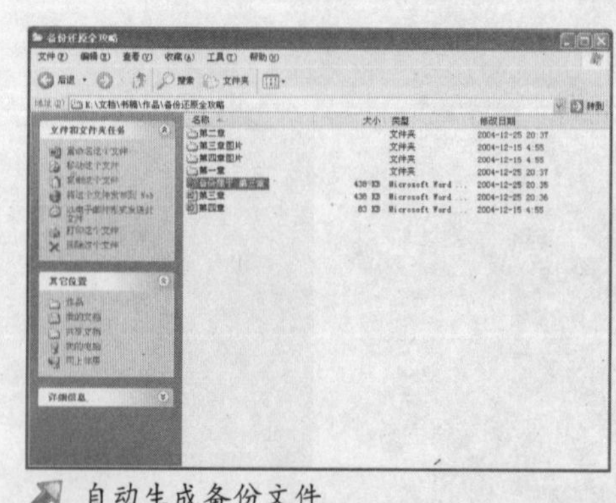
自动生成备份文件

2. 开启Excel的自动备份功能

Excel是一款深受财会人员喜爱的办公软件，具有强大的数据处理能力，目前的最新版本是"Excel 2003"。Excel也具有自动备份工作簿的功能，默认情况下没有开启。开启自动备份功能的步骤如下所述。

第1步，启动Excel 2003，然后依次单击"文件"→"另存为"菜单命令（如果是新文件，也可以依次单击"文件"→"保存"菜单命令），打开"另存为"对话框。

第2步，在工具栏上单击"工具"按钮，在弹出的下拉菜单中执行"常规选项"命令，打开"保存选项"对话框。然后勾选"生成备份文件"复选框，依次单击"确定"→"保存"按钮。

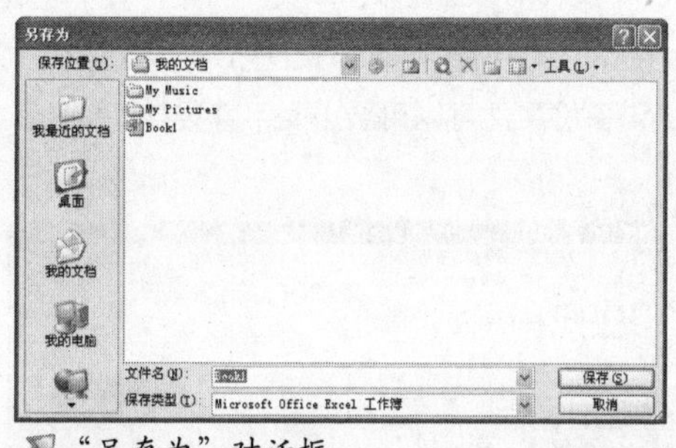

"另存为"对话框

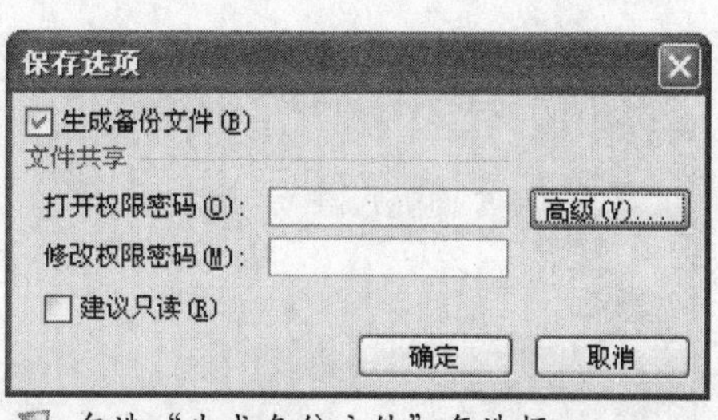

勾选"生成备份文件"复选框

经过这样的设置，以后用Excel再次编辑该文件，并执行保存操作时，系统会在保存原文件的文件夹中生成一个名为"原文件名 的备份.xlk"的备份文件。同样，该备份文件可以用Excel直接打开编辑。

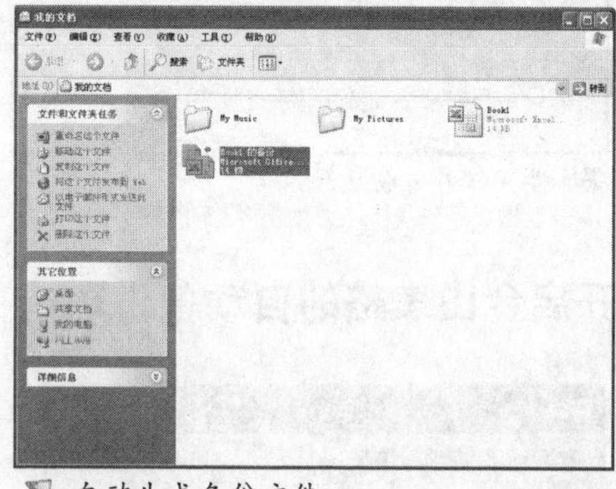

自动生成备份文件

小提示

该设置只对当前保存的文件有效，对其他新编辑的文件无效。要想使其他文件也能自动保存备份文件只能重新设置。

另外，Excel 2003还提供了"保存自动恢复信息"的功能，这样可以在意外断电或误操作导致Excel 2003非正常关闭后，重新启动Excel 2003时能找回自动保存的数据，从而使损失降至最低。开启该功能的方法为：在Excel 2003窗口中依次单击"工具"→"选项"菜单命令，打开"选项"对话框。然后单击"保存"标签，在"保存"选项卡中勾选"保存自动恢复信息"复选框，并调整其后

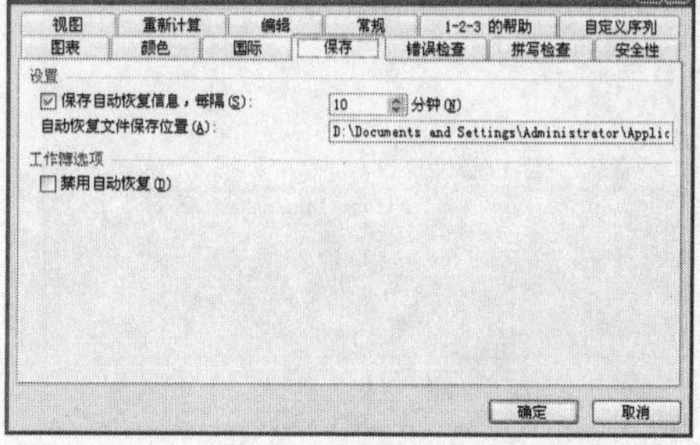

开启"保存自动恢复信息"功能

的时间间隔。最后单击“确定”按钮即可。

3. 开启金山文字的自动备份功能

作为国产办公软件的代表，WPS发展到现在已经更名为“金山文字”，并且也由单枪匹马的文字处理软件扩充为办公套件。其实大家目前使用较多的“金山文字 2003”也具有自动保存备份文件的功能，且默认已被开启。如果你的“金山文字”没有自动保存备份文件的功能，可以按照以下步骤开启。

第1步，启动“金山文字2003”，依次单击“工具”→“选项”菜单命令，打开“选项”对话框。在“系统”选项卡中勾选“保存备份文件（文件备份 --*.wps）”复选框，并单击“确定”按钮。

经过这样的设置，以后再用金山文字编辑并保存所有文件时，会在保存原文件的文件夹中生成一个名为“文件备份 -- 原文件名.wps”的备份文件，该备份文件可以用金山文字直接打开编辑。

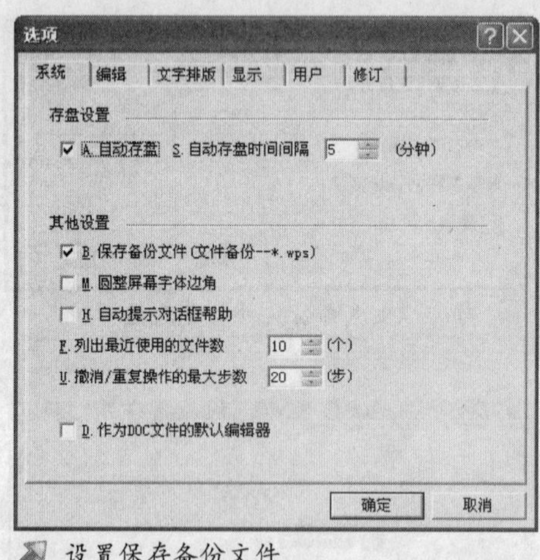

设置保存备份文件

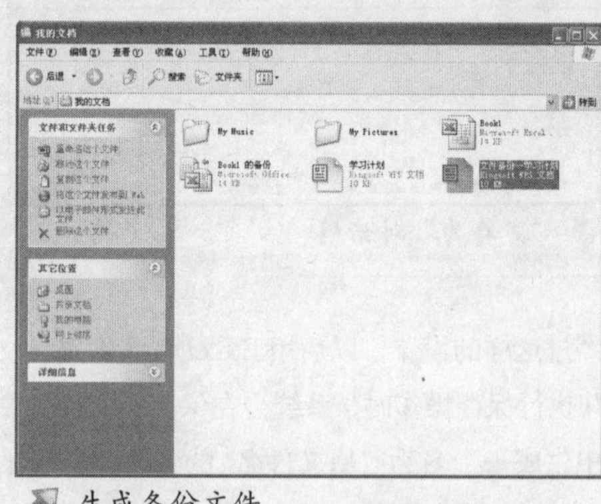

生成备份文件

4. 开启金山表格的自动备份功能

金山表格是金山办公软件的组件之一，它也具有自动保存备份文件的功能。开启该功能的步骤如下所述。

第1步，依次单击“工具”→“选项”菜单命

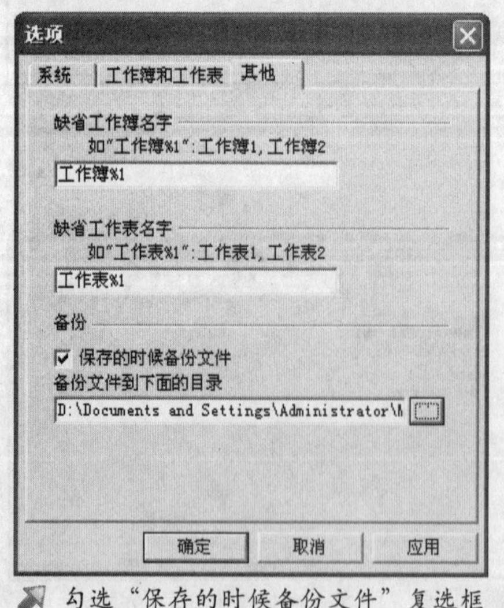

勾选“保存的时候备份文件”复选框

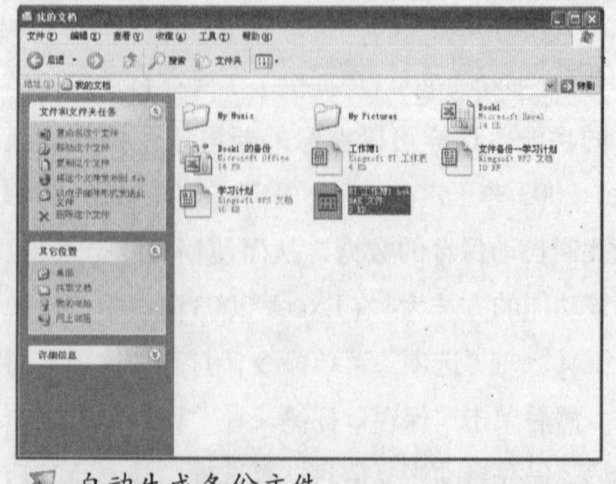

自动生成备份文件

令，打开“选项”对话框。单击“其他”标签，在“其他”选项卡中勾选“保存的时候备份文件”复选框。然后单击“备份文件到下面的目录”选项右侧的浏览按钮，指定备份文件的保存位置。最后单击“确定”按钮使设置生效。

经过这样的设置，以后再用金山表格编辑并保存所有文件时，会在指定的文件夹中生成一个名为“ET~原文件名.bak”的备份文件，将其扩展名“*.bak”修改为“*.et”，即可用金山表格打开编辑。

小提示

开启自动保存备份文件功能后，通常是备份倒数第二次进行“保存”操作的文件状态。如果需要“保存”当前正在编辑的所有操作结果，只需执行两次“保存”操作即可。

二、备份／还原Office工作环境信息

经常使用Office 2003系列办公软件进行办公的朋友可能都喜欢在Word 2003等组件中创建自己的“宏”等对象，这样可以有效提高工作效率。然而当重装系统并重新安装Office 2003后还得再次创建这些对象。有没有更好方法将这些对象保存起来，以便在重新安装Office 2003后可以迅速应用事先创建的上述对象呢？其实这种思路完全可行，只需事先备份好Office 2003的工作环境信息，就可以在需要时快速进行恢复。

1.备份Office工作环境信息

在安装完成Office 2003以后，首先将自己需要设置的项目全部整理好（如创建宏或其他相关选项），然后就可以按照下面的步骤开始备份工作环境信息的操作了。

第1步，依次单击“开始”→“所有程序”→“Microsoft Office/Microsoft Office 工具”→“Microsoft Office 2003 用户设置保存向导”，打开“Microsoft Office 2003 用户设置保存向导”对话框。单击“下一步”按钮。

第2步，接着系统提示正在搜索组件，搜索过程比较快。搜索完成以后打开“保存或恢复设置”向导页。保持“保存本机的设置”单选框处于选中状态，单击“下一步”按钮。

第3步，在打开的“选择要保存设置的文件”向导页中，单击“将设置保存到文件”编辑框右侧的

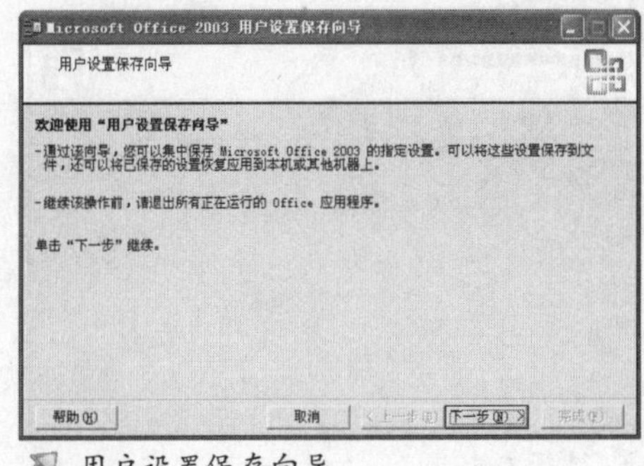

用户设置保存向导

点选“保存本机的设置”单选框

“浏览”按钮，设置要生成文件所在的路径及文件名。最后单击“完成”按钮。

第4步，接下来系统将搜索正在运行的Office组件。如果发现有没有关闭的Office组件，向导会提示用户必须关闭所有打开的Office组件才能正确获取或恢复设置。关闭正在运行的Office组件，然后在“关闭Office程序”对话框中单击“重试”按钮。

第5步，关闭所有的Office组件之后，向导会将Office用户设置的相关文件和注册表信息写入到前面所指定的扩展名为“.OPS”的文件中。

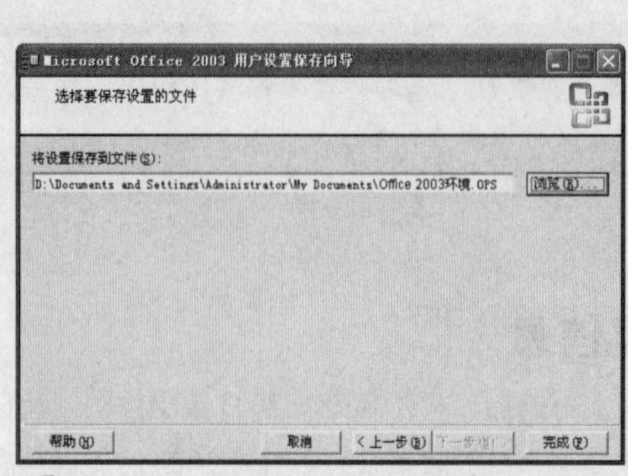

设置文件保存位置及文件名称

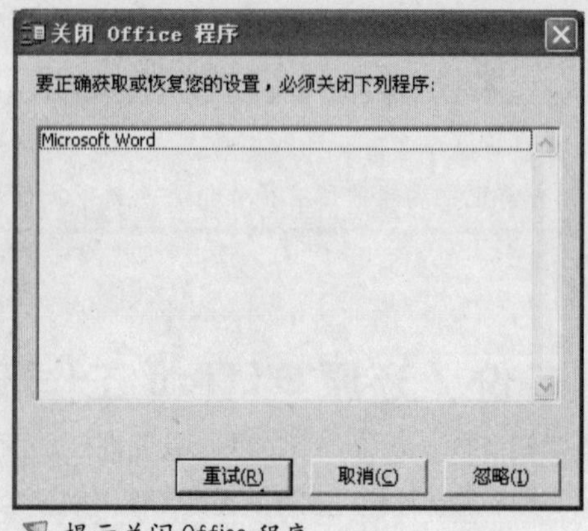

提示关闭Office程序

第6步，Office环境信息保存完成以后，单击“退出”按钮退出该向导。接着将所生成的“.OPS”文件复制到一个安全的位置。

2.还原Office工作环境信息

当重新安装了Office 2003以后如何还原事先备份的工作环境呢？其实很简单，具体步骤如下。

第1步，打开“Microsoft Office 2003 用户设置保存向导”，并单击“下一步”按钮。在“保存或恢复设置”向导页中点选“将原先保存的设置恢复应用到本机上”单选框，单击“下一步”按钮。

第2步，在打开的“选择要从中恢复设置的文件”向导页中，单击“浏览”按钮找到事先保存的“.OPS”文件，然后单击“完成”按钮。

第3步，向导开始从保存的文件中读取数据进行恢复先前设置的工作环境信息，恢复完成以后单击“退出”按钮退出向导即可。

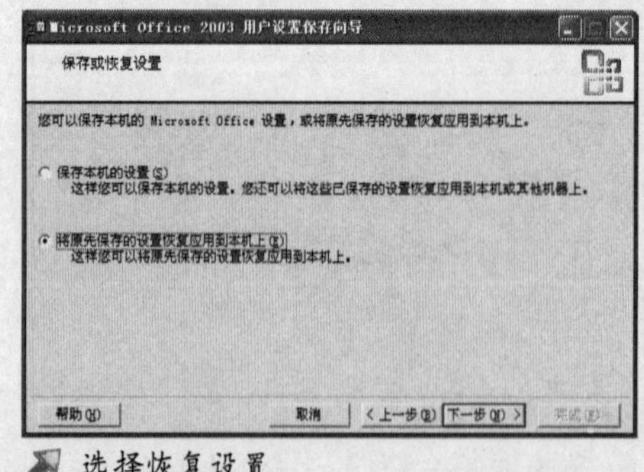

选择恢复设置

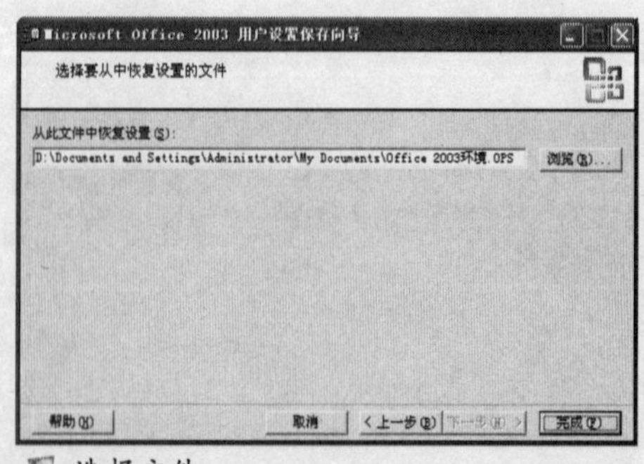

选择文件

方案二 备份/还原 QQ数据、资料

QQ作为一款朋友聊天、工作交流的即时通信工具软件，在使用中已经非常普遍了。QQ具有非常完善的数据备份功能，QQ会员几乎可以将所有的数据资料备份到QQ服务器上。即使对于非会员而言，也可以将个人信息、好友名单、好友分组信息、好友备注等信息存储在QQ服务器上，而聊天记录则只能存放在本地。除此之外，QQ本身提供了在本地导出聊天记录的功能，可以帮助用户保存聊天记录。下面我们以较新版本的“QQ2004II Beta3”为例，来谈一谈如何对QQ的数据资料进行备份。

一、备份/还原聊天记录

1.上传至QQ服务器

如果你是QQ会员，那么可以将聊天记录上传至QQ服务器。这样一来只要QQ服务器不受到致命的攻击，你的聊天记录就是安全的。上传的方法为：登录QQ后，在QQ面板底部依次单击“菜单”→“好友与资料”→“消息管理器”，打开“信息管理器”窗口。在左边的好友列表窗格中选中一个好友，然后依次单击“文件”→“上传聊天记录”菜单命令上传聊天记录。

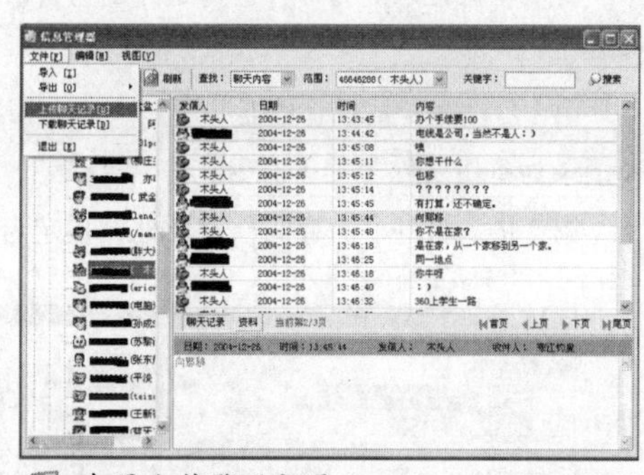

会员上传聊天记录

2.备份到本地磁盘

如果你不是QQ会员，那么就没有上传聊天记录的权限了，这时只能将聊天记录备份到本地磁盘（当

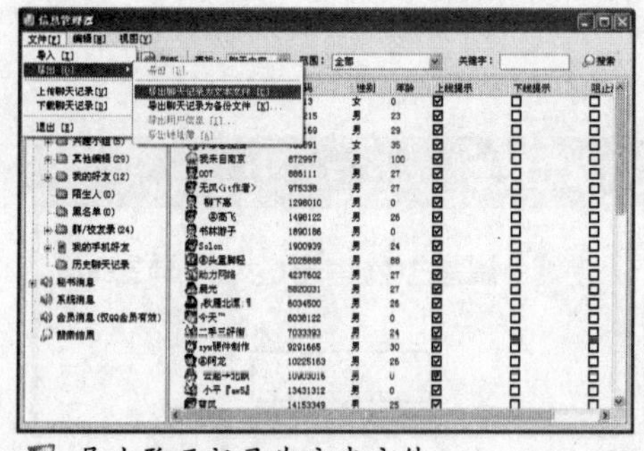

导出聊天记录为文本文件

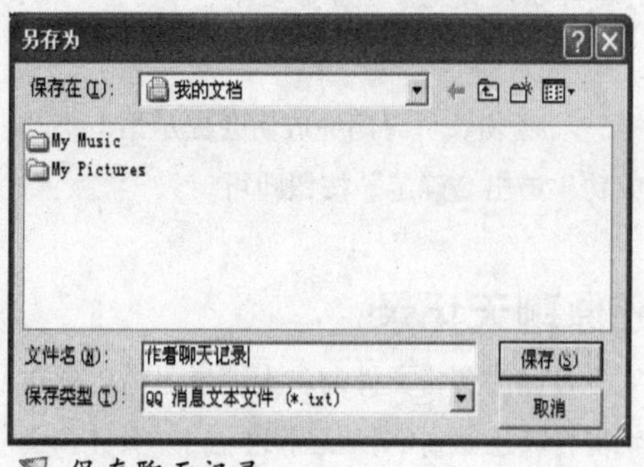

保存聊天记录

然QQ会员也可以将聊天记录备份到本地磁盘）。在将聊天记录备份到本地磁盘的时候，可以有两种选择。一种选择是导出为文本文件，这样可以使用任意一种文本编辑器打开查看。

第1步，在“信息管理器”窗口中选中好友的名称（也可以选中分组名称），然后依次单击“文件”→“导出”→“导出聊天记录为文本文件”菜单命令。

第2步，在打开的“另存为”对话框中选择合适的保存位置，并在“文件名”编辑框中键入合适的名称。最后单击“保存”按钮。

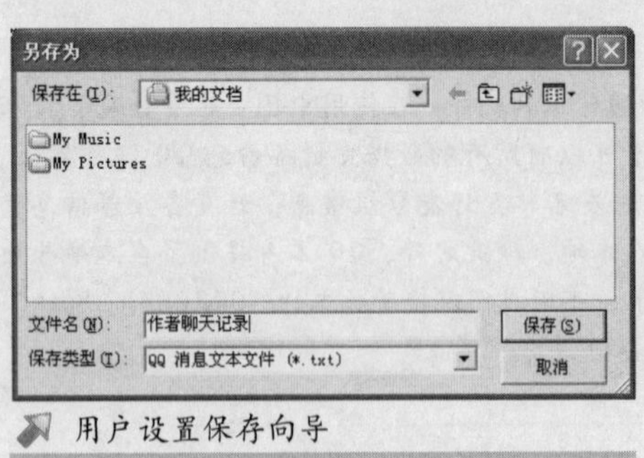

用户设置保存向导

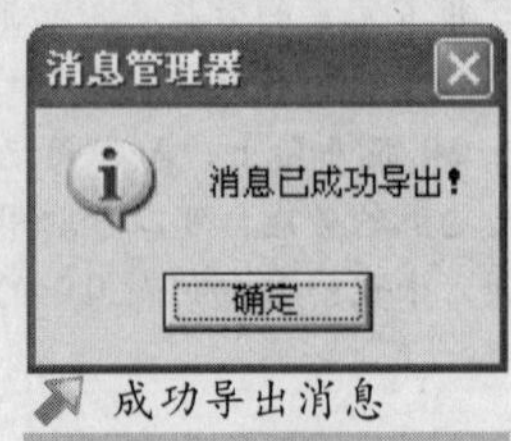

成功导出消息

第3步，导出成功后会弹出提示框，提示用户已经成功导出消息。单击“确定”按钮即可。

备份聊天记录的另一种选择是导出为备份文件，这种文件只能被导入到QQ“信息管理器”中才能查看。

第1步，在“信息管理器”窗口中选中相应的好友，然后依次单击“文件”→“导出”→“导出聊天记录为备份文件”菜单命令。

第2步，打开“另存为”对话框，指定合适的保存位置和文件名，并单击“保存”按钮。

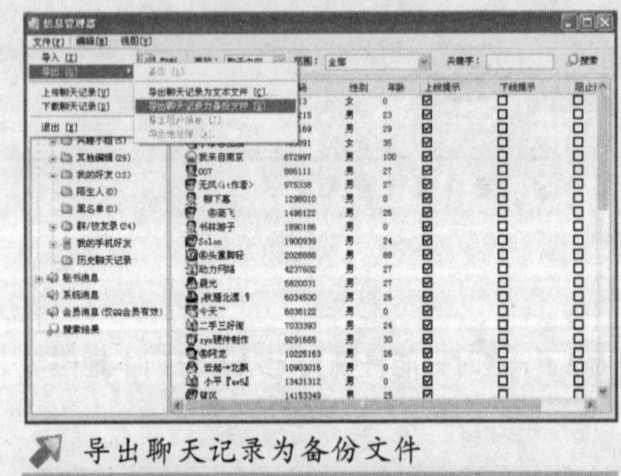

导出聊天记录为备份文件

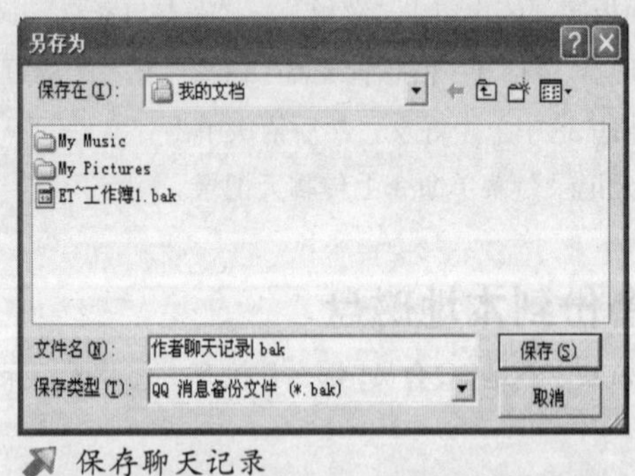

保存聊天记录

第3步，备份文件导出完成后会提示用户消息导出成功，单击“确定”按钮即可。

消息导出成功

3.还原聊天记录

对于导出为备份文件的聊天记录，可以通过导入功能将其还原到QQ信息管理器中，具体步骤如下所述。

第1步，打开QQ“信息管理器”窗口，然后依次单击“文件”→“导入”命令。

第2步，在打开的“打开”对话框中找到并选中事先导出的备份文件，单击“打开”按钮。

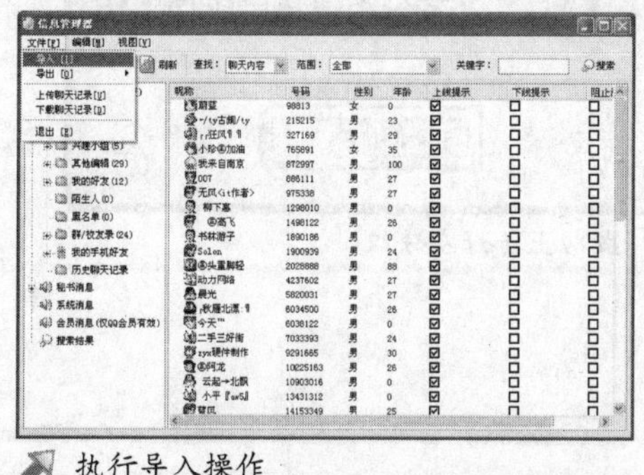

执行导入操作

打开备份文件

第3步，消息导入成功后会弹出提示框，提示用户消息已经成功导入。

二、备份用户信息

除了备份QQ聊天记录以外，还可以对好友的信息进行备份。方法为：在QQ“信息管理器中”选中相应的好友，然后依次单击“文件”→“导出”→“导出用户信息”菜单命令。然后选择保存位置并指定文件名，单击“保存”按钮即可。

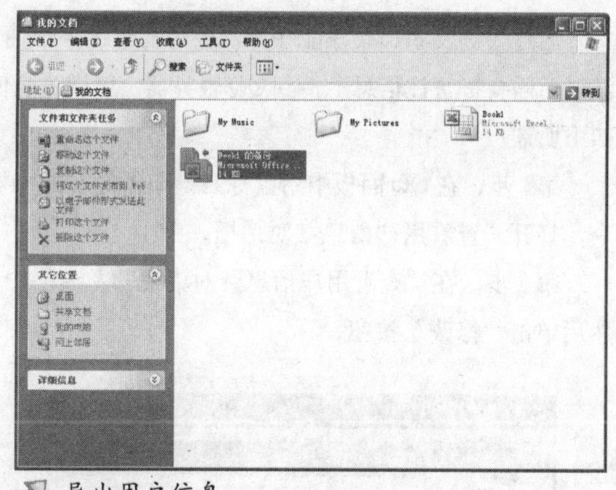

导出用户信息

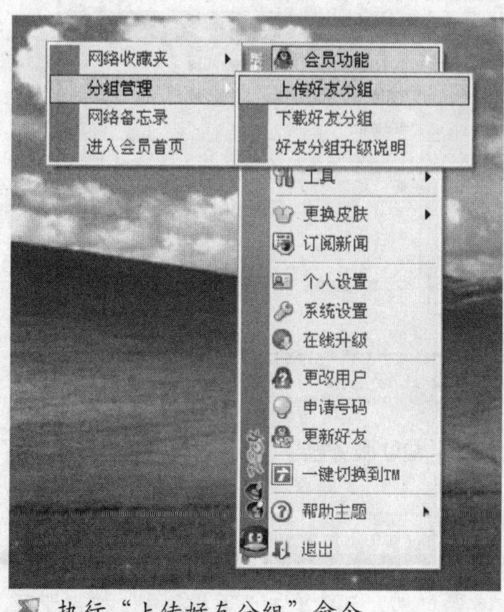

执行“上传好友分组”命令

三、上传／下载好友分组

当QQ中的好友比较多的时候，可以建立好友分组，以方便对好友的管理。但是如果在本地建立好友分组后而没有上传至QQ服务器，那么在其他电脑登录QQ后好友分组将无法使用。最好将好友分组信息上传至QQ服务器（即在QQ服务器备份一份好友分组信息），这样在其他电脑上登录QQ以后可以自动（或手动）获得好友分组。具体实现步骤如下所述。

第1步，登录QQ后，在QQ面板的底部依次单击

“菜单”→“会员功能”→“分组管理”→“上传好友分组”。

第2步，如果网络情况正常，稍等片刻即可获得上传成功的提示，单击“确定”按钮。

在其他电脑上登录QQ以后，只需依次单击“菜单”→“会员功能”→“分组管理”→“下载好友分组”，很快就可以获得事先上传的好友分组。

成功上传好友分组

小提示

在每次改变好友分组后都需要上传一次才能更新QQ服务器中的好友分组信息。另外，尽管“分组管理”功能在“会员功能”菜单中，但普通QQ用户同样可以享用此功能。

四、备份好友备注信息

通过为好友添加备注能在好友很多的情况下快速识别好友的身份。与好友分组一样，在本地编辑备注以后需要将备注信息上传到QQ服务器，这样才能使备注信息随时都可以看到。备份备注信息的步骤如下所述。

第1步，在QQ面板中用鼠标右键单击好友的头像，然后在弹出的快捷菜单中执行“查看资料”命令，打开“查看用户信息”对话框。

第2步，在“查看用户信息”对话框的左窗格中单击“备注”按钮，确认备注信息已经编辑完成，然后单击“修改”按钮。

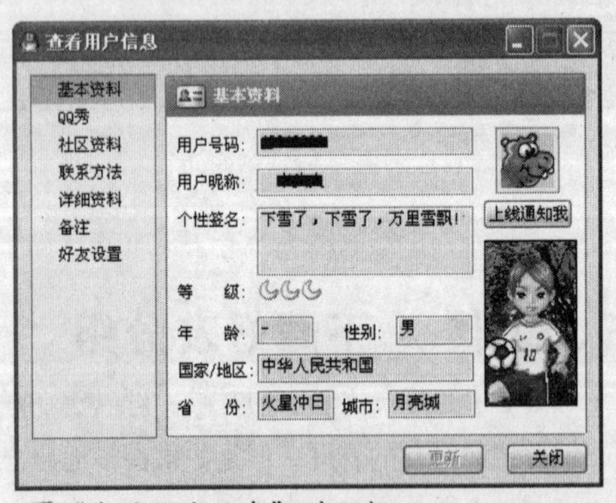

“查看用户信息”对话框

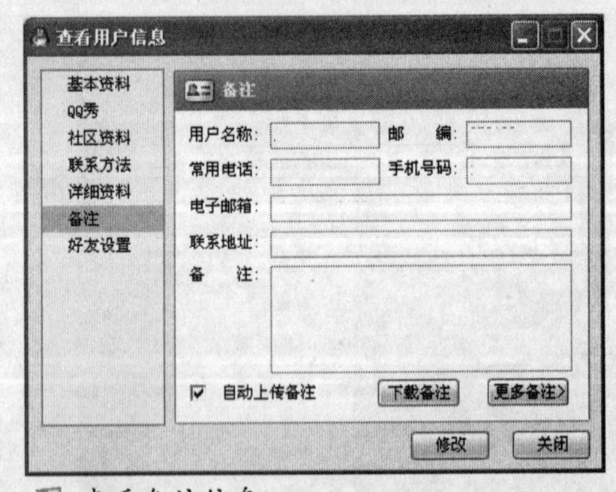

查看备注信息

第3步，如果网络通信正常，很快就可以将备注信息上传至QQ服务器。

小提示

如果在其他电脑登录QQ后查看用户备注时，发现没有备注信息，只需单击“下载备注”按钮即可。

五、使用“爱Q精灵”备份/还原QQ数据

对于那些只会用QQ聊天的朋友来说，手工备份QQ资料可能有些复杂。那么下面介绍一款专门用来备份QQ数据的工具——“爱Q精灵”。只要你拥有一个邮箱，在每次聊天完毕以后使用“爱Q精灵”就可以把你的QQ个人资料保存到邮箱里。下次聊天的时候，再使用“爱Q精灵下载资料”，你就会发现所有的记录又神奇般地出现了。因此“爱Q精灵”特别适合没有固定场所上网的朋友。“爱Q精灵”目前的最新版本是2.10版，下面我们来看看如何用这款工具备份、还原QQ数据。

1.安装“爱Q精灵”

首先保证电脑可以正常连接至Internet，然后执行“爱Q精灵”的安装程序，按照安装向导可以轻松地完成程序的安装。安装完毕后需要重新启动电脑。

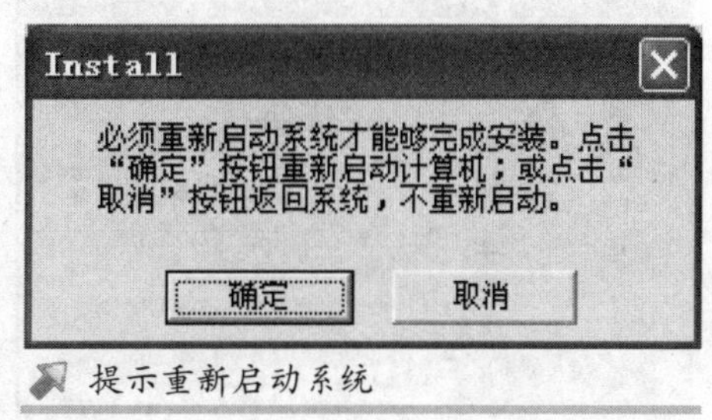

提示重新启动系统

2.注册新用户

安装完毕后首次使用时需要进行注册，注册步骤如下所述。

第1步，打开“爱Q精灵”的欢迎页，单击“新用户注册”按钮。

第2步，打开“新用户申请”对话框，在注册窗口中有一些项目需要填写。首先需要输入用户账号，也就是用户的QQ号码。接下来需要设置用户登录“爱Q精灵”的密码并且确认密码，注意最好不要使用和QQ号码相同的密码。还有两个邮箱地址需要输入，联系邮箱和备份邮箱。其中备份邮箱一定要输入正确，因为这个邮箱就是用来备份QQ数据的，需要注意的是这个邮箱必须是无需验证就可以发送邮件的。另外勾选“设置上传”→“下载数据”区域的三个复选框，最后单击“申请账号”按钮。

第3步，稍等片刻之后注册成功，并弹出提示框。单击“确定”按钮即可。

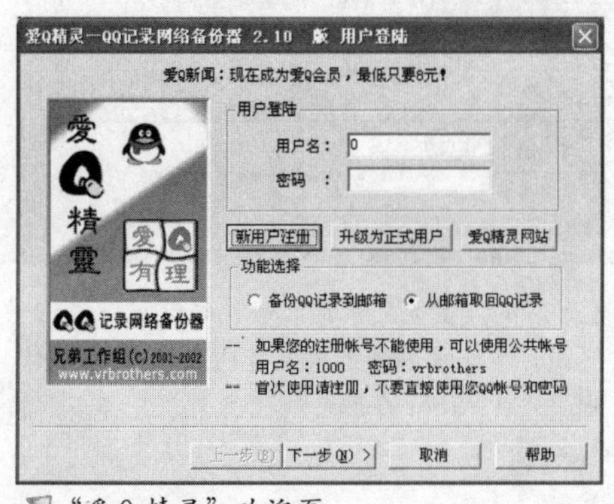

“爱Q精灵”欢迎页

新用户申请
帐号信息
* 您的帐号：66166912 您的QQ号就是帐号
* 您的密码：****** 不要使用您的QQ密码
* 确认密码：******
* 您的邮箱：chhuian@163.com 我们和您联系的邮箱
推荐人：0 推荐人QQ号
备份邮箱设置
* 备份邮箱：chhuian@163.com
邮箱密码：******
申请新邮箱
POP3服务器：pop.163.com 接收邮件服务器地址
SMTP服务器：smtp.163.com 发送邮件服务器地址
设置上传/下载数据
☑ 个人设置、好友分组等（user.db）
☑ 系统信息（oicq2000.cfg）
☑ 聊天记录（msg.db） ☐ QQ备忘录（user.db）
说明
-- QQ资料备份器是将QQ信息备份到您的邮箱中
-- 注册用户的个人信息和设置信息保存在我们的服务器上
-- 注册用户需要付费成为正式用户，我们会定期冻结注册而未成为正式用户的帐号，注册费用极少，请支持我们
申请帐号
退出

注册新用户

3.使用“爱Q精灵”

成功注册用户账号后，就可以登录“爱Q精灵”进行备份/取回QQ记录的操作了，具体步骤如下。

第1步，在“爱Q精灵”的欢迎界面中分别键入用户名和密码，并在“功能选择”区域中选择操作方式。假设点选“从邮箱取回QQ记录”单选框，然后单击“下一步”按钮。

第2步，如果是一般用户，软件会提示用户申请成为正式用户。单击“确定”按钮关闭提示框。在接着打开的对话框中会列出事先设置的邮箱信息以及需要取回的QQ记录。确认无误后单击“下一步”按钮。

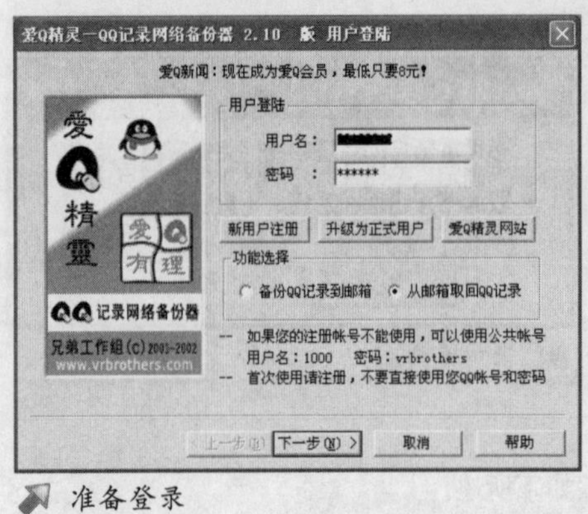

准备登录

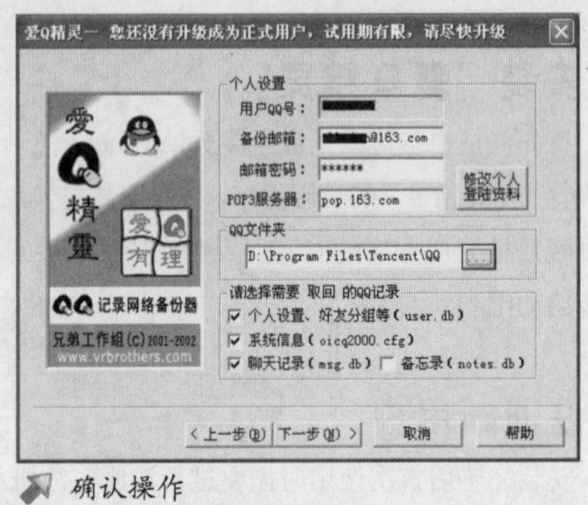

确认操作

第3步，接着“爱Q精灵”会打开“操作信息”对话框，并在窗口中显示操作的进度。在这个过程中最好不要强行退出，否则会导致上传和下载数据的失败。如果在上传、下载的过程中出现错误的情况，请检查邮箱以及邮箱密码是否输入正确、邮件服务器地址是否正确输入以及网络是否畅通。

第4步，根据网络连接速度上传获取数据所需要的时间有所不同，操作完成后会提示用户操作成功。单击“启动QQ”按钮登录QQ即可。

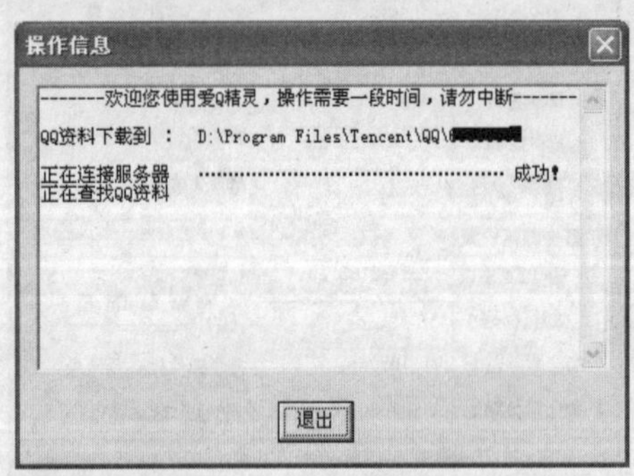

操作信息

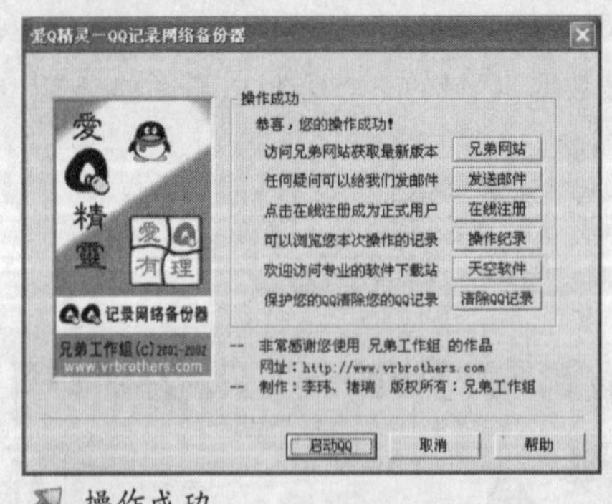

操作成功

小提示

使用“爱Q精灵”上传QQ记录时一般没有什么问题，不过在下载数据时有几种情况需要注意。如果本地的QQ安装目录中已经有了QQ号码的目录，在下载时会提示用户是否覆盖已有的用户目录，如果选择“是”将用新的数据覆盖以前的数据。如果在本地没有QQ号码的目录，那么“爱Q精灵”将自动建立用户目录，但需要通过注册向导才能使用所下载的数据。还有一种情况，如果上传了多次用户的数据，“爱Q精灵”只会下载最后一次上传的数据。

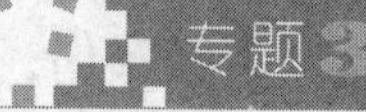

方案三 备份/还原 邮件资料

E-Mail（电子邮件）目前已成为非常重要的网络通信方式，尽管邮件客户端软件有很多种，但大家最常使用的几乎都是“Outlook Express”和“Foxmail”两者之一。因此我们以这两款邮件客户端软件为例，详细介绍一下电子邮件的备份、还原操作。

一、在“Outlook Express”中备份与还原

“Outlook Express”是Windows操作系统中自带的邮件客户端软件，由于其随系统自动安装，因此应用比较广泛。下面我们谈谈如何在Windows XP自带的“Outlook Express 6”中实现邮件的备份/还原。

1.E-mail的备份与还原

E-mail的备份与还原是通过导出与导入操作实现的，不过前提条件是系统必须安装有“MS Outlook”（微软Office组件之一，专门用来进行邮件处理的软件）。

(1)导出E-mail

在“Outlook Express 6”中导出E-Mail的步骤如下。

第1步，打开“Outlook Express”窗口，依次单击“文件”→“导出”→“邮件”菜单命令。

第2步，在打开的“导出邮件”提示框中会提示用户该操作只能将邮件从Outlook Express导出到Microsoft Outlook或Microsoft Exchange中。确保系统中已经安装了后面的两种软件之一（本例中安装了“MS Outlook 2003”），单击“下一步”按钮。

执行“导出”命令

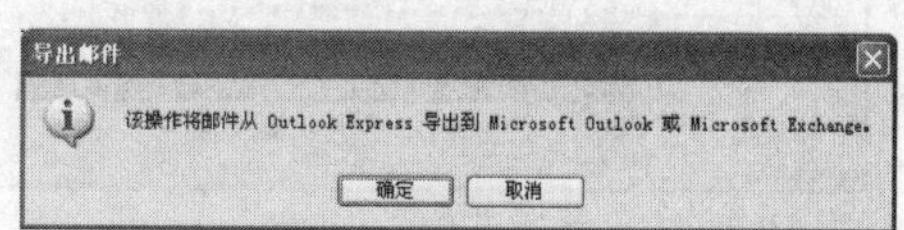

“导出邮件”提示框

第3步，接着打开“选择配置文件”对话框。在这里可以选择与导出的目标程序最匹配的配置文件名。本例中选择默认的配置文件，单击“确定”按钮。

第4步，在打开的“导出邮件”对话框中可以选择要导出的邮件文件夹，保持“所有文件夹”单选框的选中状态，然后单击“确定”按钮。

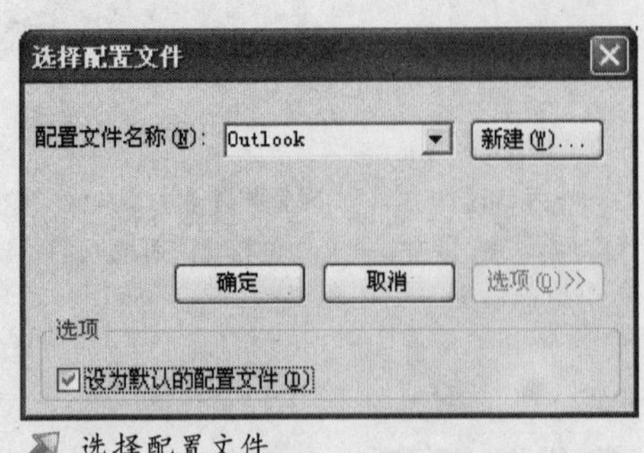

选择配置文件

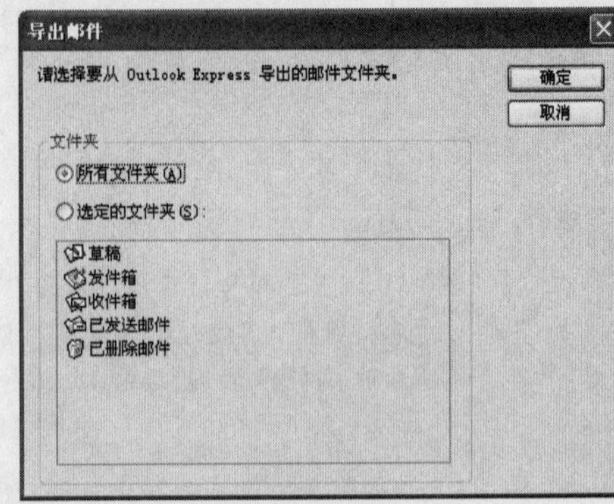

选择导出的邮件文件夹

第5步，Outlook Express开始执行导出邮件的操作，导出完毕后自动关闭对话框。

开始导出邮件

(2) 导入E-mail

如果误删除了Outlook Express中的重要邮件后，可以执行导入命令将邮件还原。Outlook Express 6支持“Outlook Express”、“MS Outlook”和“MS Exchange" 等邮件软件所导出邮件的整体导入，具体步骤如下所述。

第1步，打开“Outlook Express 6”窗口，依次单击“文件”→“导入”→“邮件”命令。

第2步，在打开的“Outlook Express导入/选择程序”对话框中，可以选择要导入电子邮件程序的来源。在来源列表中选择“Microsoft Outlook”选项，并单击“下一步”按钮。

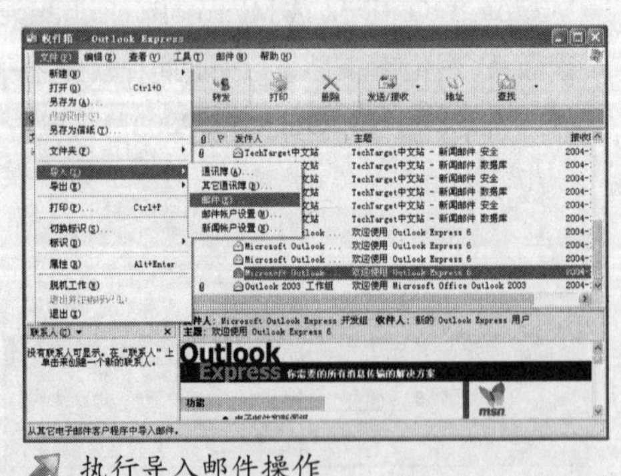
执行导入邮件操作

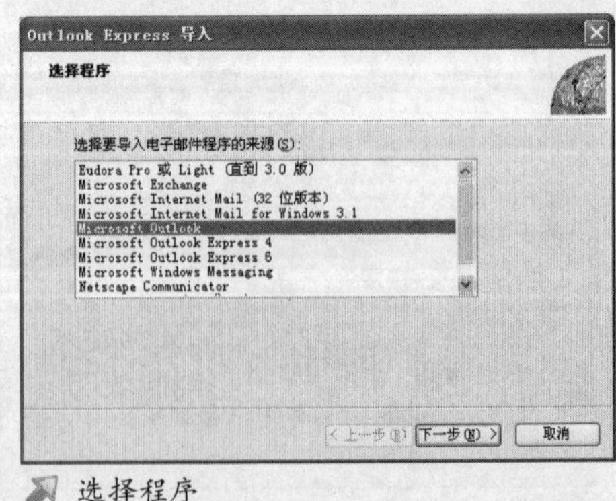

选择程序

第3步，再次出现了“选择配置文件”对话框，保持默认选项并单击“确定”按钮。

第4步，打开“Outlook Express导入/选择文件夹”对话框，准备将“收件箱”中的邮件导入进来。点选“选定的文件夹”单选框，并在列表中选中“收件箱”选项。单击“下一步”按钮。

第5步，Outlook Express开始执行导入操作，导入完成后会提示用户导入成功。

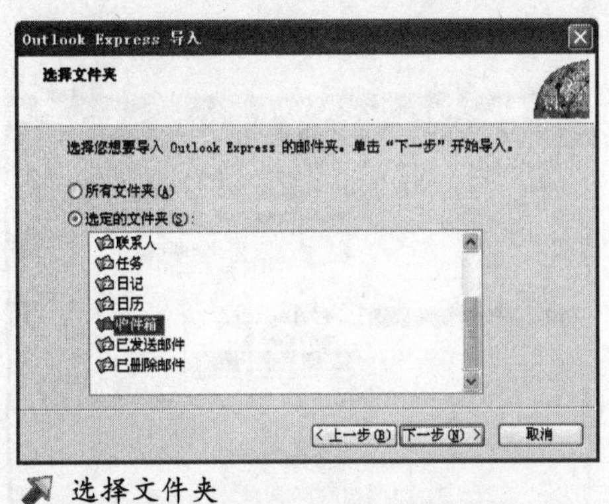

选择文件夹

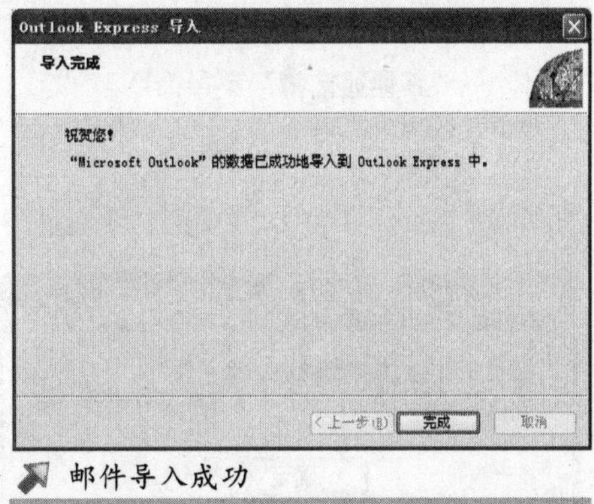

邮件导入成功

2.通信簿的备份与还原

通信簿的备份与还原也是通过导出与导入操作实现的。

(1)导出通信簿

Outlook Express可以将通信簿中的联系人导出，以方便其他邮件客户端程序共享这些联系人信息。导出通信簿的步骤如下所述。

第1步，打开Outlook Express窗口，在工具栏上单击“地址”按钮，打开“通信簿”窗口。然后依次单击“文件”→“导出通信簿”菜单命令。

第2步，在打开的“选择要导出至的通信簿文件”对话框中，选择合适的保存位置，并在“文件名”编辑框中键入合适的文件名。

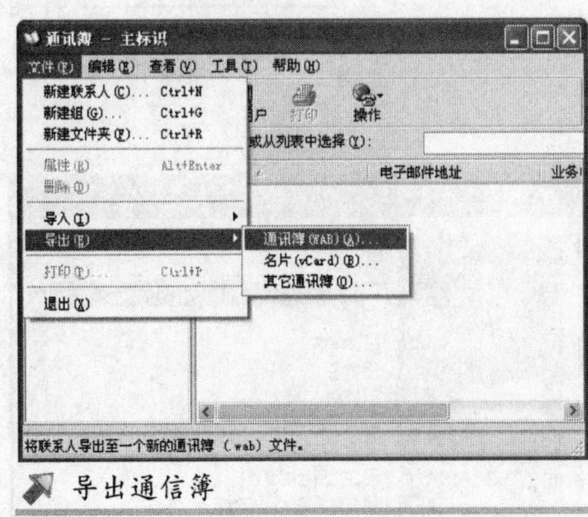

导出通信簿

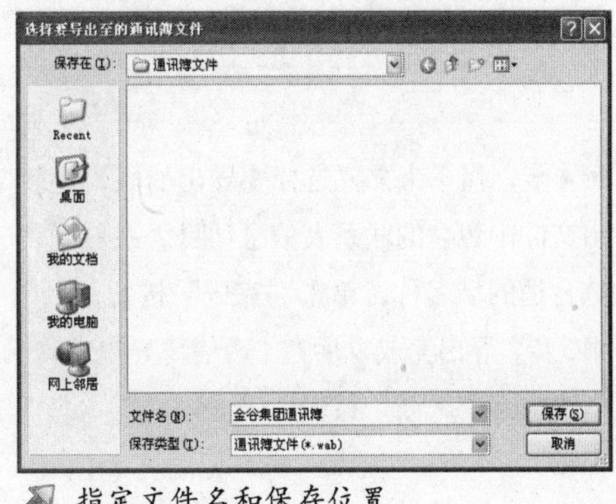

指定文件名和保存位置

第3步，Outlook Express开始将通信簿中的联系人信息导出为“.wab”文件。导出完成后会提示用户导出成功，单击“确定”按钮。

有时用户需要将通信簿中的联系人导出并保存为Microsoft Exchange个人通信簿或文本文件，这时可以按如下步骤操作。

第1步，在“通信簿”窗口中依次单击“文件”→“导出”→“其他通信簿”菜单命令。

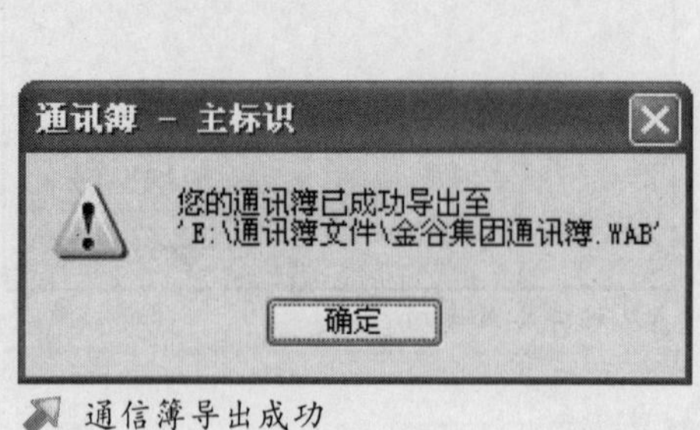

通信簿导出成功

选择导出其他通信簿

第2步，在打开的“通信簿导出工具”对话框中，选中合适的文件类型，并单击“导出”按钮。

第3步，打开“CSV导出”对话框，单击“浏览”按钮指定导出文件保存的位置和文件名称，然后单击“下一步”按钮。

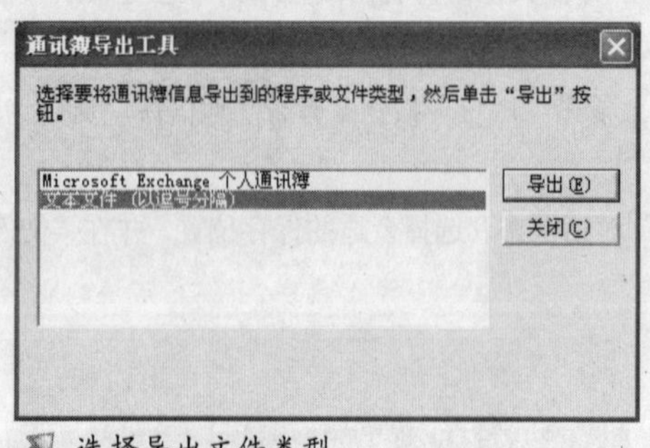

选择导出文件类型

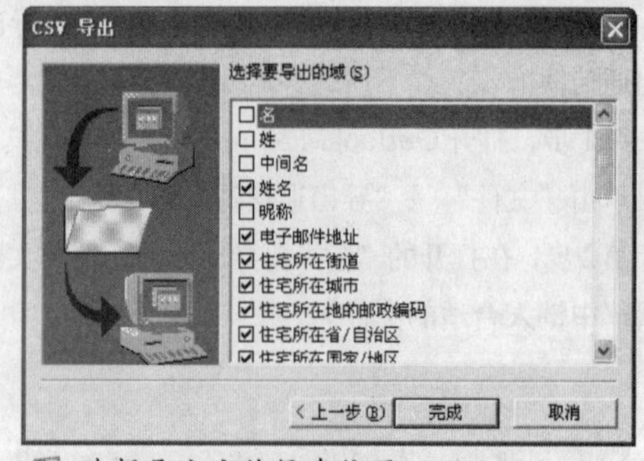

选择导出文件保存位置

第4步，接下来需要选择要导出的域，也就是导出文件中包含的联系人信息项目。在域列表中勾选合适的域名称，单击“完成”按钮。

第5步，导出完成以后在“通信簿导出工具”对话框中单击“关闭”按钮。

（2）导入通信簿

在Outlook Express 6中支持从Windows通信簿文件（.wab）中导入本地通信簿，也支持从MS Outlook、MS Exchange和以逗号分割的

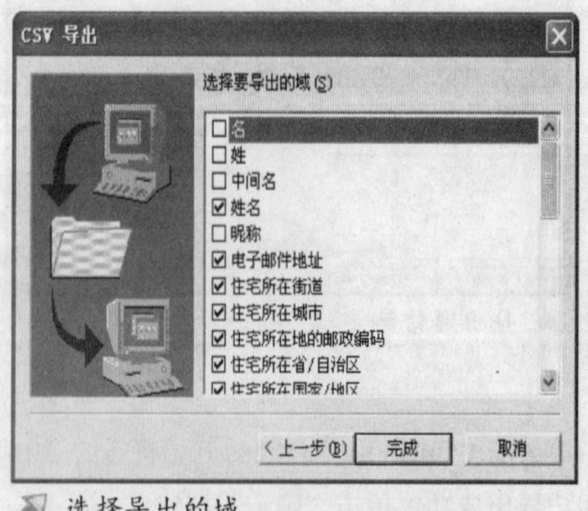

选择导出的域

文本文件中导入通信簿。具体实现步骤如下所述。

第1步，在“通信簿”窗口中依次单击“文件”→“导入”→“通信簿”菜单命令。

第2步，在打开的“选择要从中导入的通信簿文件”对话框中找到并选中事先备份的通信簿文件，然后单击“打开”按钮。

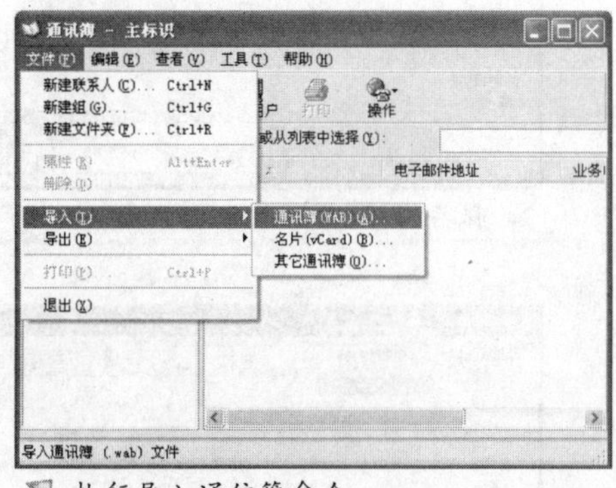

执行导入通信簿命令

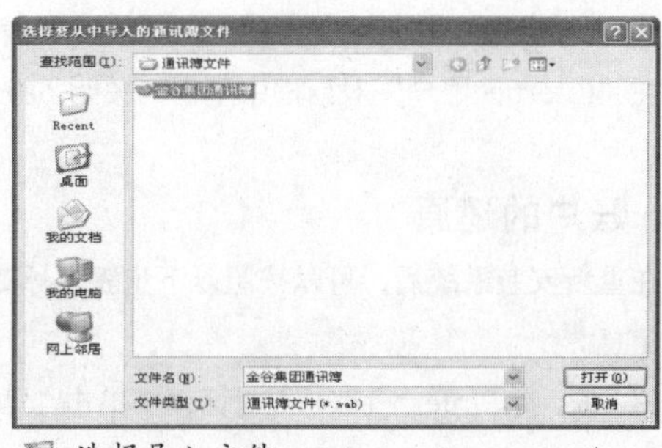

选择导入文件

第3步，导入完成以后会弹出提示框，提示用户已经成功导入通信簿，单击“确定”按钮。

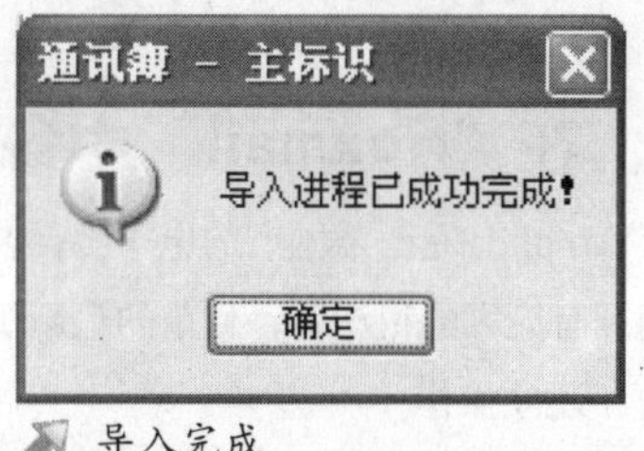

导入完成

3. 邮箱账户的备份与还原

如果用户拥有多个POP3邮箱，在每次重装系统后都要重新设置服务器、用户ID、口令等诸多参数，而且还容易把服务器的域名记错或丢失密码。其实用户的邮箱账户也可以备份和还原。

(1) 账户的备份

第1步，打开“Outlook Express 6”窗口，依次单击“工具”→“账户”菜单命令。

第2步，在打开的“Internet账户”对话框中单击“邮件”标签，切换至“邮件”选项卡。在列

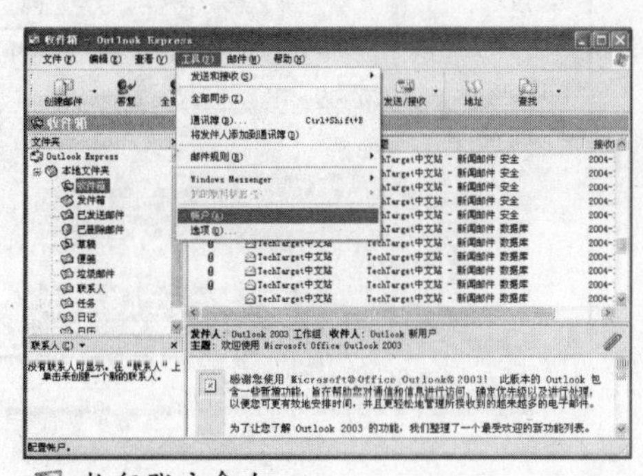

执行账户命令

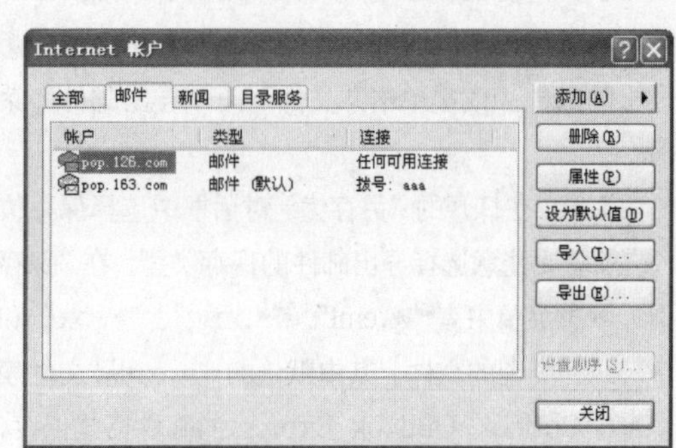

选中邮箱账户

表中单击选中想要备份的邮箱账户，然后单击“导出”按钮。

第3步，打开“导出Internet账号”对话框，选择用来保存账号的文件名称及路径。系统缺省状态下将以账号名作为文件名，扩展名为“.iaf”。“iaf”文件非常小，不足1kB。最后单击“保存”按钮。

第4步，重复上述步骤备份所有的邮件账户信息，最后在“Internet账户”对话框中单击“关闭”按钮。

保存邮箱账户文件

(2) 账户的还原

在重新安装系统后，可以按照以下步骤还原邮箱账户信息。

第1步，在“Internet账户”对话框中单击“导入”按钮，打开“导入Internet账户”对话框。找到并选中已备份的账户信息文件，然后单击“打开”按钮。

第2步，导入成功后即可在“Internet账户”对话框列表中看到导入的邮箱账户名称。

选择账户信息文件

二、在“Foxmail”中备份／还原

Foxmail是一款国产的电子邮件客户端软件，在国内拥有庞大的用户群，目前的最新版本是“Foxmail 5.0”。在Foxmail中同样可以实现相关项目的备份／还原操作。

1.E-mali的备份与还原

在Foxmail中，电子邮件的备份与还原也是通过导出和导入操作实现的。

(1) 导出邮件

第1步，在Foxmail窗口中展开某个邮箱账户，并选中存有欲导出邮件的邮箱。然后在右窗格中选中想要导出的邮件。依次单击“文件”→“导出邮件”菜单命令。

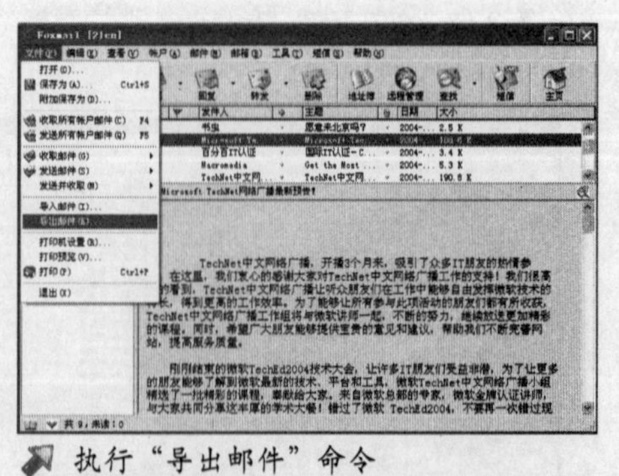

执行“导出邮件”命令

第2步，在打开的“另存为”对话框中选择保存位置。这里需要注意选择导出邮件的保存类型。在“保存类型”下拉菜单中有“*.eml”、“*.msg”、“*.txt”和“*.*”四种类型的文件。其中默认的“*.eml”文件表示以MS Outlook/Outlook Express的邮件格式保存，“*.msg”表示以MS Exchange的邮件格式保存。保持默认选项，然后单击“保存”按钮即可。

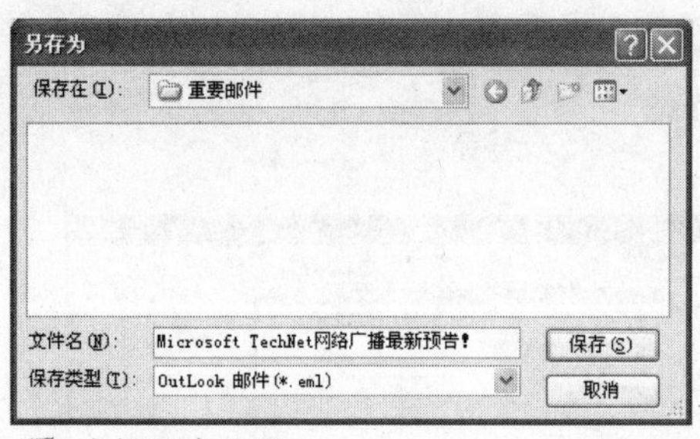

选择保存路径

小提示

如果需要保存多个邮件，在按住Ctrl键的同时点选多个文件并执行导出操作即可。

(2) 导入邮件

第1步，在Foxmail窗口中依次单击“文件”→“导入邮件”菜单命令。

第2步，在打开的“打开”对话框中找到并选中要导入的邮件，并单击“打开”按钮。

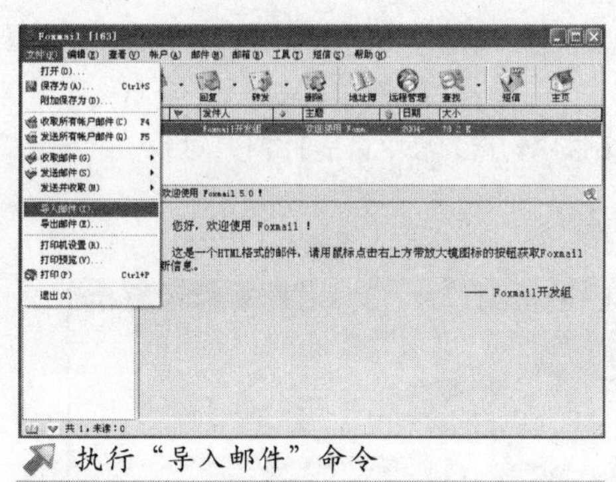

执行“导入邮件”命令

选择导入的邮件

第3步，导入成功后Foxmail会给出提示，单击“确定”按钮即可。

导入成功

2. 地址簿的备份与还原

Foxmail的地址簿分为“公共地址簿”和“个人地址簿”两种形式，同样可以通过导出、导入功能备份与还原。

(1) 导出地址簿

第1步，在Foxmail窗口中依次单击“工具”→“地址簿”菜单命令。

小提示

可以将地址簿中当前文件夹（即“公共地址簿”或“个人地址簿”）中的地址信息导出成一个CSV文件（以逗号分割的文本文件）、WAB文件（Windows地址簿文件）或者纯文本文件。

第2步，在打开的“地址簿”窗口中，单击选中左窗格中默认地址簿名称，然后依次单击“工具”→“导出CSV文件（*.CSV）”菜单命令。

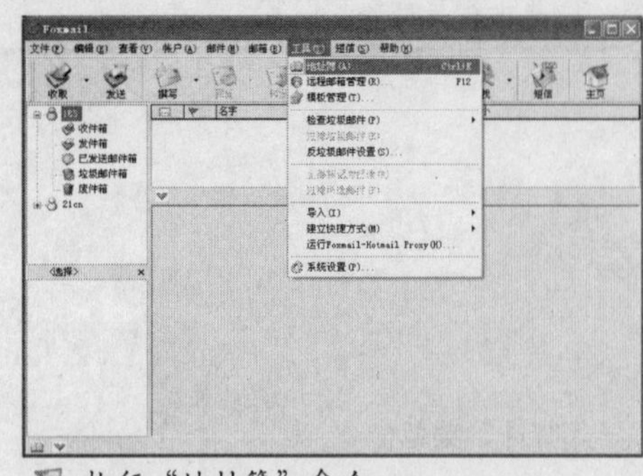
执行“地址簿”命令

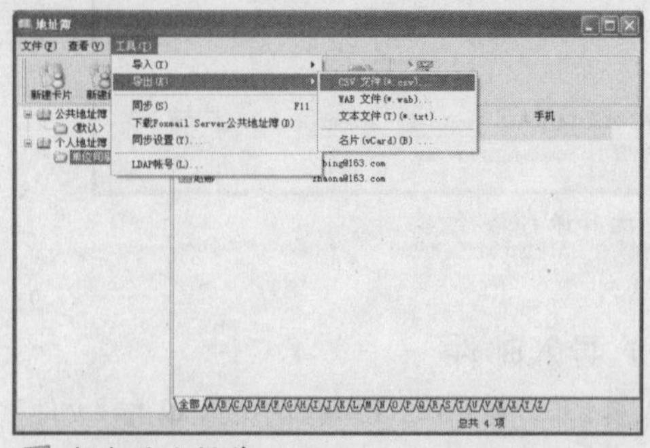
执行导出操作

第3步，打开“向导”→“导出文件另存为”对话框，单击“浏览”按钮指定导出文件的保存位置和文件名称，然后单击“下一步”按钮。

第4步，在打开的“向导”→“请选择输出字段”对话框中勾选列表中合适的字段，并单击“完成”按钮。

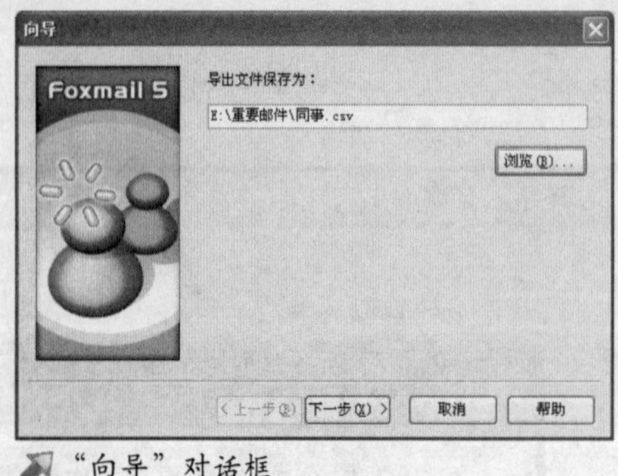
“向导”对话框

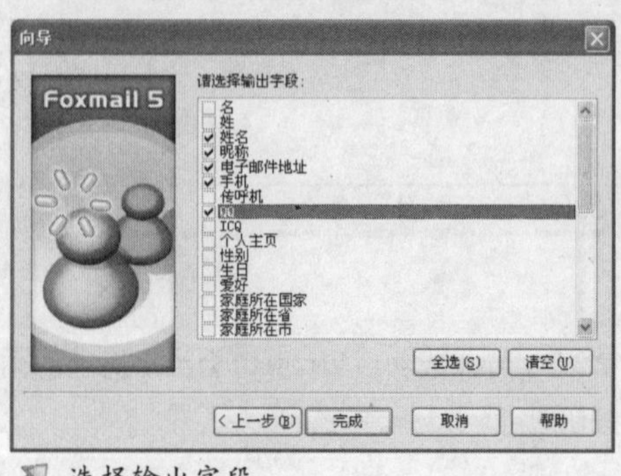
选择输出字段

第5步，Foxmail开始导出地址簿，完成后会给出操作成功的提示，单击“确定”按钮即可。

导出成功以后，可以到相关的目录找到导出的文件，并且可以用Excel打开该文件。

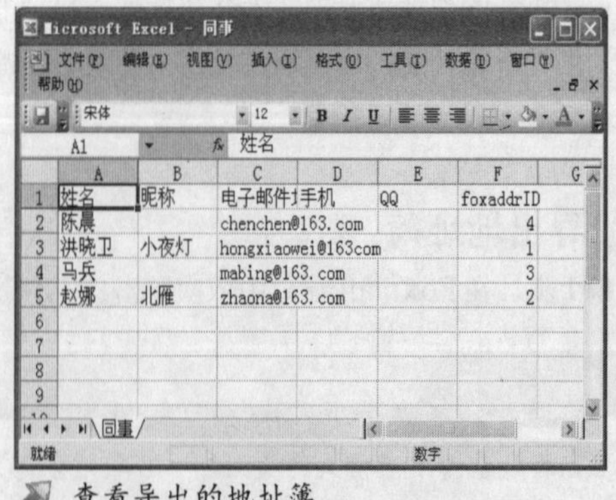
查看导出的地址簿

（2）导入地址簿

在Foxmail地址簿窗口中，可以通过“导入”命令将事先导出的地址簿信息导入到Foxmail的地址簿中。Foxmail支持“.wab”文件和“.csv”文件等文件类型的导入，具体实现步骤如下所述。

第1步，在Foxmail地址簿窗口中选中适当的地址簿文件夹，然后依次单击“工具”→“导入/CSV文件（*.csv）”菜单命令。

第2步，打开“向导”→“请选择导入的文件”对话框，单击“浏览”按钮找到并选中事先导出的地址簿文件，然后单击“下一步”按钮。

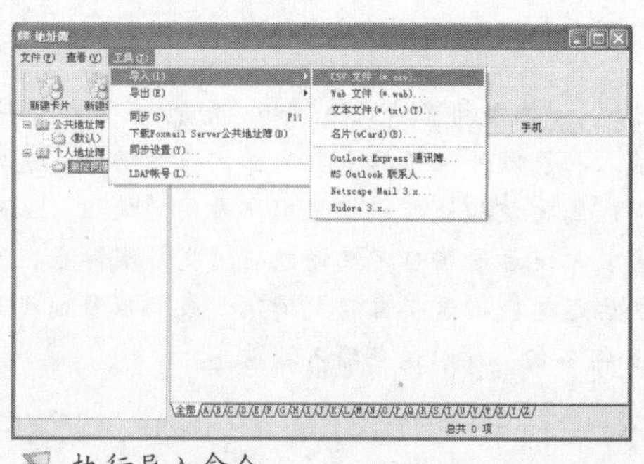

执行导入命令

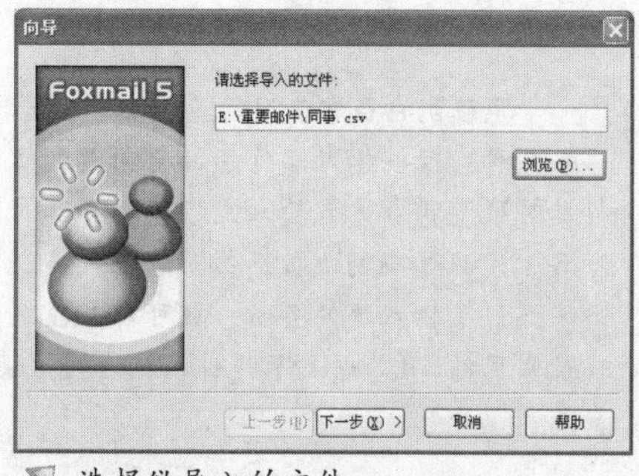

选择欲导入的文件

第3步，在打开的“向导”→“映射输入字段”对话框中单击“全选”按钮选中所有的字段，然后单击“完成”按钮。

第4步，导入成功后会给出提示，单击“确定”按钮即可。

成功导入地址簿后，可以在Foxmail的地址簿窗口中查看导入的地址簿信息。

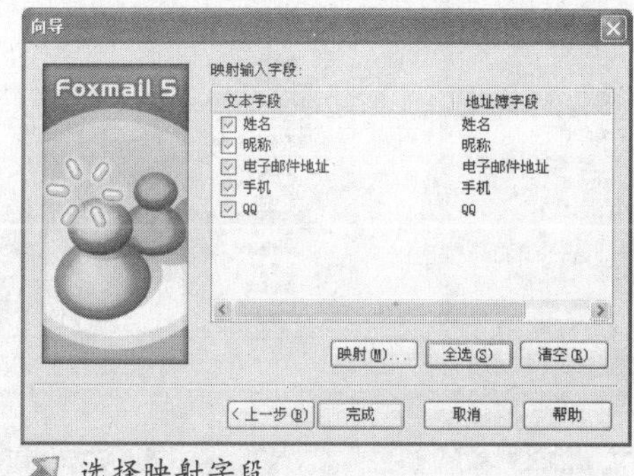

选择映射字段

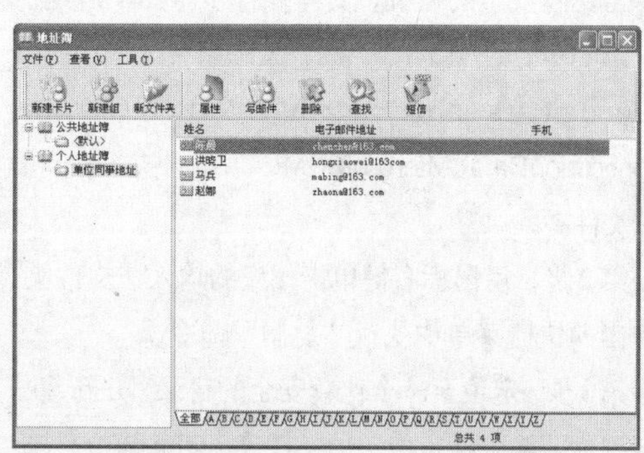

查看地址簿信息

方案四 输入法的备份／还原

电脑用户最常使用的无外乎"五笔输入法"、"微软拼音输入法"和"智能ABC输入法"等几种。这些输入法除了具有简单的文字录入功能以外，还具有自定义词组的功能。这尤其对使用拼音方式输入文字的用户非常有用，因为该功能可以记忆用户常用的词组，从而减少用户选码的次数。然而遗憾的是，当重装系统后这些自定义词组将消失。实际上，如果做好了输入法的备份，就可以在重装系统后迅速找回这些自定义词组。我们以目前大家最常用的Windows XP操作系统为例，谈谈如何备份、还原这些输入法信息。

一、备份输入法

在Windows XP系统中，输入法信息保存在系统分区"\Documents and Settings\Administrator\Application Data\Microsoft\IME\"目录中。其中每种输入法都有其独立的文件夹，文件夹中保存有该输入法的状态信息。

对这些输入法的备份主要是通过复制／粘贴操作完成的，即将想要备份的输入法文件夹复制一份副本至比较安全的位置，具体操作步骤如下所述。

第1步，在Windows XP系统分区中打开"\Documents and Settings\Administrator\ApplicationData\Microsoft\IME\"文件夹，找到输入法文件夹。

第2步，用鼠标右键单击相应的输入法文件夹，在弹出的快捷菜单中执行"复制"命令。

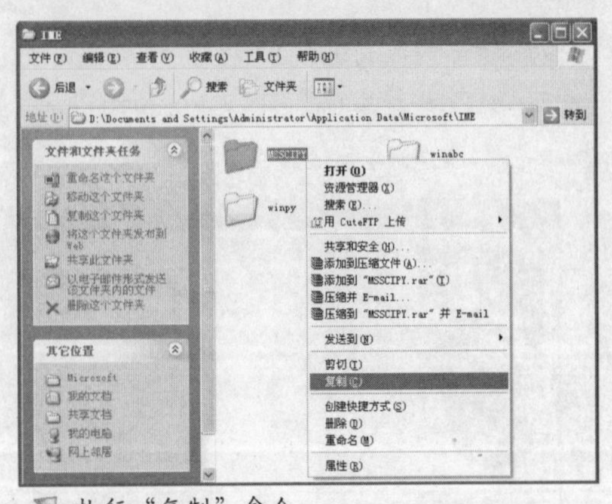

执行"复制"命令

第3步，定位至一个比较安全的目录，并新建一个名称为"输入法备份"的文件夹。进入该文件夹后在空白处单击鼠标右键，在弹出的快捷菜单中执行"粘贴"命令即可。

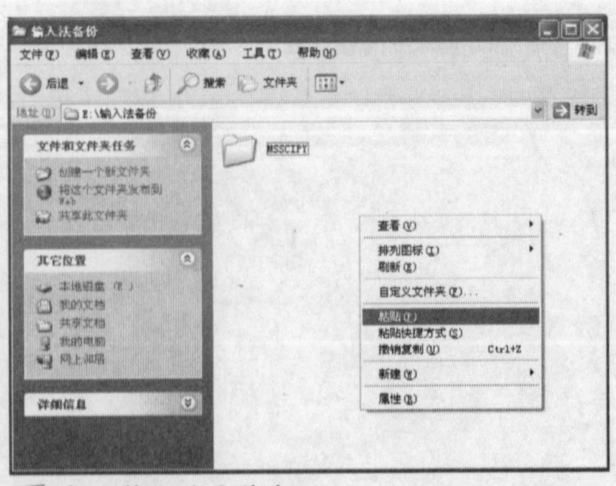

粘贴输入法文件夹

二、还原输入法

所谓还原输入法就是将事先复制到其他位置的输入法文件夹重新复制到系统分区的"\Documents and Settings\Administrator \Application Data\Microsoft\IME\"文件夹中。操作过程比较简单，这里不再赘述。

方案五 IE 收藏夹备份/还原

"IE 收藏夹"是保存网址的重要手段。丰富的网址资源需要大家长期的积累。从某种意义上说"IE 收藏夹"内的资料也是一种宝贵的财富，因此对"IE 收藏夹"中的资料进行备份也就显得非常重要。

在默认情况下，Windows 9x/Me的"IE收藏夹"存储路径是"\Windows\favorites"；而在Windows 2000/XP中则存储在"\Documents and Settings\Administraror\favorites"中。因此要想简单地备份"IE收藏夹"，只需要把"IE收藏夹"所在文件夹的所有文件复制到一个比较安全的位置就行了，等到需要还原时再把这些文件重新复制到原来的位置即可。

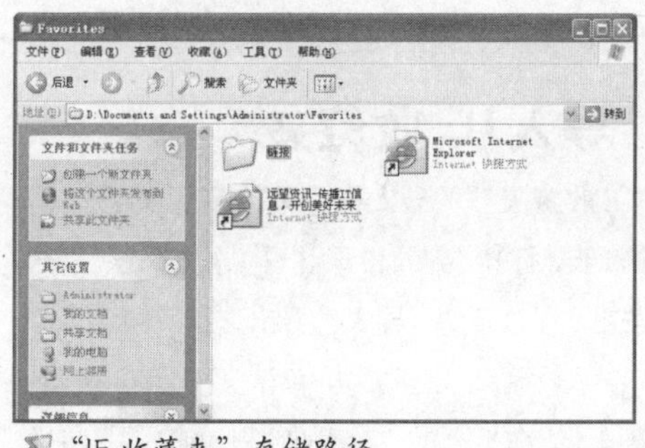

"IE 收藏夹"存储路径

不过IE 5.0及以上版本的浏览器均提供了收藏夹的导出/导入功能，利用该功能可以方便地将收藏夹内容导出到一个独立的文件中，并保存至安全的位置，当需要还原时再重新导入到IE浏览器中就行了。

一、导出IE 收藏夹

导出"IE收藏夹"的步骤如下所述。

第1步，依次单击"文件"→"导入和导出"菜单命令，打开"导入和导出"向导。单击"下一步"按钮。

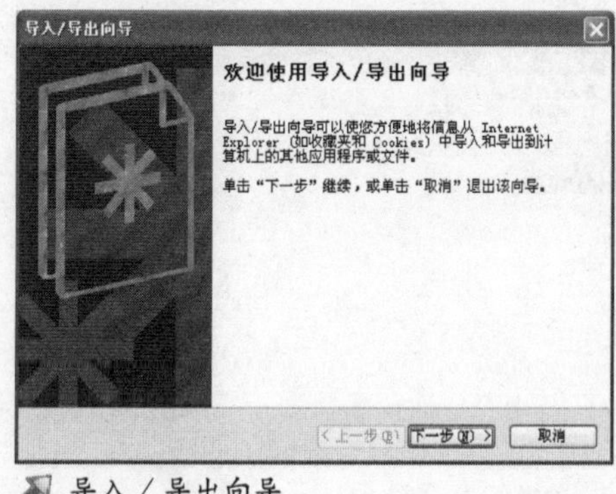

导入/导出向导

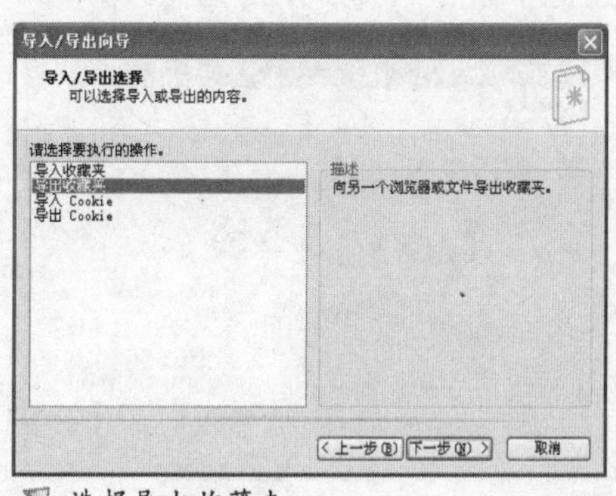

选择导出收藏夹

第2步，在打开的“导入／导出选择”向导页中选中“导出收藏夹”选项，并单击“下一步”按钮。

第3步，打开“导出收藏夹源文件夹”向导页，单击选中“链接”文件夹，并单击“下一步”按钮。

第4步，在“导出收藏夹目标”向导页中需要选择导出文件保存的位置。单击“浏览”按钮指定合适的位置和文件名，并单击“下一步”按钮。

第5步，打开“正在完成导入／导出向导”向导页，单击“完成”按钮开始导出操作。导出成功后会给出提示，单击“确定”按钮即可。

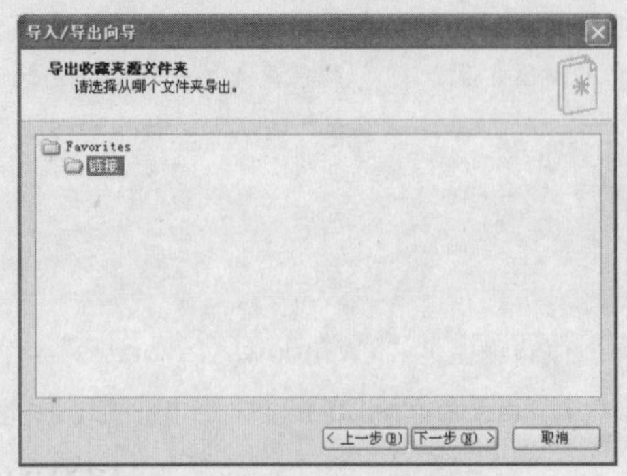

选择源文件夹

选择目标位置

二、导入IE收藏夹

“IE收藏夹”的导入操作具体步骤如下。

第1步，打开“导入和导出”向导并单击“下一步”按钮，在打开的“导入／导出选择”向导页中选择“导入收藏夹”选项，并单击“下一步”按钮。

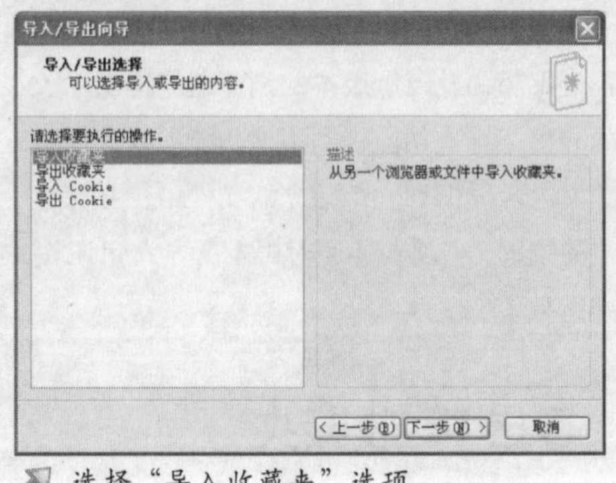

选择“导入收藏夹”选项

第2步，在打开的“导入收藏夹的来源”向导页中，单击“浏览”按钮找到并选中事先导出的收藏夹文件，并单击“下一步”按钮。

第3步，打开“导入收藏夹的目标文件夹”向导页，单击选中“链接”选项，并单击“下一步”按钮。

第4步，单击“完成”按钮开始导入操作，出现导入成功的提示框后单击“确定”按钮即可。

选择导入来源

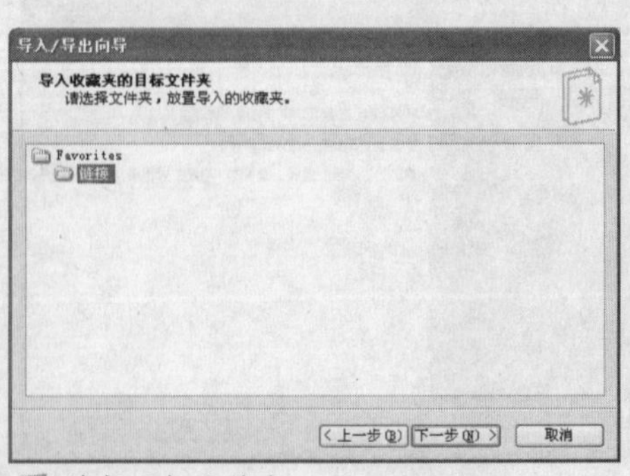

选择目标文件夹

方案六 备份／还原常用软件的配置信息

很多常用软件在安装完和使用一段时间之后都会在注册表中保留下自己的配置信息，以记录用户曾经对其进行过的设置。这里将专门针对几款最常用的软件来介绍备份／还原常见软件配置信息的方法。

一、备份／还原 FlashGet 的配置信息

FlashGet 是大家比较常用的下载工具软件，利用该工具可以大大提高网络下载速度。那么如何备份该软件的配置信息呢？其实很简单，只要备份其安装目录下的“Default.jcd”就行了。这个文件是 FlashGet 下载文件的数据库，其大小根据用户下载文件的数量而发生变化，通过它可以找回失去的下载任务并继续下载。

除此之外，还需要备份安装目录下的“Favorites.fgb”文件。该文件是 FlashGet 站点资源探索器的收藏夹，里面记录了 FlashGet 站点资源探索器曾经探索到的下载站点的资源。这些资源是一笔宝贵的财富，因为谁都不愿意每次下载资源的时候都在搜索工具当中狂搜一通。

另外还需要导出注册表中的“HKEY_CURRENT_USER\Software\JetCar”分支，该分支是 FlashGet 在注册表中的注册信息，里面全面记录了 FlashGet 运行状态的所有记录，导出该分支的步骤如下。

第1步，依次单击“开始”→“运行”，在“运行”编辑框中键入“regedit”命令并按回车键，打开“注册表编辑器”窗口。然后在左窗格中依次展开“HKEY_CURRENT_USER\Software\JetCar”分支，用鼠标右键单击该分支，并在弹出的快捷菜单中执行“导出”命令。

第2步，在打开的“导出注册表文件”对话框中，单击“保存在”编辑框右侧的下拉三角形按钮，找

备份配置文件 Default.jcd

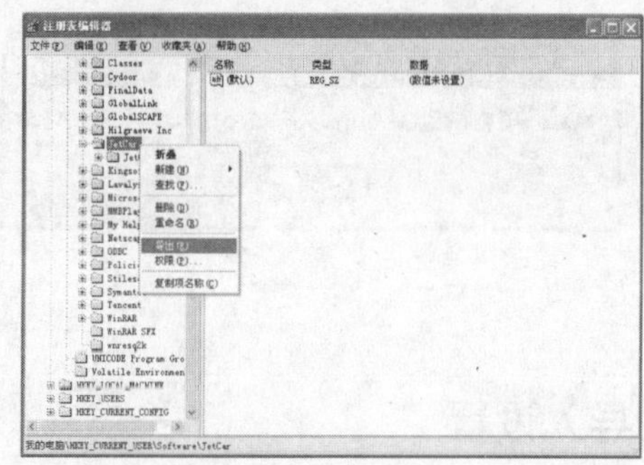

找到注册表分支

到一个比较安全的位置，然后在“文件名”编辑框中键入合适的文件名。单击“保存”按钮即可。

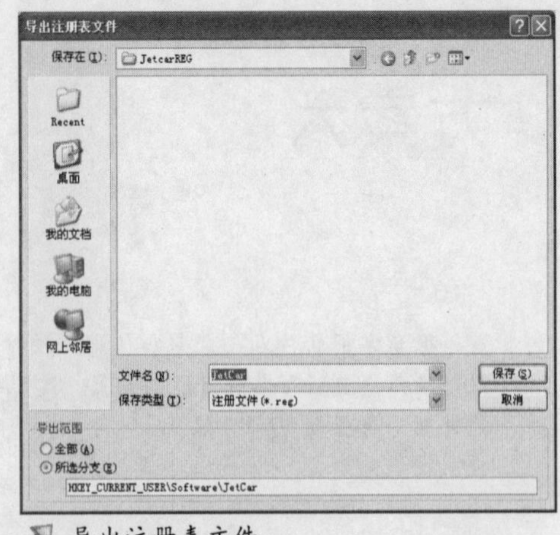

导出注册表文件

二、备份／还原 WinRAR 的配置信息

目前网上提供下载的软件大部分都是经过压缩的，电脑中没有安装相应的解压缩工具怎么行！那么如何备份／还原 WinRAR 中的配置信息呢?幸运的是 WinRAR 提供了导出／导入配置信息的功能，可以方便用户实施备份操作。

1.导出设置

导出设置的实现步骤如下所述。

第1步，依次单击“开始”→“所有程序”→“WinRAR”→“WinRAR”，打开 WinRAR 程序窗口。在程序窗口中依次单击“选项”→“导出”→“导出设置到文件”菜单命令。

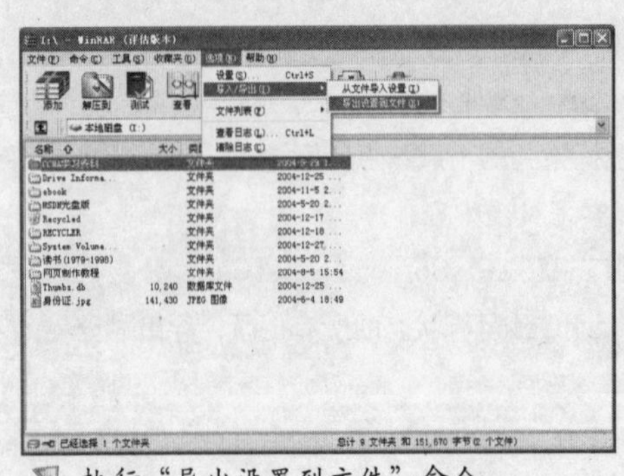
执行“导出设置到文件”命令

第2步，很快就可以弹出提示框，提示用户已经将 WinRAR 设置保存到相应位置的“Settings.reg”注册表文件中。在弹出的“设置”提示框中单击“确定”按钮。

第3步，打开提示框中提示的文件夹（其实就是 WinRAR 的安装目录），从中找到生成的“Settings.reg”的注册表文件。为了安全起见，建议将该文件复制到一个比较安全的位置。

提示用户导出完成

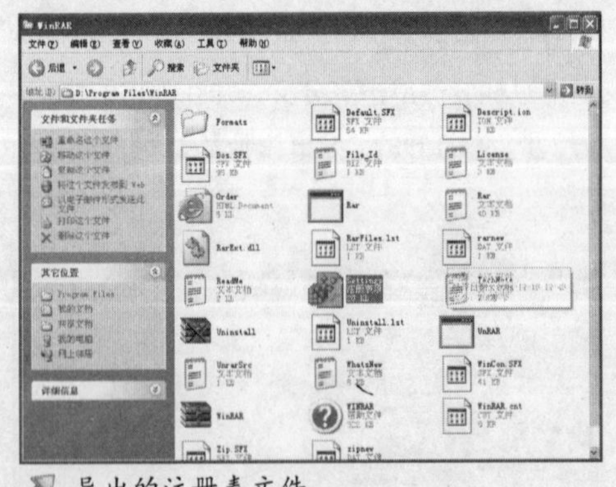
导出的注册表文件

2.导入设置

在重新安装 WinRAR 而需要还原设置信息时，只要找到并双击相应的已导出的注册表文件就可以

了。当然也可以使用WinRAR提供的导入功能，具体操作步骤如下所述。

第1步，打开WinRAR程序窗口，依次单击“选项”→“导入”→“从文件导入设置”菜单命令。

第2步，找到并选中事先导出的设置文件，很快就可以弹出提示框，提示用户已经将WinRAR设置从“Settings.reg”注册表文件恢复出来了。在弹出的“设置”提示框中单击“确定”按钮。

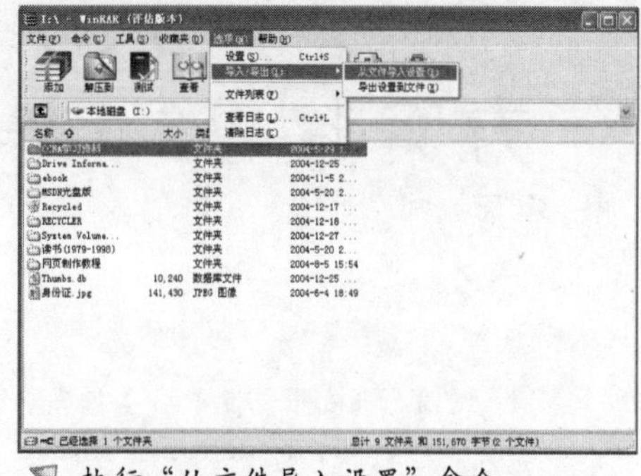

执行“从文件导入设置”命令

导入设置

小提示

很多软件都提供了将个人设置导出的功能，大家可以如法炮制。比如在ZoomPlayer中，我们可以选择“Options”→“Export”→“Settings”菜单进行设置备份。

三、FlashFXP

FlashFXP是一款功能强大的FXP/FTP软件，它融合了其他优秀FTP软件的优点。我们同样可以对其配置信息进行备份/还原操作。

第1步，首先将安装目录下所有DAT文件复制到安装的文件夹，因为这些文件包括了用户保存的FTP站点、用户、密码等重要信息。

第2步，然后将安装目录下的FlashFXP.ini文件复制一份副本，这个文件中保存了用户对FlashFXP的设置。

第3步，接着备份FlashFXP.key文件，这是FlashFXP的注册文件。

第4步，最后备份所有的“.fqf”文件，在这些文件中保存了FlashFXP的下载队列。

小提示

一般软件的个人设置要么保存在注册表中，要么保存在安装目录下的“.ini”文件中。对于前者我们可以到注册表的“HKEY_CURRENT_USER\Software”分支下，将相关分支导出保存，对于后者则直接保存这些“.ini”文件即可。

方案七 “卷影副本”功能实现数据备份

曾有研究表明，将近1/3的电脑数据丢失来自人为的错误操作。或大或小的数据丢失事件轻则给工作带来不便，重则造成不可估量的损失。因此，有效预防偶然性的数据丢失事件显得十分必要。基于此，随着Windows Server 2003的发布，VSS（Volume Shadow Copy Service，卷影副本服务）功能应运而生。

应用VSS能够以事先计划的时间间隔为存储在共享文件夹中的文件或文件夹创建“卷影副本(Shadow Copies of Shared Folders)”，这样一旦用户对这些共享资源进行了误操作，就可以利用自动创建的“卷影副本”进行还原，以最大限度地降低损失。

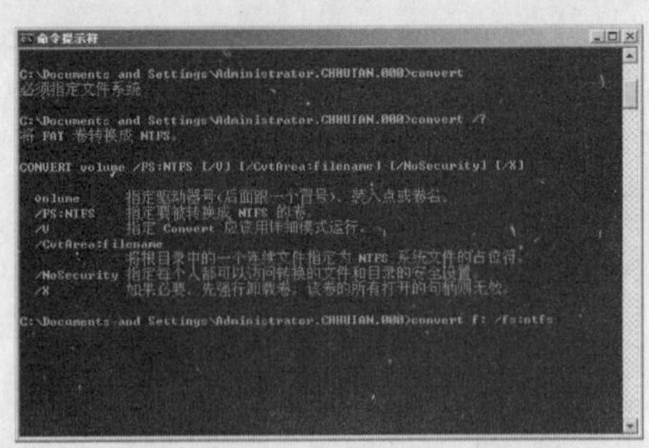

转换文件系统

一、必要的准备

首先以Administrator（系统管理员）身份登录服务器，然后检查一下共享文件夹所在分区是否为NTFS分区。因为“卷影副本”服务只能在NTFS分区中启用，因此如果分区为其他格式，需要在”命令提示符”窗口中执行“Convert Volume：/fs:ntfs”命令进行转换。

二、启用“卷影副本”服务

在“我的电脑”窗口中右击共享文件夹所在的NTFS分区（如F区），执行“属性”命令。在打开的“本地磁盘(F) 属性”对话框中切换至“卷影副本”选项卡，然后单击“启用”按钮。稍等片刻“卷影副本”服务即被启用，这时在“所选卷的卷影副本”列表框中会列出即时创建的副本。

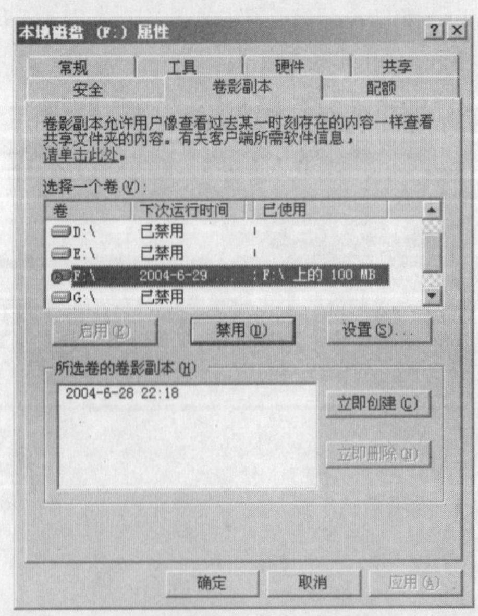

启用“卷影副本”服务

小提示

“卷影副本”只能针对磁盘分区或卷进行设置，而不能针对特定的文件夹设置。该服务支持文档、表格、图形图像以及数据库文件副本的创建，但不支持应用程序的升级前版本以及E-mail数据副本的创建。

三、设置“卷影副本”创建计划

在默认情况下，“卷影副本”服务只能在周一至周五每天的7：00和12：00创建两个副本。这种默认设置在很多情况下无法满足我们的实际需要，因此需要我们重新设置创建计划。具体步骤如下所述。

第1步，在“卷影副本”选项卡中单击“设置”按钮，打开“日程安排”对话框。单击“计划任务”下面的下拉三角按钮，从下拉菜单中单击选中“每天”选项。

第2步，然后单击右侧的“高级”按钮，在打开的“高级计划选项”对话框中勾选“重复任务”复选框，将重复任务的时间间隔调整为每“1小时”。点选“直到时间”单选框，将时间调整为“19:00”。最后连续单击“确定”按钮完成设置。

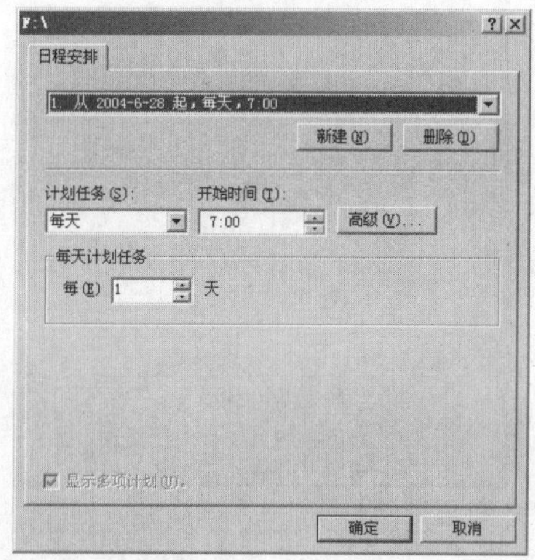

“日程安排”对话框

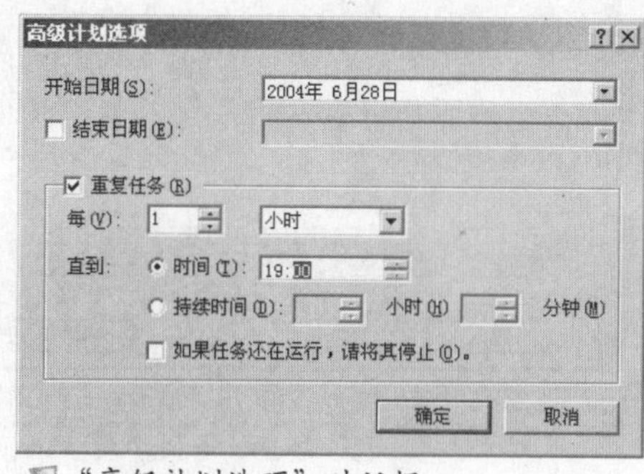

“高级计划选项”对话框

小提示

创建副本的时间间隔应该视共享资源的重要程度而定。对于保存有重要文件的分区，应将时间间隔调整得小些。但建议大家不要将时间间隔调整到1小时以下，因为频繁的副本创建过程会明显增加服务器开销。

四、客户端使用“卷影副本”

“卷影副本”服务需要客户端的支持才能发挥作用。客户端程序可以运行在Windows 9x、Windows XP、Windows NT/2000和Windows Server 2003中。除Windows Server 2003以外，其他系统均需要安装客户端程序。客户端程序（Twcli32.msi）可以在Windows Server 2003服务器的“%Windir%\System32\Clients\twclient\x86”目录中找到，也可以从“http://www.microsoft.com/windowsserver2003/downloads/shadowcopyclient.mspx”处下载。客户端的安装过程比较简单，我们以Windows XP为例谈谈如何在客户端使用“卷影副本”服务。

第1步，在任意一台安装有“卷影副本”客户端的电脑上通过UNC路径进入希望还原的共享文件夹，在空白处点击右键，执行“属性”命令。

第2步，在打开的文件夹属性对话框中切换至“以前的版本”选项卡，接着在“文件夹版本”列表框中单击选中某个时间点创建的副本文件，并单击“还原”按钮进行还原。

刚才只介绍了对共享文件夹的还原，那么能不能只针对某一个文件进行还原呢？当然可以。只需在进入的共享文件夹中右击希望还原的文件，执行“属性”命令，余下的操作跟还原文件夹完全一样。

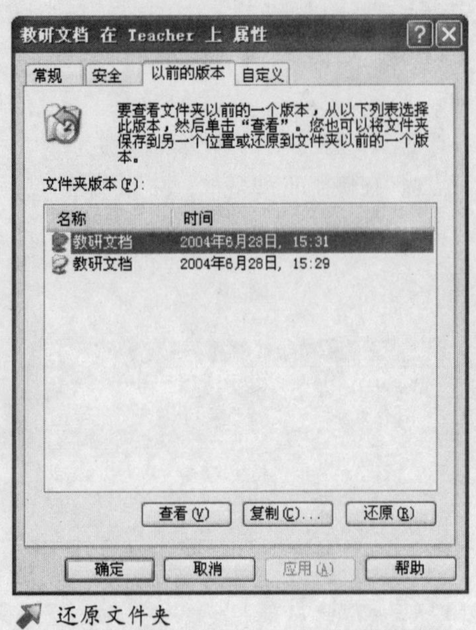

还原文件夹

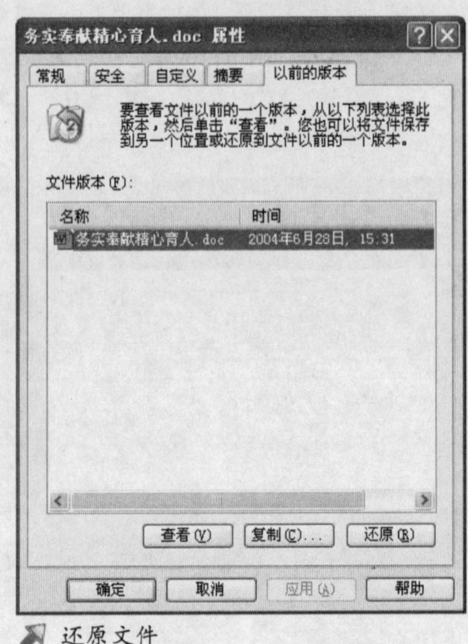

还原文件

小提示

(1)对于 Windows 9x、Windows NT 和未安装 SP3 的 Windows 2000 系统，在安装“卷影副本”客户端以前必须先安装“Windows Installer 2.0”，否则客户端安装程序无法运行。其针对 Windows NT/2000 和 Windows 9x 的下载地址分别为“http://www.microsoft.com/downloads/details.aspx?FamilyID=4b6140f9-2d36-4977-8fa1-6f8a0f5dca8f&DisplayLang=en”和 http://www.microsoft.com/downloads/details.aspx?FamilyID=cebbacd8-c094-4255-b702-de3bb768148f&DisplayLang=en.

(2)系统管理员如果想在服务器本地访问“卷影副本”，也必须指定完整的 UNC 路径，即“\\ServerName\sharename”。

方案八 特殊的数据备份技巧

除了可以使用常规方式进行数据备份，或者对一些常规的数据进行备份以外，还可以采取一些特殊（甚至可能是另类）的方法进行数据备份。下文将介绍此类技巧与大家分享。

一、使用Windows XP公文包同步数据

Windows XP的公文包有什么用呢？先来看一个小例子。如果你经常要在主计算机之外（例如使用笔记本电脑）处理文件，那么结束文件处理时可以用“公文包”将文件与主计算机上的对应部分进行同步修改。当笔记本电脑重新连接到主计算机（或者插入包含已修改文件的可移动磁盘）时，“公文包”可以自动将主计算机上的文件更新为修改后的版本，不必将修改后的文件移出“公文包”，或者删除主计算机上现有的副本。

Windows XP的“公文包”功能可以显示某个文件是否链接到主计算机的原始文件，或者某个文件是否为孤立文件。这些信息帮助你组织文件并防止在文件的最新版本上发生意外删除或复制。

1.同步联网计算机间的数据

使用“公文包”同步连接计算机上的文件的步骤如下所述。

第1步，在计算机之间处于连网状态下，打开笔记本电脑。在笔记本电脑上处理文件。处理完文件后，请连接两台计算机（如果它们已经断开），打开笔记本电脑的“公文包”。

第2步，如果要更新所有文件，则在“公文包”窗口中依次单击“公文包”→“全部更新”菜单命令。如果只是更新部分文件，则首先选中需要更新的文件，然后依次单击“公文包”→“更新所选内容”菜单命令即可。

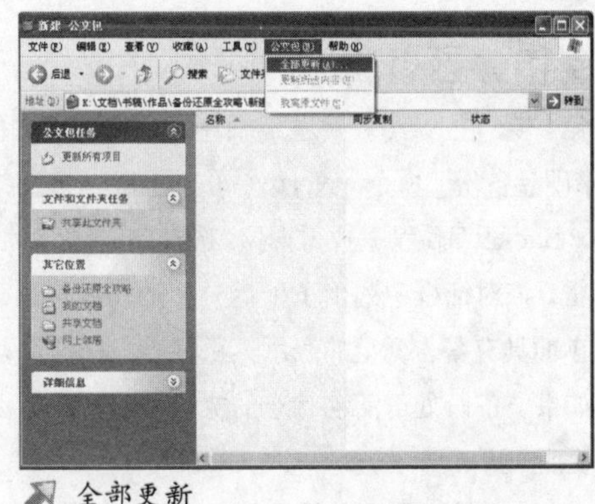

全部更新

2.同步存储在可移动磁盘上的文件

使用“公文包”还可以同步移动磁盘上的文件，具体步骤如下所述。

第1步，将可移动磁盘与主计算机相连接。

第2步，打开“公文包”窗口，然后将相应的文件复制到公文包中。

第3步，将“公文包”拖动到磁盘中，则“公文包”中的文件将被复制到磁盘。然后将可移动磁盘与主计算机断开，并将可移动磁盘与笔记本电脑相连接。

第4步，从磁盘中打开“公文包”，并处理其中的文件。当准备同步文件时，将可移动磁盘与笔记本电脑断开，然后重新将它与主计算机相连接。

第5步，从磁盘打开“公文包”，然后执行以下步骤之一：

要更新所有文件，依次单击“公文包”→“全部更新”菜单命令；

要只更新部分文件，先选择要更新的文件，然后依次单击“公文包”→“更新所选内容”菜单命令。

3. 检查“公文包”中文件的状态

检查“公文包”中文件状态的步骤如下所述。

第1步，打开“公文包”，单击选中要检查的文件。

第2步，依次单击“文件”→“属性”菜单命令，打开公文包“属性”对话框。然后单击“更新状态”标签，在“更新状态”选项卡中可以查看文件状态。

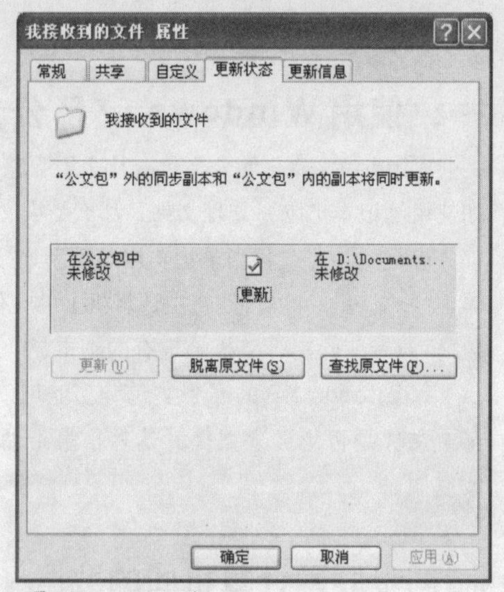

查看文件状态

二、用Nero备份硬盘分区

我们知道重新安装系统非常耗时，因此多数人都使用系统备份工具，如著名的Ghost等。其实，Nero也具有备份功能，可以备份分区，而且可以将备份刻录到光盘上。

1. 制作分区备份

第1步，在Nero程序主窗口中依次单击“文件”→“刻录硬盘备份”命令（Nero 6.0以上版本请直接启动Nero BackItUp程序），打开“选择备份硬盘和分区”对话框。该对话框中列出了硬盘分区的详细信息，其中分区前面具有警告标记的表示其正在被当前文件系统使用（如果要备份处于活动状态的文件系统，会有丢失数据的危险）。

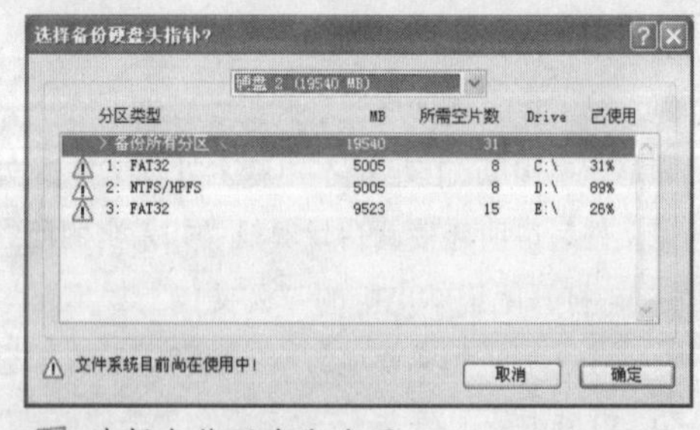

选择备份硬盘和分区

第2步，选择需要备份的硬盘或分区，然后单击“确定”按钮进入“刻录CD”对话框，在“刻录”选项中选中“写”，然后就可以刻录了。当刻录空间不够时会提醒插入另外一张刻录盘。

2. 恢复备份分区

硬盘备份的恢复是在DOS模式下进行的，其步骤如下所述。

第1步，使用DOS启动盘（光盘或软盘）启动电脑并加载光驱驱动程序。

第2步，将第一张备份CD插入光驱中，切换到备份CD所在盘符，输入命令“Nrestore”并按回车键。打开程序运行窗口，通过Tab键来回切换，选择目标分区，然后开始恢复备份。

第3步，恢复完成后，屏幕底部状态栏会显示出当前的进度百分比，Nero会提示你插入备份的CD，然后一张接一张地进行恢复。恢复结束后，重新启动电脑即可。

小提示

Nero支持的文件系统有FAT16、FAT32、NTFS、Linux Ext2fs和HPFS，但不能备份Windows XP的NTFS分区。Nero还不支持数据压缩，也不支持任何以独占方式备份所使用的扇区。这种备份方式在恢复时只能完全恢复，因此也无法复制所需的个别目录或文件。

三、多操作系统引导文件也能备份

随着硬盘的容量越来越大，大家的电脑应用水平不断提高，在一块硬盘中安装和使用多操作系统的朋友越来越多。当其中一个操作系统损坏，或用户利用Ghost等工具恢复和重装系统后，往往会造成其他的操作系统无法引导，或是多重操作系统引导菜单丢失。其实，多操作系统要正常引导，主要依赖于以下7个文件：

Ntdetect.com

Ntldr

Msdos.sys

Io.sys

Bootsect.dos

Bootfont.bin

Boot.ini

明白了上述原理，你会马上发现，其实只要在系统可以正常运转期间将上述文件备份到一个安全的地方，当多操作系统出现引导故障后，将上述7个文件复制到C盘覆盖同名文件就可以解决系统无法启动或丢失启动菜单的问题。

四、在FAT文件系统下备份NTFS分区

尽管FAT文件系统可以转换为NTFS系统，但用户可能希望在保留Windows 98的同时安装Windows 2000/XP，且Windows2000/XP系统所在分区均为NTFS文件格式。在这种情况下，如何才能在Windows 98（即FAT分区）中读取和备份NTFS分区中的数据呢？还好，现在有NTFS for Windows 98帮忙。该工具可以让Windows 98轻松读取甚至写入NTFS分区，非常方便。

下载NTFS for Windows 98共享版(注：共享版只能读取NTFS分区的文件，专业版才能写入文件)的安装程序，直接运行就开始安装了。安装结束后会出现一个配置界面，在该界面中的“NTFS System Files”项中需要设置的是程序可以借用的Windows 2000系统的相关文件保存路径。由于读取NTFS文件系统必须使用到Windows 2000的一些系统文件，所以事先需要在Windows 2000/XP

下将如下文件复制到FAT分区中的任意一个文件夹下，这些文件分别是：

Ntfs.sys：保存在〈winnt〉system32drivers tfs.sys

Ntoskrnl.exe：报存在〈winnt〉system32 toskrnl.exe

Autochk.exe：保存在〈winnt〉system32autochk.exe

Ntdll.dll：保存在〈winnt〉system32 tdll.dll

C_437.nls：保存在〈winnt〉system32437.nls

C_1252.nls：保存在〈winnt〉system321252.nls

L_INTL.nls：保存在〈winnt〉system32_intl.nls

在“Drive Letter Assignments”项中提供的设置是可以识别的NTFS分区盘符，设置的依据可以参考在Windows 2000下的盘符顺序。如果单击界面中的“Advanced”按钮，在关联界面中提供了针对设置的NTFS分区高级设置，其中包括设置为只读属性“Read-Only”、允许写入“Write-Through”。对于检查点间隔“Checkpoint Interval”和写回间隔“Writeback Interval”，使用程序提供的默认设置即可。

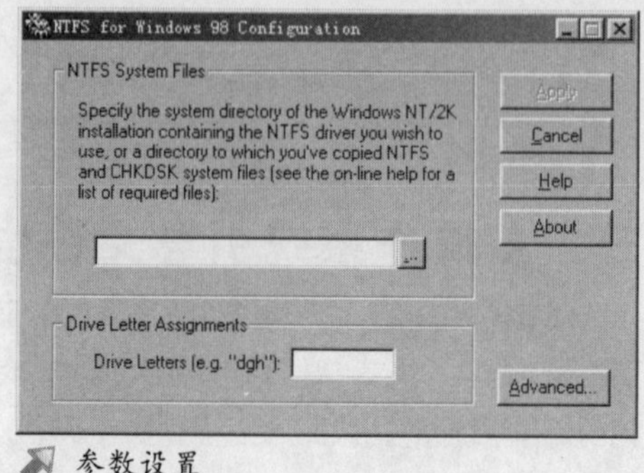

参数设置

设置完成后单击“Apply”按钮保存设置并退出，重新启动电脑后就可以在Windows 98下访问NTFS分区了。

五、使用“All Sound Recorder XP”备份语音信息

“All Sound Recorder XP”能够让你将麦克风、VCR、接入线、电话、数据CD、DVD、音频录音机等一切所发出的声音来源记录下来，用声卡播放。另外，你还可以用这个软件收取任何声音，包括音乐、电影对话、游戏声音等，撷取的声音文件可以直接储存成 WAV 及 MP3 格式。利用该软件将QQ的语音聊天信息保存起来，一定会使你感到很惊奇。下面将跟大家讨论一下如何使用“All Sound Recorder XP”备份QQ的语音聊天记录。

1. 设置麦克风和扬声器

在使用QQ的语音聊天功能时，设置好麦克风和扬声器是保证语音聊天质量前提。我们可以在控制面板中的“声音和音频设备”中对其进行设置，也可以在QQ中对它们进行设置。下面以Windows XP系统为例介绍音频设备调试方法。

打开控制面板，双击其中的“声音和音频设备”打开“声音和音频设备”属性对话框，选择“语声”标签，单击“测试

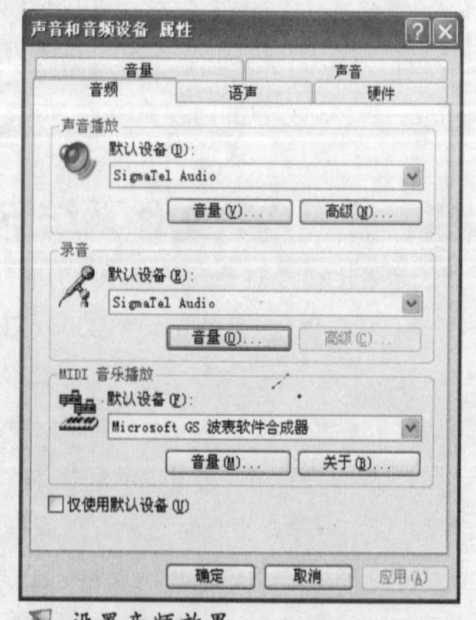

设置音频效果

硬件”按钮即可打开声音、音频设置向导。在这个向导中根据提示将麦克风和扬声器设置到最佳状态。

2. 设置 All Sound Recorder

第1步，依次单击“开始”→“所有程序”→“All Sound Recorder XP”→“All Sound Recorder XP”，打开程序主界面。该程序的界面看起来酷似一个播放器。在程序界面的任意位置单击鼠标右键，在弹出的快捷菜单中执行“New File”命令。

执行新建文件操作

设置参数

第2步，在打开的“Create a New Recording Work”对话框中，用户可以设置录制输出的文件类型、保存的位置、录制的时间限制等选项，选择之后单击“Apply”按钮即可。进行了这些设置，现在就可以开始录制QQ语音聊天时的语音内容了。

3. 录制语音聊天内容

在使用QQ和好友聊天时，单击主界面窗口中的“录制”按钮，由于All Sound Recorder XP可以录制包括麦克风和声卡所产生的音频，也就可以同时将我们与好友聊天时双方的语音录制下来，实现真正的语音聊天备份功能了。不像其他的一些音频录制软件，只能通过麦克风录制单方面的音频。

由于在第二步中设置了录制的语音文件保存位置，这也就是我们的语音备份位置。当聊天结束时，别忘了关闭All Sound Recorder XP的录音功能，否则保存的聊天内容中将会增加一些无用的信息，影响语音聊天本身录制的效果，还会浪费硬盘的空间。

4. 回味语音聊天的内容

在QQ中，我们可以很方便地回放上面的语音“聊天记录”备份。在资源管理器中打开在上面第二步中设置的文件保存的位置，双击“语音聊天记录”文件即可。与查看QQ文本聊天记录是不是很类似呢？

其实，通过此方法不仅可以保存QQ的语音聊天记录，还可以记录下其他的一些支持语音聊天软件的语音聊天记录，如MSN Messenger、ICQ等。

网络资源的备份与还原

文/图 朱青亮

网络给我们带来了无数精彩的体验，借助网络提高工作效率无疑是明智之举。本章内容将着重讨论如何利用网络进行系统、数据资料备份，以便在需要时方便地从网络中还原。

方案一 网络环境下 Ghost 备份/还原工具的应用

Ghost 的功能决不仅仅限于单机操作，在网络环境中（包括双机互联或局域网络）同样可以发挥重要的作用。Ghost 不仅可以通过两台电脑之间的LPT（并口）连接进行双机备份/还原，而且还可以在基于网卡连接的对等网中实现网络备份。

一、通过LPT 接口进行双机备份/还原

LPT接口几乎是每台电脑必备的接口之一，这也是Ghost之所以支持LPT双机备份/还原的原因。以Norton Ghost 2003为例，通过LPT接口实现双机备份/还原的方法详述如下。

1.制作LPT支持启动盘

要想实现LPT双机克隆，必须使用支持LPT接口的启动盘引导系统。制作LPT支持启动盘的步骤如下所述。

第1步，依次单击"开始"→"所有程序"→"Norton Ghost 2003"→"Norton Ghost"，打开"Norton Ghost 2003"窗口。然后在左窗格中单击"Ghost实用工具"按钮，并单击右窗格中的"Norton Ghost启动向导"按钮。

第2步，打开"Norton Ghost启动向导"，在启动盘类型列表中单击选中"标准Ghost启动盘"选项，并单击"下一步"按钮。

Ghost 实用工具

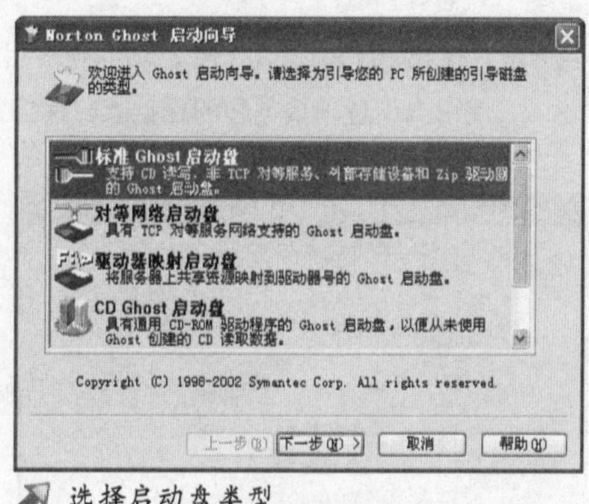

选择启动盘类型

第3步，在打开的"Norton Ghost启动向导－其他服务"向导页中可以选择各种启动支持组合。用鼠标左键勾选"对等选项"区域的"LPT支持"复选框，单击"下一步"按钮。

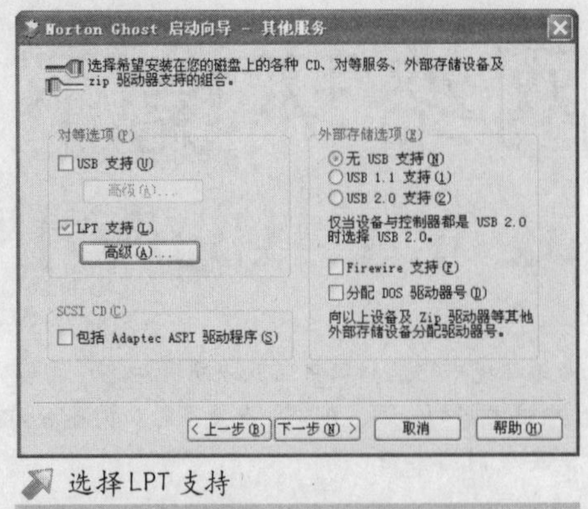
选择LPT支持

小提示

单击“LPT支持”复选框下面的“高级”按钮，可以进一步设置关于LPT接口传输模式的有关参数，默认使用的是“EPP/ECP高速”传输模式。

第4步，打开“Norton Ghost启动向导－DOS版本”向导页，在这里可以选择用于引导计算机的DOS版本，默认情况下使用“PC-DOS”版本。

第5步，在打开的“Norton Ghost启动向导－Ghost可执行文件的位置”向导页中，要求设置Ghost主程序文件的位置。默认指向了Ghost 2003的安装目录，用户可以自行编辑该路径。除此之外，还可以在“参数”编辑框中编辑Ghost执行时使用的参数。参数可以不填，单击“下一步”按钮。

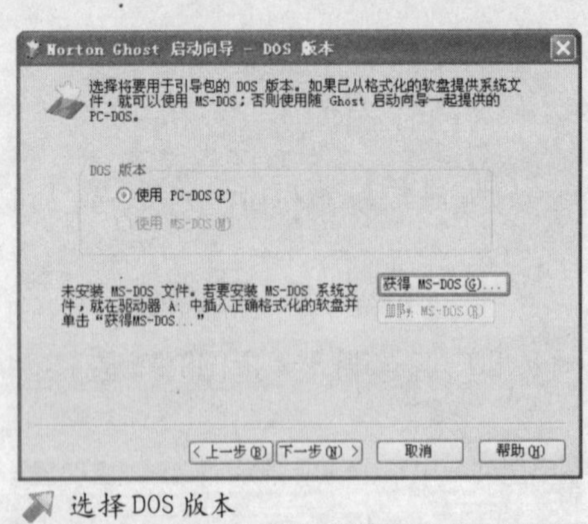
选择DOS版本

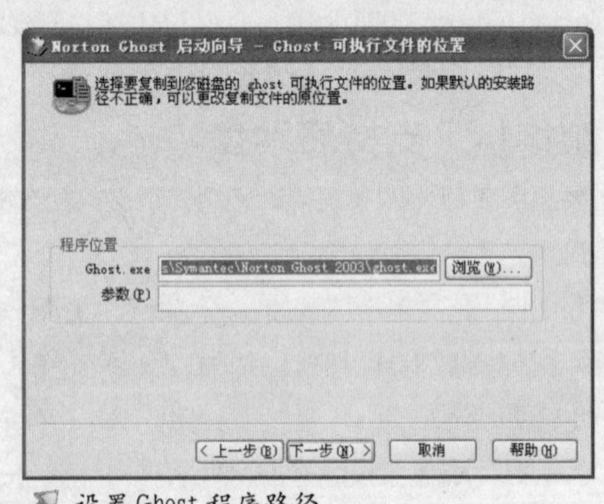
设置Ghost程序路径

第6步，打开“Norton Ghost启动向导－目标驱动器”向导页，提示用户选择用于创建启动磁盘的软驱以及使用当前选项要创建的磁盘数。保持默认设置，单击“下一步”按钮。

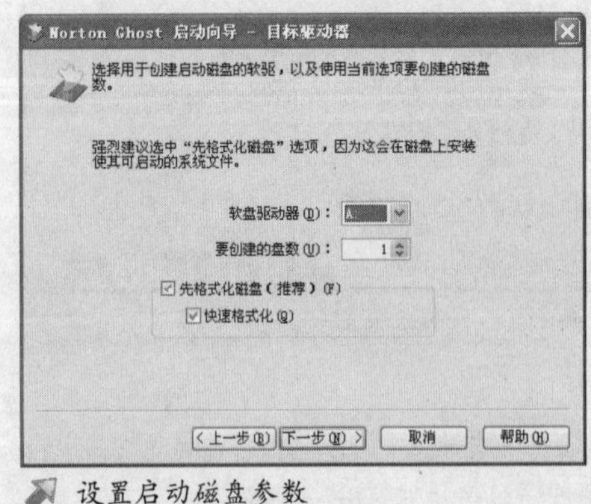
设置启动磁盘参数

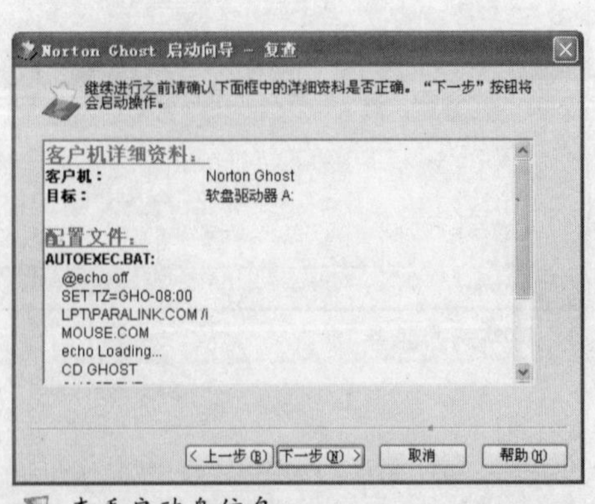
查看启动盘信息

第7步，在打开的“Norton Ghost启动向导－复查”向导页中，通过中间的文本框查看准备创建的启动盘的详细信息。确认无误后将一张完好无损的软盘插入软驱，并单击“下一步”按钮。

第8步，这时会打开格式化磁盘的对话框，确认格式化软盘后不会给自己带来数据损失，依次单击“开始”、“确定”按钮开始格式化操作。格式化完成后单击“关闭”按钮即可。

第9步，系统开始创建启动盘，并向启动盘中写入必要的文件。

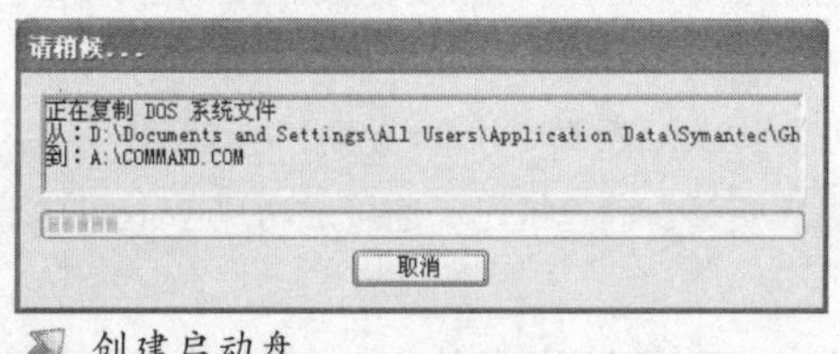

创建启动盘

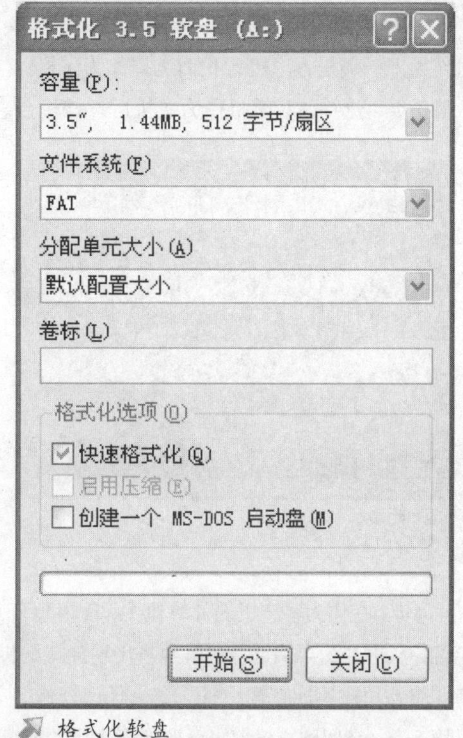

格式化软盘

第10步，创建完成后，在自动打开的““Norton Ghost启动向导－已完成”向导页中单击“完成”按钮退出向导。

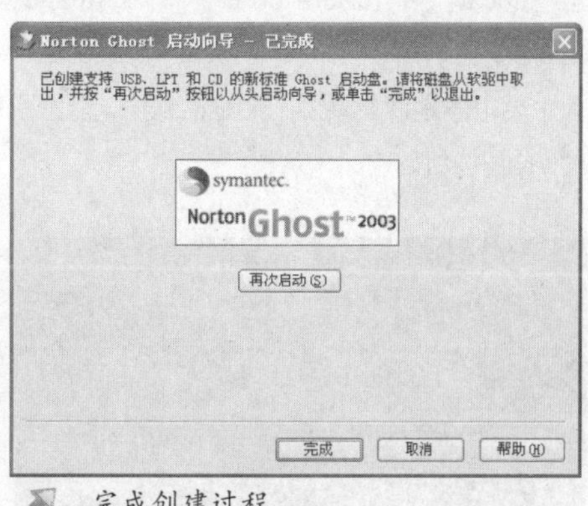

完成创建过程

2.通过LPT接口备份映像文件

现在可以使用刚才创建的启动盘引导系统并进行克隆硬盘的操作了。首先确保两台电脑已经通过并口双机直联线连接在一起，具体备份步骤如下所述。

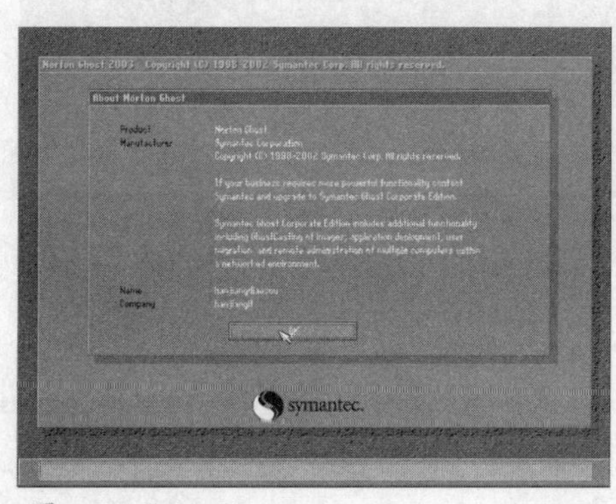

Ghost 版本信息

第1步，将创建的LPT支持启动盘插入软驱，系统自动启动至Ghost操作界面。在欢迎页中单击“OK”按钮，打开Ghost版本信息页，单击“OK”按钮。

第2步，在进入的下一个页面中，依次单击“Peer to peer”→“LPT”→“Master”选项。因为使用的是LPT支持启动盘引导的系统，因此

"LPT"选项为可用。并且在LPT选项的下一级菜单中有"Master"和"Slave"两个选项，分别表示将该机作为主机还是客户机，我们选择作为主机。

第3步，选择该计算机作为主机后，该机会进入等待客户机加入的状态。

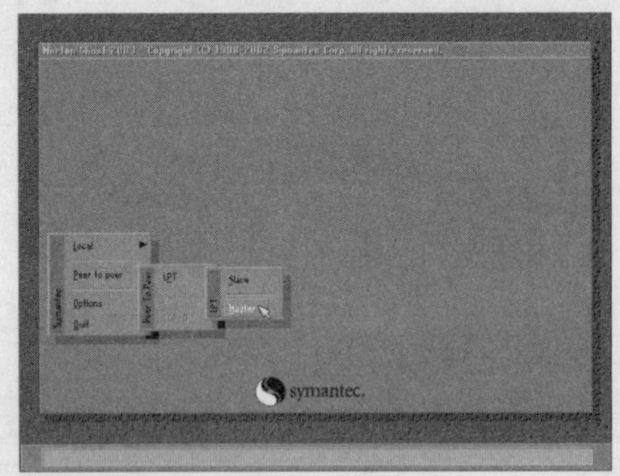

选择作为主机

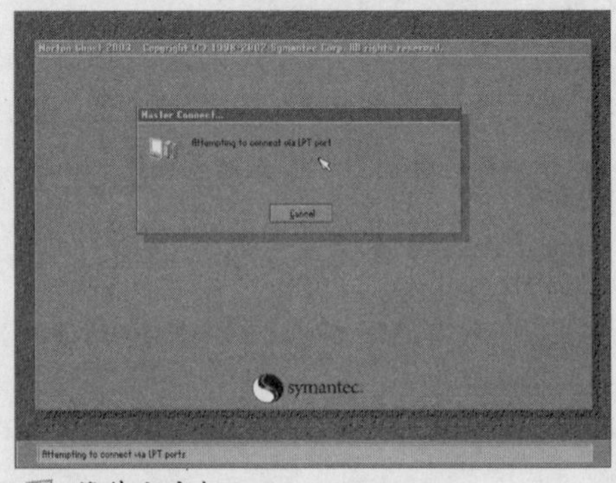

等待客户机加入

第4步，在作为客户机的计算机上，使用LPT启动盘引导系统进入Ghost界面，并选择作为客户机。确定客户机的身份以后，客户机上将出现连接的界面，表明两台计算机已经连接成功。这时客户机进入等待状态，用户不能在客户机上进行任何操作。

第5步，转回到主机，假设准备将主机的系统分区（本例为C区）备份到客户机的硬盘中去，则依次单击"Local"→"Partition"→"To Image"选项。

第6步，在打开的"Select local source drive by clicking on the drive number（选择并在驱动器列表中单击本地源驱动器号）对话框中，单击主机中将要备份分区的硬盘。本例中选择了第二块硬盘。单击"OK"按钮。

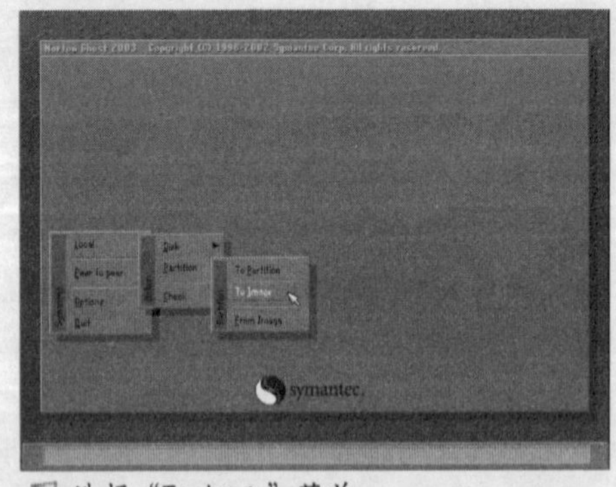

选择"To Image"菜单

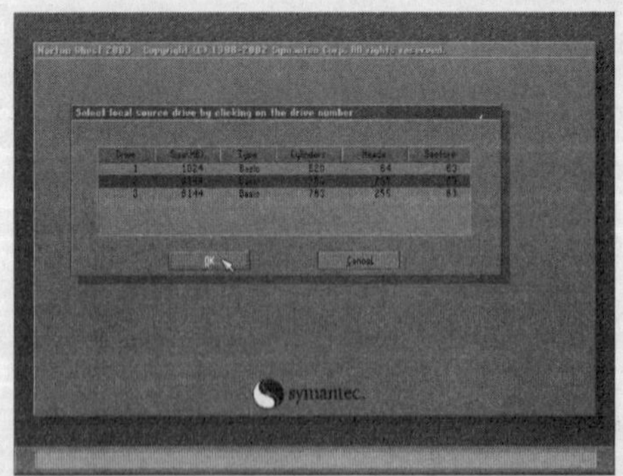

选择源驱动器

小提示

如果电脑中只安装了一块硬盘，则直接选择即可。如果安装了多块硬盘，则必须谨慎选择硬盘，以免错选而导致无法挽回的数据损失。

第7步，接下来会打开“Select source partition(s) from Basic drive：2（在第二块硬盘中选择源分区）”对话框，单击选中准备备份的分区，并单击“OK”按钮。

第8步，在打开的“file name to copy image to：(生成的映像文件名称)”对话框中，单击“look in”编辑框右侧的下拉三角按钮，并在弹出的下拉菜单中单击选中合适的分区。需要注意的是，这时出现的盘符及路径是客户机上的盘符及路径。然后单击“File name”编辑框，键入合适的文件名（如“Sysbackup”），单击“Save”按钮继续。

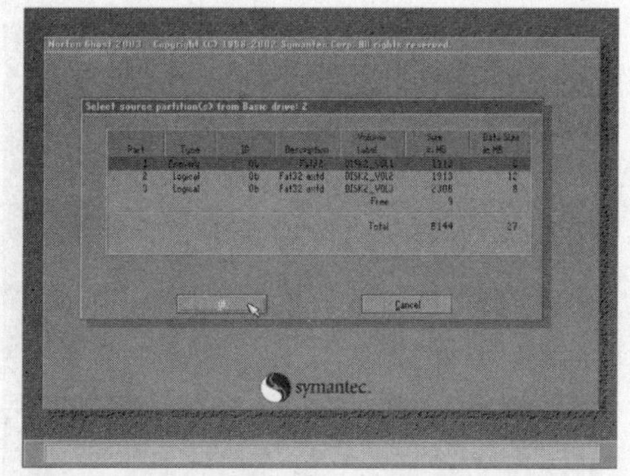
选择源分区

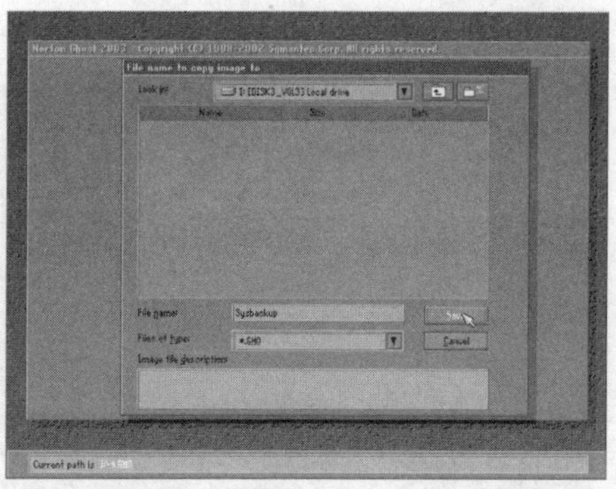
选择映像保存位置

第9步，接下来会弹出“Compress Image（压缩映像）”对话框，Ghost会询问你是否需要压缩映像文件。单击选中“Fast”按钮。

第10步，最后还会弹出一个提示框，请用户确认是否要真的进行创建分区映像的操作。单击“Yes”按钮即可。Ghost开始进行创建映像文件，从进度条可以观察到创建进度。完成以后会弹出提示框，单击“Continue”按钮继续。

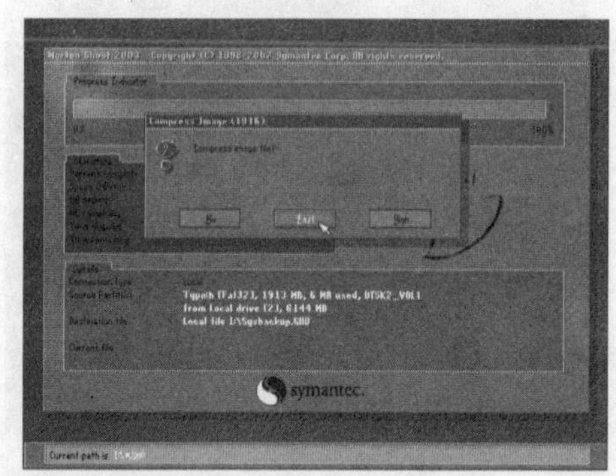
选择压缩模式

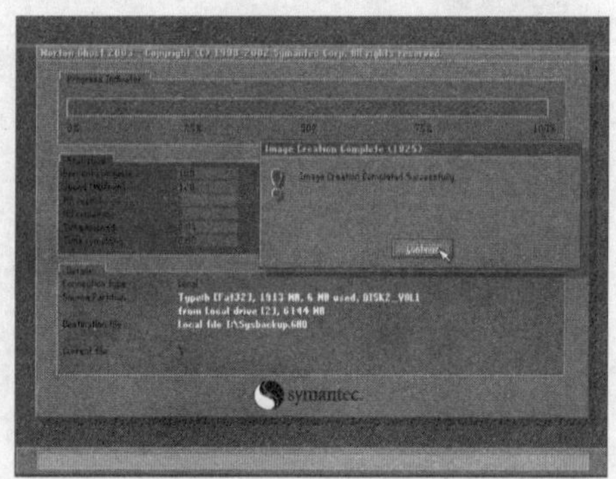
备份完成

3. 通过LPT接口恢复分区

当主机系统出现问题需要还原时，可以通过LPT接口从客户机中读取事先备份的映像文件。具体实现步骤如下所述。

第1步，首先使用制作的LPT支持启动盘分别引导主机和客户机，然后在主机上的Ghost程序界面中依次单击“Local”→“Partition”→“From Image”选项。

第2步，在打开的“Image file name to restore from”（从哪一个映像文件恢复）对话框中单击“look in”编辑框右侧的下拉三角按钮，在弹出的路径选择下拉菜单中单击选中保存有映像文件的分区。这时会在被选中分区的列表框中列出事先备份的映像文件（本例中的文件名称是“sysbackup.gho”），且默认处于选中状态。单击该映像文件。

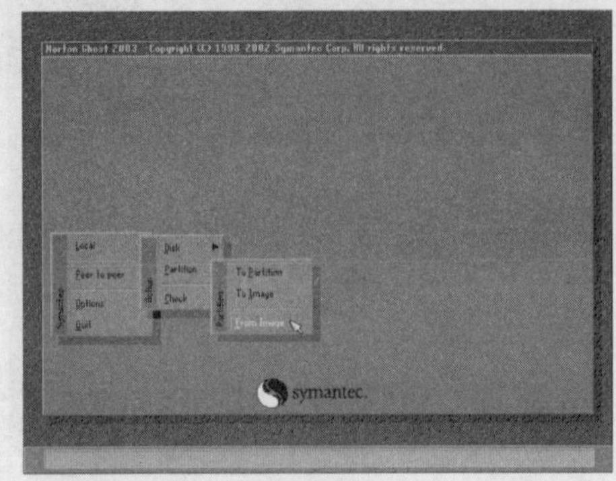
选择“From Image”选项

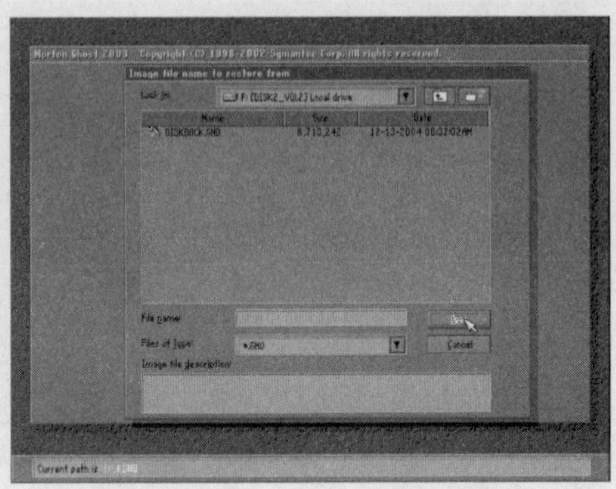
选择映像文件

第3步，打开“Select source partition from image file”（选择映像文件的源分区）对话框，单击合适的分区并单击“OK”按钮。

第4步，在打开的“Select local destination drive by clicking on the drive number”（选择本机目标驱动器并点击相应的驱动器序号）对话框中，单击选中驱动器2，然后按单击“OK”按钮。

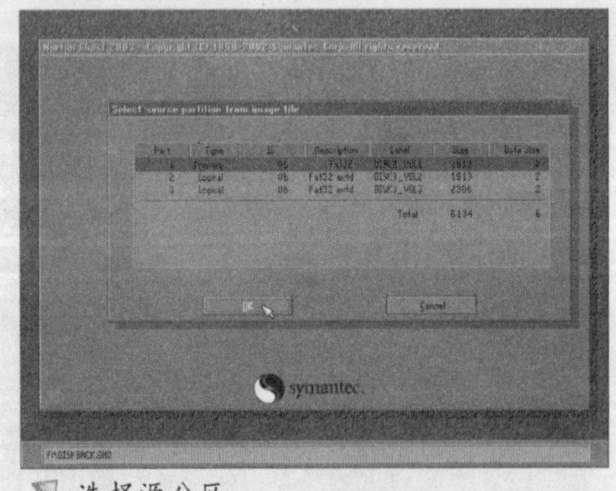
选择源分区

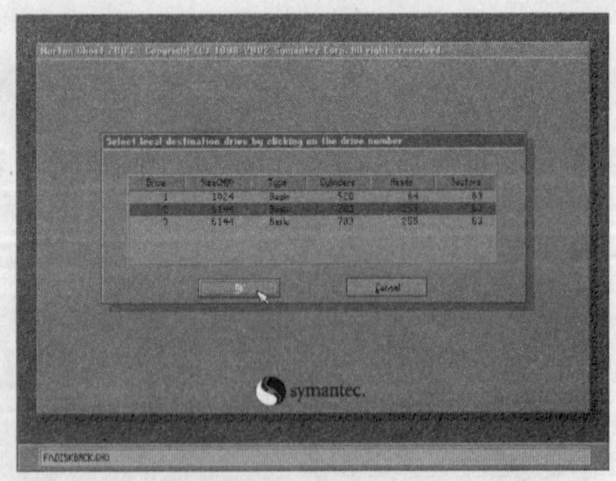
选择目标驱动器

第5步，打开“Select destination partition from basic drive：2（在第二个驱动器中选择目标分区）”对话框，在本例中，因为事先将该磁盘的第一个分区备份成了映像文件，因此在这里仍然选择该分区作为目标分区。单击“OK”按钮。

第6步，接着会弹出一个对话框，请用户进一步确认恢复操作不会给用户带来数据损失。单击“Yes”

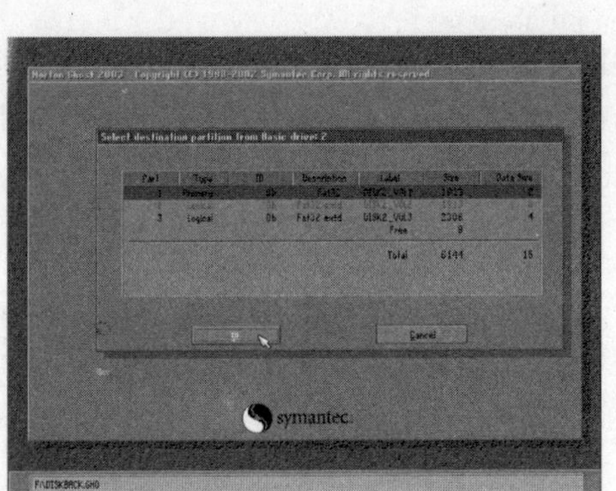
选择目标分区

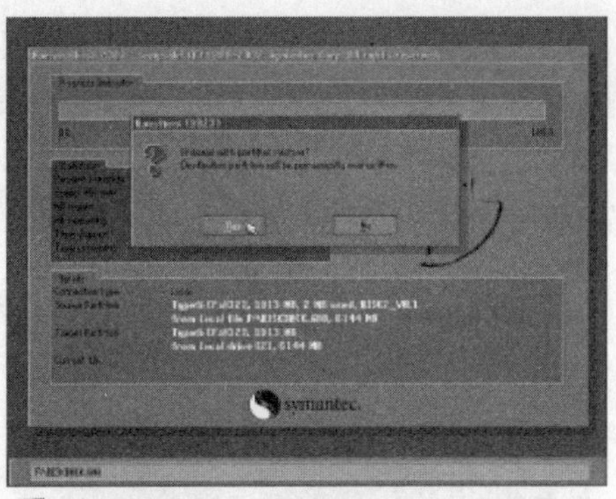
确认还原

按钮开始恢复操作。

第 7 步，恢复操作完成后会弹出“Clone complete”（克隆完成）提示框，单击“Continue（继续）”或“Reset Computer（重启电脑）”按钮即可。

最后用硬盘引导主机，这时会发现系统已经得到了恢复。

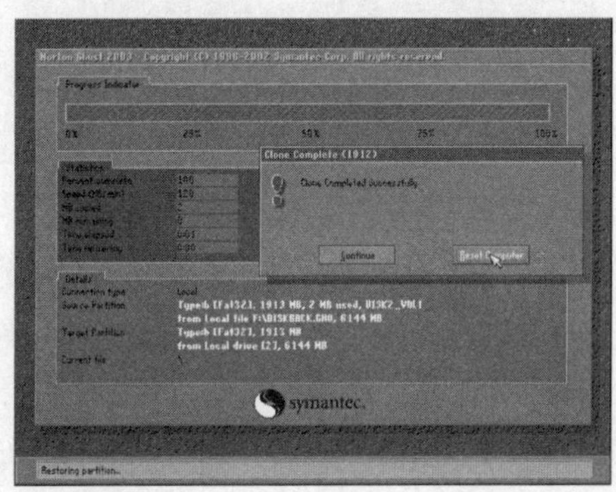
还原完成

二、通过对等网进行备份 / 还原

对等网是目前小型局域网中最普遍的联网方式之一，在这种网络中，所有的计算机地位平等，没有服务器跟客户机之分。除了安全性和可管理性不尽如人意之外，其实现方便、成本低廉的特点还是受到很多使用者的青睐。对等网对计算机的保有量没有限制，甚至两台计算也可以组成一个对等网。通过对等网进行 Ghonst 备份 / 还原，其速度要明显优于通过 LPT 方式进行的备份 / 还原。

由于在通过对等网方式进行备份 / 还原时，Ghost 必须工作在 DOS 系统下，因此必须首先实现在 DOS 系统下的联网。而实现 DOS 系统联网的关键就是随 DOS 系统的启动加载网卡驱动程序和 TCP/IP 协议，所以网卡在 DOS 下的驱动程序文件必不可少。在对等网中实现备份 / 还原的方法详述如下。

1. 制作联网支持启动盘

首先制作一张可以引导系统并且能够加载联网所需要的程序的启动盘，制作启动盘的步骤如下所述。

第 1 步，打开“Norton Ghost 2003”窗口。然后在左窗格中单击“Ghost 使用工具”按钮，并单击右窗格中的“Norton Ghost 启动向导”按钮。

第 2 步，在打开的“Norton Ghost 启动向导”对话框中，单击选中“对等网络启动盘”选项，并单击“下一步”按钮。

第3步，打开“Norton Ghost启动向导－网络接口卡”向导页，在网卡列表中列出了很多型号的网卡。这些型号基本包括了目前可以见到的绝大多数网卡，且Ghost可以提供这些网卡的DOS驱动程序。假设我们单击选中目前使用较为广泛的“Realtek RTL8139 Fast Ethernet”网卡，单击“下一步”按钮。

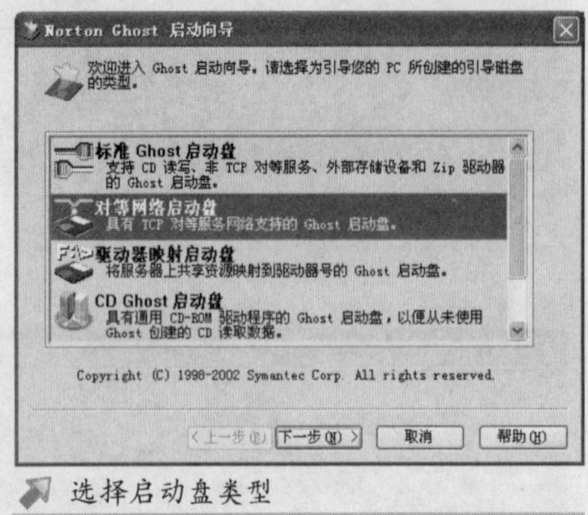

选择启动盘类型

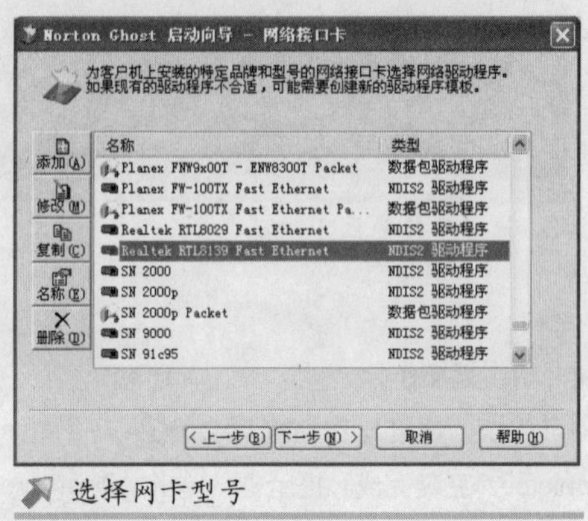

选择网卡型号

第4步，在打开的“Norton Ghost启动向导－DOS版本”向导页中，指定准备使用的DOS版本。默认采用PC-DOS。单击“下一步”按钮打开“Norton Ghost启动向导－Ghost可执行文件的位置”向导页，采用默认参数，并单击“下一步”按钮。

第5步，打开“Norton Ghost启动向导－网络设置”向导页，在该向导页中需要设置IP地址的获取方式。默认情况下由DHCP（动态主机配置协议）提供IP地址，但建议采取指定静态IP地址的方式。用鼠标点选“静态定义IP地址”单选框，然后在下面的编辑框中键入合适的IP地址（如“10.115.223.188”）、子网掩码（如“255.255.254.0”）和网关地址（如“10.115.223.254”）。设置完毕后单击“下一步”按钮。

第6步，在打开的“Norton Ghost启动向导－目标驱动器”向导页中设置用于创建启动磁盘的软驱和创建的磁盘数量，单击“下一步”按钮。打开“Norton Ghost启动向导－复查”向导页，查看启动盘中将要包含的项目，并单击“下一步”按钮。

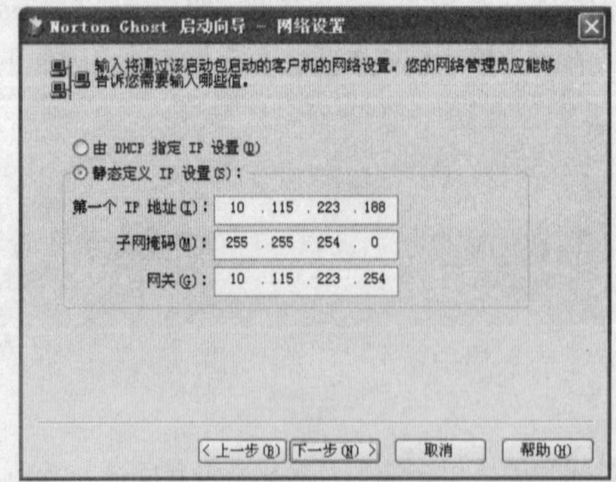

定义静态IP地址

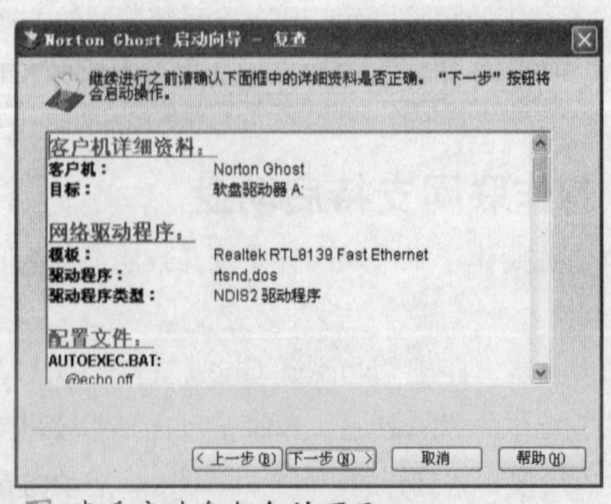

查看启动盘包含的项目

第7步，打开格式化磁盘的对话框，单击“开始”按钮开始格式化操作。格式化完成后依次单击“确定／关闭”按钮。

第8步，系统开始创建启动盘，并向启动盘中复制必须的程序文件。创建完成后单击“完成”按钮退出向导。

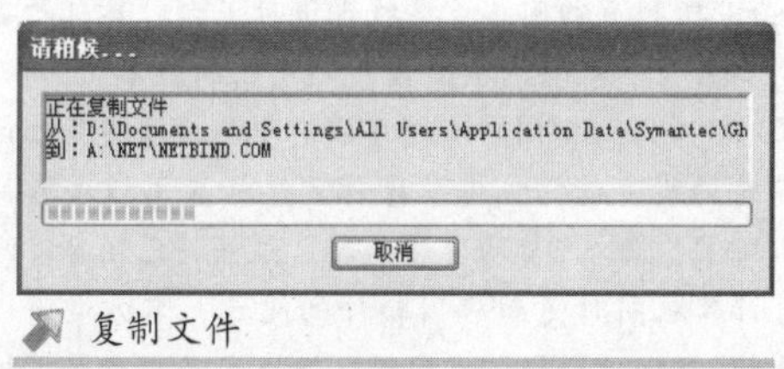

复制文件

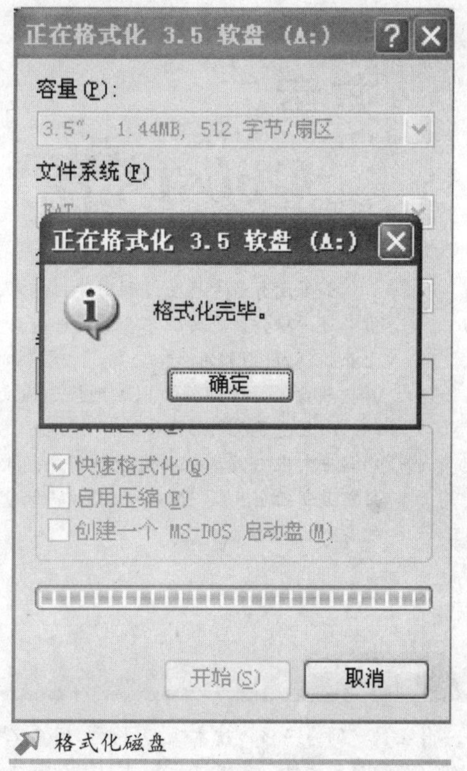

格式化磁盘

重复上述步骤创建另外的启动盘。在创建过程中需要注意为每次创建的启动盘指定不同的IP地址，因为在基于TCP/IP的网络中，不同计算机必须使用不同的IP地址，每台计算机的IP地址在网络中必须具有惟一性。

2. 实现网络备份／还原

成功创建若干张具有联网支持特性的启动盘后，就可以使用这些启动盘启动计算机进行网络备份／还原操作了。具体的实现步骤如下所述。

第1步，使用其中一张启动盘启动计算机，成功引导系统后将自动进入Ghost操作界面。然后依次单击“Peer to peer”→“TCP/IP”→“Master”选项。因为使用的是联网支持启动盘引导的系统，因此“TCP/IP”选项为可用。并且在“TCP/IP”选项的下一级菜单中有“Master”和“Slave”两个选项，分别表示将该计算机作为主机还是客户机，我们选择作为主机。这时会打开“Clone TCP/IP Address to join to”对话框，在编辑框中等待键入客户机的IP地址。

第2步，使用另一张的启动盘启动另一台计算机，进入Ghost操作界面后依次单击“Peer to peer”→“TCP/IP”→“Slave”选项，将此计算机作为客户机使用。可以通过Ghost界面查看到本机所使用的IP地址。

第3步，回到主机前，在“Clone TCP/IP Address to join to”对话框的编辑框中键入客户机的IP地址，并单击“OK”按钮。这时主机和客户机开始进行连接，连接完毕以后，就可以进行网络备份／还原的操作了。

由于在对等网中进行网络备份、还原的操作步骤跟采用LPT接口联机的备份、还原步骤完全相同，这里就不再赘述。

方案二 网络环境下 Ghost备份／还原多台计算机

如果没有亲身感受过利用Norton Ghost企业版特有的网络多播技术进行多台计算机的备份／还原操作，也许你不会深刻理解Ghost对机房管理人员的重要性。利用较新版本的Ghost企业版（如“Norton Ghost 7.5”或“Norton Ghost 8.0”），用户不仅可以实现局域网内多台计算机硬盘的克隆操作，以达到快速为局域网内的所有计算机安装操作系统和应用程序的目的，而且还可以利用独特的AIAIBuilder（AutoInstall builder，自动安装构建）组件将已经安装好的程序打包分发，从而有效地解决了为多台计算机同时更新应用软件的问题。本方案将以目前最新的企业版“Norton Ghost 8.0”为例，详细讨论如何在网络环境下实现多台计算机的备份／还原操作。

小提示

什么是“网络多播”技术呢？所谓“网络多播”就是指先在网络中的一台计算机上安装设置好操作系统、各种应用软件，并将该计算机的硬盘（或者是某个分区）制作成一个映像文件，然后通过网络将该映像文件以广播的方式分发给网络中作为客户机的其他计算机，并在客户计算机上实现映像文件的自动恢复。

一、检查准备工作

在进行网络多播之前，必要的准备工作还是要做的，这也是为在后面的操作过程中顺利进行多播操作做铺垫。

1．网络物理连接检查

既然是要进行网络多播，首先必须保证网络的物理连接是畅通的。可以通过以下步骤检查网络的连通性。

第1步，依次单击“开始”→“所有程序”→“附件”→“命令提示符”，打开“命令提示符”窗口。在提示符下键入“Ipconfig /all”命令并按回车键，检查当前的网络配置是否正确。

第2步，在“命令提示符”窗口中键入“ping 10.115.223.2”命令并按回车键，检查计算机之间

检查当前网络配置

的通信是否正常，是否存在丢包或网络延迟现象。命令行中的IP地址根据实际情况自行改变。

检查网络通信

小提示

在执行“ping”命令后返回的信息中，“time<1ms”表示网络中计算机之间的通信比较畅通，换句话说就是网络速度较快；“Lost=0”表示在通信过程中没有丢失数据包，这也表明了网络的畅通性良好。如果出现“Request timed out”这种提示，则表明网络请求超时，网络不通。这常常是由硬件问题引起的，应该检查物理连接。

2. 映像文件的制作

网络多播的目的就是为客户计算机快速恢复安装系统，因此必须要有恢复安装所需使用的映像文件。制作映像文件的步骤简述如下。

第1步，首先在一台客户计算机（因为涉及到配置相同性问题）上按照正常的步骤安装操作系统和各种应用软件，并做好各种设置和调整，使系统性能达到最优。

第2步，使用单机版Ghost程序将该客户计算机的系统分区制作成一个映像文件备用。把分区制作成映像文件的方法在前文中已经有了非常详细的讲解，这里不再赘述。

小提示

为了提高网络多播的效率，同时也是为了客户机上恢复系统的灵活性，建议只将系统分区制作成映像文件并分发给客户端。不过对于新安装的计算机系统而言则没有过多顾虑，完全可以采取整盘克隆的方式。

二、多播服务器和客户机的安装设置

Norton Ghost多播操作在Windows系统和DOS系统中都可以进行。在Windows系统中进行多播操作时，多播服务器可以运行在Windows系统中，而接受多播的客户机则运行DOS系统。而在DOS系统中进行多播操作时，多播服务器和客户机均基于DOS系统。

1. Windows系统下安装多播服务器

第1步，在Windows系统中，将“Norton Ghost 8.0”安装光盘放入光驱，在弹出的自动运行对话框中单击“Install Console and Standard Tools（安装控制台和标准工具）”按钮，进入安装向导。

第2步，在安装向导的提示下，采用默认的“完全安装”模式完成安装过程。

选择安装类型

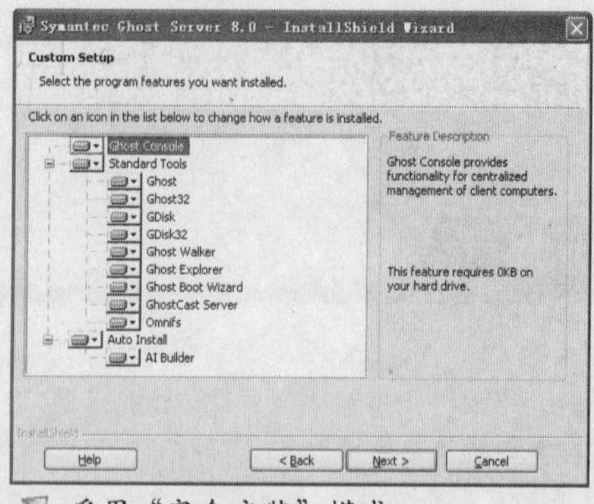

采用“完全安装”模式

第3步，安装完毕后，依次单击“开始”→“所有程序”→“Symantec Ghost”→“GhostCast Server”可以打开多播服务器控制台窗口。

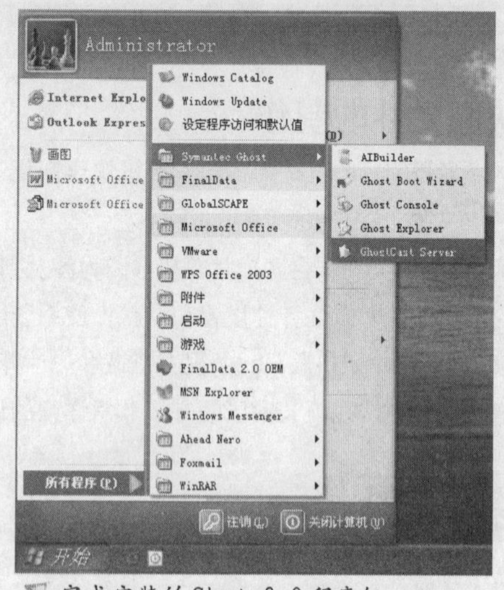

完成安装的Ghost 8.0程序组

2. 创建网络引导盘

在没有进行网络多播操作之前，客户机没有任何操作系统可以使用，因此需要创建一张支持联网的Ghost启动盘，以便引导客户机至接受多播操作的Ghost界面中。创建网络引导盘的步骤如下所述。

第1步，依次单击“开始”→“所有程序”→“Symantec Ghost”→“ Ghost Console”，打开“Symanten Ghost Console”控制台窗口。然后依次单击“Tools/Boot Wizard”菜单命令。

第2步，在打开的“Symanten Ghost Boot Wizard-Introduction（赛门铁克Ghost启动向导－介绍）”向导页中，在启动盘类型列表中单击“Network Boot Disk（网络启动盘）”选项，并单击“下

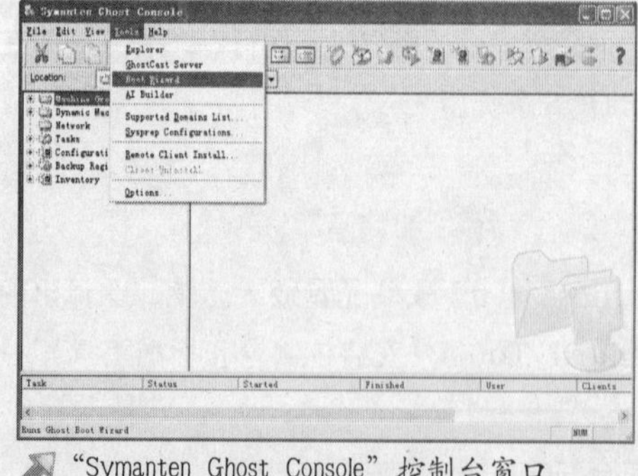

“Symanten Ghost Console”控制台窗口

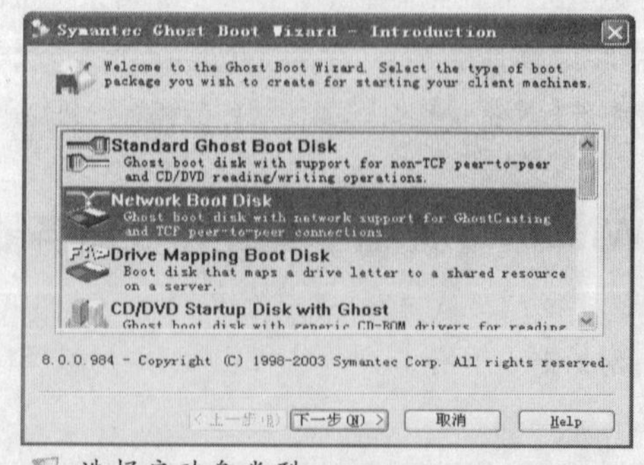

选择启动盘类型

一步”按钮。

第3步，打开“Symanten Ghost Boot Wizard–Network Interface（赛门铁克Ghost启动向导－网络接口）”向导页，在向导页中可以选择计算机中使用的网卡类型。在网卡列表中找到并选中合适的网卡名称（本例中使用的网卡型号为“Realtek RTL8139 Fast Ethernet”）。

第4步，在打开的“Symanten Ghost Boot Wizard–Dos Version（赛门铁克Ghost启动向导－DOS版本）”向导页中选择准备使用的DOS版本。默认情况下Ghost将使用PC–DOS制作启动盘，采用默认选项即可，单击“下一步”按钮。

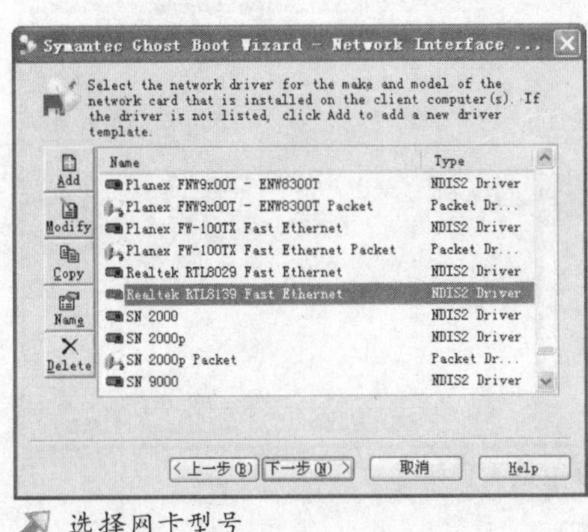

选择网卡型号

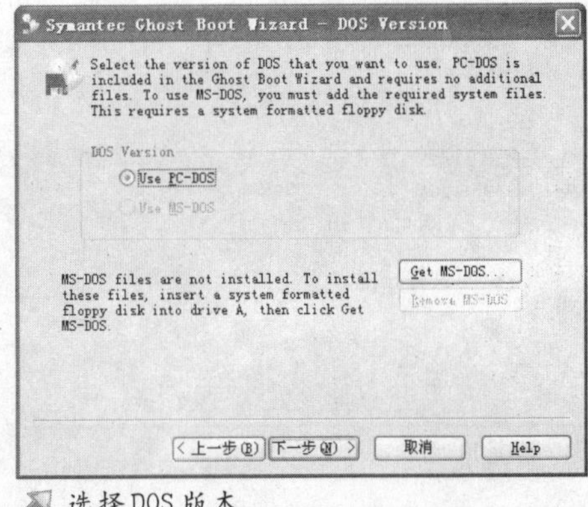

选择DOS版本

第5步，打开“Symanten Ghost Boot Wizard–Client Type（赛门铁克Ghost启动向导－客户端类型）”向导页，在“Program Location（程序位置）”区域的“Ghost.exe”编辑框中编辑Ghost主程序的位置。如果Ghost 8.0是通过正常的安装方法安装的，则在编辑框中会自动填写正确的路径信息。采用默认的设置，单击“下一步”按钮。

第6步，接着会打开“Symanten Ghost Boot Wizard–External storage（赛门铁克Ghost启动向导－扩展存储）”向导页，在这里主要设置对USB设备、火线设备等移动存储器的访问参数。如果需要可以勾选相应的复选框，也可以不选择，直接单击“下一步”按钮。

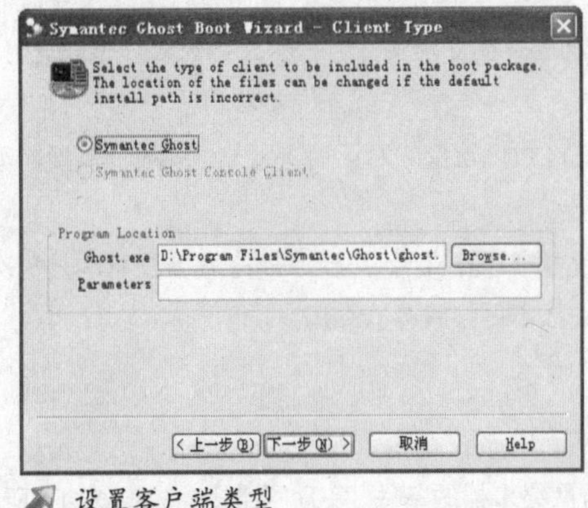

设置客户端类型

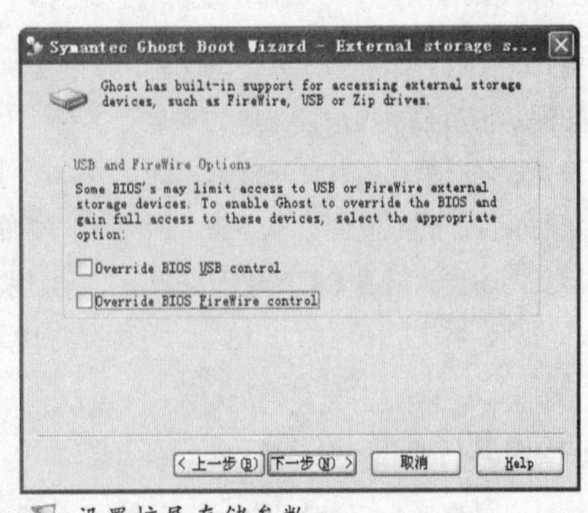

设置扩展存储参数

第7步，在打开的“Symanten Ghost Boot Wizard-Network Setting（赛门铁克Ghost启动向导－网络设置）”向导页中用于设置电脑的IP地址获取方式。默认采用DHCP获取IP地址，建议用鼠标点选“The IP settings will be statically defined（IP地址将被定义为静态）”单选框，然后分别键入“First IP Address（首选IP地址）”、“Subnet Mask（子网掩码）”和“Gateway（网关）”。设置完毕后单击“下一步”按钮。

第8步，打开“Symanten Ghost Boot Wizard-Destination Drive”向导页，在这里选择用于创建启动盘的磁盘所使用的软驱。采用默认参数设置，单击“下一步”按钮。

设置IP地址

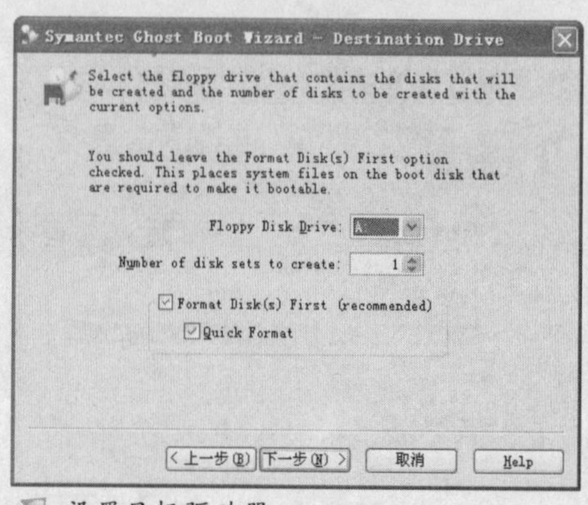

设置目标驱动器

查看信息

第9步，在打开的“Symanten Ghost Boot Wizard-Review（赛门铁克Ghost启动向导－复查）”向导页中，查看将要创建的启动盘中所包含的信息。确认无误后单击“下一步”按钮。

第10步，接着会弹出一个信息提示框，提示用户一张软盘放不下所有的信息，需要准备两张软盘。保证已经准备好两张软盘，单击“确定”按钮。

第11步，打开格式化磁盘对话框，将软盘插入软驱并单击“开始”按钮进行格式化软盘的操作。格式化完成后即可进入创建启动盘、复制文件的过程。在复制文件过程中，如果第一张软盘已满，会弹出提示信息要求用户插入第二章软盘。

按要求插入第二张软盘并单击“确定”按钮，打开格式化软盘的对话后进行格式化操作，接着继续进行复制文件。完成复制后单击将“Finish”按钮退出向导。

重复上述步骤创建多套网络引导软盘，以实现多台客户计算机同时登录网络。需要注意的是每次创建的启动盘必须使用不同的IP地址，且所有的IP地址都不得跟服务器相同。

三、实现网络多播

经过前面的准备和设置工作，现在已经具备了进行网络多播的条件。实现网络多播的步骤如下所述。

第1步，使用刚才创建的网络引导盘引导客户端计算机，在出现的启动菜单中选择第一项并按回车键，系统引导完毕后自动进入Ghost操作界面，并等待接受多播服务器的广播。

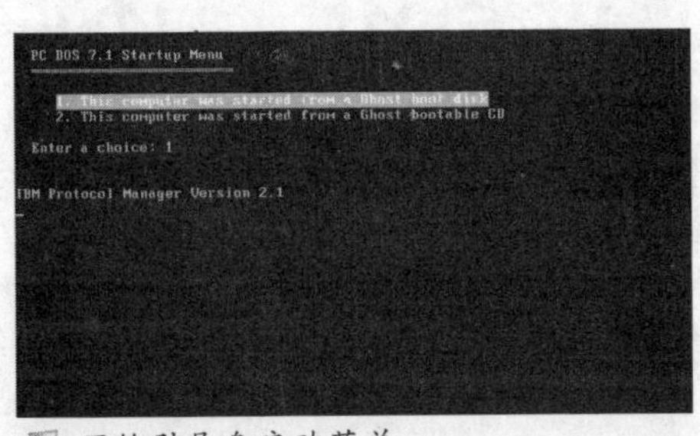

网络引导盘启动菜单

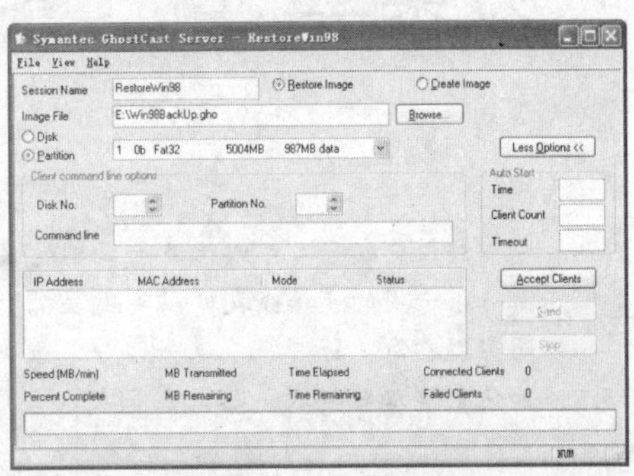

设置多播参数

第2步，在作为多播服务器的Windows操作系统中，单击“开始”菜单中的快捷方式，打开“Symantec GhostCast Server”窗口。

第3步，该窗口中提供了进行网络多播需要设置的所有参数项目。

参数的含义解释如下：

“SessionName（会话名称）”表示此次会话的名称，用户可自行填写，但要保持会话名称在网络中的惟一性。

“Restore Image”（恢复映像）表示此次进行的操作是恢复映像文件到分区或硬盘（Create Image是创建映像）。

“Image File”（映像文件）是指此次恢复操作所使用的映像文件，可以单击“Browse（浏览）”按钮从本地硬盘中找到该文件。

“Partition”（分区）选项说明此次操作是将映像文件恢复到分区中（如果选中“Disk”，则表明是将映像文件恢复到整个硬盘）。

“Less Options/More Options”（简单选项/更多选项）是在简单视图和高级视图之间进行切换的按钮。

“Auto Start”（自动开始）区域的“Time”（时间）、“Client Cout”（客户端总数）和“Timeout”（超时）用户设置自动网络多播的相关参数，一般情况下保持空白即可。

“Disk No.”（磁盘编号）是指在客户计算机上存在多块硬盘的情况下选择目标硬盘。

“Partition No.”（分区编号）是指选择客户计算机上的目标分区。

“Command line”（命令行）是用来编辑执行Clone操作时所需要的参数。

第4步，上述这些参数设置完毕以后，单击“Accept Clients”（接受客户端）按钮将等待接受网络多播的计算机加入到多播会话列表中。确认将所有的客户端计算就都加入了列表，然后单击“Send”按钮开始进行广播。

方案三 通过双机直联进行备份/还原

双机直联方式可以说是最简单的联机方式，通过这种方式在电脑原有接口的基础上只需一条专用的连接线就可以实现联机。两台电脑建立直联后即可进行数据文件的传输，从而实现备份/还原。在这一部分，数据文件在电脑之间传输的操作比较简单，而难点在于如何创建双机直联。因此我们把讨论的重点放在建立双机直联的方法上。

一、硬件连接

双机直联电缆既可以购买电缆线和连接接头后自己制作，也可以从市面上购买成品。串口一般为9针，并口为25针。如果是自己动手制作或选购电缆时，一定要搞清楚要连接的是串口还是并口。自己制作电缆接头时，还需要焊接用的电烙铁等工具，以及用于测试的万用表。

甲机9针串口	对应	乙机9针串口
第2针		第3针
第3针		第2针
第4针		第6针
第5针		第5针
第6针		第4针
第7针		第8针
第8针		第7针

串口电缆接头排线顺序

甲机25针并口	对应	乙机25针并口
第2针		第15针
第3针		第13针
第4针		第12针
第5针		第10针
第6针		第11针
第11针		第6针
第10针		第5针
第12针		第4针
第13针		第3针
第15针		第2针

并口电缆接头排线顺序

清楚了接头中电缆的排线顺序后，用户就可以自己一步一步地制作电缆了。制作中用户一定要仔细、认真，在排线无误的情况下，还要保证焊接牢固，不同线柱之间不能发生短路。为此，在焊接结束后，最好用万用表测试一下，看是否发生断路或短路等现象。

当然最好的方法还是从市面上买一条现成的电缆，拿回来直接使用。无论是你想享受DIY的乐趣，还是单纯的实用主义者，做好或者买回直联电缆后直接将其插接到两台电脑相应的串口或并口上并进行必要的固定就行了。

二、在Windows XP中实现双机直联

如今Windows XP无疑已经成了个人电脑操作系统的主流，因此介绍一下在Windows XP中实现直接电缆连接的方法将很有代表性。相对于Windows 98而言，在Windows XP中设置直接电缆连

接相对而言比较简单，因为我们可以像配置拨号连接一样配置直接电缆连接。在两台基于Windows XP平台的计算机上配置直接电缆连接的时候，应该将其中一台计算机作为“主机”，而另一台计算机作为“来宾”，具体操作步骤如下所述。

1.配置主机

第1步，在桌面上用鼠标右键单击“网上邻居”图标，在弹出的快捷菜单中执行“属性”命令，打开“网络连接”窗口。该窗口中列出了系统中已经存在的网络连接。

第2步，在“网络连接”窗口中双击“新建连接向导”图标，打开“新建连接向导”对话框。单击“下一步”按钮，打开“网络连接类型”选项卡，在这里选择合适的网络连接类型。因为我们要使用并口直接连接两台计算机，因此点选“设置高级连接”单选框，并单击“下一步”按钮。

第3步，打开“高级连接选项”选项卡，在该选项卡中点选“直接连接到其他计算机”单选框，并单击“下一步”按钮。

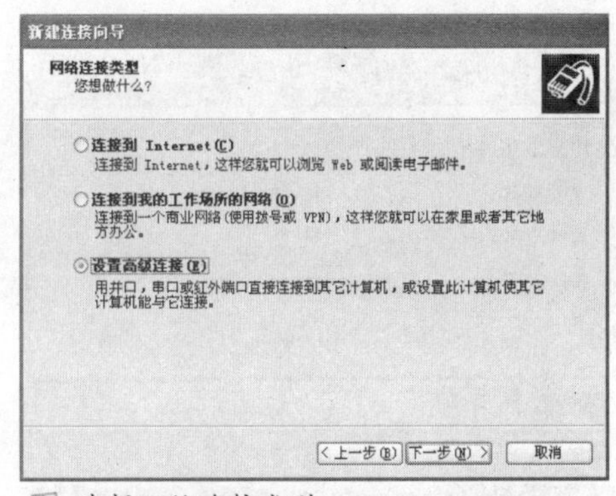

选择网络连接类型

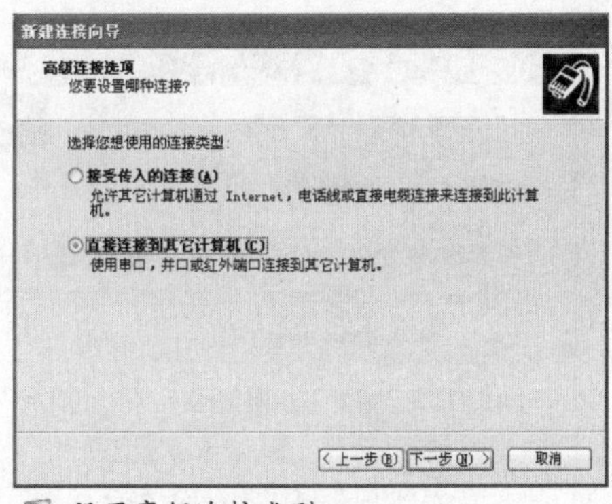

设置高级连接类型

小提示

在这个选项卡中有两个选项，即“接受传入的连接”和“直接连接到其他计算机”。经过实际测试证明，如果是让当前计算机充当主机身份，两个选项在“直接电缆连接”方面的作用基本相同。“接受传入的连接”选项在接受来自Internet的连接方面功能更强大一些。

第4步，在打开的“主机或来宾”选项卡中点选“主机”单选框，让当前计算机充当双击直联中的主机角色。单击“下一步”按钮。

第5步，在打开的“连接设备”选项卡中单击“此连接的设备”下拉框的下拉三角按钮，在下拉菜单中选中用来连接两台计算机的设备。本例中使用并口直联线连接两台计算机，因此应当选中“直接并行（LPT1）”选项。单击“下一步”按钮。

第6步，在打开的“用户权限”选项卡中设置有权限连接到这台主机的用户。在“允许连接的用户”列表框中列出了本地用户，勾选其中有权限访问该主机的用户名称即可。单击“下一步”按钮。

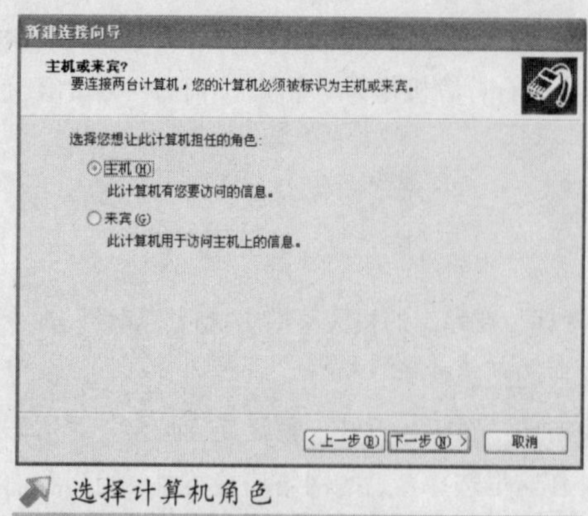

选择计算机角色

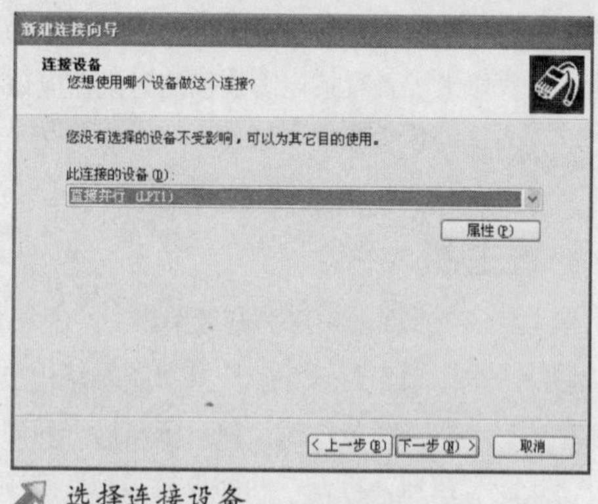

选择连接设备

当然，如果不想使用列表中已经存在的用户登录主机，也可以单击“添加”按钮添加一个新的用户（如“hanjit”）。不过这个添加的用户只能用来从另一台充当来宾的计算机登录主机，而不能从本地登录主机。

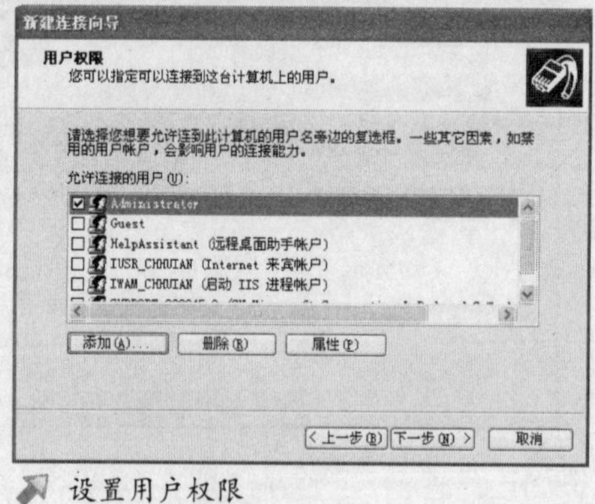

设置用户权限

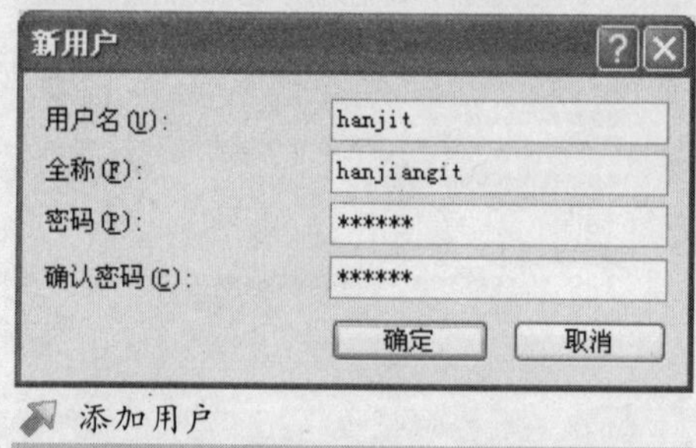

添加用户

第7步，最后单击“完成”按钮完成设置。这时在“网络连接”窗口中会看到已经多出了一个“传入的连接”图标。

建立的连接

2. 配置来宾

在配置充当来宾的计算机时，其中大部分操作步骤跟配置主机完全相同，只是在确定计算机的身份时有所区别，另外还省去了设置用户权限的步骤。

第1步，在“主机或来宾”选项卡中点选“来宾”单选框，使当前计算机充当来宾（即“访问者”）的角色，并单击“下一步”按钮。

第2步，打开“连接名”选项卡，在“计算机名”编辑框中键入充当主机的计算机的名称，并单击“下一步”按钮。

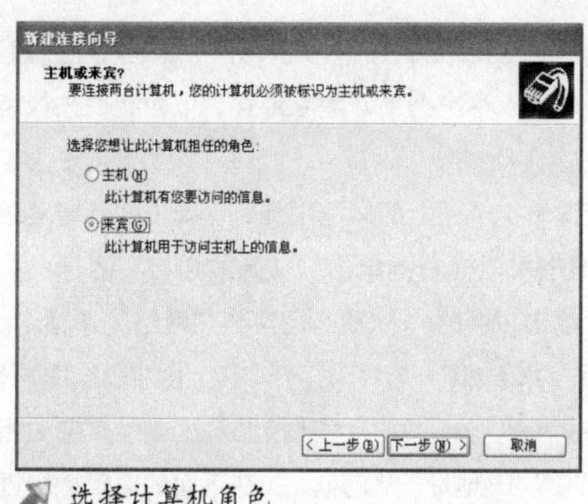

选择计算机角色

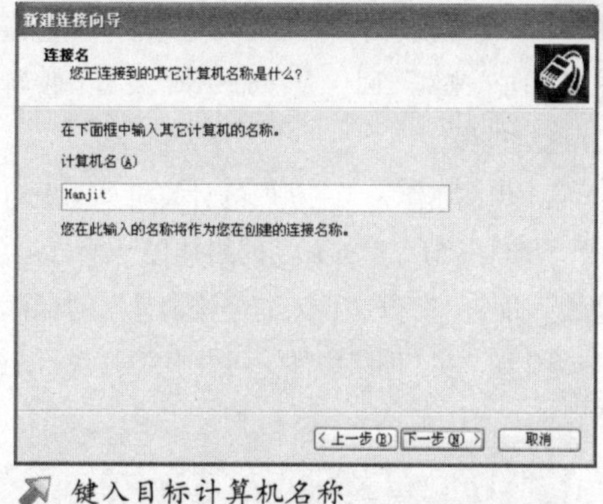

键入目标计算机名称

小提示

其实如果键入的计算机名称不是主机的名称也照样可以建立连接，这里的名称的主要作用是作为连接名的。

第3步，在打开的“选择设备”选项卡中的“选择设备”下拉列表框中单击选中“直接并行（LPT1）”选项并单击“下一步”按钮。在“可用连接”选项卡中选择此连接的使用范围。因为双机直联一般针对家庭用户，所以没有必要限制用户使用该连接。保持“任何人使用”单选框的选中状态，并单击“下一步”按钮。

第4步，最后单击“完成”按钮完成设置。当然也可以在“网络连接”窗口中看到已经创建的连接。

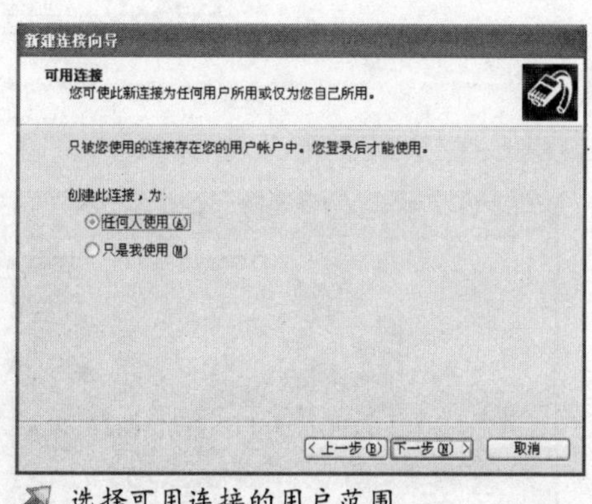

选择可用连接的用户范围

创建的连接

至此，两台基于 Windows XP 的计算机的双机直联的连接已经成功创建，在后面的内容中将谈及如何在两台计算机之间实现通信。

三、Windows XP 之间实现通信

在两台进行串、并口双机直联的基于 Windows XP 的计算机之间进行通信的过程是：“来宾”向

“主机”发出连接请求，“主机”接到请求后验证用户是否有权限进行连接。如果用户权限验证通过，则“主机”向“来宾”回传应答命令。“来宾”收到应答命令完成本次握手并建立连接。下面我们来谈谈连接和通信过程。

第1步，在作为“主机”的计算机桌面上用鼠标右键单击“网上邻居”图标，在弹出的快捷菜单中执行“属性”命令，打开“网络连接”窗口。在该窗口中用鼠标右键单击“传入的连接”图标，执行“属性”命令，打开“传入的连接属性”对话框。然后单击“网络”标签，切换到“网络”选项卡。

第2步，在“网络组件”列表中双击“Internet协议（TCP/IP）选项，打开“传入的TCP/IP属性”对话框。在“TCP/IP指派”区域中点选“指定TCP/IP地址”单选框，并在下面的编辑框中键入一段IP地址的范围(如“10.115.223.15~10.115.223.20”)，并依次单击“确定”按钮。

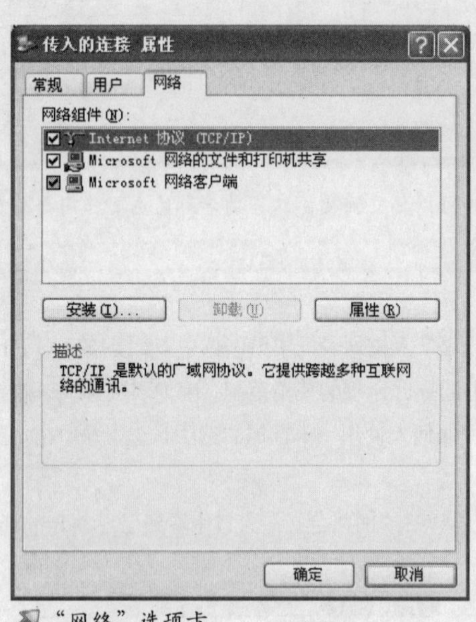

“网络”选项卡

设置IP地址

第3步，在作为“来宾”的计算机的“网络连接”窗口中双击已经建立的连接图标（即“hanjit”），打开登录对话框。在“用户名”编辑框中键入前面建立的用户名“hanjit”，并在“密码”编辑框中键入正确的密码，单击“连接”按钮开始进行连接。因为家庭用电脑的安全性要求不是很高，因此为了省去每次连接都输入用户名和密码的麻烦，可以在连接以前勾选“为下面用户保存用户名和密码”复选框，并点选“任何使用此计算机的人”单选框。

第4步，经过网络连接和用户身份验证，如果没有其他意外连接即可成功建立。建立连接后，任务栏的系统托盘中会显示连接成功的图标。

准备建立连接

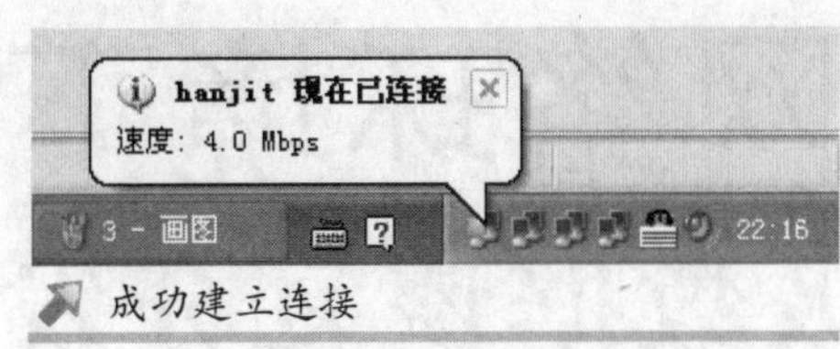

成功建立连接

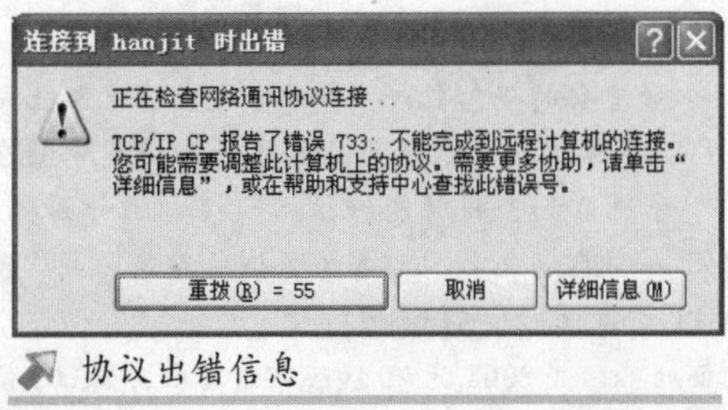

协议出错信息

第5步，在建立连接以后，两台计算机就可以跟使用对等网一样互相访问共享出来的资源了。并且使用像“远程桌面”、“Internet 连接共享”这样一些网络功能是完全没有问题的，只是通信速度有些慢。

小提示

在连接存活期间，我们可以在“主机”上的“网络连接”窗口中看到已经建立的连接图标。双击该图标会弹出目前直接电缆连接的连接状态，并且还会看到连接速度。单击“详细信息”标签，可以看到当前“客户机”和“主机”的IP 地址。

成功建立双机直联连接并实现互访后，就可以通过复制／粘贴操作进行网络资源的备份了，这种方式比较适合家庭用户使用。

小提示

如果在“主机”端没有设置IP 地址范围，在连接过程中将会出现协议出错的提示。这时一般只要在“主机”端指定有效的IP 地址范围即可解决问题。

实现互访

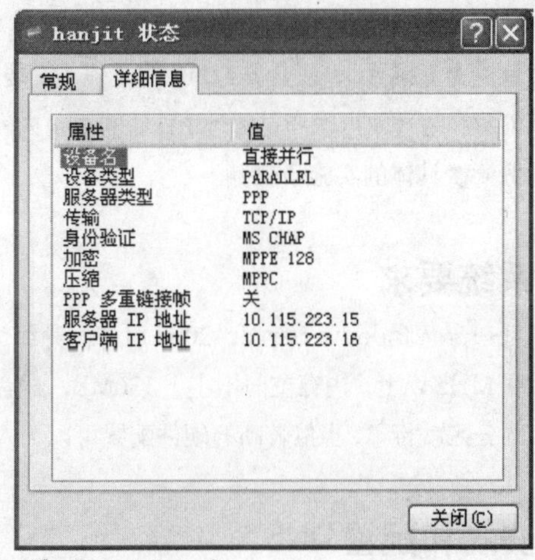

查看连接信息

方案四 网络环境下高级数据恢复分发

域是基于Windows服务器操作系统的网络中最重要的概念之一。简而言之，域实际上是指一组服务器和工作站的集合。域将用户账户、计算机账户以及用户账户的密码集中放在一个共享数据库内，使得用户可以只使用一个账户名和密码就能够访问网络中的计算机。在AD（Active Directory，活动目录）域中提供了一组服务器作为“身份验证服务器”或“登录服务器”，这类服务器被称作域控制器（Domain Controller，简称DC）。

不仅如此，基于Windows 2000 Server和Windows Server 2003的AD域还可以集中存储DNS信息，并且提供了“组策略”编辑器。这些功能都有助于网络管理员加强对网络的管理。尤其是借助“组策略”编辑器，我们还可以实现软件部署，从而间接实现数据的恢复分发。

一、建立第一个AD域

建立一个AD域的过程实际就是在一台运行Windows 2000 Server或运行Windows Server 2003的计算机上安装AD，使其成为DC的过程。安装完AD后，在DC中将网络的其他计算机加入到AD域中并创建和管理用户账户是管理AD域的重要内容。我们以在Windows Server 2003中建立第一个AD域为例谈谈具体的实施步骤。

1.系统要求

将一台Windows Server 2003服务器升级为DC时，硬件部分无需很高的配置。只要CPU频率在400 MHz以上，内存空间不小于136MB，磁盘的系统分区有足够的剩余空间，并且拥有一个NTFS格式的分区就行了。当然较高的硬件配置可以为AD域提供强有力的基础平台，运行效率必然大大提高。

2.安装和配置DNS

DNS是AD域的基础，AD会把其域控制器和全局目录服务器列表存储在DNS中，因此在网络中存在一台DNS服务器是必需的。当然也可以在安装AD的过程中让安装向导在DC上自动设置DNS服务器，这种方式比较适合对DNS和AD不熟悉者使用。本例将采用这种方式安装DNS。

3.安装AD域

把一台运行Windows Server 2003的服务器升级为域控制器（DC）是安装AD域的核心步骤，我们来谈一谈具体的实施步骤。

第1步，依次单击“开始”→“运行”，在编辑框中键入“Dcpromo”命令并按回车键，打开Active Directory安装向导。单击“下一步”按钮。

小提示

也可依次单击“开始”→“管理工具”→“管理你的服务器”，在“配置你的服务器”向导中打开 Active Directory 安装向导。

第2步，在打开的“操作系统兼容性”选项页中会提示，运行 Windows 95 的客户端将无法登录到基于 Windows Server 20003 的 AD 域中，幸好现在的公司网络中已经很难看到 Windows 95 的踪影了。单击“下一步”按钮。

第3步，打开“域控制器类型”选项页，在这里指定该 Windows Server 2003 服务器担任的角色。事实上创建一个新域的过程就是把一台服务器升级为该域的第一台域控制器，也就是说，建立一个域的第一台域控制器跟创建一个新域是同一个过程。本例中我们要创建一个全新的域，因此保持“新域的域控制器”单选框的选中状态，并单击“下一步”按钮。

第4步，在打开的“创建一个新域”向导页中，保持“在新林中的域”单选框的选中状态。这是因为 AD 可以把域组织成域树，再把域树组织成森林。而我们要创建的域是一个新域树中的第一个域，同时也是新森林中的第一个域树，因此选择该选项，并单击“下一步”按钮。

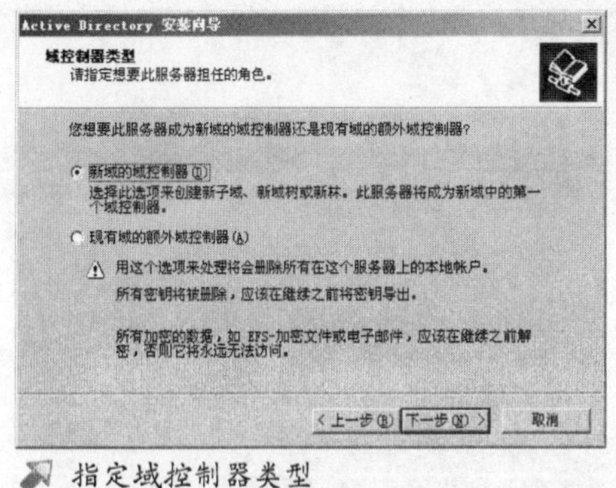

指定域控制器类型

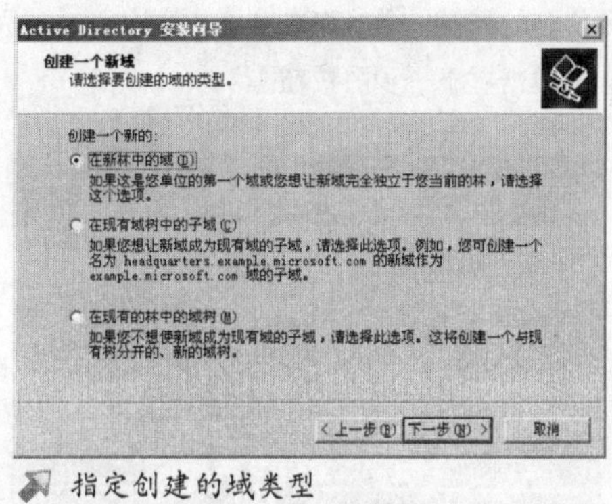

指定创建的域类型

第5步，打开“新的域名”向导页，在“新域的DNS全名”编辑框中键入事先配置的域名，即“Online.com”，并单击“下一步”按钮。

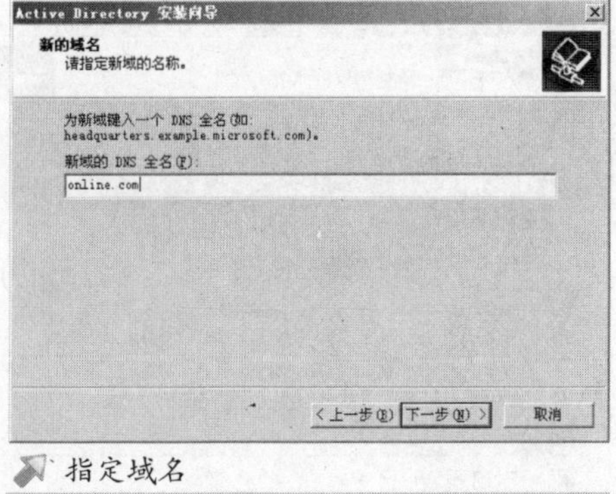

指定域名

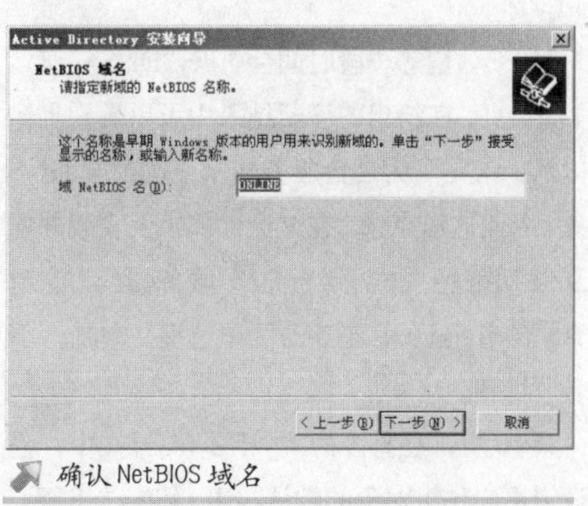

确认 NetBIOS 域名

第6步，在打开的“NetBIOS域名”向导页中，需要为新域指定一个NetBIOS域名。因为在公司的网络中可能运行有Windows 2000以前的系统（如Windows 98），这些系统无法识别如“Online.com”这样的域名。因此AD域为这些系统准备了一个它们所能识别的域名，即“NetBIOS域名”。默认情况下安装向导会将域名中小圆点最左边的部分作为NetBIOS域名，本例中为“Online”。建议保留这个默认值，单击“下一步”按钮。

第7步，打开“数据库和日志文件文件夹”向导页，在这里设置两个文件夹的路径。AD域把AD数据库存储为两部分，一部分是AD数据库文件本身，另一部分是事务日志。如果将AD数据库文件存储在NTFS分区中，可以获得明显优于FAT分区的性能。而如果将事务日志文件存储在跟AD数据文件不同的物理硬盘上（且使用不同的EIDE通道），则可以实现AD数据库和日志的同时更新，所获得的性能提高同样非常明显。由于环境限制本例使用了单硬盘系统，因此保持了默认的路径，并单击“下一步”按钮。

第8步，在打开的“共享的系统卷”向导页中，需要为“Sysvol”文件夹指定一个NTFS格式的分区路径。“Sysvol”文件夹中存储有AD域中重要的用户配置和控制信息文件（如“系统策略文件”、“默认配置文件”和“登录脚本”等），并且该文件夹会自动地被复制到其他的DC中，实现域信息的同步更新。但是系统对“Sysvol”文件夹的自动复制需要NTFS分区的支持，这也是我们在“系统要求”部分所提到的需要一个NTFS分区的原因。本例中硬盘的C区就是一个NTFS分区，因此保持了默认路径，并单击“下一步”按钮。

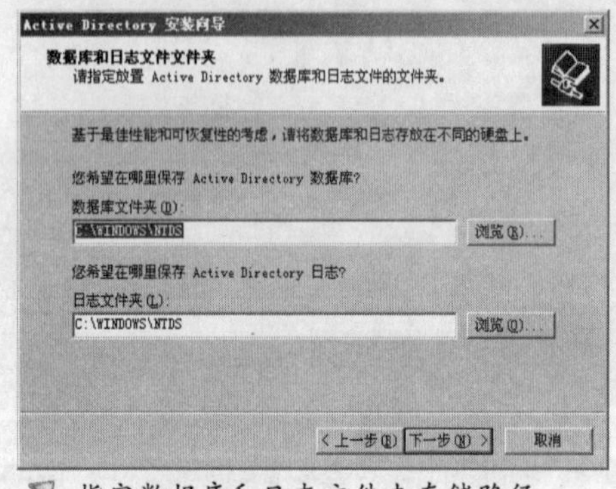

指定数据库和日志文件夹存储路径

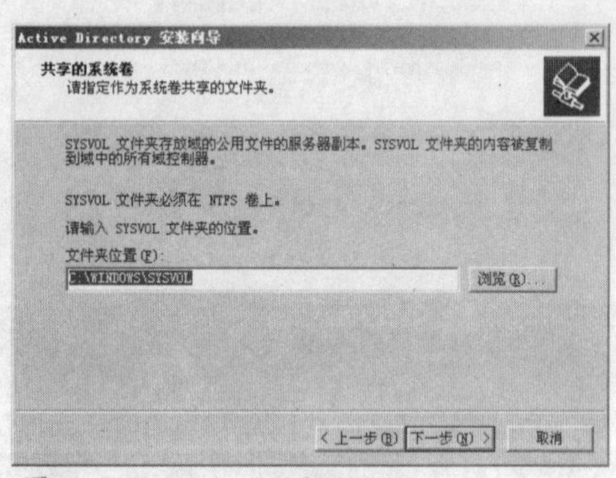

指定Sysvol文件夹存储路径

第9步，稍等一段时间会打开“DNS注册诊断”向导页，在给出的诊断结果中可以看到出错的提示。这是因为这台服务器未正确配置DNS服务，因此这里点选“在这台计算机上安装并配置DNS服务器，并将这台DNS服务器设为这台计算机的首选DNS服务器”单选框。单击“下一步”按钮。

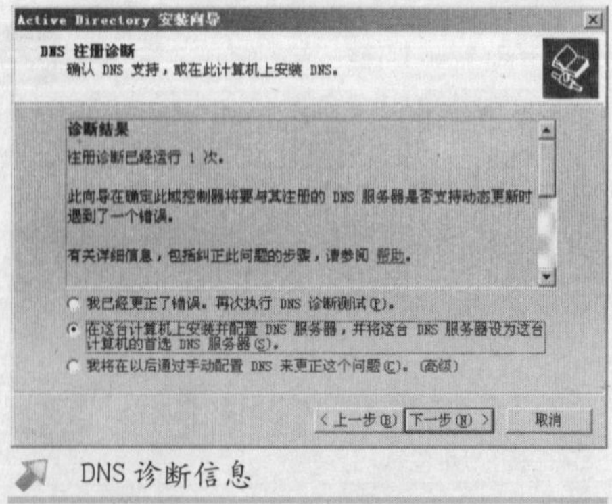

DNS诊断信息

第10步，在打开的“权限”向导页中，需要设定用户和组对象的默认权限。其实这里所说的权限主要涉及到RAS（远程访问服务）服务器的匿名登录问题。因为在NT4域中，RAS在没有匿名登录的域中是无法工作的。如果确信公司网络中的服务器系统均在Windows 2000 Server以上，则建议选择“只与Windows 2000或Windows Server 2003操作系统兼容的权限”选项。因为该选项将关闭RAS服务器的匿名登录，从而提高安全性。单击“下一步”按钮。

第11步，打开“目录服务还原模式的管理员密码”向导页，设置一组还原密码。在Windows 2000 Server和Windows Server 2003系统的启动过程中，有一个选项可以用来重建被损坏的AD数据库，并把它恢复到内部一致的一个较早期版本。然而这是一把双刃剑，因为重建数据库跟破坏数据库在破坏者眼中是一个道理，因此设置还原密码很有必要。单击“下一步”按钮。

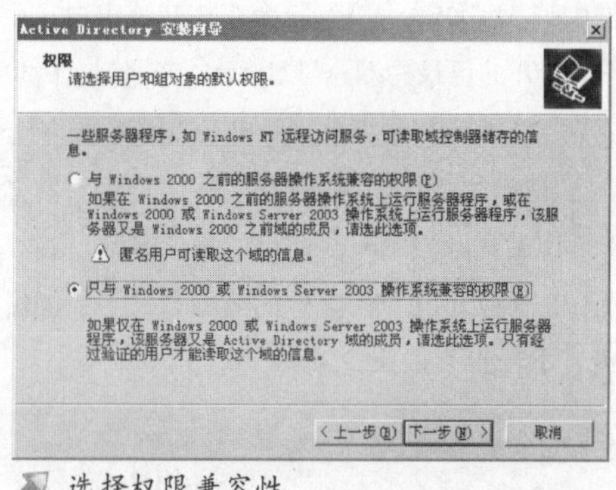

选择权限兼容性

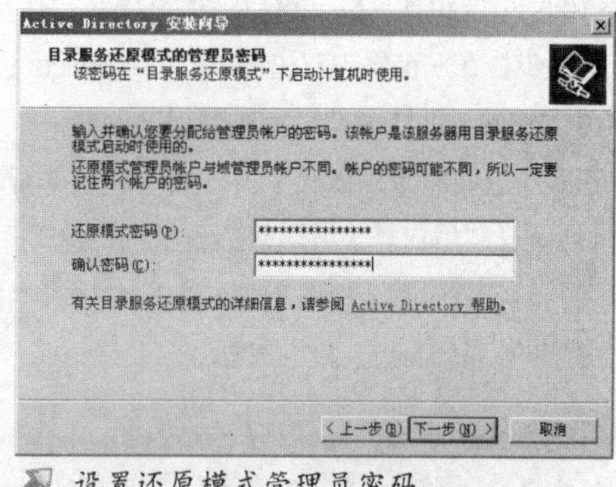

设置还原模式管理员密码

第12步，在“摘要”向导页中确认所做的设置正确无误，单击“下一步”按钮开始AD的安装过程。此过程比较漫长，一般需要20～30分钟的时间。安装结束后单击“完成”按钮，并重新启动这个已经升级为域控制器的服务器。

AD配置过程

二、创建和管理用户账户及组

当公司的员工想从自己的计算机登录到域中时，该员工必须拥有一张被域控制器认可的“身份证”，这张“身份证”体现在域中就是用户账户。在域中创建和管理用户账户的操作必须在域控制器中进行。

小提示

创建和管理用户账户及组是网络管理员的核心工作，建议初涉网络管理的读者能很好地掌握这一部分内容。

本例中我们将在域控制器中添加用户账户“Online”、“Online2”和“Online3”，并添加一个组“OnlineUsers”。

1.添加用户账户

在AD域中，用户账户包含了用户的名称、密码、所属组、个人信息等内容。添加到域中的用户账户会自动得到一个SID（Security Identifier，安全标示符）。这个SID 在域中是惟一存在的，即使该用户账户被删除，其SID依然被保留着。如果某个用户账户被删除后，又在域中重新添加了一个相同名称的账户，则该账户会被分配一个新的SID。在域中，用户权限由SID惟一决定 。在域中添加用户账户的具体步骤如下所述。

第1步，以Administrator（系统管理员）身份登录基于Windows Server 2003的域控制器，然后依次单击“开始”→“程序”→ “管理工具”→“Active Directory用户和计算机”，打开“Active Directory用户和计算机”窗口。也可以在“运行”框中键入“DSA.MSC”命令打开该窗口。

第2步，在左窗格中双击域名“Online.com”，并在展开的目录中双击“Users”容器。这时可以在右窗格中查看AD域中已经存在的用户账户。

第3步，在菜单栏依次单击“操作”→“新建”→“用户”，打开“新建对象－用户”对话框。在该对话框中，“用户登录名”是最重要的，这是用户从工作站登录域的时候使用的用户名称。在“用户登录名”编辑框中键入准备创建的用户名称（本例中键入“Online1”），其他的诸如“姓名”编辑框中键入用户的实际信息（本例中键入“Online1”），单击“下一步”按钮。

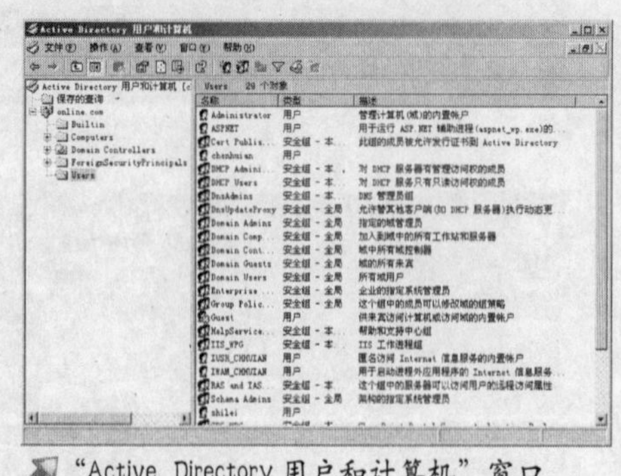
“Active Directory用户和计算机”窗口

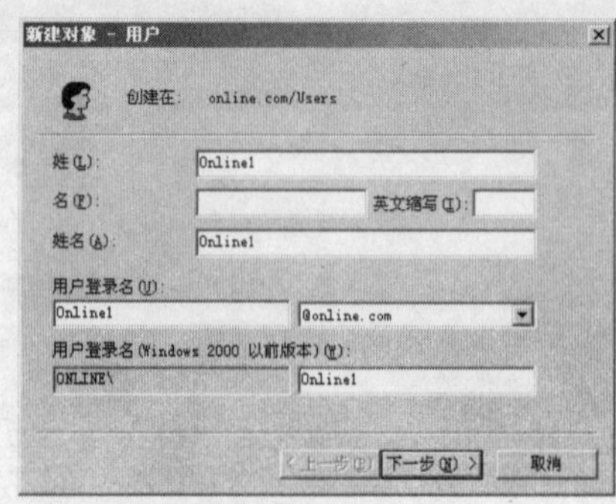

创建新用户账户

第4步，在打开的设置密码对话框中可以设置用户的登录密码。在“密码”编辑框中键入用户账户的密码。为保证账户的安全性，这个密码一般不应少于6位，并且必须符合密码策略。在“确认密码”编辑框中重复输入密码。

另外，在对话框的下方有一些复选框。勾选“用户下次登录时须更改密码”复选框可以使用户在第一次登录域时修改密码；勾选“用户不能更改密码”则用户没有更改自己的账户密码的权限；勾选“密码永不过期”则该密码不受密码策略的时间限制；勾选“账户已停用”则可以禁用该用户账户。依次单击“下一步 ”→“完成”按钮完成添加。

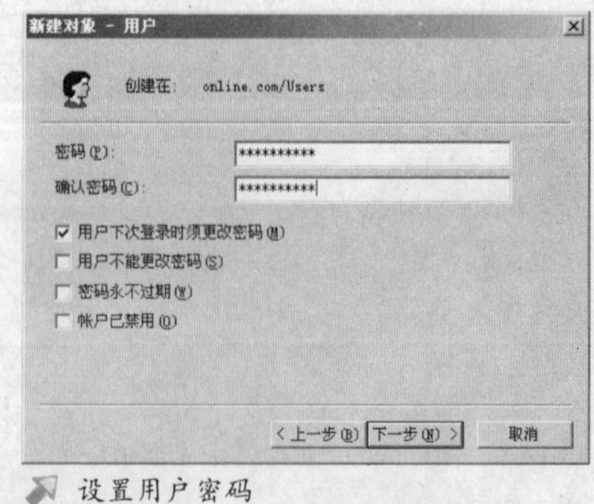

设置用户密码

第五步，重复上述步骤将用户“Online2”和“Online3”添加到“Users”容器中。完成以后在“Active Directory用户和计算机”对话框中查看刚才添加的用户列表。

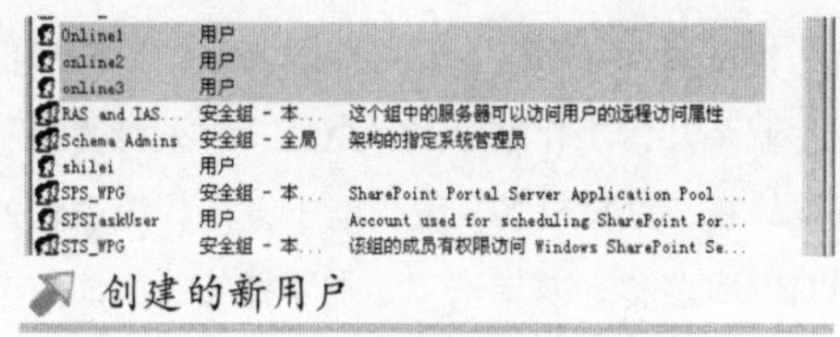

创建的新用户

2.设置用户权限

在默认情况下，新添加的用户账户的权限设置可能不太适合实际的管理需求，一般情况下都需要针对用户的实际身份为其设置相应的权限。我们以为用户“Online1”设置登录时间、登录工作站、目录使用权限、被允许执行的程序等为例，谈谈设置用户相应权限的方法。

（1）设置登录时间

第1步，以Administrator身份登录域控制器，并打开“Active Directory用户和计算机”窗口。

第2步，在“Active Directory用户和计算机”窗口中，单击“Users”容器。然后在右窗格中的用户列表中双击“Online1”，打开“Online1 属性”对话框。单击“账户”标签，切换至“账户”选项卡。

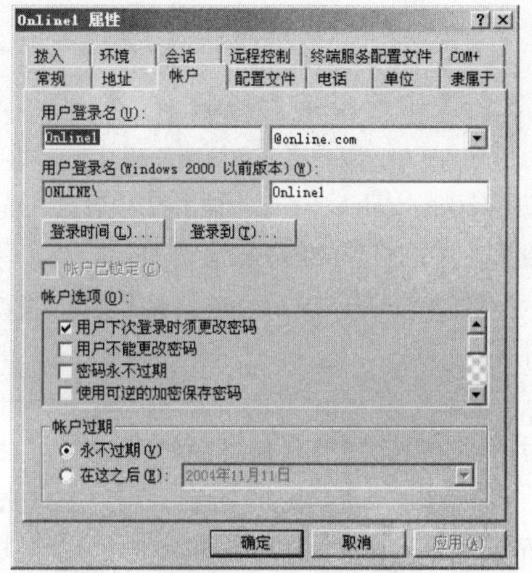

“账户”选项卡

第3步，在“账户”选项卡中单击“登录时间”按钮，打开“Online1 的登录时间”对话框。对话框中横轴方向每个方块代表一小时，纵轴方向每个方块代表一天。蓝色方块表示允许用户使用的时间，空白方块则表示禁止用户使用的时间。默认情况下任何时间都允许用户使用。假如我们准备让“Online1”可以在每天的“8:00～18:00”登录到域，则先用鼠标左键单击左上方的“全部”按钮，然后点选“拒绝登录”单选框。用鼠标拖选相应范围的时间块，并点选“允许登录”单选框。单击“确定”按钮完成设置。

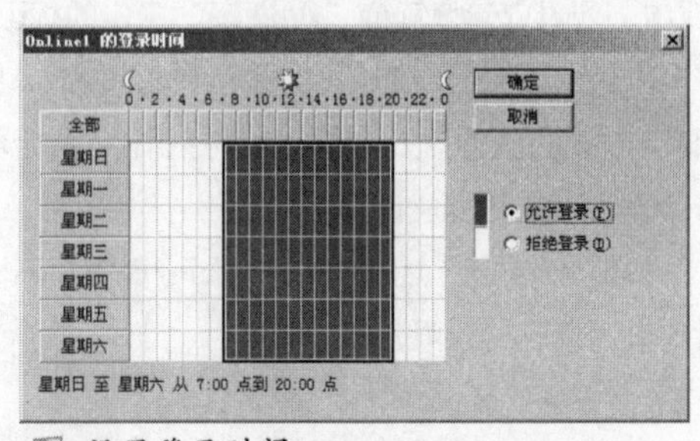

设置登录时间

小提示

当用户在允许的时间段内登录到域，并且持续使用到超出允许的时间段时，用户可以继续保持连接并使用。不过，一旦用户注销账户则不允许再做新的连接。

（2）设置登录工作站

在“账户”选项卡中单击“登录到”按钮，打开“登录工作站”对话框。默认情况下用户可以从所有工作站登录，不过我们可以限制某个用户只能从一台或某几台工作站登录。点选“下列计算机”单选框，在“计算机名”编辑框中键入相应工作站的NetBIOS名称，并单击“添加”按钮。添加完毕单击“确定”按钮即可。

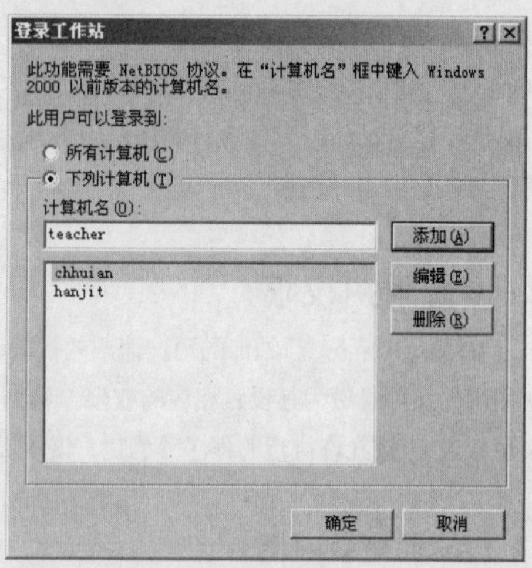

设置用户可登录的计算机

小提示

此设置对Windows 9x工作站是无效的，用户可以从任何基于Windows 9x的工作站登录。

（3）设置目录使用权限

在AD中，只有将用户管理延伸至目录和应用程序的范畴才能真正体现出AD的优势所在。因此为某些特殊的文件夹设置用户使用权限可以保证这些特定资源的安全性。需要特别指出的是，这些安全性设置必须在NTFS的分区上才能进行。

第1步，打开“Windows资源管理器”窗口，找到需要设置使用权限的文件夹，如“人力资源”文件夹。

第2步，用鼠标右键单击该文件夹，在弹出的快捷菜单中执行“属性”命令，打开“人力资源属性”对话框。单击“安全”标签，切换至“安全”选项卡。

第3步，单击“添加”按钮，在打开的“选择用户、计算机或组”对话框中找到并双击合适的用户名称（本例中需要添加用户“Online1”），单击“确定”按钮。

第4步，返回“人力资源 属性”对话框后，在“权限”列表中勾选符合“Online1”身份的权限。本例中勾选了“完全控制”复选框，表示“Online1”拥有对“人力资源”文件夹的完全控制权。最后单击“确定” 按钮完成设置。

第5步，重复上述步骤，针对同一资源为不同用户设置相应的权限。

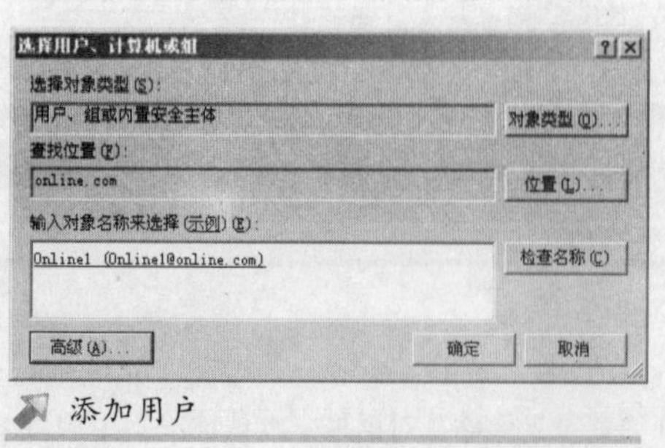

添加用户

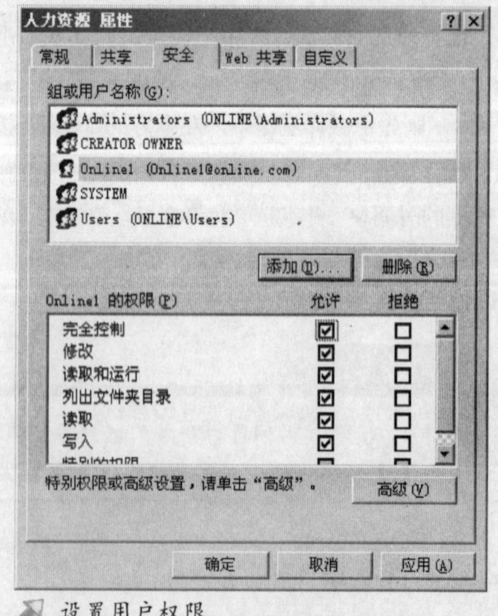

设置用户权限

（4）设置被允许执行的程序

在基于Windows Server 2003的AD域中，软件的安装者和使用者拥有不同的权限。因此在使用过程中可能会出现当前登录用户无法使用某个应用程序的情况。尽管Windows Server 2003针对这种情况提供了一种允许当前用户以管理员身份运行程序的方式，但是为特定用户开放运行指定程序的权限还是很有必要的。我们以为用户“Online1”开放“QQ”的使用权限为例谈谈此项设置的使用方法。

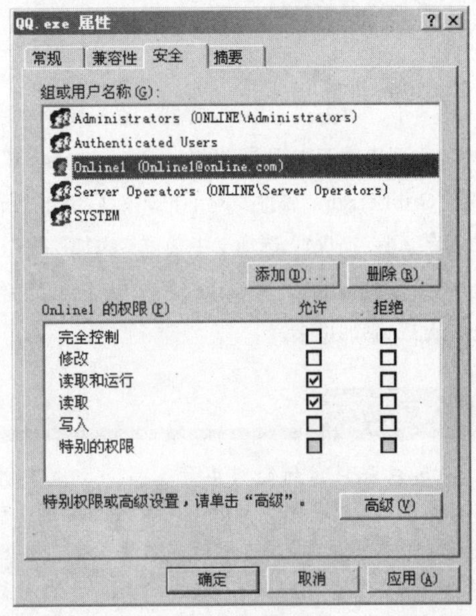

设置用户可运行的程序

第1步，打开“Windows资源管理器”窗口，找到“QQ”的可执行文件“QQ.exe”。

第2步，用鼠标右键单击“QQ.exe”文件，在弹出的快捷菜单中执行“属性”命令，打开“QQ属性”对话框。然后单击“安全”标签，切换至“安全”选项卡。

第3步，在“QQ.exe 属性”对话框中单击“添加”按钮，在打开的“选择用户、计算机或组”对话框中找到并双击用户“Online1”。依次单击“确定”按钮完成设置。

小提示

以管理员身份运行程序的方法为：在按下“Shift”键的同时右击程序名称，在弹出的快捷菜单中执行“运行方式”命令，在“以下面的用户身份运行程序”编辑框中键入管理员账户和密码，并指定准确的域，单击“确定”按钮运行程序。

经过上述准备工作，Windows Server 2003服务器端的设置基本上告一段落。现在的服务器环境已经可以满足用户从工作站登录到域中和正常使用网络资源的实际要求了。

3.创建和管理组

第1步，以Administrator身份登录域控制器，打开“Active Directory用户和计算机”窗口，并在左窗格中双击域名“Online.com”。

第2步，在菜单栏依次单击“操作”→“新建”→“组”，打开“新建对象－组”对话框。在“组名”编辑框中键入准备创建的组的名称，并单击“确定”按钮。

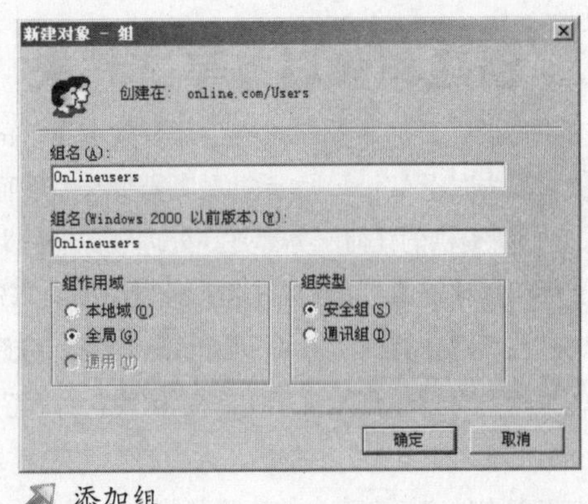

添加组

小提示

组可以分为“安全组”和“通讯组”两种类型，而每一种组又可赋予其不同的作用范围，即“本地域”、“全局”和“通用”。

第3步，单击“Users”容器，在右窗格中的用户和组列表中双击刚创建的组“Onlineusers”，打开“Onlineusers 属性”对话框。然后单击“成员”标签，在“成员”选项卡中单击“添加”按钮，通过高级查找将用户“Online1”、“Online2”和“Online3”添加进来。

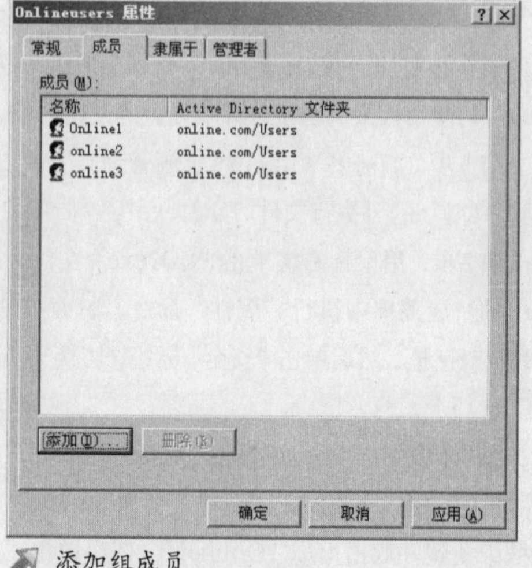

添加组成员

小提示

将用户账户添加到组中的另一个方法是在“Active Directory 用户和计算机”窗口中右键单击用户账户，在弹出快捷菜单中执行“添加到组”命令。如果一次添加多个用户账户到同一个组，可以在按住Ctrl键的同时选取多个用户进行添加。

第4步，单击“隶属于”标签，在“隶属于”选项卡中单击“添加”按钮。通过高级查找功能选择准备该组的上一级组（如“Account Operators”，账户操作员）。

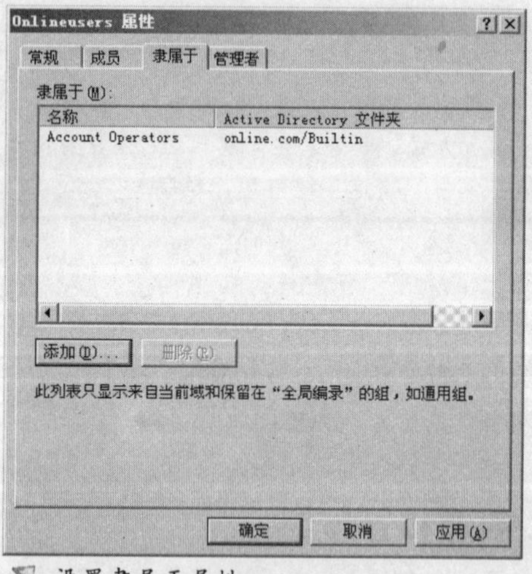

设置隶属于属性

第5步，单击“管理者”标签，在“管理者”选项卡中单击“更改”按钮选择该组的管理员账户。“管理者”选项卡用于填写可选联系人信息，但并不一定反映出任何直接的控制委派。

三、创建和管理共享文件夹

可以说，任何服务器的核心都是共享文件的功能。因为对于Windows系列服务器操作系统而言，它们所提供的任何服务都是在处理服务器的共享文件和打印资源。可见创建和管理域中的共享资源是非常重要的。要想创建共享文件夹，用户必须至少拥有在本地计算机上的Administrator（系统管理员）或Power User（超级用户）权限。下面我们以在NTFS分区中创建共享文件夹为例详加介绍。

第1步，假设我们准备将“人力资源”这个文件夹设为共享文件夹，可以在“资源管理器”中找到并右击该文件夹，在弹出的快捷菜单中执行“共享和安全”命令。在打开的“人力资源 属性”对话框的“共享”选项卡中点选“共享该文件夹”单选框。

第2步，在实际的公司网络中，主管人员可能并不希望所有用户都拥有对“人力资源”文件夹的访问权限，而只希望特定的人访问该文件夹，因此可以设置对该文件夹的访问权限。单击“权限”按钮，在打开的“人力资源的权限”对话框中将“组和用户名称”列表中的“Everyone”删除。单击“添加”按钮，找到“Onlineusers”组并将其添加进来。在权限列表中选取合适的权限，单击“确定”按钮。

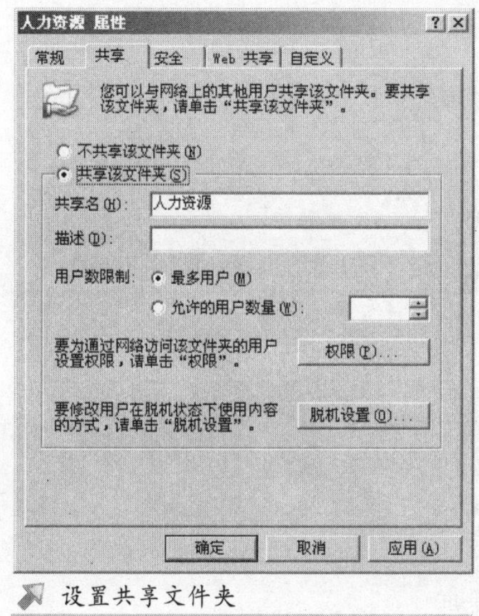

设置共享文件夹

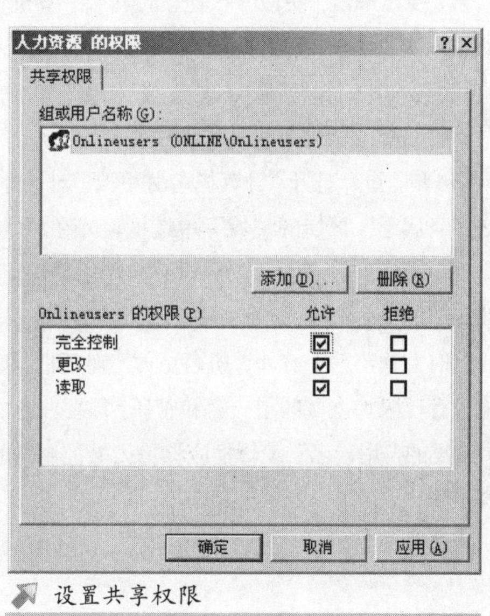

设置共享权限

至此，设为共享的文件夹现在已经可以提供给“Onlineusers”组的成员访问了。

四、Windows XP 工作站登录到 AD 域

作为Microsoft目前最新的工作站操作系统——Windows XP又如何登录到AD域呢？我们以用户“Online1”从工作站计算机“Online-yuhao”登录域为例，谈谈Windows XP Professional工作站登录AD域的具体步骤。

第1步，在桌面上用鼠标右键单击“网上邻居”，在弹出的快捷菜单中执行“属性”命令，打开“网络连接”对话框。右键单击“本地连接”图标，执行“属性”命令，打开“本地连接属性”对话框。在“常规”选项卡中双击项目列表中的“Internet 协议（TCP/IP）”选项，打开“Internet 协议（TCP/IP） 属性 ”对话框。然后点选“使用下面的DNS服务器地址”单选框，并在编辑框中键入在Windows Server 2003中配置的DNS服务器的IP地址（如“10.115.223.2”）。

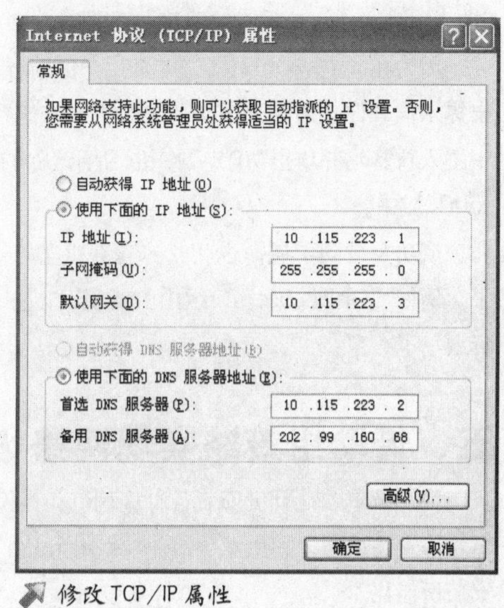

修改TCP/IP属性

依次单击“确定”按钮。

第2步，在桌面上用鼠标右键单击“我的电脑”，在弹出的快捷菜单中执行“属性”命令，打开“系统属性”对话框。单击“计算机名”标签，切换至“计算机名”选项卡。

第3步，单击“更改”按钮，打开“计算机名称更改”对话框。在“计算机名”编辑框中键入“Online-yuhao”，并单击“确定”按钮。重新启动计算机后更改的计算机名称即可生效。

第4步，重新打开“计算机名称更改”对话框，点选“隶属于”区域的“域”单选框，并在“域”编辑框中键入域名“Online.com”，单击“确定”按钮。

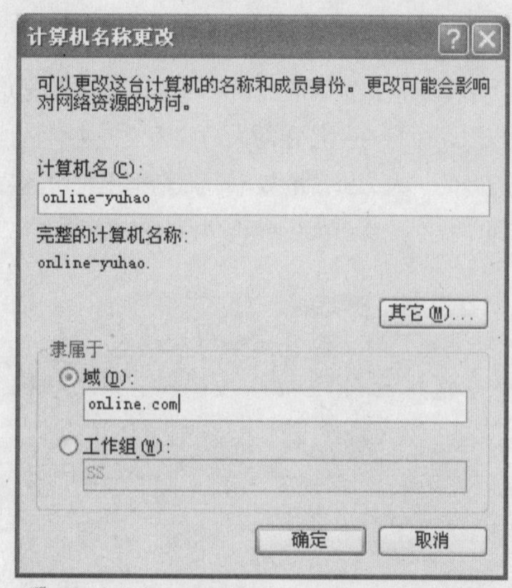

将计算机加入域

这时会弹出一个“计算机名更改”对话框，要求输入有权限加入域的用户名和密码。需要注意的是，这里的“用户名”编辑框应该输入域控制器的管理员账户，并输入合法的密码。

通过验证以后，弹出提示已经加入“Online.com”域。

提供域管理员账户和密码

第5步，重新启动计算机。由于加入域以后计算机启动时要连接网络、创建域列表，因此这个过程需要的时间比较长。切换到登录对话框，在“用户名”编辑框中键入“Online1”，然后键入初始密码。单击“登录到”右侧的下拉三角，选中域名“Online.com”，并单击“确定”按钮。

因为在建立“Online1”这个用户的时候指定了用户在第一次登录时需要更改密码，因此这时会弹出提示框“你必须在第一次登录时更改密码”，单击“确定”按钮。在随后打开的“更改密码”对话框中键入新密码并单击“确定”按钮，提示“你的密码已更改”并单击“确定”按钮即可成功登录到“Online.com”域中。

成功登录到了域，也就意味着获得了与登录用户相应的权限，域中的共享资源也就随之可以使用了。例如“Onlineusers”组中的成员可以在“网上邻居”或“资源管理器”中访问共享文件夹“人力资源”了。

五、借助组策略实现网络恢复

为网络中的计算机安装各种应用软件是网络管理员日常性的工作之一。因为在AD域中可以通过编辑软件安装策略，利用“Windows Installer”实现软件部署工作，其效率绝非为每台计算机进行本地安装所能比。

我们首先模拟一个工作场景：在一个基于 Windows Server 2003 的 AD 域中，要求为每台域成员计算机均安装 Office 2003 Professional（假设所有的计算机均使用 Windows 2000 或 Windows XP 系统）。通过编辑安装策略完成这一工作的方法如下。

1. 指派 MSI 程序包

MSI（Microsoft Software Installer，微软软件安装器）文件是“Windows Installer”能够部署的仅有的两种文件类型之一。我们首先要做的工作就是把 Office 2003 Professional 的 MSI 安装包指派到每一台域成员计算机中。

小提示

“Windows Installer”提供“发布”和“指派”两种软件部署方式。“发布”方式不能自动为域内客户安装软件，而是把安装选项放到客户机的“添加或删除程序”中，供用户在需要的时候自主选择安装；“指派”方式则直接把软件安装到域用户的开始菜单程序组中。“发布”方式一般用于给用户提供各种软件工具，由用户按需选择安装或不安装；“指派”方式可用于软件的强制安装使用，用户无权自行卸载软件。由于本例是为域成员计算机部署软件，因此只有“指派”方式有效。

第 1 步，将 Office 2003 Professional 安装光盘中“Office11”文件夹内的所有内容放入域中的一个共享文件夹中，并保证所有域成员计算机均能连接到该文件夹。

第 2 步，打开“Active Directory 用户和计算机”控制台窗口。用鼠标右键单击域名，执行“属性”命令。在打开的“Online.com”属性对话框中单击“组策略”标签，然后在“组策略”选项卡中单击“新建”按钮新建一条组策略“Office11Install”。

第 3 步，保持“Office11Install”策略的选中状态，单击“编辑”按钮打开“组策略编辑器”控制台窗口。在左窗格中依次展开“计算机设置”→“软件设置”目录，然后右击“软件安装”选项，在弹出的快捷菜单中执行“新建 / 程序包”命令。

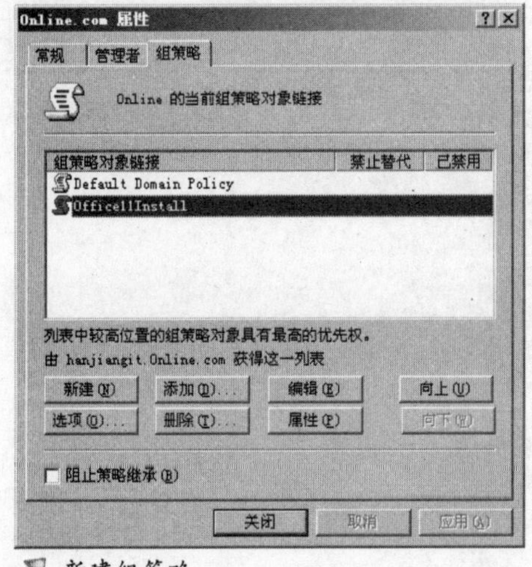

新建组策略

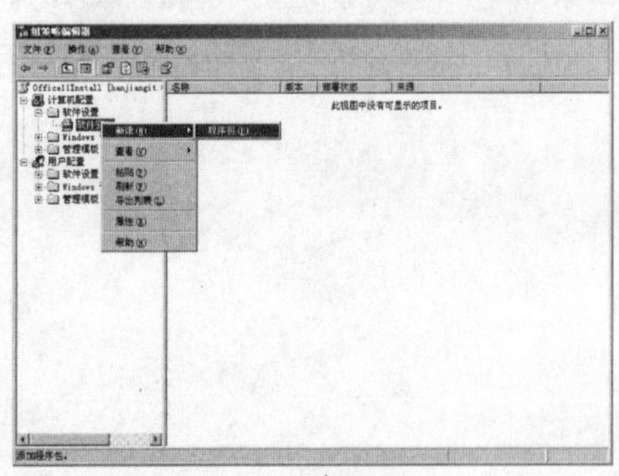
创建一个新软件安装包

小提示

在“计算机配置”和“用户配置”里都有“软件安装”选项，均用于在域内部署软件。如果软件要部署到域中的计算机上，就在“计算机配置”里定义；如果软件要部署给域中的用户，则应该在“用户配置”里定义。

第4步，在“打开”对话框中通过“网上邻居”找到事先存储在域共享文件夹中的MSI安装文件“PRO11.MSI”，并单击“打开”按钮。这时会打开“部署软件”对话框，默认选中“已指派”单选框。无须进行设置，直接单击“确定”按钮。

第5步，返回“组策略编辑器”窗口，可以在右窗格中看到已经指派的软件名称。

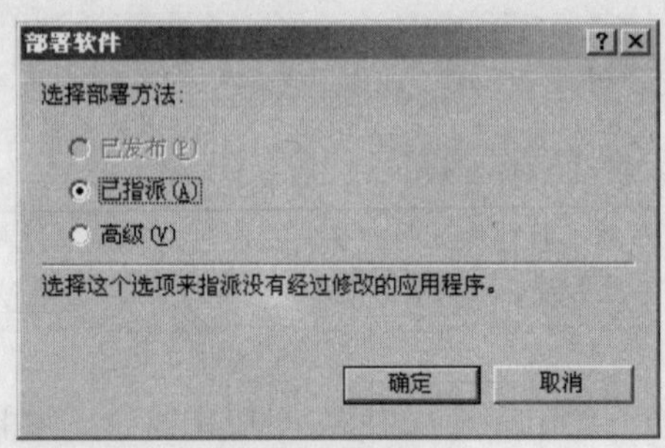

在发行程序包前进行部署

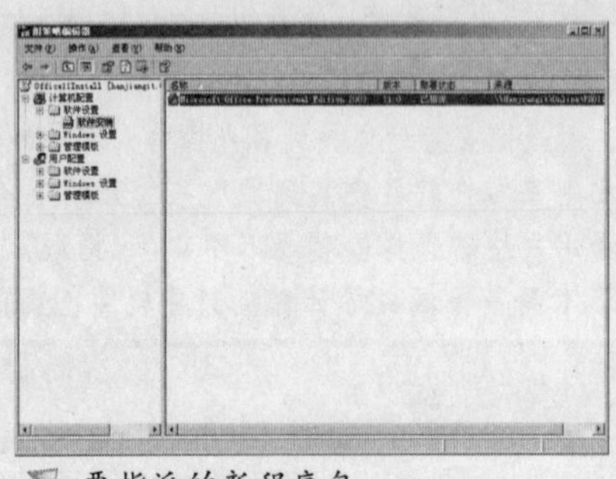
要指派的新程序包

2. 域成员计算机安装软件

在DC上指派完成后，以合法域用户身份从任意一台计算机（本例假设从一台Windows 2000计算机）登录到域中。依次单击“开始”→“程序”，这时会发现程序组中已经出现了“Microsoft Office”菜单项，其下一级菜单中列出了所有的Office 2003组件。单击其中一个组件（如“Microsoft Office Word 2003”），则自动进入安装过程。安装完毕后就可以正常使用了。

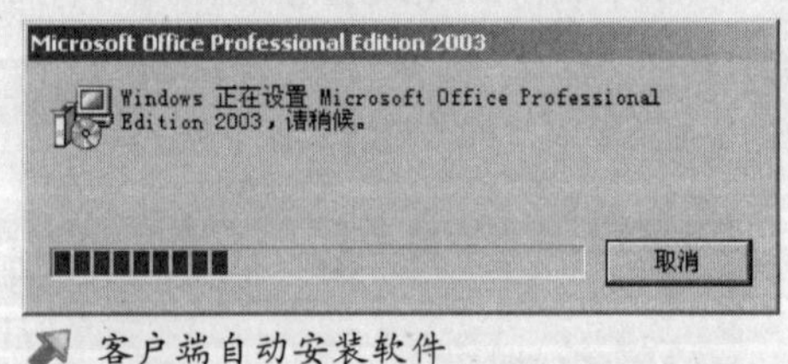

客户端自动安装软件

当域用户计算机或域用户的软件意外丢失以后，就可以借助组策略实现软件的自动恢复安装。

方案五 将资料备份到FTP服务器

FTP是比较古老却又青春依旧的网络协议之一。目前无论是局域网中还是Internet中，基于该协议搭建FTP服务器依然是最常用的文件上传／下载平台。同样，我们也可以将重要的资料备份到运行相对稳定的FTP服务器中。因为跟用户个人电脑相比，服务器毕竟让人觉得多了几分安全感。

一、搭建FTP服务器

在微软目前最新的网络操作系统Windows Server 2003中包括了FTP服务器组件，只需经过几步简单的设置即可轻松完成FTP服务器的搭建。跟Windows 2000 Server相比，Windows Server 2003中的FTP服务器增加了“用户隔离”模式。下文将跟大家详细介绍一下如何搭建一个具有“用户隔离”功能的FTP服务器。

小提示

“隔离用户”是IIS 6.0中包含的FTP组件的一项新增功能。配置成“用户隔离”模式的FTP站点可以使用户登录后直接进入属于该用户的目录中，且该用户不能查看或修改其他用户的目录。

1.创建用户账户

首先在FTP站点所在的Windows Server 2003服务器中为FTP用户创建了一些用户账户，以便他们使用这些账户登录FTP站点。操作步骤如下所述。

第1步，在桌面上用鼠标右键单击“我的电脑”，在弹出的快捷菜单中执行“管理”命令。

第2步，打开“计算机管理”窗口，在左窗格中展开“本地用户和组”目录。然后用鼠标右键单击所展开目录中的“用户”文件夹，在弹出的快捷菜单中执行“新用户”命令。

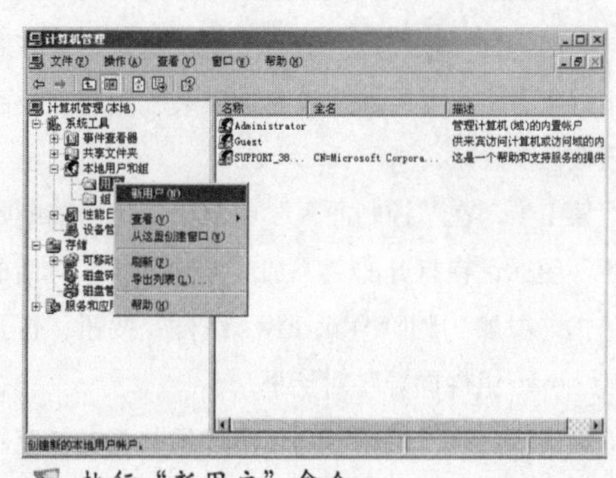

执行“新用户”命令

第3步，在打开的“新用户”对话框相关编辑框中键入用户名（如“chenchen”）和密码，取消“用户下次登录时须更该密码”选项，并勾选“用户不能更改密码”和“密码永不过期”两项，最后单击“创建”按钮。

第4步，这时会弹出下一个“新用户”对话框，根据需要添加若干个用户。创建完毕后单击“关闭”按钮即可。

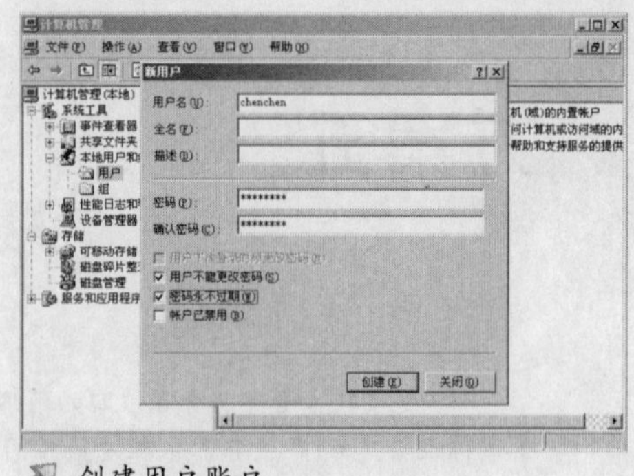
创建用户账户

2. 创建用户文件夹

在“用户隔离”模式下运行的FTP服务器，用户必须有其专门的文件夹，这样才能实现隔离效果，可以说这也是比较关键的步骤。为什么说创建文件夹的操作很关键呢？这是因为创建“用户隔离”模式的FTP站点对文件夹的名称和结构有一定的要求。

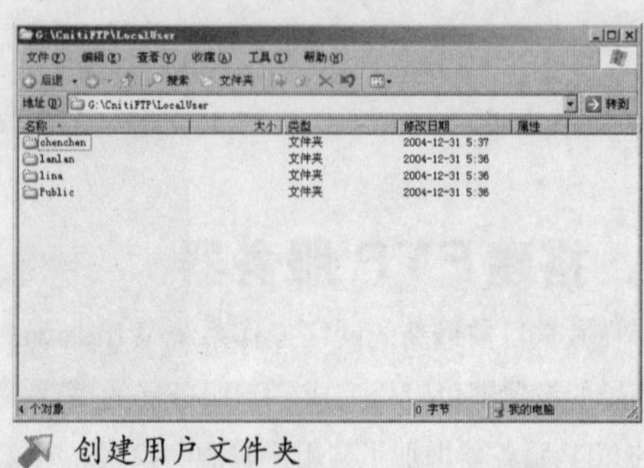
创建用户文件夹

首先必须在NTFS分区中创建一个文件夹作为FTP站点的主目录（如“CnitiFTP”），然后在“CnitiFTP”文件夹下创建一个名为“LocalUser”的子文件夹，最后在“LocalUser”文件夹下创建若干个跟用户账户一一对应的个人文件夹。

另外，如果想允许用户使用匿名方式登录“用户隔离”模式的FTP站点，则必须在“LocalUser”文件夹下面创建一个名为“Public”的文件夹。这样匿名用户登录以后即可进入“Public”文件夹中进行读写操作。

小提示

FTP站点主目录下的子文件夹名称必须为“LocalUser”，且在其下创建的用户文件夹必须跟相关的用户账户使用完全相同的名称，否则将无法使用该用户账户登录。

3. 安装FTP组件

在Windows Server 2003中创建“用户隔离模式”的FTP站点需要IIS 6.0的支持，但是在默认情况下IIS 6.0组件并没有被安装，因此需要手动安装。

第1步，在“控制面板”中双击“添加或删除程序”图标，在打开的“添加或删除程序”对话框中单击“添加／删除Windows组件”按钮，打开“Windows组件向导”对话框。

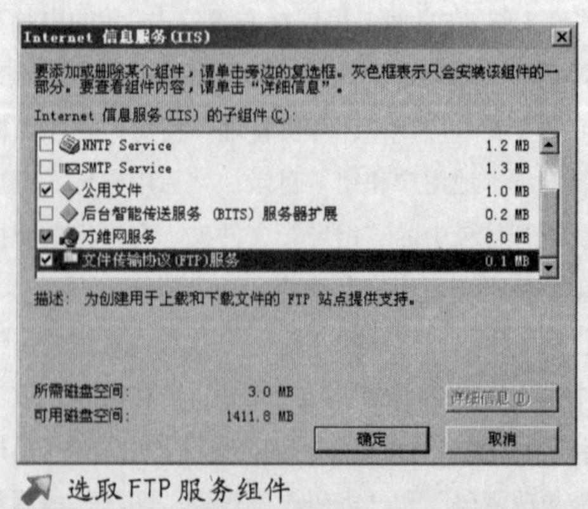
选取FTP服务组件

第2步，在“组件”列表中找到并双击“应用程序服务器”复选框，在打开的“应用程序服务器”

对话框中双击“Internet信息服务（IIS）”选项，打开“Internet信息服务（IIS）”对话框。在子组件列表中找到并勾选“文件传输协议（FTP）服务”复选框，依次单击“确定”→“确定”→“下一步”按钮开始安装。最后单击“完成”按钮结束安装过程。

小提示

在安装过程中需要插入Windows Server 2003的安装光盘或指定安装源文件。

4.创建FTP站点

至此所有的准备工作都完成了，接下来就可以进行最核心的环节：创建“用户隔离”模式的FTP站点。具体设置步骤如下所述。

第1步，依次单击“开始”→“管理工具”→“Internet 信息服务(IIS)管理器”，打开“Internet 信息服务(IIS)管理器”窗口。在左窗格中用鼠标右键单击“FTP站点”选项，在弹出的快捷菜单中执行“新建”→“FTP站点”命令，打开“FTP站点创建向导”向导页，并单击“下一步”按钮。

第2步，在打开的“FTP站点描述”向导页中键入一行描述性语言（如“CnitiFTP”），并单击“下一步”按钮。

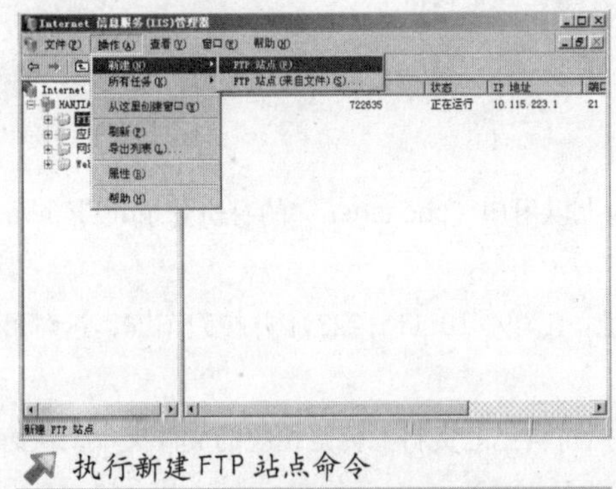

执行新建FTP站点命令

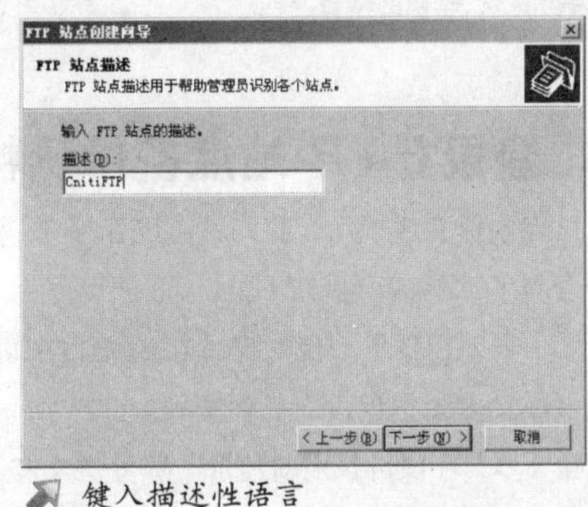

键入描述性语言

第3步，打开“IP地址和端口设置”向导页，在“输入此FTP站点使用的IP地址”下拉菜单中选

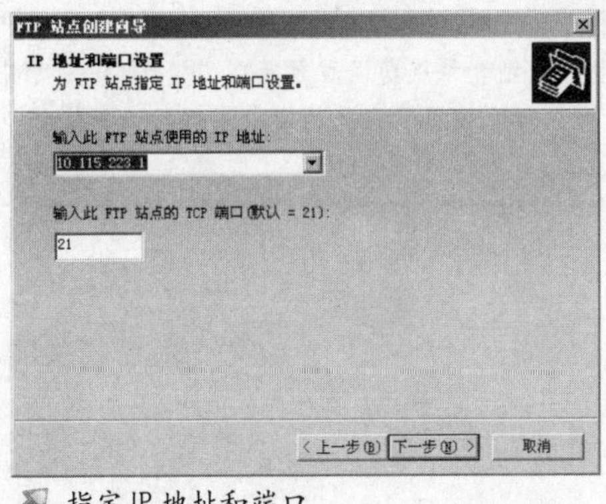

指定IP地址和端口

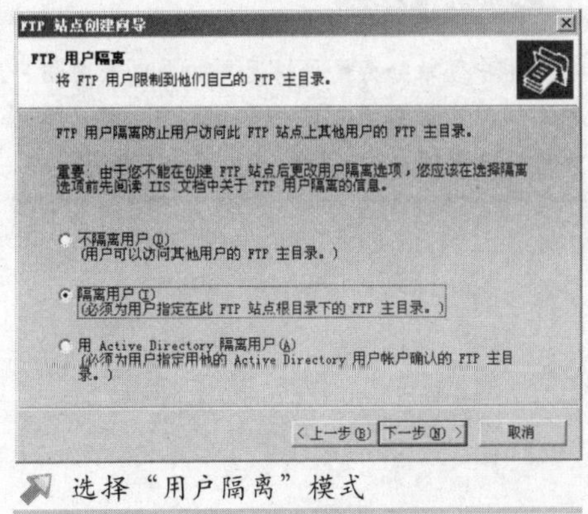

选择“用户隔离”模式

中一个用于访问该FTP站点的IP地址。端口保持默认的“21”，单击“下一步”按钮。

第4步，在打开的“FTP用户隔离”向导页中点选“隔离用户”单选框，并单击“下一步”按钮。

第5步，打开“FTP站点主目录”向导页，单击“浏览”按钮找到事先创建的“CnitiFTP”文件夹，并依次单击“确定”→“下一步”按钮。

第6步，在打开的“FTP站点访问权限”向导页中勾选“写入”复选框，然后依次单击“下一步”→“完成”按钮完成创建。

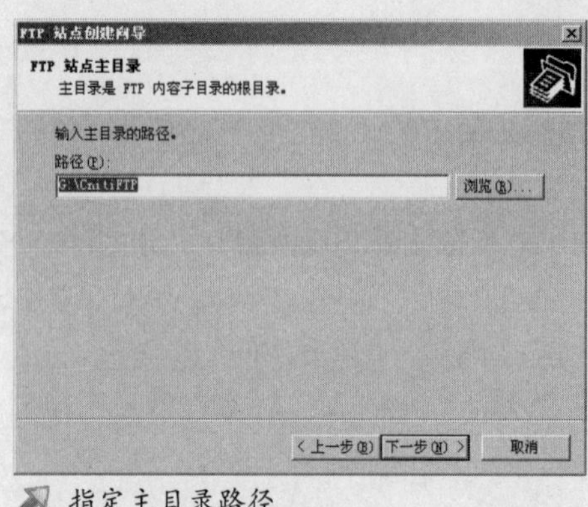

指定主目录路径

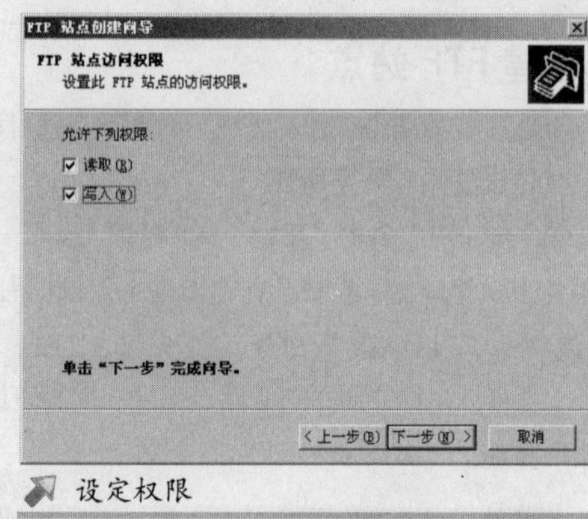

设定权限

二、登录FTP站点备份资料

站点创建完成以后，我们就可以在任意一台电脑上以用户“chenchen”的身份登录FTP服务器并备份资料了。具体步骤如下。

第1步，在任意一台电脑的IE浏览器中键入地址：ftp://10.115.223.1并按回车键，这时可以发现已经成功登录，但没有任何资料。

第2步，在该目录中新建了一些分类文件夹，然后将自己的资料上传至相应的文件夹中，从而实现备份。

第3步，当需要获取这些资料的时候，只需重新登录FTP服务器，将这些资料复制下来即可。

小提示

用户登录分为两种情况：如果以匿名用户的身份登录，则登录成功以后只能在“Public”目录中进行读写操作，如果是以某一有效用户的身份登录，则该用户只能在属于自己的目录中进行读写操作，且无法看到其他用户的目录和“Public”目录。

方案六 将资料备份到网络硬盘中

提起网络硬盘，目前最热的恐怕就是腾讯推出的“QQ网络硬盘”了。QQ网络硬盘一经问世就受到了大家的普遍欢迎，将自己常用的资料保存到网络硬盘中成为很多朋友的习惯。QQ硬盘俨然已经成了我们的移动公文包。下文我们将重点谈谈如何使用QQ网络硬盘备份常用资料。

小提示

网络硬盘是腾讯公司推出的在线存储服务。该服务面向所有QQ用户，提供文件的存储、访问、共享、备份等功能。只要使用腾讯刚刚推出的QQ2004II正式版就可以享受QQ网络硬盘带来的便利。

一、开通服务

无论是QQ普通用户还是QQ会员用户，都可以开通QQ网络硬盘服务。只不过QQ免费用户只拥有16MB的网络硬盘空间，而QQ行用户的网络硬盘容量可以达到32MB，QQ会员用户甚至可以达到128MB。

开通QQ网络硬盘的方法比较简单，登录QQ后，单击QQ面板左侧的“Disk”图标即可进入开通服务的页面。用户只需简单地同意协议的操作就马上可以拥有16MB的网络硬盘空间。

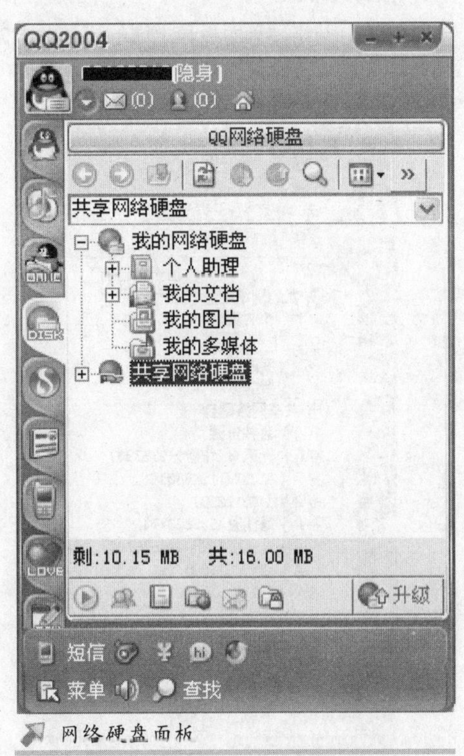

网络硬盘面板

小提示

因为本例使用的是普通用户QQ号码，因此QQ网络硬盘仅为16MB。尽管空间不是很大，但考虑到是免费提供，所以还是非常不错的。

二、上传文件

开通QQ硬盘服务以后，就可以向网络硬盘上传文件了。上传文件可以采用多种方法，简述如下。

1. 直接上传

打开“Windows资源管理器”窗口，在本地目录中找到需要上传的文件。然后用鼠标左键单击该文件，在弹出的快捷菜单中执行“上传至QQ网络硬盘”命令。

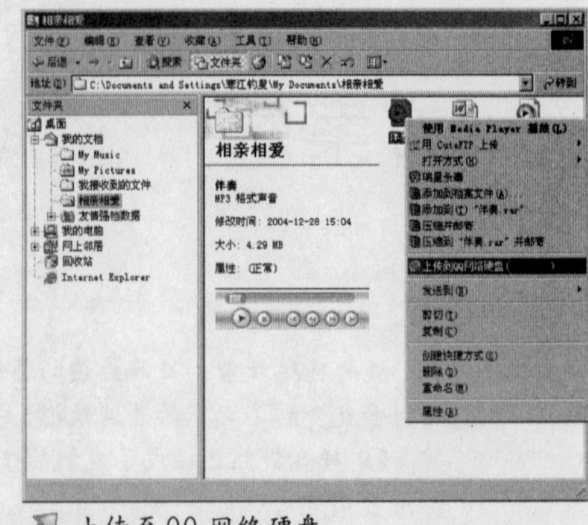

上传至QQ网络硬盘

小提示

如果在弹出的快捷菜单中没有“上传至QQ网络硬盘”命令，可以先将QQ面板切换至网络硬盘视图，然后再进行上传操作。

2. 拖动上传

在“Windows资源管理”窗口中选中需要上传的文件，然后按住鼠标左键拖动文件至QQ网络硬盘面板的任何文件夹，松开鼠标左键文件将自动完成上传。

3. 点按图标

在QQ网络硬盘面板最上端的工具栏中提供了“上传”按钮，可以实现文件的上传。首先选中合适

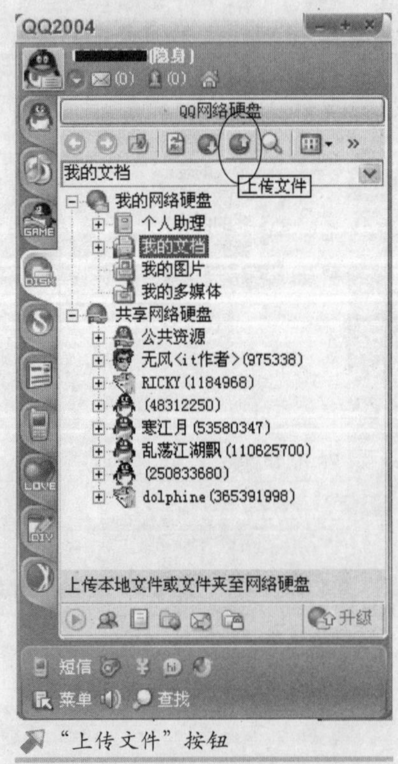

“上传文件”按钮

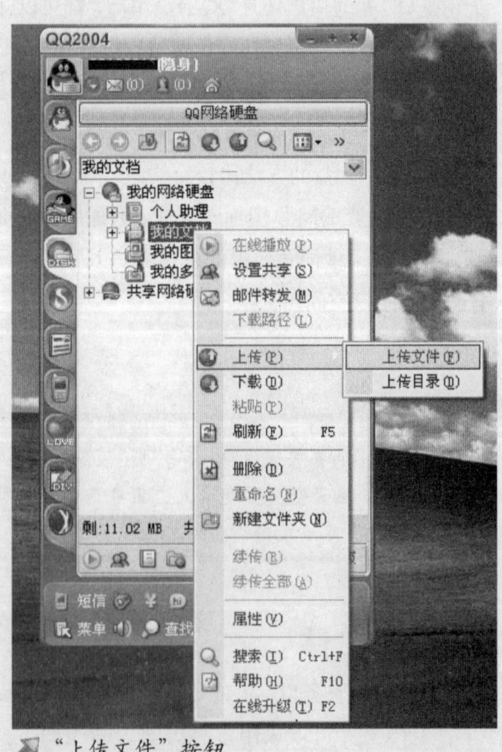

“上传文件”按钮

的网络硬盘文件夹，然后用鼠标左键单击“上传”按钮，在打开的“打开”对话框中找到需要上传的文件并单击“打开”按钮，系统将自动完成上传。

4. 键盘快捷键

使用快捷键也可以实现文件的上传，首先在“Windows资源管理器”中选中需要上传的文件，然后按键盘上的“Ctrl + C”组合键。切换到QQ网络硬盘面板，选中需要存储的文件夹并按“Ctrl + V”组合键，系统将自动完成上传。

5. 鼠标右键菜单

在QQ网络硬盘面板中，用鼠标右键单击准备用来存储文件的文件夹，在弹出的快捷菜单执行“上传”→“文件”命令。打开“打开”对话框，选择需要上传的文件并单击“打开”按钮，系统将自动完成上传。

三、下载文件

1. 拖拉下载

在QQ网络硬盘面板中选中准备下载的文件，然后按住鼠标左键拖动文件至“Windows资源管理器”中合适的文件夹，松开鼠标后系统将自动完成下载。

2. 点按图标

在QQ网络硬盘面板顶端的工具栏中提供了“下载”图标，用鼠标左键单击该图标，然后在弹出的“另存为”对话框选择用于保存下载文件到的文件夹并单击“保存”按钮，系统将自动完成下载。

3. 键盘快捷键

在QQ网络硬盘面板中单击选中需要下载的文件，然后按“Ctrl + C”组合键。打开“Windows资源管理器”窗口，选中用于存储下载文件的文件夹，按“Ctrl + V”组合键，系统将自动完成下载。

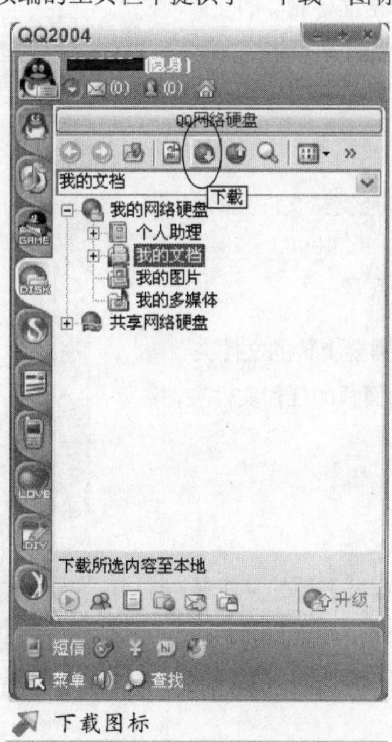

下载图标

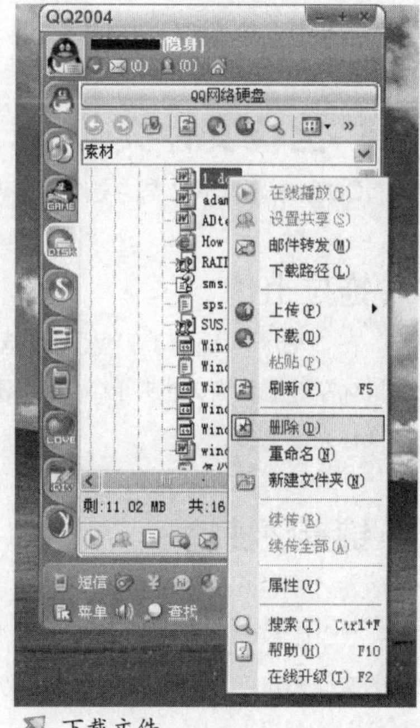

下载文件

4.鼠标右键菜单

在QQ网络硬盘面板选中用鼠标右键单击准备下载的文件，在弹出的快捷菜单中执行“下载”命令。打开“另存为”对话框，找到要保存下载文件的文件夹并单击“保存”按钮，系统将自动完成下载。

四、移动文件

在QQ网络硬盘中，用户可以将文件在不同文件夹之间任意移动。打开QQ网络硬盘面板，找到准备移动的文件后，用鼠标左键单击选中该文件，然后将其拖动到任何目的文件夹。

五、删除文件

网络硬盘中已经没有用的文件可以删除，删除的方法分为以下几种。

1.键盘快捷键

在QQ网络硬盘面板中单击选中需要删除的文件，然后按键盘上的Delete键即可删除选中的文件。

2.鼠标右键菜单

在QQ网络硬盘面板中用鼠标右键单击准备删除的文件，在弹出的快捷菜单中执行“删除”命令完成删除过程。

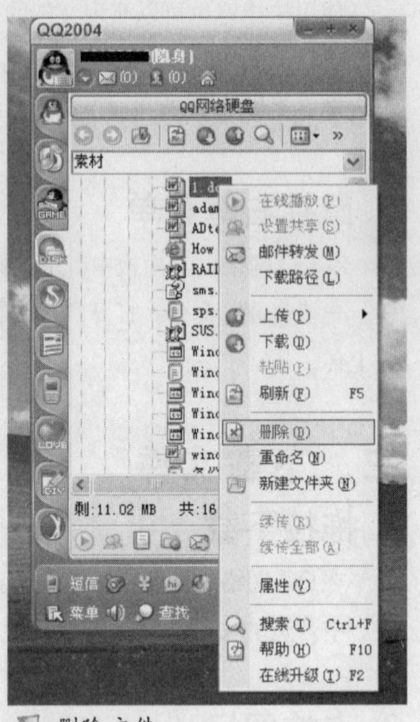

删除文件

六、上传文件夹

QQ网络硬盘不仅支持文件的上传，还支持文件夹的上传。

1.拖拉上传

在“Windows资源管理器”中选中需要上传的文件夹，按住鼠标左键拖动该文件夹至QQ网络硬盘面板的任何文件夹，松开鼠标完成上传。

2.键盘快捷键

在“Windows资源管理器”中选中需要上传的文件夹，然后按“Ctrl + C”组合键。打开QQ网络硬盘面板，选中需要存储的文件夹并按“Ctrl + V”键完成上传。

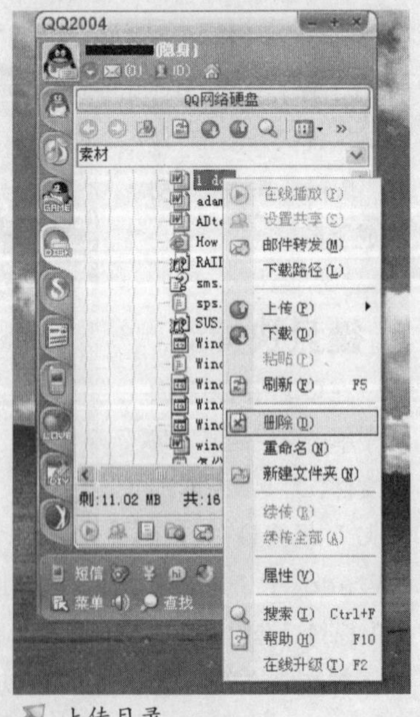

上传目录

3. 鼠标右键菜单

在QQ网络硬盘面板中用鼠标右键单击合适的文件夹，在弹出的快捷菜单中单击“上传/目录”命令。在打开的“浏览文件夹”对话框中找到并选中合适的文件夹，单击“确定”按钮，系统将自动完成上传。

七、新建文件夹

除了QQ面板中默认的文件夹以外，用户还可以自行创建文件夹。在QQ网络硬盘面板中用鼠标右键单击“我的文档”文件夹，在弹出的快捷菜单中执行“新建文件夹”命令即可。

还可以为新建的文件夹命名，用鼠标右键单击刚刚创建的文件夹，在弹出的快捷菜单中执行“重命名”命令。然后键入合适的文件夹名称即可。

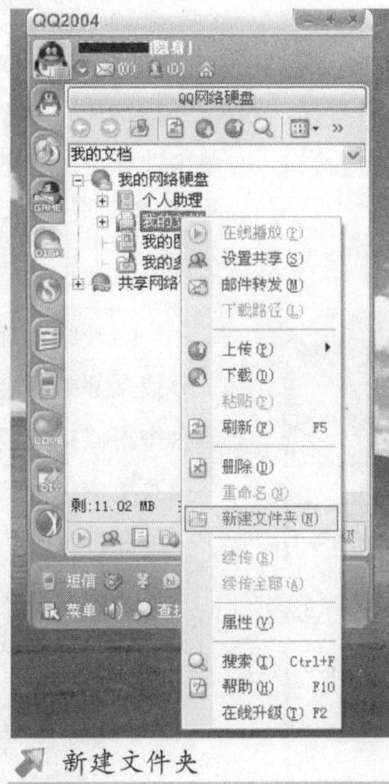

新建文件夹

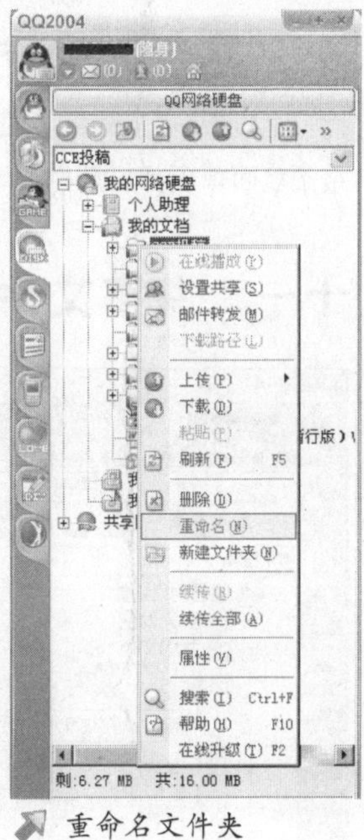

重命名文件夹

八、移动文件夹

QQ网络硬盘中的文件夹也可以移动。用户可以在QQ网络硬盘面板中用鼠标左键拖动该文件夹至任何目标文件夹。

执行“续传”命令

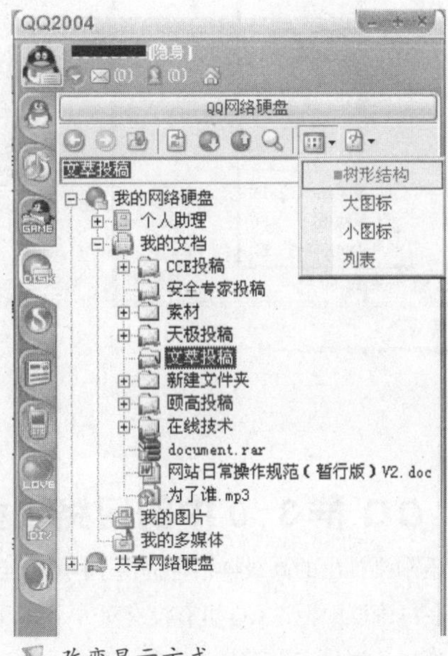

改变显示方式

九、续传文件

对于由于某种原因没有完成下载的文件，QQ 网络硬盘提供了续传功能。在没有成功下载的文件上单击鼠标右键，然后在弹出的快捷菜单中单击“续传”命令，下载过程将继续。

十、显示方式变换

QQ 网络硬盘提供了四种文件夹显示方式：树形结构、大图标、小图标、列表。用户可以在 QQ 网络硬盘面板顶部工具栏上单击相应按钮，并单击选择合适的显示方式。

十一、共享文件夹

QQ网络硬盘中的资源不但可以自己享用，还可以部分或全部提供给自己的QQ好友共同享用。在QQ网络硬盘中用鼠标左键单击准备设置共享的文件，在弹出的快捷菜单中执行“设置共享”命令。

在打开的“属性”对话框中勾选“共享该文件夹”复选框，然后在左侧的好友列表中单击选中好友昵称，并单击“添加”按钮。

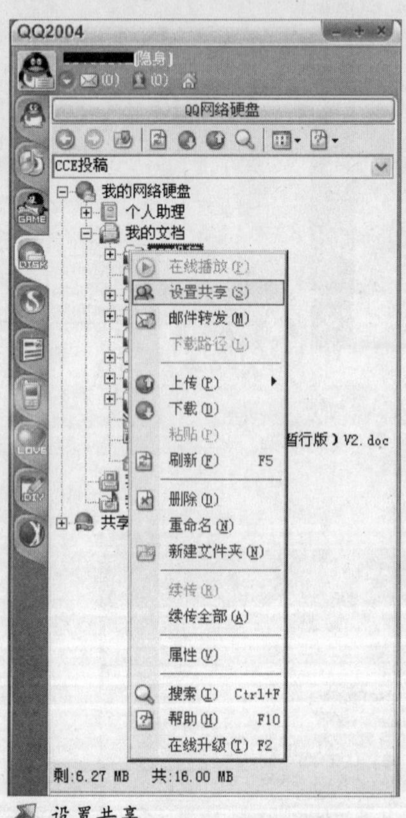

设置共享

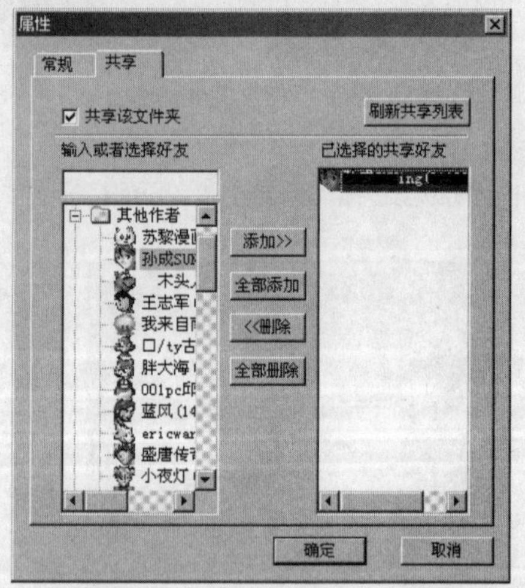

添加好友

十二、QQ 群 3.0 中的网络硬盘

在腾讯刚刚推出的高级群中也提供了网络硬盘，供该群中的好友自由上传/下载文件。该功能的好处就是，在讨论群中无论 QQ 里有没有对方，都可以下载到对方所上传的资源。但惟一的缺点就是空间太小，普通讨论群只有 16MB 的空间。

1. 上传文件

首先将群升级至高级群，然后打开高级群的多人对话窗口，并单击“共享“标签。切换至“共享”视图后，在空白处单击鼠标右键，在弹出的快捷菜单中执行“上传文件”命令。

在打开的“打开”对话框中选择准备上传的文件并单击“打开”按钮，系统自动完成上传操作。

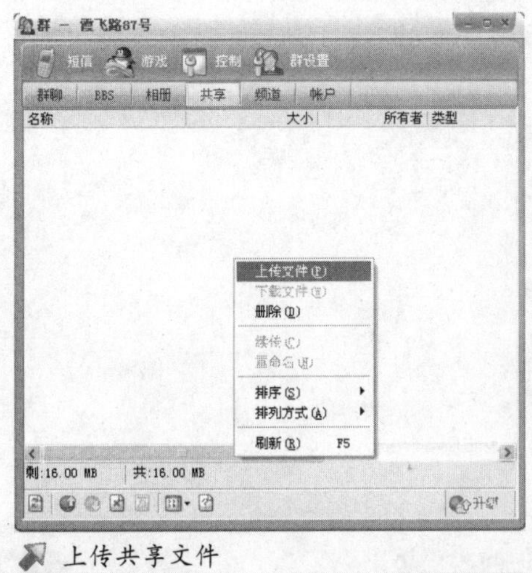

上传共享文件

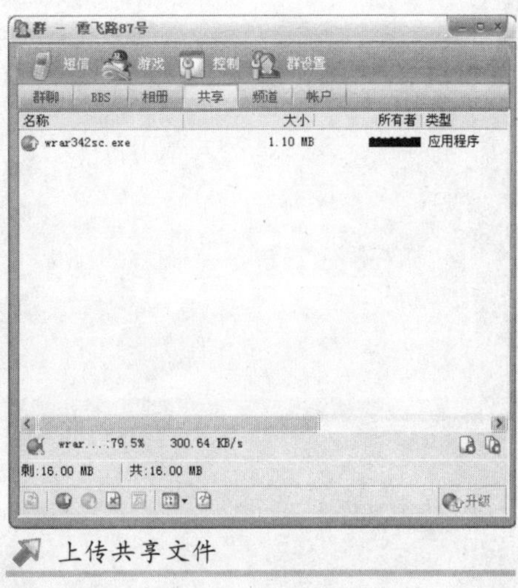

上传共享文件

2. 下载文件

当QQ群网络硬盘中存有共享资源后，群中的任何成员都可以下载使用。在“共享”视图中，用鼠标右键单击准备下载的文件，在弹出的快捷菜单中执行“下载文件”命令。在打开的“浏览文件夹”对话框中选择合适的位置，并单击“确定”按钮开始下载。

3. 删除文件

QQ群网络硬盘中的资源如果没有用处，可以删除。用鼠标右键单击准备删除的文件，然后在弹出的快捷菜单中执行“删除”命令即可。

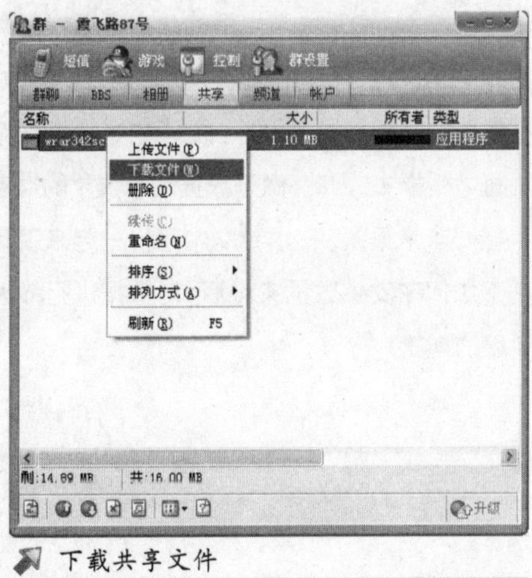

下载共享文件

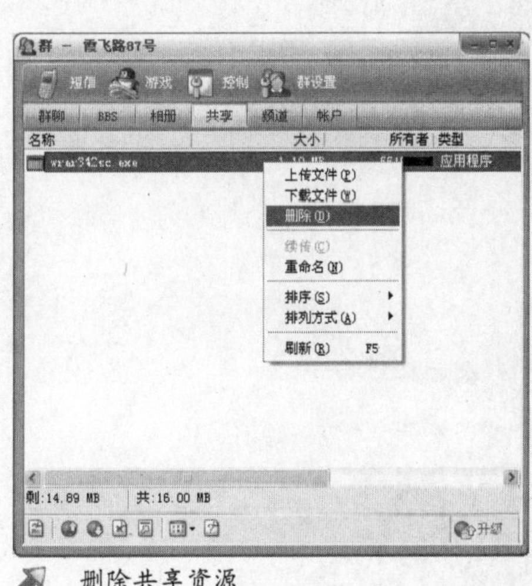

删除共享资源

数据灾难恢复

文／图 武金刚

如今，在工作与生活的众多环境中都离不开电脑，每台电脑中都保存着各种重要的数据。电脑中的存储设备损坏，数据丢失，公司或个人将遭受损失。因此，做好数据灾难恢复的准备就显得非常重要。在本专题中我们一起来了解一下如何在发生数据灾难后，对数据进行最大程度的恢复。

方案一 软盘文件恢复

目前市场上虽说U盘、ZIP、刻录光盘等新型存储工具正在普及，但在某些条件下还是需要将数据保存到软盘上。在Windows 98系统中，没有移动存储器的驱动程序的情况下，就只好用软盘存储数据。软盘使用方便、易于携带、价格低廉，一部分用户还在继续使用。可是软盘最大的弱点是容易损坏，软盘上存储的资料、数据等也就很容易丢失，这就会给我们的工作带来很大的麻烦。下面我们就了解一下如何对损坏的软盘进行修复，抢救软盘中重要的数据。

一、修复软盘上的文件

1．软盘损坏的三种情况

一般情况下，软盘上的文件损坏主要是因为软盘本身物理损坏从而导致软盘上的数据无法读取。从软盘角度考虑一般有以下三种损坏情况。

第一种情况，软驱的零磁道损坏，无法看到盘符和目录。屏幕显示的错误信息为："无法访问A:"。

第二种情况是最常见的，即软盘的某一个部分损坏，可以列出目录但某一个文件或某几个文件无法读出或读出后文件损坏。屏幕显示的错误信息一般为："无法读取该文件"。

第三种情况是软盘受到物理损坏，比如盘片发生了霉变、盘上有划痕、磁粉脱落等。屏幕显示的错误信息一般为："该软盘尚未格式化，现在是否格式化"。

2．拯救软盘上的数据

(1)HD-COPY修复软盘

HD-COPY是一款优秀的软盘修复工具，分为DOS、Windows两个版本。它能有效地读取损坏的软盘上的文件，对于零磁道损坏的软盘也非常有效。HD-COPY可在软盘的每个磁道上利用完好的数据块替换坏块，将此坏块从FAT（文件分配表）表中删除并完成格式化的操作。该软件可达到非常有效的软盘修复效果。

①读取软盘上的数据

修复数据时，启动HD-COPY。在软件主界面中看到两个软驱窗口，上面的软驱窗口为要读取数据的软盘窗口，称为源盘，而下面的软驱窗口是用

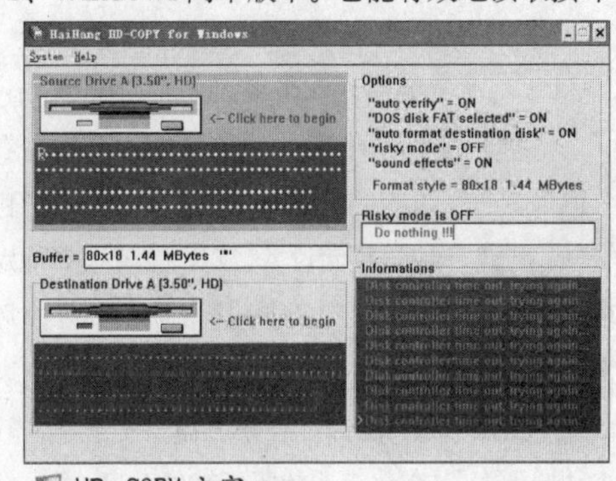

HD-COPY主窗口

来将数据重新写入的软盘窗口，称为目标盘。

修复时在源盘窗口上用鼠标单击右键，随后选择“Read”命令，这时HD-COPY开始读取软盘上的数据。读取后程序在下面的数据状态栏中显示出软盘上的数据情况，其中正确的数据用绿色的“R”表示。损坏的数据则用红色的“E”表示。读取后的数据将会被暂存在系统内存中。读取数据的时间要根据软盘的损坏情况，如果损坏严重软件会反复读取，用时会长一些。

②重写数据

读取后，下面我们就该将读取的数据重新进行写入了。如果需要将这些数据存入一张新的软盘，这时应在软驱中取出损坏的软盘，重新放入一张新的软盘，并在“目标盘”窗口中单击右键选择“Write”（写入）命令，便可将数据重新写入一张新软盘。

如果你想修复损坏的旧软盘，这时我们可以在“目标盘”窗口单击右键，选择“Format Options”命令，打开“Format disk type select”（选择格式化软盘的类型）对话框。在“Available disk type”（可用类型）项中点选“STANDARD，80 × 18 1.44 Mbytes”，在下面的“Volume”（卷标）项中输入一个卷标名称，在“Max Track”（最大巡轨方式）中输入“80 tracks for disk”，随后单击“Accept”按钮返回HD-COPY主界面。在“目标盘”窗口中单击右键选择“Format”命令即可对软驱中的软盘进行格式化。格式化后，单击右键选择“Write”命令可将数据重新写入软盘。

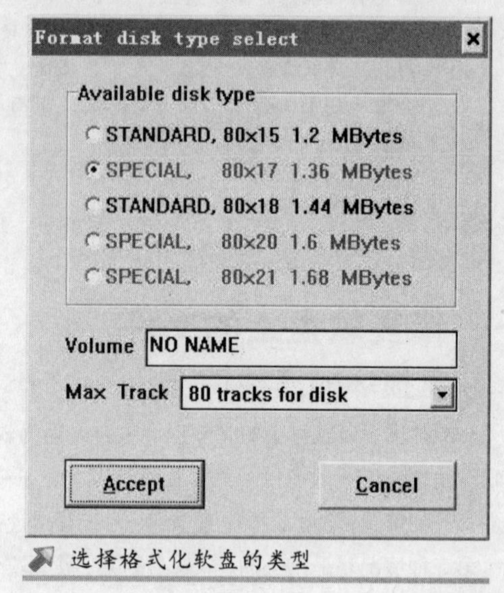

选择格式化软盘的类型

(2) BadCopy 修复软盘数据

在软盘出现问题时，使用BadCopy这个具有强大功能的拷贝软件，也能为你挽回绝大部分损失。BadCopy针对已损坏、已丢失等不同的受损对象，提供了“挽救已损坏文件”和“挽救已丢失文件”等数据挽救模式。而在进行实际修复时，按照它的操作向导，只要简单的六个步骤就能轻松完成任务，无需繁杂的设置选项，非常方便、实用。

①拯救损坏的数据

BadCopy安装后，双击桌面上的“BadCopy Pro”图标即可启动该程序。在主界面中分为左右两个窗口，在左边的“恢复来源”窗口中提供了包括软盘、光盘、数码存储设备、ZIP磁盘等多种媒介在内的恢复源。用BadCopy修复软盘部分损坏的文件时，首先在程序界面中的“恢复来源”列表中选择“软盘”项，随后在程序主窗口中显示“软盘驱动器列表”，在此点选软驱所在的分区，如：软

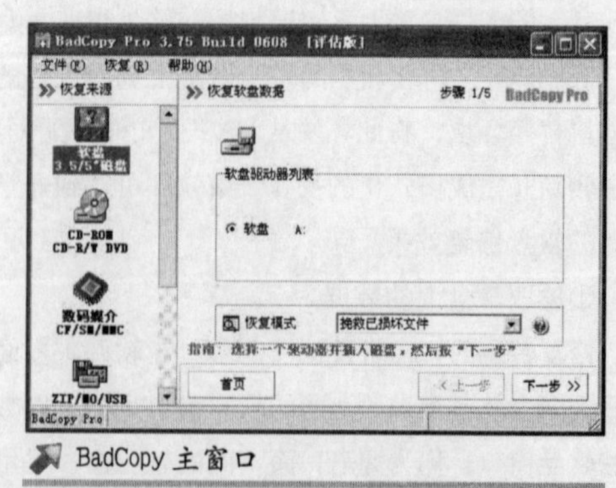

BadCopy 主窗口

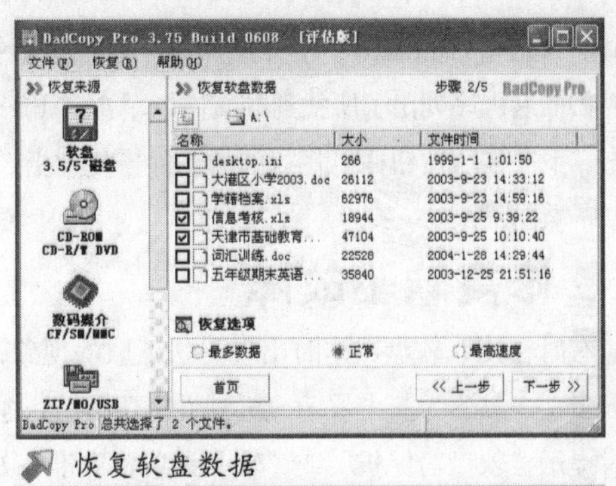

恢复软盘数据

盘 A。在下面的“恢复模式”中程序提供了“拯救已损坏文件”、“拯救已丢失文件－模式 1”、“拯救已丢失文件－模式 2”等三种数据挽救方式。拯救损坏数据时，在此选择“拯救已损坏文件”，随后单击“下一步”按钮。

在下一界面中程序列出当前软盘上的所有文件，可以勾选需要恢复的文件。在“恢复选项”中，程序提供了“最多数据”、“正常”、“最高速度”等三种恢复方式，默认选择“正常”。如果你选择了“最多数据”项后恢复数据的速度会很慢，但是恢复效果却很好。选择后单击“下一步”按钮进入到“恢复文件”界面。

在该界面下程序开始自动扫描选中的软盘，并对选中的文件进行修复。修复后单击“下一步”按钮，进入到恢复报告界面。在此可以在“预览已恢复的文件”项中单击右侧的“预览”按钮，对已恢复的文件进行预览。随后在下面的“选择目标文件夹来保存已恢复的文件”项中单击“浏览”按钮，选择一个恢复文件保存的文件夹，接着单击“下一步”按钮，程序即可保存修复的文件。

②恢复软盘上被删除的文件

由于软盘的容量小，经常在拷贝新文件时要删除旧文件，有的用户干脆直接对软盘进行格式化。如果误格式化之后，怎么恢复软盘上的文件呢？其实也可以使用 BadCopy 找回软盘上删除的或格式化后的文件。

恢复被删除文件时，首先在 BadCopy 主界面的“恢复来源”窗口中选择“软盘”项，随后在右侧的主界面中选择驱动器，在下面的“恢复模式”中选择“挽救已丢失文件”。

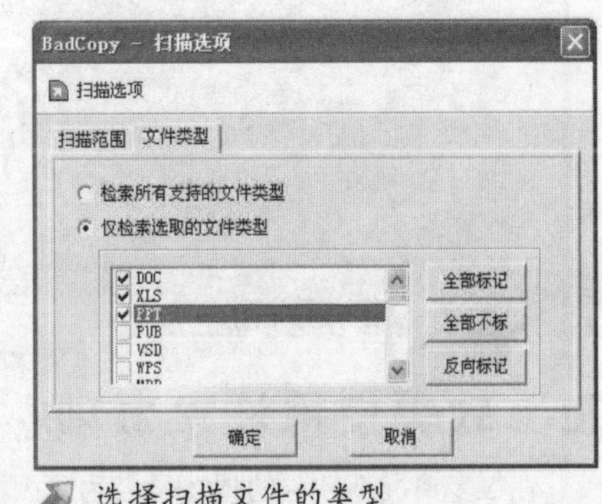

选择扫描文件的类型

BadCopy 提供了两种挽救已丢失文件模式，“模式 1”为快速扫描文件模式，而“模式 2”提供了自定义扫描方式。在此我们先选择“挽救已丢失文件－模式 1”，单击“下一步”进入到“模式 1”界面。

在该界面中，首先勾选窗口下边的“显示已删除”复选框，随后单击左上方的“磁盘扫描”按钮，程序开始对整个软盘进行扫描。随后在下面的文件列表窗口中列出程序找到的所有文件，已删除的文件在括号内已经标出。在该列表中勾选已删除文件，单击下面的“恢复”按钮，程序就将删除的文件恢复到原文件夹中，进入该文件夹便可以找到恢复的文件。

如果模式 1 不能找到要恢复的文件，可以选择“挽救已丢失文件－模式 2”，并单击“下一步”，进入到模式 2 扫描窗口中。在该窗口中，可以选择扫描的方式，单击“开始”按钮，打开“扫描选项”窗口。在“扫描范围”标签项下提供了“完全扫描”和“自定义扫描”两种方式，在“自定义扫描”方式下可以选择丢失文件所在的扇区。

如果不知道该文件所在的扇区，在此建议选择“完全扫描”。切换到“文件类型”标签项下，点选“仅检索选取的文件类型”，可激活下面的文件类型列表。在该列表中勾选需要恢复的文件类型，单击

“确定”按钮，BadCopy 便开始对整个软盘进行扫描。

扫描后程序列出了所找到的文件，单击“下一步”按钮进入“扫描报告”对话框，在该对话框中选择单击“下一步”按钮，可将找到的文件恢复到指定的文件夹中。这样删除的文件便重新找回来了。

二、修复软驱故障

有时在读取软盘数据时出现无法读取的现象，这往往也是由于软驱故障造成的。造成软驱故障的原因很多，一般分为灰尘故障、机械性故障等。灰尘故障的软驱一般表现为不能进行软盘格式化，读写文件时提示“软盘写保护”或“软驱设备没有准备好” 等错误信息。

解决此类故障时，关闭计算机，拔掉电源插头，打开机箱盖，拆下软驱。然后用平口螺丝刀轻轻撬开软驱顶盖。这时可以看到软驱的机械传动装置和软驱的磁头。下面将讲解如何做清洁工作。

用毛刷或酒精棉团擦拭软驱内部各个组件上的灰尘，尤其是发光二极管和光敏三极管上的灰尘。因为如果在发光二极管和光敏三极管上堆积了灰尘，使得光敏三极管不能正常地导通和截止，程序常会提示“软盘设备没有准备好”或无法格式化软盘等。

随后再擦拭软驱磁头。软驱上的磁头是由上、下两个磁头组成的。擦拭上磁头时用一只手的两个手指掀开上磁头的连接板，随后用镊子夹住棉团蘸少许酒精，来回擦拭。这样可以提高软驱的读盘能力。

对软驱进行维护还可以使用专用的软驱清洁盘。清洁盘是一种特殊的磁盘，将其涂上磁头专用液，放入软驱，点击资源管理器中的软盘盘符，即可清除磁头上的灰尘和污垢。如果身边没有清洁盘，可以用一张新软盘代替。先将新软盘放入软驱，用 Format 命令进行格式化，随后键入 Scandisk 命令运行，并重复几次即可。

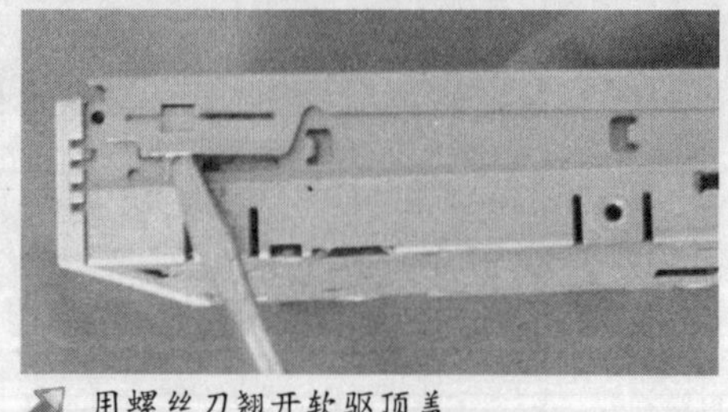
用螺丝刀翘开软驱顶盖

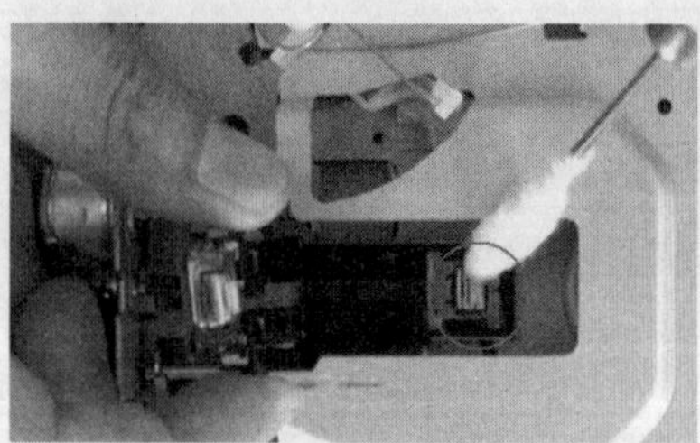
用酒精棉团擦拭软驱磁头

三、软驱使用注意事项

在很多情况下软驱的损坏是人为原因，即使用软驱不当造成的。使用软驱时应该注意以下几点。

（1）不要随意插入来路不明的软盘，读取外界软盘时先用杀毒工具进行杀毒。

（2）不要随意使用质量不好的软盘，否则将导致软驱读盘能力快速下降。

（3）当软驱灯还在亮着时，请不要插入或取出软盘，否则可能会造成软盘或软驱的损坏。

方案二 光盘文件恢复

平时在操作电脑时经常会使用光盘保存资料，如照片、音乐、电影、常用软件等，可是往往会因光盘被划伤而损坏了光盘的文件，导致无法读取光盘上的一些重要数据。这些坏掉的光盘文件难道真的就不能使用了吗？光盘上的一些重要数据如何恢复呢？

一、恢复光盘中的文件

1．检测光盘中的数据

当光盘上的数据无法读取时，首先来检测一下光盘上到底是哪些文件出现了错误，这样可以针对出现错误的文件进行修复。CDCheck 就是这样一款能够检测和恢复光盘上损坏文件的工具。

(1) 检测光盘数据

首先将损坏的或刻录错误的光盘放入光驱中，启动 CDCheck。在程序主界面的分区列表中选择光盘盘符（如 G 盘），单击工具栏中的“检查”按钮。这时程序对光盘上的文件进行逐一检测，并且在窗口右侧列出光盘文件的读取信息，包括读取进度、平均传输速率、读取时间、读取文件统计数等项。当 CDCheck 检测到光盘中有错误数据时会将错误信息显示在程序下面的窗口中，并且显示出错文件的种类、文件类型、文件路径、错误信息等项。光盘检测后 CDCheck 给出一个检测结果。

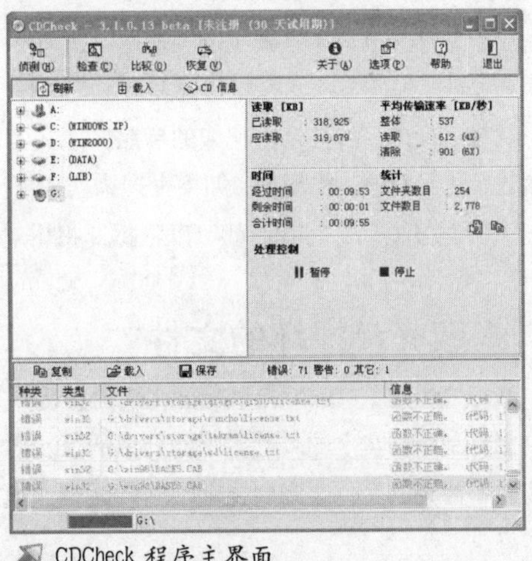

CDCheck 程序主界面

小提示

CDCheck3.1 支持中文和英文两种语言，程序默认为英文。启动 CDCheck 后，点击“Options”按钮，单击“Language”选项卡，选择语言列表中的“Simple Chinese”项，软件界面就会变成简体中文界面。

(2) 恢复光盘文件

当我们找到光盘上的错误文件后，就可以使用 CDCheck 的恢复功能快速地恢复光盘中无法读取的数据。恢复时，单击程序工具栏中的“恢复”按钮，在“恢复设定”窗口的“选择修复来源文件夹／文件”栏中输入需要修复的文件。在下面的“输出目录”项中选择文件恢复后的输出路径，一般选择本地磁盘文件夹。选择后单击“继续”按钮，程序开始对输入的文件夹进行恢复。恢复后的文件将会被复制到输出文件夹中，我们可以在该文件夹运行恢复后的文件或程序。

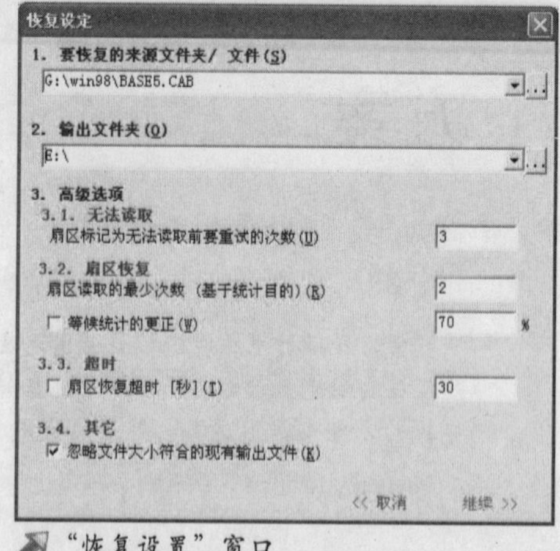

“恢复设置”窗口

小提示

在“恢复设置”对话框中的高级选项设置中，可以把有关的默认值设置得更小一些，以加快扫描速度，并有效地减轻对光驱的物理磨损。

（3）检测刻录光盘的数据

如果损坏的光盘是我们自己刻录的，还可以在CDCheck中通过对比刻录光盘与电脑中的原始文件，判断刻录到光盘上的数据是否被损坏。

单击软件主界面工具栏中的“比较”按钮，弹出一个“比较设置”窗口，在“要检测错误的来源文件夹／文件”项中输入光盘中待修复的文件夹路径。如果要对整个光盘进行检测，在此我们选择光驱的盘符。在下面的“要与来源比较的参照文件夹／文件”中输入原始文件的路径，并单击“继续”按钮，对该光盘进行检测。检测后，如果发现错误程序，则软件会将错误文件显示在窗口下方。检测结束后显示一个错误报告，这时我们就可以依据此报告对错误文件进行相应的处理。

2．提取光盘损坏的文件

通过上面的工具我们可以检测出光盘中被损坏的文件，而用复制\粘贴的方法是不能将这些文件从光盘上复制到硬盘上的。除了上面介绍的恢复方法外，还可以使用“Super file Copying”这个工具快速地将需要的文件复制到指定的文件夹中，效果非常好。

复制光盘上损坏的文件时，首先启动Super file Copying软件。在软件主界面中单击“添加源文件”按钮，在弹出的浏览窗口中选择光盘上需要提取的损坏文件。选择后单击“选择目标”按钮，并选择好文件提取后保存的路径。这时我们可以看到选择的文件已经列在了文件窗口中。

复制文件前我们还需要对程序中的几个参数进行设置。首先勾选“遇坏区重试”，并将重试次数定

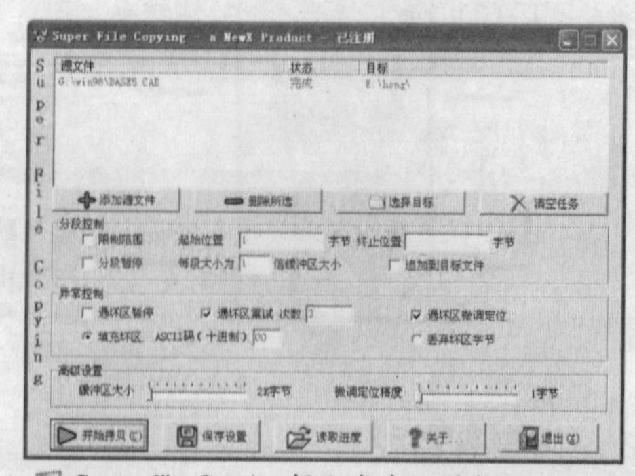

Super file Copying 提取光盘上的数据

位3，这样遇到坏分区时程序可以尝试三次读取坏分区中的文件。勾选“遇坏区微调定位”，并将下面的“缓冲区大小”和“微调定位精度”两个滑块调节到最小值，这样软件在读取坏文件时更精确，但是花费的时间要长。如果复制的文件损坏不太严重，可以根据需要调节两个滑块。但是如果文件损坏很严重，就需要点选“丢弃坏区字节”单选项，放弃复制损坏严重区域的数据。设置后单击“开始拷贝”按钮，软件便对损坏的文件进行提取。

3. 修复坏盘中的数据

我们可以通过上面介绍的修复、复制的方法来最大程度地挽救重要的数据。但是如果一张光盘数据毁坏很严重，上面介绍的修复方法就显得有些力不从心了。下面介绍的方法或许更有效。

(1) BadCopy 修复光盘中的数据

在此向大家推荐功能强大的数据恢复工具—— BadCopy，它不仅能有效地恢复软盘上的数据，还能对光盘上的文件进行读取和修复，效果非常好。

首先在“恢复来源”列表中选择“CD-ROM”项，随后程序主窗口中弹出“CD-ROM”修复界面。如果修复的是光盘上部分损坏的数据，在此选择“挽救已损坏的文件”。如果修复的是整个受损的光盘，在此可以在“恢复模式”中选择“挽救已丢失文件1”。随后单击“下一步”按钮按照修复软盘中的数据的方法修复光盘中的数据。

在使用“BadCopy”读取坏光盘数据时，有可能即使能看到光盘目录结构，也仍然长时间不能读取数据，使用其他模式读取时也不能找到任何文件。这时可先对光盘进行更加细致的清洁工作，也可更换其他读盘能力更强的光驱。

(2) CD Data Rescue 修复光盘中的数据

如果使用BadCopy仍然无法成功读取光盘中的数据，则改用专业的CD Data Rescue试读。CD Data Rescue可以挽救因为盘片质量不佳、变形等因素造成的无法读取的光盘资料，因此特别适合于对付低档刻录盘的数据转储问题。它支持多种光盘格式，无论是ISO9660还是UDF都可以很有效地进行恢复。

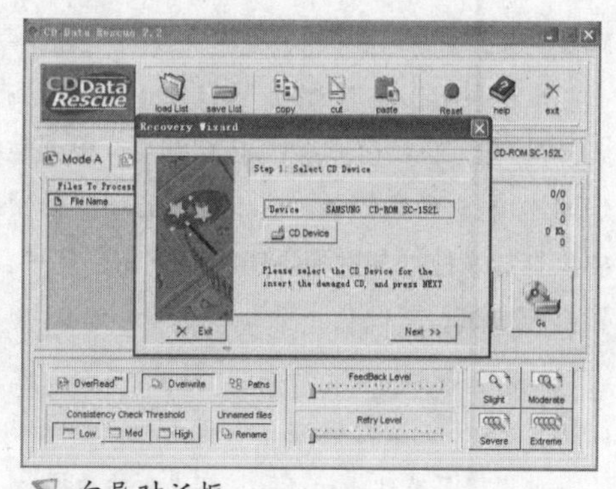

向导对话框

①使用向导模式恢复数据

启动CD Data Rescue，默认情况下程序自动打开向导对话框，将需要修复的光盘放入光驱。如果你的电脑安装有多个光驱，在此单击“CD Device”按钮选择需要的光驱。然后按下“Next”按钮，程序开始对指定的光驱进行检测。如果光盘存在质量问题，会弹出一个信息窗口提示。随后单击“Next”，将会给出已经扫描到的区段数目，并会报告合适的恢复模式。这里要注意的是报告内容，请注意其中的“Mode A”或“Mode B”字样，记下它，作为下一步选择恢复模式的依据。

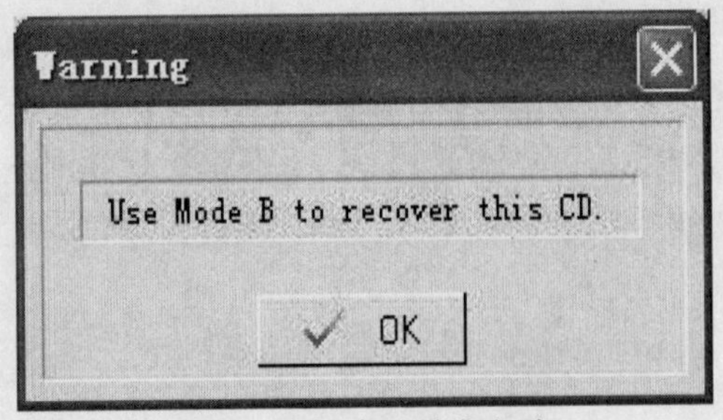

记下信息提示窗口中的模式类型

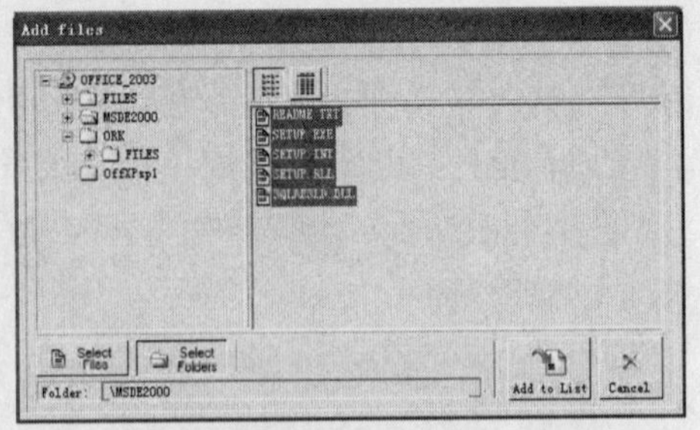

选择恢复的文件

程序自动进入到主界面的恢复模式中，单击“Add Files”（添加文件）按钮，弹出光盘文件列表对话框，双击某个文件夹，将会在窗口右侧显示出当前文件夹中的文件。选择“Select Folders”按钮，选中待恢复的文件，按“Add to List”按钮即可添加到恢复列表中。

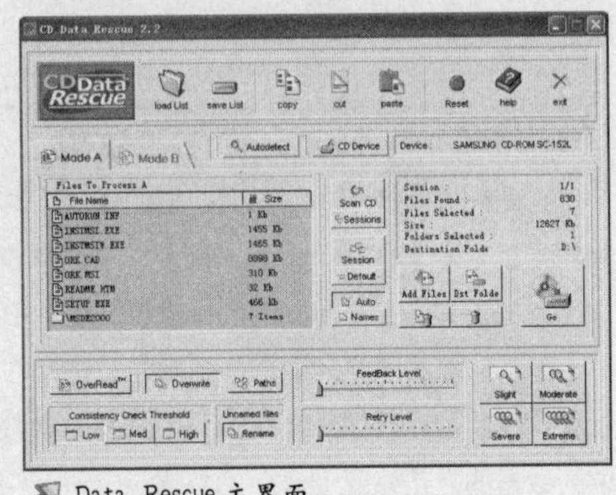

Data Rescue 主界面

返回主界面，这时我们可以看到选择的文件夹已经显示在“Files to Process”（文件进程）列表中。单击“Dst Folde”按钮，选择文件恢复后保存的文件夹。

下面我们还要对修复参数进行相应设置。也许我们并不知道如何设置这些复杂的读取选项，但只需根据光盘的目测质量，在右下角的四个按钮中选择其中的一个即可。根据按钮图案上放大镜数目的不同，程序将光盘划分为轻微损坏、中度损坏、严重损坏和极端损坏四种类型，结合实际情况选择即可。

选择后单击“Go”按钮开始读取坏盘数据。最后将转存到硬盘中的数据进行必要的整理，并用常规方法刻录到新光盘中。

②使用手工模式恢复数据

手工模式的灵活性更大一些。当向导自动出现时，按“Exit”按钮即可进入程序主界面进行手工模式修复文件。

修复时单击主界面的“CD Device”选择要扫描的光盘驱动器。检测最合适的恢复模式后，放入光盘，按“AutoDetect”按钮即可。根据检测结果选择“Mode A”或“Mode B”。单击“Refresh CD”项刷新光盘信息，这一步可能需要花相当长的时间来扫描光盘。单击“Add Files”按钮，将要恢复的文件添加到列表中。设置恢复选项。如果按默认设置未得到理想效果，可尝试使用多种设置搭配重试。

小提示

使用工具软件强行读取损坏光盘的数据时，极容易发生程序甚至系统停止响应的情况。因此建议在使用软件修复光盘时尽量关闭其他应用程序以释放系统资源，尽量在Windows 2000或Windows XP稳定的环境中进行，关闭病毒实时监视程序。在修复文件时，最好不要使用软件的高级修理功能或软件的强行修复功能，以免遇到物理损坏很严重的光盘时可能出现烧毁光驱的现象。

点击“Go”按钮，按预设的方式扫描光盘数据。数据读取完毕，进行必要的整理后，按常规方式刻录到新的光盘中。

二、保持光驱清洁

光驱使用时间长了，往往出现读盘能力下降的现象。一般光驱读取能力下降除了激光头老化、其他芯片或硬件损坏外，光驱过脏也会影响光驱的读盘能力，或导致光驱仓门的进出不灵活。因此需要对光驱内部进行清洁。

清理时，首先用螺丝刀卸下光驱背面的螺丝，拿下底盖。随后轻轻地将电路板取下，并将电路板与激光头的连线拔掉。这时我们看到光盘分为两部分，一部分是电路部分，另一部分是机械部分。对电路部分进行清理时用毛刷擦拭电路板表面和电路元件上的灰尘，用皮老虎吹拭各个元件下部沉积的灰尘。

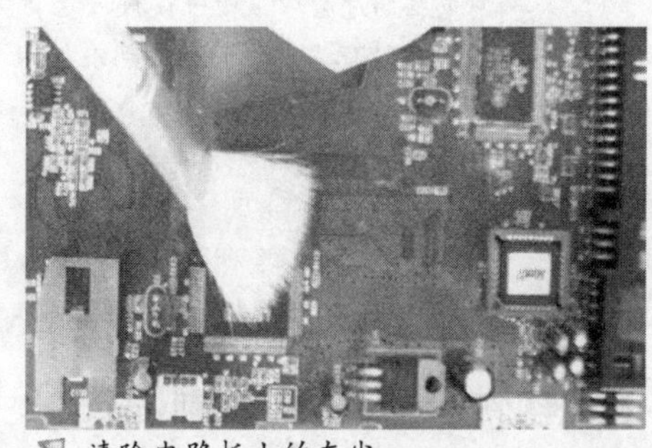

清除电路板上的灰尘

清理机械部分灰尘时，用毛刷擦拭光驱内部各个配件上的灰尘，用干软布轻轻擦拭各齿轮、滑杆上的灰尘。然后用镊子夹住棉花或屏幕纸轻轻擦拭光驱的激光头(如果太脏可以蘸一些干净水清洗，但注意不要蘸酒精擦洗)。擦拭完成后将光驱装好即可。

三、光驱和光盘使用注意事项

(1) 不要将光驱置于高温的环境中，避免阳光直射。

(2) 不要将光驱放在灰尘较大的环境中。

(3) 避免光驱跌落、受到撞击或发生强烈震动。

(4) 当光驱中有光盘运行时，不要让光驱倾斜，否则可能会造成光驱读盘错误，同时还有可能使光驱中的激光头受到损伤。

(5) 应保持光盘数据面的清洁，不要用手触摸，表面的灰尘和划痕都会影响到光盘的读盘质量，同时也会降低光驱的使用寿命。

(6) 尽量避免读取质量较次的光盘，这样会导致光驱的读盘能力下降。

方案三 恢复硬盘上的数据

我们在使用电脑的过程中，最担心的事莫过于硬盘上的数据损坏或丢失了。然而在使用电脑的过程中，由于误操作、突然断电、病毒、木马等原因，硬盘上的数据损坏（丢失）现象却时有发生，因此我们在使用电脑时应该注意及时备份电脑上的数据，做到防患于未然。那么在没有及时备份数据时丢失数据后，我们应该如何恢复呢？下面就介绍一下硬盘数据丢失后的恢复方法。

一、硬盘数据丢失的几种情况

1．软件损坏导致数据丢失

这种情况主要是由于一些软件损坏后没有及时保存文件，或是病毒、黑客程序入侵，严重时会使系统瘫痪，破坏硬盘分区表，从而导致硬盘数据丢失。这样丢失的文件一般可以恢复。

2．误格式化、误删除文件导致数据丢失

在这种情况下丢失数据，如果没有向数据丢失的分区写入新的数据，那么利用数据恢复软件恢复的成功率很高。如果你重新安装了系统或一些软件，在恢复后数据的完整率不是很高。如果是用一些专业软件删除的数据，几乎就无法恢复。

3．硬盘损坏导致数据丢失

硬盘损坏主要是指硬盘出现盘片划伤、磁头变形、磁臂断裂、磁头放大器损坏、芯片组或其他元器件损坏等物理损伤。一般表现为电脑不能识别硬盘，常有一种“咔嚓咔嚓”的撞击声，也有电机不转、通电后无任何声音、磁头定位不准造成读写错误等现象。这样丢失的数据恢复成功率不是太高。

4．突然断电引起的数据丢失

当我们正在操作电脑时忽然断电，一些没有保存的数据将会丢失。这种情况下，一般记事本等

小提示

当发现硬盘上需要的数据已经丢失，应该立即启动数据恢复工具对数据进行恢复。如果你的电脑上没有安装数据恢复工具，这时我们不要像硬盘上再写入其他数据，否则新写入的数据会覆盖掉以前的数据，这样给我们数据恢复带来困难。这时最好将硬盘从电脑中取下，装到其他电脑上作为第二块硬盘，并在这个电脑上进行数据恢复即可。

程序中未存盘的文件将无法恢复。Office XP以上版本则有一个自动恢复功能，一般可以自动备份、自动恢复。

二、恢复硬盘丢失数据

1．用FinalData恢复硬盘数据

FinalData是一款专业的数据恢复软件，功能强大，操作简单，可以为数据文件提供强有力的安全保障。FinalData可以通过扫描整个硬盘查找和恢复文件，它不依赖目录入口和FAT表记录的信息，所以既可以恢复被删除的文件，还可以在整个目录入口和FAT表都遭到破坏的情况下进行数据恢复，甚至在硬盘引导区被破坏、分区信息全部丢失（如硬盘被重新分区或者格式化）的情况下进行数据恢复。

我们知道病毒和黑客通常是选择硬盘引导区、分区信息和目录、FAT等进行攻击，因为这样只需破坏掉少量的关键信息就可以造成大量的数据文件甚至使整个硬盘不可用。同时，错误的重新分区和格式化则是危害最大的误操作，但是通过FinalData的强大恢复功能，就能够帮助用户从数据灾难中轻松摆脱出来。

FinalData具备了在NTFS文件系统下进行数据恢复的功能，所以可在微软的各种Windows操作系统下进行数据恢复工作。FinalData还支持目前常见的UNIX系统平台，如SUN的Solaris、IBM的AIX和惠普的UNIX等。在目前正日渐流行的Linux操作系统平台上，FinalData同样能够胜任。

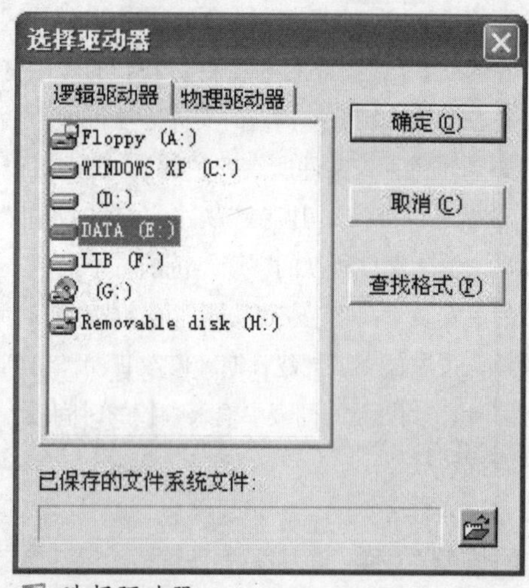

选择驱动器

（1）扫描驱动器

运行FinalData，程序提供了非常熟悉的Windows资源管理器样式的窗口。首先选择丢失文件所在的分区。点击界面左上角的“文件”→“打开”命令，打开“选择驱动器”对话框，在“逻辑驱动器”界面中选择想要恢复的文件所在的驱动器。这里我们选择“驱动器E”，然后单击“确定”。

如果修复的文件不知在哪个分区中，可以在“选择驱动器”对话框中点选“物理驱动器”标签项，然后选择“硬盘1”即可。选择后单击“确定”按钮，弹出一个“扫描根目录”对话框，程序开始快速对“指定的驱动器”进行扫描。实际上它是在寻找被删除文件的一些保存信息。

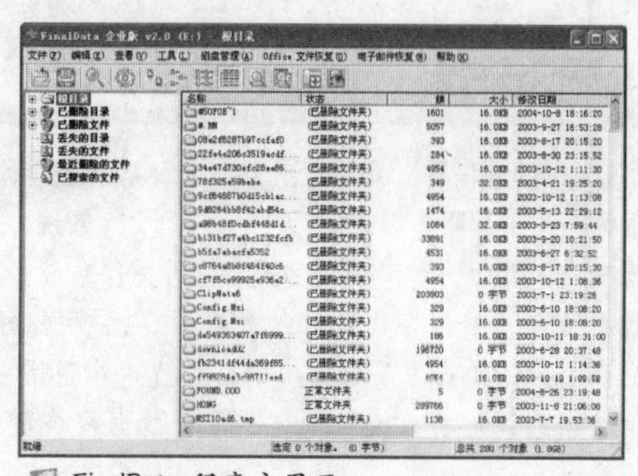

FinalData程序主界面

扫描完毕以后出现一个“选择查找的扇区范围”对话框。由于我们并不知道被删除的文件所在扇区的具体位置，所以在此单击“取消”按钮。这

时可以在程序左侧窗口中看到七个固定文件夹，在右侧的主窗口中可以看到分区中的全部文件信息。

（2）查找要恢复的文件

在左侧的文件夹列表中单击“已删除文件”，可以看到在右侧窗口中显示出该分区中所有删除的文件，在此可以查找需要恢复的文件。如果你想查找被删除的文件夹，可以进入到“已删除目录”进行查找，单击左侧文件夹列表中的“已删除目录”前面的“+”号，可对删除的文件夹或该文件夹中的文件进行恢复。

如果找不到要恢复的文件的位置或者在“删除的文件”中有太多文件以至于很难找到需要恢复的文件，可以使用“查找”功能。从菜单中选择“文件”→“查找”命令，弹出“查找”对话框。FinalData提供的查找方式有三种，即按文件名查找、按簇查找、按日期查找。

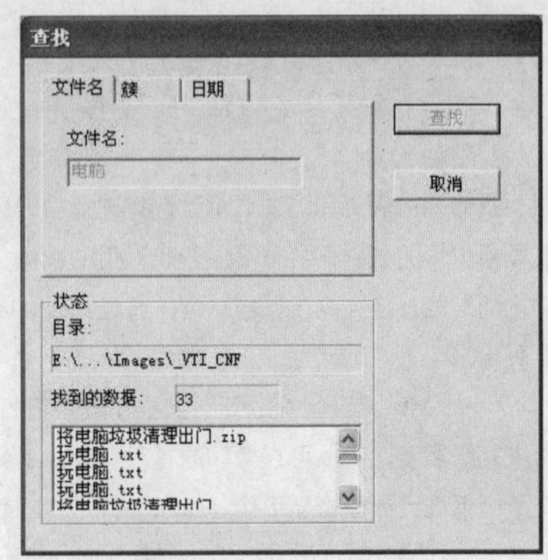

查找丢失文件对话框

按文件名查找时，在提示框中输入所找的文件的关键字或者通配符(DOS中常用的“?”、“*”)。单击右面的“查找”按钮，FinalData将在当前分区查找存在的或者已删除的目标文件。找到的文件将会出现在左窗口区域的“找到的文件”项目中。

如果知道丢失文件所在的“簇”，那么可以按“簇”快速进行查找。切换到“簇”标签项中，在“范围”项中输入文件所在的“簇”范围，单击“查找”即可。

使用安装“日期”查找功能，可搜索指定时间段内删除的文件。选择日期时单击“不检测日期”下拉菜单，程序提供了创建日期、修改日期、访问日期三种方式，在此可以根据需要进行选择。随后在“时期”和“到”时间列表中输入查找的时间段，单击“查找”按钮。

（3）恢复文件

在右面的目录内容窗口找到需要恢复的文件，

恢复文件保存对话框

小提示

“选择目录保存”对话框上面的“FAT”设置和文件系统有关。如果使用的是FAT16/32文件系统，这个选项可以使用。如果使用的是NTFS文件系统，该项就不可选。当保存文件时，最好不要把数据保存到根目录。因为当重要数据从根目录被意外删除后，其他数据的访问将大大减少这些重要数据被恢复的可能性。

单击右键，选择“恢复”，出现“选择要保存的文件夹”对话框。在“FAT”下拉列表中选择分区格式，在“文件夹”里指定希望恢复文件的保存路径，随后单击“保存”按钮，删除的文件即可被保存到指定的文件夹中。这时我们就可以打开“我的电脑”确认数据是否恢复成功了。

2. 用EasyRecovery 6.0恢复硬盘数据

EasyRecovery 6.0 是一款功能强大的硬盘数据恢复工具。能够帮你恢复丢失的数据以及重建文件系统。它主要是在内存中重建文件分配表，使数据能够安全地传输到其他驱动器中。你可以从被病毒破坏或已经格式化的硬盘中恢复数据。该软件可以安装在硬盘运行，也可以制作成单独的数据恢复软盘从软盘启动。当硬盘被逻辑锁锁定后或因其他软件问题而无法启动的时候，可以方便地解决这些故障，恢复数据。

(1) 选择语言

EasyRecovery 6.0安装后，还可以安装一个汉化补丁程序。安装后在程序的主界面中单击“Properties”(属性)按钮，进入到属性设置窗口。在该窗口中单击“Language”(语言)标签项，在右侧的界面中点选“简体中文”，单击“OK”。程序弹出一个提示窗口，询问是否重新运行程序，在此单击“OK”，重新运行程序。这时我们看到EasyRecovery 6.0已经变成中文界面了。

(2) 数据修复

在EasyRecovery 6.0界面左侧是功能分类，从上到下依次为磁盘分析、数据恢复、文件修复、邮件修复、软件更新、紧急救助中心等。点选“数据恢复”标签项，进入到数据恢复界面，其中提供了六项数据恢复功能。

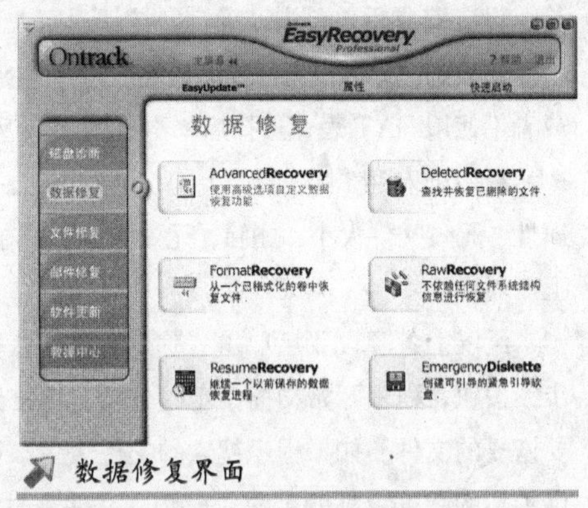

数据修复界面

- Advanced Recovery：使用高级选项自定义数据恢复功能。
- Deleted Recovery：查找并恢复已删除的文件。
- FormatRecovery：恢复分区格式化后的文件。
- RawRecovery：不依赖于任何文件系统结构信息进行恢复。
- ResumeRecovery：继续一个以前保存的数据恢复进程。
- EmergencyDiskete：创建可以引导的紧急恢复软盘。

下面我们就来了解一下相应的恢复功能。

①高级选项恢复数据

Advanced Recovery是一个高级选项的自定义数据恢复功能。该功能是按照FAT表或其他文件存储的相关信息进行文件的查找，最后将文件还原的。在恢复过程中，不占用硬盘空间，所有的操作都是在内存中完成，模拟新的文件目录和分配表，类似“资源管理器”的操作界面，可以自由拷贝，非常方便。

使用时，首先单击“Advanced Recovery”按钮，扫描电脑上所有的存储设备，随后弹出一个“目

标提示窗口”。在此单击“确定”，即可进入Advanced Recovery界面。

在该窗口右侧列出了当前电脑上的所有磁盘和分区格式。在此点选需要恢复数据的分区，如E分区。右侧以圆饼图的方式显示出该分区的使用情况。在上面的“选择信息”项中程序给出了当前分区的“起始扇区”和“结束扇区”的值，同时还给出了簇的值。

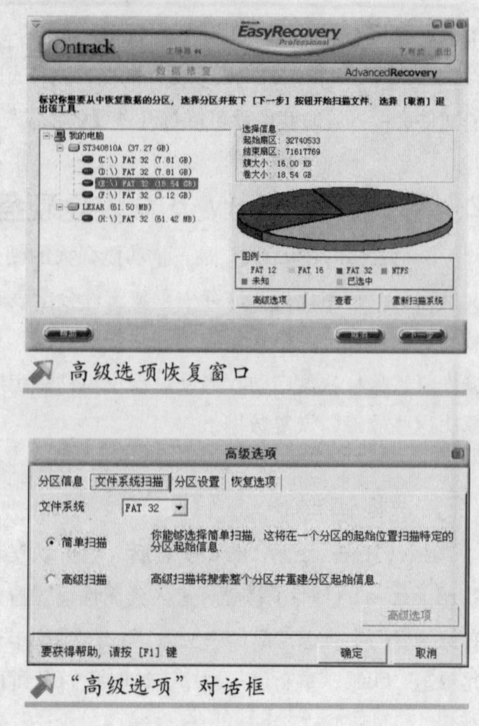
高级选项恢复窗口

单击“高级选项”按钮，弹出一个“高级选项”对话框，在该对话框中程序提供了四个高级恢复选项。切换到“文件系统扫描”标签项下，程序提供了“简单扫描”和“完全扫描”两种方式。“简单扫描”表示程序快速对分区的起始位置进行扫描；“高级扫描”表示程序搜索整个分区并重新创建分区起始信息。选择了“高级扫描”后，我们还需要单击“高级选项”按钮，对高级扫描进行设置，如选择一个簇的大小、设置扫描数据的起始位置、设置根簇等。设置完成后，单击“确定”按钮返回上一界面。

“高级选项”对话框

切换到“分区设置”界面，通过选择“使用最佳匹配”列表，选择恢复数据时是使用FAT1、FAT2或者不使用FAT表，选择后单击“确定”返回上一界面。

最后进入到“恢复选项”窗口，在该窗口中可选择要恢复文件所需要的条件，包括无效数据、无效属性、无效文件大小、删除、无效字符等。在此我们可以根据需要进行勾选。选择后单击“确定”返回上一界面。

经以上各项设置后单击“确定”按钮，回到Advanced Recovery界面。在该界面中单击“下一步”按钮，程序开始扫描指定的分区。扫描到的文件都将显示在“文件恢复窗口”中，在此可勾选需要恢复的文件。如果程序搜索的文件太多，可以单击下面的“过滤器选项”按钮，在该窗口中程序提供了坏的数据、坏的名称、已删除文件等过滤内容，可根据需要进行选择。随后单击“确定”按钮，即可在恢复文件列表中过滤掉不需要的文件类型。

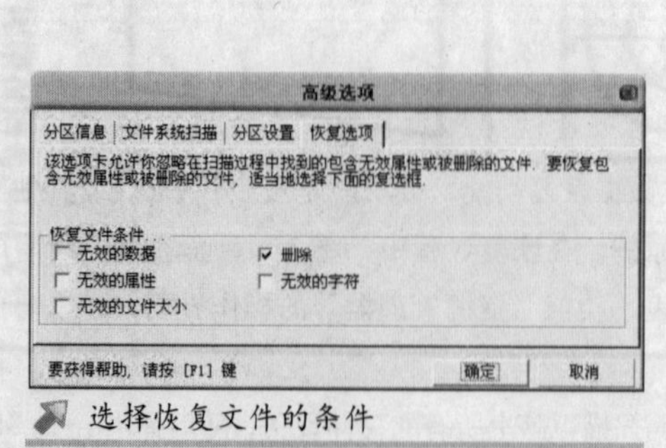
选择恢复文件的条件

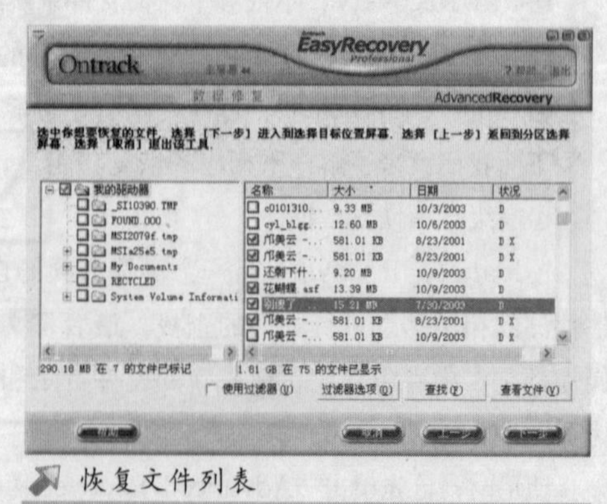
恢复文件列表

小提示

在过滤不需要的文件时，建议大家勾选坏的数据、坏的名称类型，这样程序会过滤掉一些损坏的、无法恢复的文件。

单击“下一步”按钮，在下一界面中的“恢复项目”选项中软件提供了“恢复到本地驱动器”和“恢复到一个FTP服务器”两种方式。

在“恢复到本地驱动器”项中选择一个恢复文件所保存的文件夹，可以将恢复的文件保存到本地文件夹中。如果你想将恢复的文件保存到FTP服务器上，可以点选下面的“恢复到一个FTP服务器”选项，并在该项中输入服务器的IP地址。

程序还提供了一个ZIP压缩文件功能，点选了该项后，程序会将恢复的文件压缩为ZIP压缩包。单击“下一步”按钮，程序开始恢复选中的文件。恢复后单击“完成”按钮，返回恢复数据主界面。

② 查找并恢复已删除的文件

EasyRecovery 6.0的查找恢复是一个非常优秀的数据恢复功能，利用它可以快速搜索已删除文件的功能，同时还能通过过滤选项输入需要过滤的字串等，过滤掉不必要的文件，且快速恢复指定名称的文件。

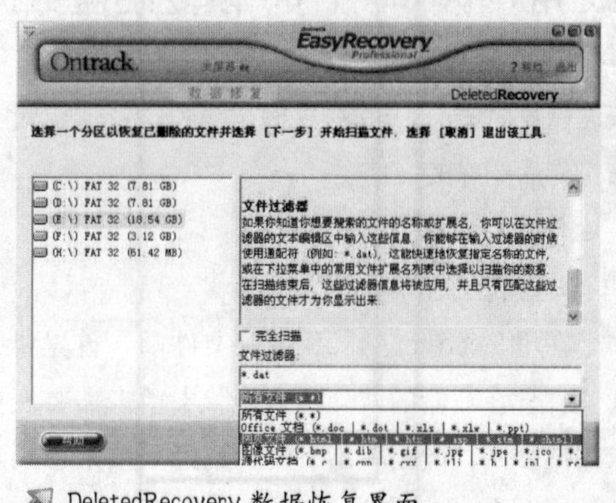

DeletedRecovery 数据恢复界面

在“数据恢复”界面中单击“DeletedRecovery”按钮，进入DeletedRecovery界面，在左侧的分区列表中选择一个恢复文件所在的分区，在右侧的“文件过滤器”项中输入需要恢复的文件或文件类型，如*.dat文件，也可以输入一个文件的全称。在“所有文件”列表中选择要恢复的文件的类型。

在该界面中程序提供了一个“完全扫描”功能，如果需要完全扫描分区时可以勾选该项功能，这样程序对分区的扫描会更彻底。

小提示

DeletedRecovery功能还提供了“快速扫描”和“完全扫描”两种方式。在默认情况下DeletedRecovery工具将对分区执行一次快速扫描，并使用已存在的目录结构查找已删除的目录和文件。通常情况下，删除了硬盘上的一两个文件，只需快速扫描当前分区即可能快速恢复文件。如果删除了一个包含子文件夹的文件夹，这时我们应该使用“完全扫描”才能彻底恢复。

对以上各项进行选择后单击“下一步”按钮，程序开始对指定分区进行扫描。扫描后程序将扫描到的文件信息显示在“文件恢复窗口”中，随后按照“高级选项恢复”的方式将文件恢复到指定的文件夹中。

③用RAWRecovery功能恢复受损分区中的文件

RAWRecovery功能的具体操作类似于“高级选项恢复”功能，可在分区或分区的目录结构遭到严重损坏后对丢失的文件进行恢复。它依靠文件的信息自动搜索合适的算法，顺序读取分区的所有扇区查找指定的文件头信息。该功能对于小文件、连续存储的文件及定期使用 Defrag 软件进行碎片整理的恢复非常有效。

"文件类型"对话框

进入到RAWRecovery界面。在该界面中选择恢复文件的分区，随后单击右下角的“文件类型”按钮，弹出一个“文件类型”对话框。在该对话框中选择需要恢复文件的扩展名，单击“保存”按钮，返回到上一界面。点击“下一步”，软件扫描分区，且扫描的文件将显示在恢复文件列表中，接着就可以对需要的文件进行恢复了。

3．用 Recover 4 all 恢复硬盘数据

Recover 4 all是一款小巧的文件恢复工具，能快速恢复因使用“Shift+Del”组合键或清空回收站操作后删除的文件。

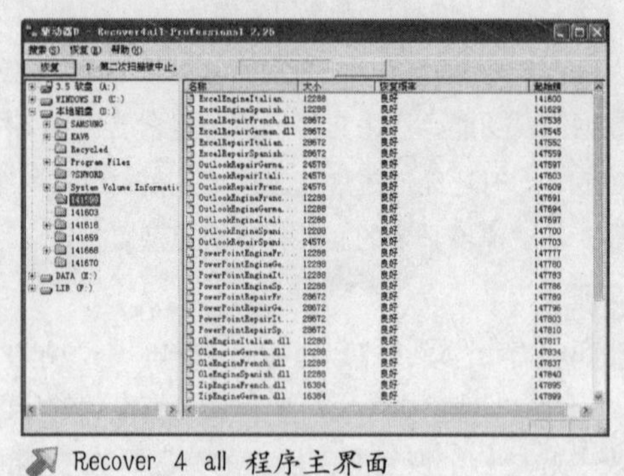
Recover 4 all 程序主界面

（1）搜索文件

在用 Recover 4 all 恢复文件前，首先要搜索文件。在左侧的“分区列表”中单击需要恢复数据的分区，随后单击右键，选择“搜索已删除文件”命令。这时Recover 4 all 开始对指定的分区进行第一次搜索，并在左侧的分区下面出现一个文件夹列表。搜索后Recover 4 all 会自动对指定分区进行第二次搜索，即对当前分区的簇进行详细搜索。稍后我们会看到程序将搜索到的文件夹都显示在当前分区下面的下拉菜单中，并用不同颜色进行标识。用鼠标单击其中某个文件夹，该文件夹中的文件将显示在右侧的文件列表中。

小提示

用Recover 4 all搜索到的文件夹并不是以原文件夹命名的，而是以数字作为文件夹名称，因此在查找具体的文件时有些麻烦。

（2）恢复文件

在右侧的“文件列表”中选择需要恢复的文件时，单击程序界面中的“恢复”按钮，弹出一个“目标目录”对话框。在分区列表中选择恢复文件保存的分区，随后单击“确定”按钮，即可将文件恢复到指定的文件夹中。

Recover 4 all还可以全部恢复某个文件夹。首先在左侧窗口中单击鼠标右键，选择“恢复此文件

夹及子文件夹”命令，可将该文件夹中的所有文件恢复到指定的目录中。

4. 用 Search and Recover 恢复硬盘数据

Search and Recover也是一款功能强大的数据恢复工具，它搜索文件的速度快，还能对磁盘上分散存储的文件进行恢复，效果非常好。

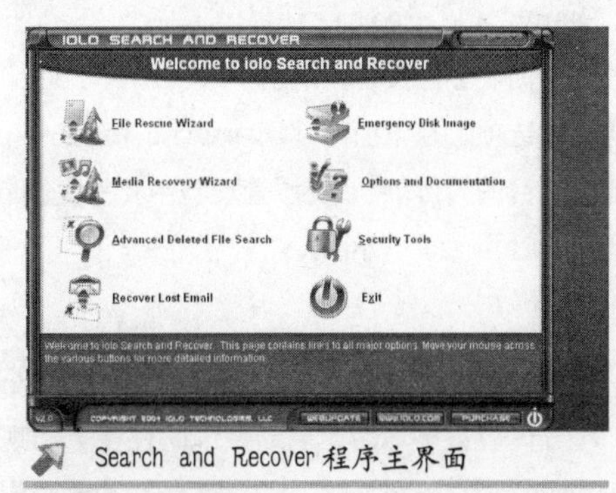

Search and Recover 程序主界面

(1) 恢复常规文件

Search and Recover的主要功能按钮都整齐地排列在主界面上。数据恢复方面它提供了适合初学者的向导模式（File Rescue Wizard）和为高级用户度身定做的高级搜索模式（Advanced Deleted File Search），能适应电脑用户的不同要求。

①向导搜索

点击主界面的“File Rescue Wizard”图标，选择全部文件或指定的文件类型（包括文档、图片、音乐视频、程序等类型），接着在“Places to look”界面中选择想搜索的驱动器。待搜索完毕后，在“Recovery”界面选中需要恢复的文件，然后点击“Recover selected items”，即可将误删除的数据恢复如初。

小提示

Search and Recover 对中文显示的支持还不是特别好，如果文件名为中文，则可能会显示为乱码，不过恢复出来后文件就能正常显示了。

②高级搜索

进入“Advanced Deleted File Search”界面后，点击“Search”→“New search”，在弹出的窗口中提供了众多的搜索条件。你可以根据需要在“Locations”页面中选择想搜索的驱动器，添加特定的搜索文件夹；在“Size”、“Attributes”和“Dates”

小提示

Search and Recover 具备在恢复已删除文件前预览的能力，会按文件的不同类型以十六进制、文本、图片以及HTML网页格式来显示，并且可以在上面直接查找和编辑。这是一项十分方便和实用的功能。

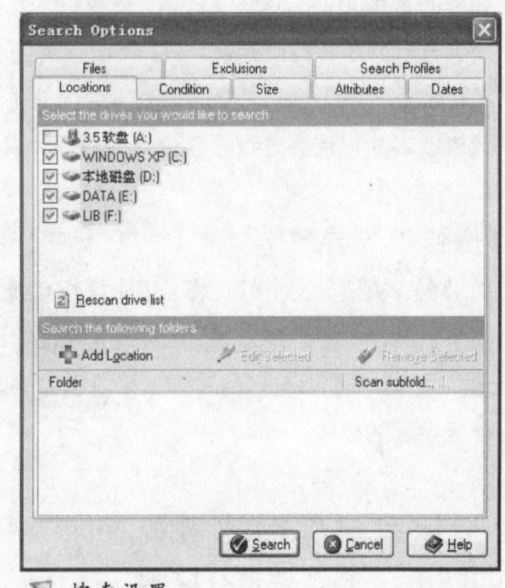

搜索设置

页面中设定想要查找文件的大小、属性、日期等条件，然后点击“Search”按钮即开始搜索文件。

（2）彻底粉碎文件

Search and Recover 还提供了一个“Security Tools”工具，该工具可通过多次（最多100次）覆盖的方法彻底删除文件。点击“Security Tools”，在该界面中选中“Enable File Terminator”（启动粉碎机）选项，在下面的“Overwrite terminated items”中选择擦写的次数（一般普通用户选择5次就能达到目的）。以后在资源管理器中要彻底删除文件时，只要选中想删除的文件，然后在右键菜单中选择“Terminate”就可以了。

三、硬盘分区表丢失后的急救

在分区表被破坏后，启动系统时往往会出现“Non-System disk or disk error，replace disk and press a key to reboot”(非系统盘或磁盘出错)、“Error Loading Operating System”(装入操作系统引导记录错误)或者“No ROM Basic，System Halted”(不能进入ROM Basic，系统停止响应)等提示信息。

1．分区表故障的原因

那么分区表故障究竟是如何发生的呢？

(1)病毒引发故障

病毒导致分区表损坏是最为典型的故障之一。比如典型的CIH病毒的变种除了攻击主板的BIOS之外，同时也会对分区表进行破坏。另外很多引导区病毒也会对分区表进行破坏。

(2)意外情况导致

如今的Windows 2000/XP都支持NTFS文件格式，而且默认的是采用这种文件格式安装系统，如果对硬盘进行分区转换或者划分NTFS分区时意外断电或者死机，那么很有可能导致分区表损坏。在通过PQMagic(分区魔术师)之类的第三方分区软件调整硬盘分区容量、转换分区格式时也存在一定风险，如果死机或者断电也会导致硬盘分区表故障，甚至有可能丢失硬盘中的所有数据。

(3)操作不当导致

如果在一块硬盘上同时安装了多个操作系统，那么在卸载的时候就有可能导致分区表故障。比如在同时安装了Windows 2000和Windows 98的计算机上，直接删除Windows 2000内核会导致分区表的错误。另外，在删除分区的时候如果没有先删除扩展分区，而是直接删除主分区，也会出现无法正确读出分区卷标的故障。

2．分区表丢失后的急救

(1)用Fdisk命令修复分区表

Fdisk不仅是一个分区程序，它还有着非常便捷的恢复主引导扇区的功能，而且只修改主引导扇区，对其他扇区并不进行写操作，因此对于那些还在使用Windows 9x的朋友而言无疑是个非常理想的分区表修复工具。

通过Fdisk修复主引导区时，先用Windows 98启动盘启动系统，在提示符下输入“Fdisk /mbr”命令即可恢复主引导区记录。

小提示

“Fdisk /mbr”命令只是恢复分区表，并不会对它重新构建，因此只适用于主引导区记录被引导区型病毒破坏或主引导记录代码丢失，但分区表并未损坏的情况下使用。而且这个命令并不适用于清除所有引导型病毒。

(2) 通过KV3000硬盘救护王修复

KV3000硬盘救护王是KV3000套件中提供的一款硬盘急救软件，在分区表出现故障的时候可以通过它进行修复。

用KV3000软盘引导计算机之后，在DOS提示符状态下输入“KV3000”命令，在出现的主菜单中按下“F10”键，此时可以看见程序对系统的有关参数和硬盘分区表快速测试的画面。如果硬盘分区表正常，则会显示“Hard Disk Partition table – OK ”信息，否则会依据分区表故障类型给出相应的信息。这时可以按下“F6”键查看硬盘分区表，或者直接按下“Y”键进行引导扇区的修复操作。为了安全起见，程序在修复前会让你先备份当前的硬盘分区表，然后才真正对硬盘分区表进行修复操作。

小提示

如果硬盘只有一个分区，文件分配表和文件根目录已经被病毒损坏，那么恢复后C盘分区也不能引导，此时需要手工配合其他修复软件来修复数据。

3. 备份分区表

(1) 用KV3000备份分区表

KV3000提供了一个非常强大的系统分区备份功能。即使硬盘上的分区表全部损坏，还能用备份在软盘上的分区表进行修复。

①备份硬盘主引导记录

通过KV3000备份的时候，事先要确认计算机中没有病毒，接着用KV3000软盘引导计算机并输入“KV3000 /B”命令，此时程序将在A盘上备份无病毒的硬盘主引导信息文件。备份的文件有两个，其文件名称分别是Hdpt.dat和Hfboot.dat。

但是需要提醒大家注意的是，备份得到的硬盘主引导信息只适用于这款硬盘以及当前的分区模式。如果用于不同容量或者相同容量但是分区模式不同的硬盘，将会对硬盘的分区表造成破坏。因此建议备份之后，在软盘的标签上写明计算机型号、硬盘容量、分区大小等信息。

②恢复硬盘主引导记录

当硬盘主引导信息被病毒破坏或主引导记录被损坏，硬盘不能启动时，就可以使用干净的系统盘启动。在KV3000的A盘下输入“KV3000 /Hdpt.dat”，能将备份在软盘上的原主引导信息内容恢复到硬盘中。不过恢复用的备份文件必须是从该硬盘上备份的，这样可以解决大部分主引导信息损坏、系统不能启动的问题。

同样需要提醒大家注意的是，恢复硬盘主引导记录的时候不要将它用于其他硬盘，而且在硬盘重新分区时也不能进行恢复操作。

(2) 用Disk Genius备份恢复分区表

Disk Genius不仅提供了诸如建立、激活、删除、隐藏分区之类的基本硬盘分区管理功能，还具有分区表备份和恢复、分区参数修改、硬盘主引导记录修复、重建分区表等强大的分区维护功能。此外，它还具有分区格式化、分区无损调整、硬盘表面扫描、扇区拷贝、彻底清除扇区数据等实用功能。

小提示

如果只是想利用Disk Genius查看、备份硬盘分区信息，可以直接在Windows下运行它。如果涉及更改分区参数的写盘操作，则必须在纯DOS环境下运行，而且在使用前应将BIOS设置程序中的“AntiVirus”选项设为“Disabled”。

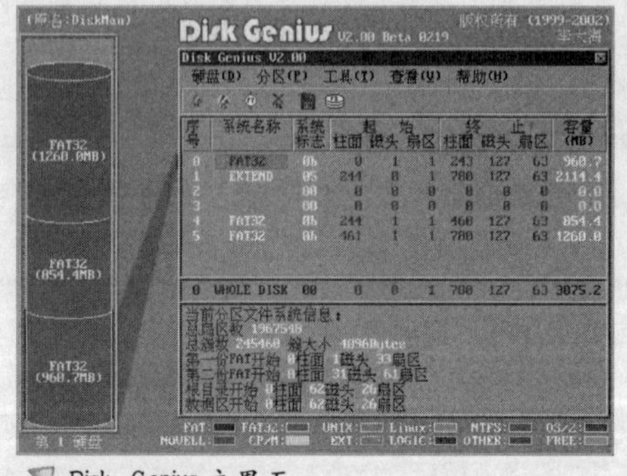

Disk Genius主界面

运行Disk Genius后，程序将自动读取硬盘的分区信息，并在屏幕上以图表的形式显示硬盘分区情况。其中左侧的柱状图显示硬盘上各分区的位置及大小，屏幕右侧用表格的形式显示了各分区的类型及其具体参数，包括分区的引导标志、系统标志、分区起始和终止柱面号、扇区号、磁头号。在柱状图与参数表格之间，有一个动态连线指示了它们之间的对应关系。可以通过鼠标在柱状图或表格中点击来选择一个分区，也可以用键盘上的光标移动键来选择当前分区。

需要备份分区表的时候，按下“F9”键或者运行“工具”→“备份分区表”命令，并在弹出的对话框中输入文件名即可。按下“F10”键或者运行“工具”→“恢复分区表”命令，然后输入文件名，软件将读入指定的分区表备份文件并更新屏幕显示，确认无误后即可将备份的分区表恢复到硬盘。

4. 保护好分区表

通过上面的介绍我们不难看出分区表破坏后恢复起来非常困难，因此在分区表完好时应该注意对分区表进行保护。

(1) 及时更新杀毒软件，查杀病毒

病毒的入侵往往会从很大程度上破坏分区表，因此我们要及时更新查毒软件，拦截一些从网上、U盘、光盘、软盘等各方面的病毒，从而保护分区表。

(2) 在Windows下尽量不要进行分区转换的操作

PQ等分区工具可以在Windows环境下对硬盘分区进行调整。但是建议尽量不要进行分区调整、格式转换操作，尤其是NTFS分区。

(3) 新硬盘尽量不使用第三方分区工具

硬盘在安装系统前进行分区时，建议不要使用分区格式化一体的第三方分区工具。这些分区工具速度快，但是不太稳定，因此在日后操作时经常会出现分区表损坏等现象。

四、修复硬盘故障

硬盘出现故障后会损坏其中的数据，严重的可能导致系统无法运行。硬盘故障一般分为硬盘坏道、零磁道故障、逻辑锁等三种方式。

1. 硬盘坏道的两种方式

硬盘坏道一般分为逻辑坏道、物理坏道、零磁道故障三种方式。逻辑坏道俗称“软坏道”，是由软件安装或使用错误造成的，一般对硬盘本身不会造成太大的危害。物理坏道一般是由于硬盘受到强烈震动，而使硬盘盘片受到损坏所致。一些粗心大意的人在装机时，硬盘螺丝钉没有拧紧，为日后的故障埋下了隐患，因为硬盘工作时的振动也会导致物理坏道的产生。

2. 诊断及修复硬盘坏道

(1) 硬盘坏道现象的反应

当电脑中的硬盘出现坏道后，一般表现为无法读取当前分区中的文件，或者读取文件时系统总是提示文件损坏或当前文件无效的字样，同时硬盘会发出异样的杂音。系统启动时不能通过硬盘引导系统。格式化硬盘到某一进度时将停止不前，最后报错，无法完成。

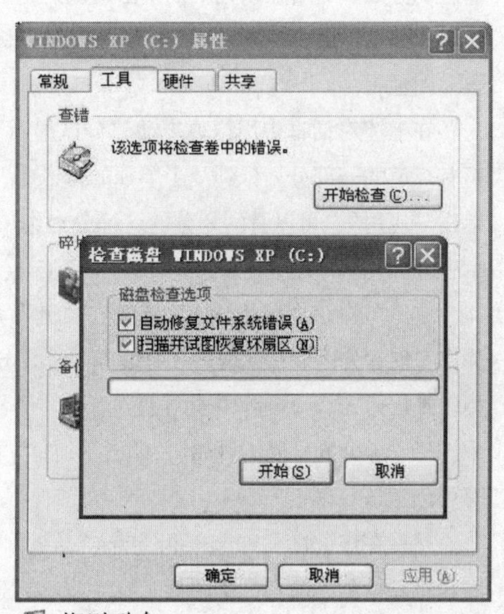

检测磁盘

(2) 硬盘坏道的修复

出现坏道时，可利用Windows XP中的“磁盘检查”工具对当前分区进行检测。

进入“我的电脑”，在分区列表中右键单击某个分区，如“D盘”，选择“属性”命令，打开“Windows分

区属性”对话框。在该对话框中点选“工具”标签项，出现了分区工具列表，其中包括检查、碎片整理、备份等工具，在此可以用“检查”工具来对分区进行修复。单击“开始检查”按钮，弹出“检测磁盘”对话框，在该窗口中勾选“自动修复文件系统错误”、“扫描并试图恢复坏扇区”两个复选框，随后单击“开始”按钮，程序开始对当前分区进行扫描。这样程序会发现并尽量修复潜在的坏簇。

小提示

如果由于硬盘出现坏道后无法进入Windows系统，这时我们可以利用系统启动盘进入到DOS系统，然后在“A：>”提示符后键入“Scandisk d：”（其中“d”是具体的硬盘盘符）来扫描硬盘。对于坏簇，程序会以黑底红字的“B”标出。

通过上面的操作可以修复硬盘上一般的逻辑坏道。如果还出现故障现象，坏道未能得到彻底修复，就要在DOS命令下用Format命令对指定的分区进行格式化，以便对硬盘上的逻辑坏道进行彻底修复。

对于硬盘上的物理坏道，目前还没有彻底的修复方法。我们可以用隐藏分区的方法将出现坏道的区域单独划成一个分区隐藏起来。隐藏坏道时首先按照上面的方面对指定分区进行检测，找出坏道发生在哪个位置。在这些坏道上作好标记，然后用PartitionMagic分区工具对坏道分区进行隐藏。PartitionMagic允许在不破坏数据的前提下对硬盘重新分区、动态改变分区大小、改变分区的文件格式、隐藏或显示已有分区等。

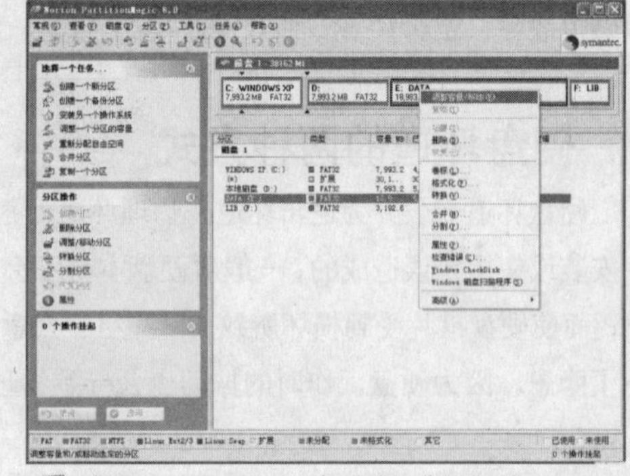
在PartitionMagic中选择“调整容量/移动”命令

随后进入Windows系统，安装并运行PartitionMagic分区程序。在程序的主界面找到有坏道的分区，随后在该分区上单击右键选择“调整容量/移动”命令，弹出一个“调整容量/移动分区”对话框。

在上述对话框中用鼠标拖动“分区显示”块，将有坏道的一部分划分到一个单独的分区中。随后单击“应用”，可以看到划分的这部分已经单独显示在分区列表中了。

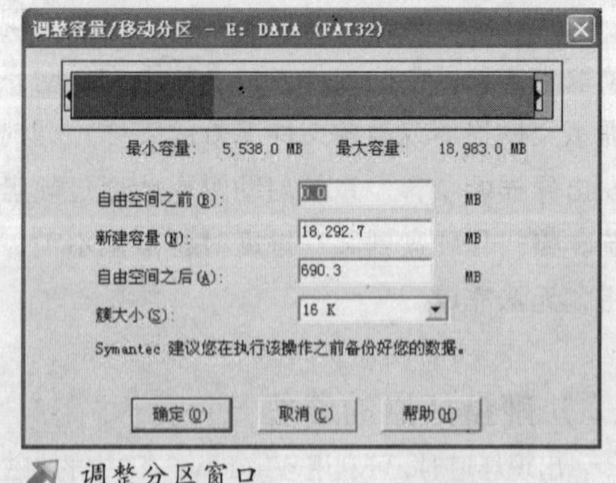

调整分区窗口

右键单击该划分的分区，选择“创建”命令，弹出“创建分区”对话框。在对话框中选择分区类型，如FAT32等。选择该分区盘符，在“位置”项中选择“未分配空间的开始”，单击“确定”按钮，即可创建该分区。

然后在该分区上单击右键，选择“高级”→“坏扇区重新检测”命令扫描硬盘，检测坏道。随后单击“高级”→“隐藏分区”即可隐藏该分区。最后单击“应用”按钮重启计算机。

小提示

如果没有经过格式化而直接将有坏道的分区隐藏，那么该分区的后续分区将由于驱动器盘符的变化而导致其中的一些与盘符有关的程序无法正确运行。解决的办法是利用“工具”菜单下的“DriveMapper”命令，自动地收集快捷方式和注册表内的相关信息，立即更新应用程序中的驱动器盘符参数，以确保程序的正常运行。

如果由于磁盘坏道导致无法进入系统，这时我们可以用PartitionMagic的DOS版对坏道进行隐藏。将PartitionMagic的DOS版拷在软盘上，用系统启动盘引导系统，运行软盘上的PQMagic.exe。由于PartitionMagic中“Operations”菜单下的“Check”命令也能扫描硬盘，检查坏道，所以可以化繁为简，跳过前两步。检查完毕，标记了坏簇后，在“Operations”菜单下选择“Advanced/bad Sector Retest”。把坏簇分成一个（或几个）区后，再通过“Hide Partition”菜单项把含有坏道的分区隐藏。

3．诊断及修复零磁道故障

众所周知，硬盘上的引导信息都是从0磁道开始的。如果0磁道损坏，就会造成硬盘不能读盘、开机不能找到硬盘等，这就是我们常说的“零磁道”故障。

(1)零磁道现象的反应

出现零磁道故障时和磁盘坏道的现象不太一样。零磁道发生故障时电脑无法进入操作系统。电脑自检时，硬盘不能通过自检，屏幕显示“HDD Controller Error（硬盘控制器故障）”后死机。进入BIOS设置程序中仍然无法对硬盘进行设置，也找不到硬盘。

(2) 零磁道的修复

通过现象可以看出零磁道损坏要比坏道现象严重得多。我们可以通过以下方法进行修复。

①在电脑上连接一个正常的硬盘，跳线设为Master。

②发生故障的硬盘跳线也设为Master，但只接电源线，不接数据线。

③开机，运行Norton2000的DiskEdit程序。

④在“Tools”（工具）菜单中点取“Configuration”（配置），将“Read Only”（只读）复选框中的只读属性取消。

⑤在“Object”（目标）菜单中点取“Drive”（驱动器），然后点取“C:Hard Disk”（C盘），并将“Type”（类型）设置成“Physical Disks”（物理磁盘）。

⑥在“Object”（目标）中点取“Partition Table”（分区表）项，将完好的硬盘主引导记录（MBP）和分区表信息读取到内存中。

⑦将正常硬盘上的信号线拔下并接到零磁道故障硬盘上。

⑧从“Tools”（工具）菜单中点取“Write Object To”（目标写入至），选择“To Physical Sectors”（至物理扇区）后点取“OK”项，然后选择“Hard Disk1”后点击“OK”；从“Write Object to Physical Sectors”（目标写入至物理扇区）对话框中，将“Cylinder”（柱面）、“Side”（盘面）、“Sectors”（扇区）

分别设置成“0”、“0”、“1”后点取“OK”，当出现“警告”对话框时选择“Yes”项。

⑨退出 DiskEdit 并重新启动计算机。

4．逻辑锁故障及其修复

电脑出现逻辑锁现象一般是由于安装或执行了硬盘炸弹等程序后将硬盘锁住而产生的。出现这种故障时电脑能够正确自检但不能进入操作系统，用软盘、光盘、硬盘均不能引导。

(1)逻辑锁的原理

当计算机在引导系统时会搜索逻辑盘的顺序。当系统被引导时，会去找主引导扇区的分区表信息。分区表信息位于硬盘的零磁头零柱面的第一个扇区的 OBEH 地址开始的空间。当该空间内信息为 80H 时表示是主引导分区，其他的为扩展分区。主引导分区被定义为逻辑盘 C 盘，然后查找扩展分区的逻辑盘，被定义为 D 盘，以此类推找到 E、F、G……而我们在用软驱启动 DOS，再热拔插硬盘，换上中逻辑锁的硬盘后，用 DEBUG 读入主引导分区记录，发现扩展分区的第一个逻辑盘指向了自己，这就是正常无法启动的原因。即 DOS 在找到第一个逻辑盘后，再查找下一个逻辑盘时找到的总是自己，这样一来就形成了死循环，所以使软驱、光驱、硬盘都不能启动。

(2)逻辑锁的修复方法

①手工修复方法

出现逻辑锁现象后，我们可以使用 DEBUG 手工修复硬盘。

```
a:\>debug
-a
-xxxx:100 MOV AX,0201          //读一个扇区的内容
-xxxx:103 MOV BX,500           //设置一个缓存地址
-xxxx:106 MOV CX,0001          //设置第一个硬盘的硬盘指针
-xxxx:109 MOV DX,0080          //读零磁头
-xxxx:10c INT 13               //硬盘中断
-xxxx:10e INT 20
-xxxx:0110                     //退出程序返回到指示符
-g                             //运行
-d500                          //查看运行后500地址的内容
```

这时候会发现地址 6BE 开始的内容是硬盘分区的信息，并发现此硬盘的扩展分区指向自己，这就使 DOS 或 Windows 启动时查找硬盘逻辑盘进入了死循环。在 DEBUG 指示符下用 E 命令修改内存数据，具体如下：

```
E 6BE
xx.0 xx.0 xx.0..........................................
.......................55 AA (55 AA 表示硬盘有效的结束标记，不要修改)
(xx.0 表示把以前的数据“xx”改成 0)
```

再用硬盘中断13把修改好的数据写入硬盘。

如下：A:\>debug

```
a 100                       //表示修改100地址的汇编指令
-xxxx:100 MOV AX,0301       //写入硬盘的一个扇区
-xxxx:                      //这里直接按回车
-g                          //运行
-q                          //退出
```

然后运行FDISK/MBR(重置硬盘引导扇区信息)，再重启电脑即可。

②软件修复方法

利用国产的硬盘分区工具软件Disk Genius就可以对逻辑锁进行修复。

修复前要在BIOS中将所有的IDE设备都设定为“NONE”。Disk Genius软件是不依赖于主板BIOS的硬盘识别来安装软件的，就算在BIOS中将硬盘设为“NONE”，Disk Genius也可识别并处理硬盘。这就为解决问题提供了基础。首先把Disk Genius拷到一张系统盘上，启动后运行Disk Genius。

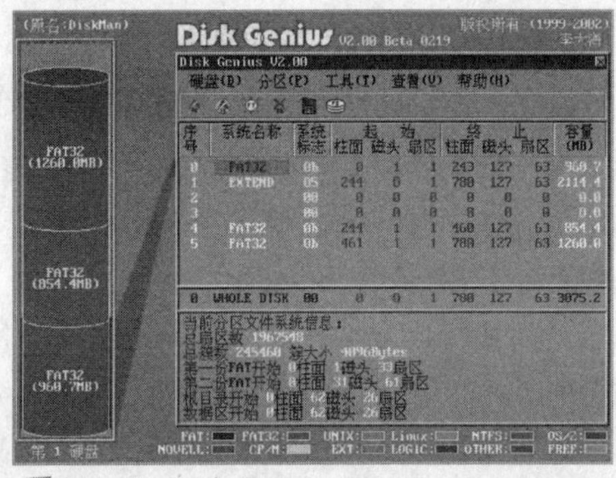

Disk Genius主界面

运行“DiskGen.exe”后，软件将自动读取硬盘的分区信息，并以图表的形式显示硬盘分区情况。

●修改分区参数

选中要修改的分区，按F11键进入修改状态，将光标移动到要修改的参数，键入你要设定的值。修改完毕后选“确定”退出。

修改分区参数

小提示

用此法可调整分区的起始和终止柱面号、磁头号、扇区号，从而调整分区大小，但可能会造成逻辑盘（数据）丢失。不熟悉分区参数含义的用户要慎用此功能。

●重建分区表

当硬盘分区表被破坏时，Disk Genius通过未被破坏的分区引导记录信息（主要是搜索分区表结束标志55AA）重新建立分区表。搜索过程可以采用“自动”或“交互”两种方式进行。“自动”方式将保留发现的每一个分区，适用于大多数情况。“交互”方式对发现的每一个分区都给出提示，由用户选择是否保留。

当“自动”方式重建的分区表不正确时，可以采用“交互”方式重新搜索。在重建过程中，搜索到的分区都将及时显示在屏幕上，但不立即存盘，因此你可以反复搜索，直到正确地建立分区表之后再存盘。此功能的操作非常简单，只需选择执行“工具”菜单下的“重建分区”命令即可。

此功能是修复逻辑盘丢失故障最简便的方法，特别是“治疗”因使用PQMagic不当导致的种种硬盘故障比较有效。

●重写主引导记录（MBR）

当硬盘的主引导记录(位于硬盘的0柱面0磁头1扇区)损坏，不能引导系统时，可用本功能重写主引导记录。Disk Genius会自动检查并重写损坏的主引导记录。对于没有主引导记录（MBR）的新硬盘，Disk Genius会自动建立MBR。本功能位于“工具”菜单下。

●参数检查

本软件在读出分区表后及更新硬盘分区表之前，会自动检查分区参数，发现不合理参数时逐一给出提示。你也可以在任何时候按F12键进行检查。

●更新硬盘分区表

在完成分区建立或分区参数修改操作后，要使新设置生效，可按F8键，本软件将首先检查分区参数，无误后写入硬盘，从而更新硬盘分区表。

●查看任意扇区

按“Ctrl + R”键，在弹出的查看窗口中指定要查看的扇区(可用TAB键选择柱面、磁头、扇区参数)，“PageUp”、“PageDown”键可以前后翻页。点击窗口右上方的“保存为”按钮，还可以将以当前扇区开始的若干扇区保存到磁盘文件中。

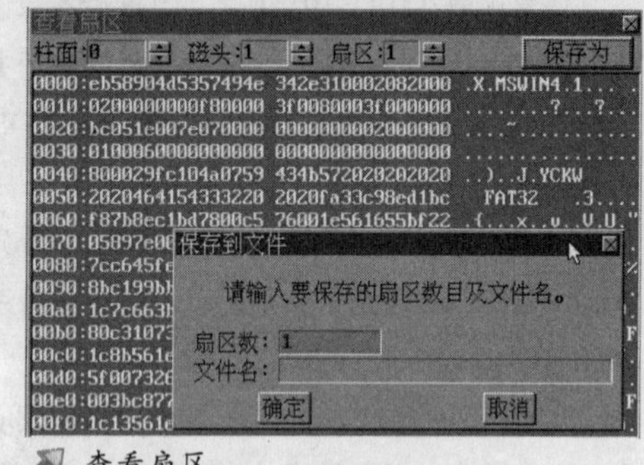

查看扇区

通过几步操作我们就可以对逻辑锁故障进行修复了。

方案四 恢复数码存储设备中的数据

现在数码设备越来越普及，例如DC、DV等，为我们平时外出旅游、工作带来了很多方便。很多数码设备都用CF卡或SM卡来存储数据，当CF卡存满后我们会将上面的数据拷贝到电脑中，并将存储卡上的数据删除。如果误删除了存储卡上的数据怎么办？其实我们也可以利用数据恢复软件恢复这些数码存储设备上的数据。

一、用MediaRECOVER工具恢复数码存储设备中的数据

MediaRECOVER是一款能恢复数码相机、PDA、U盘等数码设备中的图像、数据文件的软件。该软件支持SD卡、SM卡、CF卡、记忆棒、Micro Drive、MMC卡、ZIP盘，也支持移动硬盘、U盘等设备。MediaRECOVER支持多种图片格式，包括JPEG、EXIF、TIFF、PNG、GIF、BMP文件和Canon CRW、Nikon NEF、Kodak DCR等特殊图片格式。此外，程序还能对AVI、MOV、MPG/MPEG等视频文件进行恢复，效果非常好。下面我们就以恢复数码相机中误删除的照片为例，了解一下该软件恢复数据的过程。

1. 查找被删除了的照片

先将DC连接电缆与电脑相连。连接后如果在软件中找不到DC设置，也可以将DC中的存储卡放到读卡器中，然后将读卡器与电脑相连。

启动MediaRECOVER，在"RECOVER"项中单击分区列表下拉菜单，选择DC驱动器盘符。然后单击"Next"，在下一个界面中选择好照片恢复后的保存文件夹。

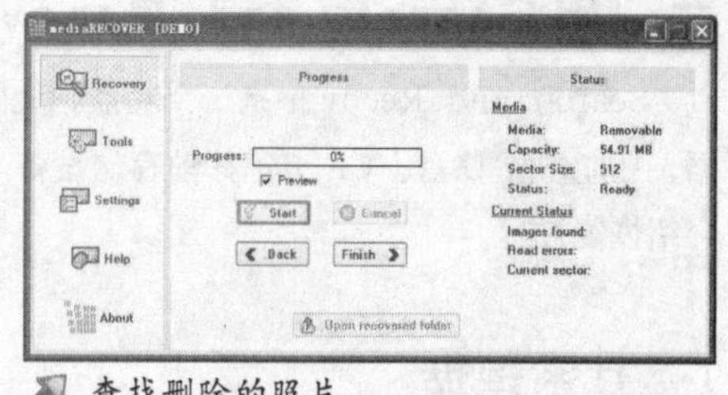

查找删除的照片

单击"Next"进入到"Progress"界面，在该界面中勾选"Preview"（预览）复选框，这样我们就可以在恢复图片时对图片文件进行预览。随后单击"Start"，弹出一个"扫描方式选择"对话框。在该对话框中程序提供了两种扫描方式，其中"Use scan method"即详细扫描，"Use folder based recover"即通过文件夹进行快速扫描。根据需要进行选择，然后单击"Continue"按钮返回上一界面，开始对当前存储卡进行扫描。

2. 恢复被删除的照片

扫描后，MediaRECOVER将找到的照片显示在"Save Images"（保存图片）对话框中。单击"Save

Images"按钮，软件便可以将扫描的图片保存到指定的文件夹中。随后返回"Progress"界面，单击"Open recovered folder"(打开恢复文件夹)便可将恢复的文件打开，在此我们就可以查看到已删除了的照片了。

找到的照片

3．高级设置

如果DC中删除的照片多了，查找需要的照片就非常困难。要想精确地恢复需要的照片还需要对程序进行相应的设置。

设置时单击程序界面中的"Settings"(设置)项，进入到设置界面。在"Recovered file prefix"(恢复文件前缀)项中输入需要恢复文件名称的前缀，这样以后在查找删除文件时程序只查找带有该前缀的文件。在下面的"Tune your recovery"(调整恢复设置)中，我们可以对恢复照片的进程、恢复照片的难易程度、恢复照片的大小等项进行相应的设置。通过上面的设置我们就可以快速地找到需要的照片了。

此外，程序还提供了一个格式化存储卡的功能，可以帮助我们修复损坏的存储卡。单击"Tools"按钮，进入工具界面。单击"Format"按钮，程序便可以对当前的存储卡进行格式化。注意格式化之前别忘了备份照片。

小提示

当你发现数码相机存储卡上的照片丢失后，应该立即将存储卡从相机中取出并进行数据恢复，不要再继续使用该存储卡进行拍照(有用的簇占满后会增加恢复的难度)。

二、用Search and Recover恢复数码设备中的数据

Search and Recover是一个功能强大的数据恢复软件，不仅能快速、完整地恢复硬盘上的数据，还能恢复U盘、CF卡等移动存储设备上的数据，效果非常好。下面以恢复U盘上的数据为例介绍恢复过程。

1．搜索数据

首先搜索需要恢复的数据。在Search and Recover主界面中单击"Advanced Deleted File Search"按钮进入高级搜索界面。在该界面中单击"Search"→"New Search"按钮弹出一个搜索设置对话框，在分区列表中选择U盘等移动设备的盘符，单击下面的"Search"按钮，可以对U盘进行检测。检测后软件将检测到的文件显示

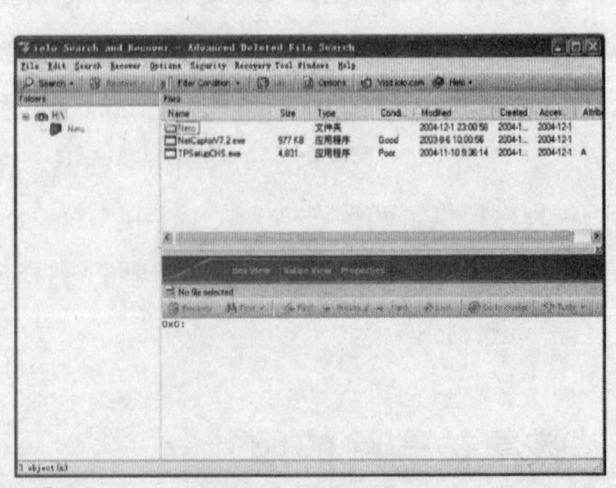
Search and Recover 搜索数据

在右侧的窗口中。

2. 恢复数据

恢复单个文件时，在文件列表中选中该文件并单击右键，在弹出的右键菜单中选择“Recover Selected”命令，弹出一个文件夹列表。在该列表中选择该文件保存的文件夹，随后单击“OK”按钮，软件便开始对指定的文件进行恢复。恢复后就可以进入到该文件夹中查看文件了。

三、用Digital Image Recovery恢复数码照片

Digital Image Recovery是一款优秀的数码照片恢复软件，能快速地恢复数码设备中的照片。软件的特点是扫描、恢复合为一体，在扫描数码设备的同时便自动将扫描的数据保存到指定的文件夹中了。

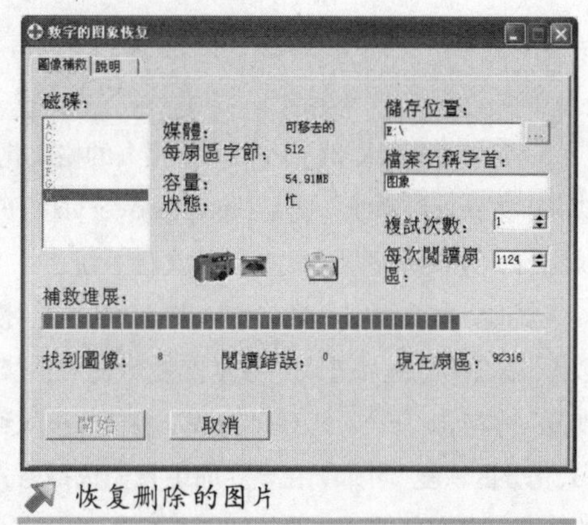

恢复删除的图片

第一次运行Digital Image Recovery时，软件弹出一个“Choose Language”对话框。在此提供了多国语言，在该对话框中选择“Chinese”，单击“确定”按钮，软件将被汉化为中文，不过是繁体。

点击“确定”按钮后进入软件主界面。在该界面中选择数码设备的分区盘符，随后在右侧的“存储位置”项中输入图像文件恢复后的保存文件夹。在下面的“档案名称字首”中输入一个恢复文件名称的前缀，如Image等，随后单击“开始”按钮，程序开始查找并恢复文件。

恢复过程中Digital Image Recovery在该界面中显示出搜索的扇区数，找到的图片数目等信息。搜索后打开指定的文件夹即可浏览找到的图片文件。

方案五 EasyRecovery6 恢复格式化后的文件

硬盘被格式化或者重新分区后，硬盘上的数据会丢失。如果硬盘中有重要的数据，恢复起来就有些困难了。使用一般的恢复软件进行恢复后数据不完整。那么如何将重要的文件从被格式化的分区中拯救出来呢？我们可以利用下面这两款优秀的软件来完成。

EasyRecovery6提供了一个功能强大的格式化后的文件恢复功能。如果由于某种原因迫使我们分区、格式化、重新安装系统，使用EasyRecovery6的FormatRecovery功能就可以忽略分区中已保存的文件系统结构，并快速搜索格式化前的文件系统。

恢复时，在EasyRecovery6主界面中单击“恢复数据”标签项，随后进入到数据恢复列表。在“数据恢复”中单击“FormatRecovery”按钮，进入到“格式化分区恢复”界面。在该界面中首先选择格式化的分区，在右侧的“先前的文件系统”项中输入格式化前该分区的类型，然后单击“下一步”按钮，程序开始对以前的文件系统进行搜索。

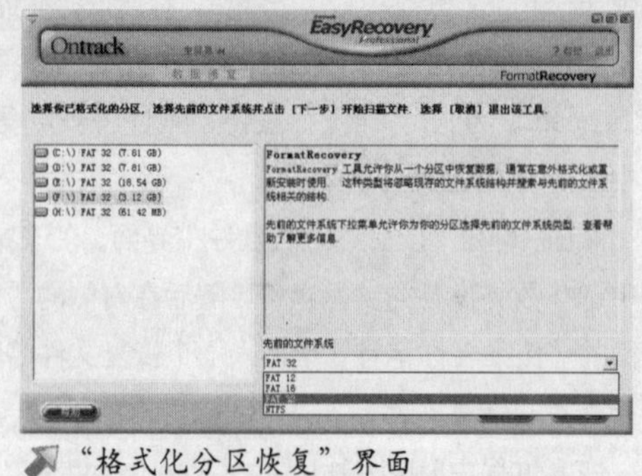

“格式化分区恢复”界面

搜索完成后，软件将扫描到的文件显示在“恢复文件列表”窗口中，按照上面的方法选择需要恢复的文件即可。如果软件搜索到的文件太多，我们可以单击窗口下面的“过滤器选项”按钮。在该过滤器窗口中程序提供了坏的数据、坏的文件名称、已删除文件等过滤内容。在此根据需要进行选择，随后单击“确定”按钮，即可在恢复文件列表中过滤掉不需要的文件类型。

单击“下一步”按钮，在下一界面中的“恢复项目选项”中，程序提供了“恢复到本地驱动器”和“恢复到一个FTP服务器”两种恢复方式。

在“恢复到本地驱动器”项中选择一个恢复文件的保存文件夹。如果你想将恢复的文件保存在FTP服务器上，可以点选下面的“恢复到一个FTP服务器”选项，并在该项中输入服务器的IP地址。

软件还提供了一个ZIP压缩文件功能。点选该项后，软件会将恢复的文件压缩为ZIP压缩包。单击“下一步”按钮，软件开始恢复选中的文件。单击“完成”按钮，返回恢复数据主界面。

方案六 多媒体文件损坏后的修复

在网上下载的电影文件经常会因种种问题播放不了，如有声音没有画面，或者声音中带有杂音等现象。那么如何能正常地播放这些电影呢？在本方案中我们就一起来解决多媒体文件的故障。

一、了解播放器的类型

一般情况下多媒体播放器分为两种类型：一种是封闭型播放器，另一种是基于DirectShow的播放器。

1．封闭型播放器

封闭型播放器有一套自己专用的解码器，这个解码器已经集成在播放器的安装程序中，播放多媒体文件时播放器会使用该解码器播放多媒体文件。如果遇到该解码器不支持的多媒体文件，程序会自动提示我们不能播放，因此该播放器一般不会受系统的影响。但是其解码器支持的格式比较单一，会出现一些兼容性问题。封闭型播放器以超级解霸、MediaPlayer、Winamp、QuickTime Player为代表。

2．DirectShow播放器

DirectShow是微软提供的一套在Windows平台上进行流媒体处理的开发包，与DirectX开发包一起发布。目前，DirectX最新版本为9.0。它规定了什么样的过滤器处理什么样的媒体数据。DirectShow定义了如何利用标准组件处理流媒体数据，这些组件称为过滤器。过滤器带有输入、输出针脚(pin)或二者兼而有之。在DirectShow技术中处于最核心位置的就是作为“过滤器”的可插入标准组件，它们是执行特定任务的COM对象。过滤器又可被细分为源过滤器（Source Filter）、变换过滤器（Transform Filter）、表现过滤器(Renderer Filter)等。过滤器通过向文件读写、修改数据和显示数据到输出设备上来操作流媒体。为了完成整个任务，必须要将所有的过滤器Filter连接起来。

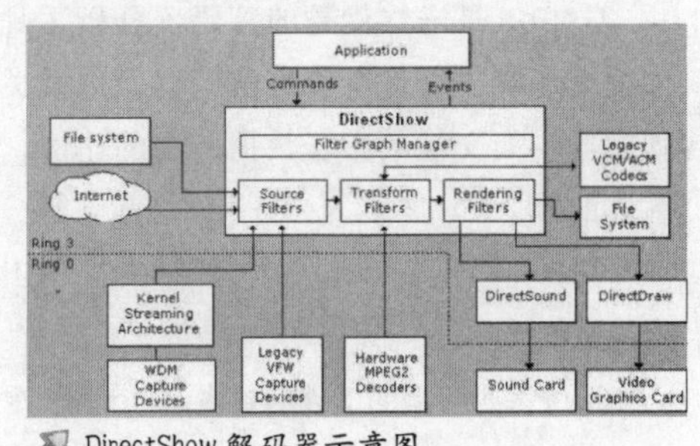

DirectShow解码器示意图

DirectShow播放器依赖于系统中的DirectShow解码器进行播放，这些解码器是通用的，一般是由发布该种媒体格式的组织所开发和提供的。DirectShow为多媒体流的捕捉和回放提供了强有力的支持。运用DirectShow，我们可以很方便地从支持WDM驱动模型的采集卡上捕获数据，并且进行相应的后期处理乃至存储到文件中。它广泛地支持各种媒体格式，包括ASF、MPEG、AVI、MP3、WAV等，使得多媒体数据的回放变得轻而易举。

另外，DirectShow还集成了DirectX其他部分（比如DirectDraw、DirectSound）的技术，直接支持DVD的播放，视频的非线性编辑以及与数码摄像机的数据交换。更值得一提的是，DirectShow提供的是一种开放式的开发环境，我们可以根据自己的需要定制自己的组件。但是由于DirectShow依赖于系统，因此容易受系统的影响，尤其是某些多媒体软件会替换掉系统中的部分解码文件，造成某些格式不能播放，或者播放不正常。

从目前的趋势看，基于DirectShow的播放器无疑占了主流，部分封闭型播放器也开始在一定程度上支持DirectShow播放。DirectShow的播放器数量众多，Windows Media Player、Media Player Classic、BSPlayer、ZoomPlayer都是这一类播放器。

小知识

DirectX技术是一种API（应用程序接口），每个DirectX部件都是用户可调用的API的总和。通过DirectX，应用程序可以直接访问计算机的硬件。这样，应用程序就可以利用硬件加速器（Hardware Accelerator）。如果硬件加速器不能使用，DirectX还可以仿真加速器以提供强大的多媒体环境。

二、解决播放器不能播放的故障

1. 解决电影中无声故障

我们在网站上下载一个AVI格式的电影，而在播放电影时只有画面显示却听不到电影中的声音。出现这种情况时用户一般会认为电脑中的声卡驱动程序出现了问题，可是播放其他音频文件却很正常。事实上，出现这些问题主要是电脑系统中缺乏相应的音频或视频解码器。目前音频或视频解码器比较多，我们用一款解码器分析工具来了解一下多媒体文件需要哪些解码器，这样再安装相应的解码器就可以正常播放了。

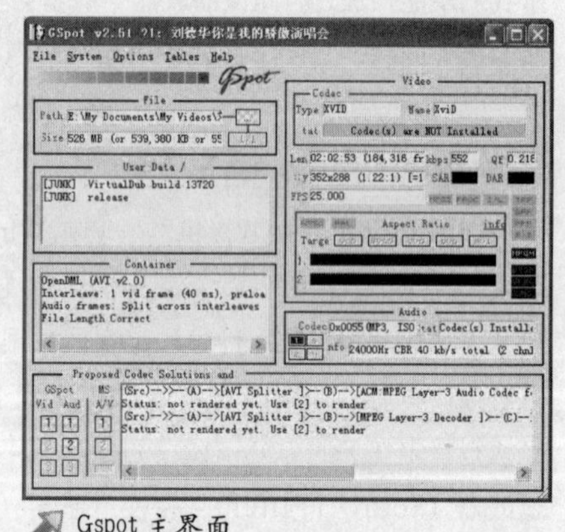

Gspot 主界面

Gspot是一款优秀的解码器分析工具软件，能帮你检查多媒体文件所需的解码器，以及关于文件的详细数据，如文件中影音数据所占的比例，文件是如何制成的等。

安装并运行Gspot。单击程序中的“File”→“Open”命令打开一个多媒体文件，例如AVI格式的文件。

选中需要检测的文件后单击“Open”按钮，即可将多媒体文件导入到该程序界面。在“File”的“Path”项中显示出该文件的路径，在下面的“Size”中显示出文件的大小，在“User Data”（用户数据）项中显示出当前文件信息，在右侧的“Video”项中给出了文件的视频解码信息，在“Audio”项中给出了文件的音频解码信息。

单击界面下方的“Proposed codec solutions and”项，软件给出了如何调用解码器的方式。单击

“Gspot”项下的“Vid”中的数据，程序便开始对当前多媒体文件的视频解码器进行分析。单击“Aud”项中的数字按钮便可以对音频解码器进行分析。如果想要了解Windows是怎么调用过滤器来处理多媒体文件的，单击“MS”项下面的数字按钮即可。以上各项的处理过程都会显示在右侧的窗口中。

对于播放时没有声音的视频文件，可以根据Gspot的提示安装相应的音频解码器，对于播放时没有图像的视频文件则安装相应的视频解码器。

2. 多媒体文件播放异常的修复

还有一种情况，有时候在播放多媒体文件时，图像可以播放出来，但是会出现一些闪烁或异彩现象，如屏幕颜色成绿色等。出现这种现象一般是视频解码器或视频过滤器出现问题而造成的。这样的问题多出现在播放DivX/XviD及MPEG文件时，因为这两种视频可使用多种解码器进行解码，并且MPEG文件对过滤器有较高的要求。

(1) DivX文件可以使用ffdshow Decoder和DivX Decoder进行视频解码，XviD文件则可以使用ffdshow Decoder、XviD MPEG-4 Decoder及DivX Decoder进行解码。但如果系统中的解码器版本太旧，或用于解码的解码器与系统中的硬件不兼容，就有可能出现闪烁、甚至黑屏等播放器异常情况。

解决的办法一般是安装新版本的解码器，或更换不兼容的解码器。如果要更换解码器，可以使用“暴风影音”附加工具中的“DivX/XivD解码切换程序”。通过这个小工具可以设置不同的编码方式所对应的解码器。

(2) MPEG文件播放时对视频过滤器有较高的要求。在系统目录System32文件夹下有一个名为Quartz.dll的文件，这个文件就是表现过滤器。这个文件同时还是MPEG-1、MIDI解码器。如果这个文件有问题，在播放MPEG文件时就会出现色彩异常现象。这个通常是由于Quartz.dll文件损坏，被一些软件替换了。解决的办法是从正常的系统中复制一个Quartz.dll文件，将原文件替换掉。

(3) 影音不能同步的修复

我们在播放一些压缩格式的视频电影时总是感觉画面断断续续的，但是声音却能正常播放。这主要有以下几个方面的原因。

①电脑配置低，内存太小

出现这种情况有可能是电脑配置较低造成的，可以对相关硬件进行升级，如CPU、内存等。在升级前应考虑硬件升级的必要性和价值。

②解码器不兼容

解码器不能兼容导致影音不能同步是一种常见的事情，如音频不流畅可以更换一种音频解码器，对于DivX、XviD视频可以考虑换一种兼容解码器。

③程序中同步项设置不当

这是由于在VobSub字幕插件中设置了强制帧率造成的。可在播放时双击系统托盘中的VobSub图标，打开其属性对话框，在“同步”选项卡中检查是否选定了“强制帧率”复选框，如果选定了可取消它。

3. 修复损坏的多媒体文件

有的多媒体文件下载后根本就无法播放，这是多媒体文件本身出现了故障。这时需要使用专业的修复工具进行修复。

(1) 用Video Fixer修复受损的多媒体文件

Video Fixer是一个修复无法播放的AVI、ASF、WMV、WMA、RM、RMVB文件的优秀工具。Video Fixer也能够修理以HTTP、FTP、RTSP、MMS等协议下载的但未下载完的文件，使它可以正常地播放。

启动Video Fixer，可以看到该软件界面左侧有一排功能按钮，通过这些按钮可以对损坏的多媒体文件进行修复。

修复文件时首先单击“Add file”按钮，随后弹出一个打开对话框。在该对话框中选择要修复的多媒体文件。该软件支持AVI、ASF、WMV、WMA、RM、RMVB格式的多媒体文件，并且提供了一次修复多个文件的功能，因此在选择文件时一次可以选择多个文件。

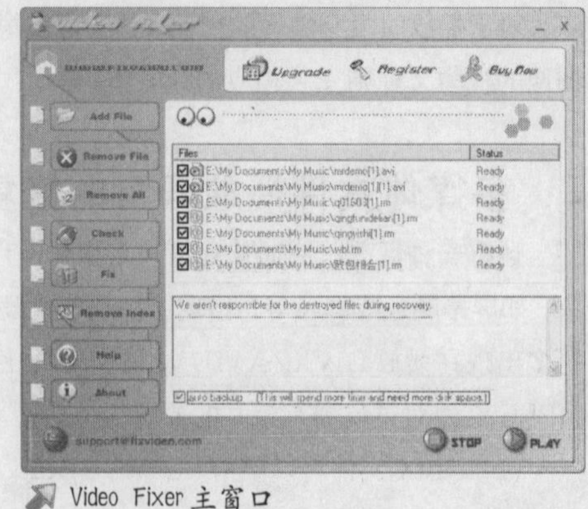
Video Fixer主窗口

选中需要修复的文件后单击“打开”按钮，即可将文件导入到Video Fixer右侧的文件列表中。单击下面的“Remove file”按钮可以将指定的文件从列表中删除（只是删除列表，而不是删除文件本身），如果要想删除全部文件列表在此单击“Remove all”按钮即可。

Video Fixer还提供了一个文件检测功能，我们可以在修复多媒体文件前通过这个功能检查多媒体文件是否正确，检查时单击“Check”按钮即可。

通过检查后，我们就可以对文件进行修复了。首先在文件列表中勾选需要修复的文件，随后单击“Fix”修复按钮即可。修复过程中，软件在下面的修复信息框中显示出修复的信息，修复后程序会将该文件另存到原文件所在的文件夹中，但是文件名后面都添加了一个“[1]”，如“演唱会.rm”文件修复后另存的文件名为“演唱会[1].rm”。修复后单击“PLAY”按钮即可对修复的文件进行预览。

(2) 用Zealot All Media Fixer修复受损的多媒体文件

Zealot All Media Fixer 是一个多媒体文件修复工具软件，如果你有一些多媒体文件无法播放，除了上面的修复方法外，可以试试通过这个软件来修复。该软件的修复率可达 82.8%~97.6%。支持可修复的文件格式有WMA、WMV、ASF、WM、ASX、AVI、MP3、MP2、MP1、MPA、MPGA、MPG、MPEG、MPA、DAT和WAV等。

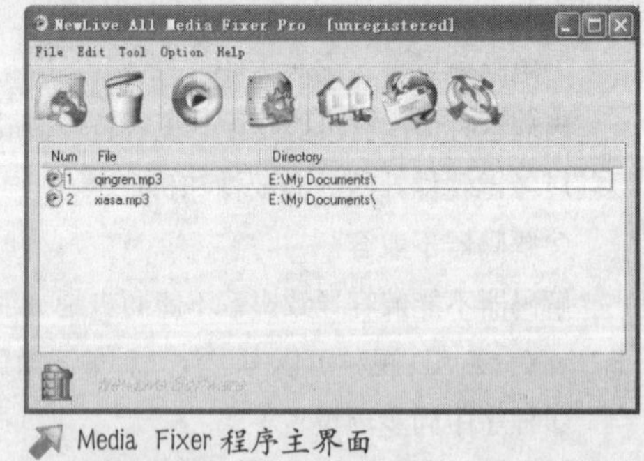
Media Fixer程序主界面

用Media Fixer修复多媒体文件的方法非常简单。首先将需要修复的多媒体文件导入到Media Fixer软件中，随后单击“Start check and fix”（开始检测并修复）按钮。此时弹出一个检测、修复窗口，并开始对文件列表中的文件进行检测。修复后可以看到文件列表中的修复文件前面划了一个钩，表示该文件修复成功。以后就可以用系统默认播放器播放了。

方案七 Word文档损坏后的修复

在日常工作中，Microsoft Word是许多电脑用户进行文字处理的常用软件。当你在编辑一篇Word文档时，如果因为某些原因使文档未保存下来，将会非常遗憾。下面我们就一起来看看如何拯救没有保存的或损坏的Word文档。

一、用“文档恢复”功能恢复文档

如果你使用的是Word XP/2003，而且已激活“自动恢复”功能，那么当Word遇到应用程序错误或系统故障时，再次打开软件将自动分析并处理文件错误，然后尝试恢复数据，并且会将恢复的文件保存下来。这样我们就可以找回重要的Word文档了。

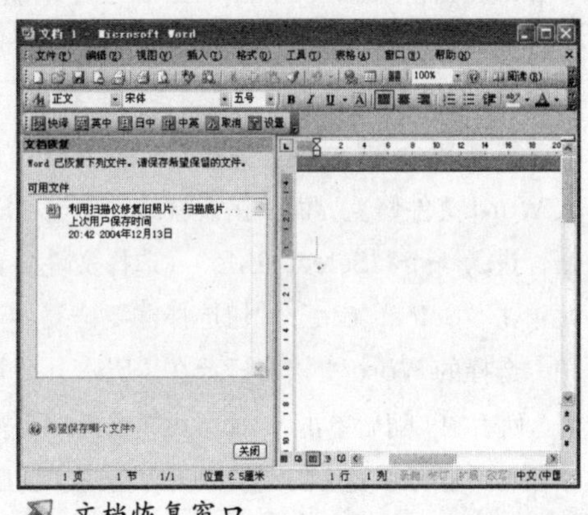

文档恢复窗口

恢复数据时首先重新启动Word，此时程序将自动激活“文档恢复”任务窗口，在窗口中清楚地列出了Word程序停止响应时所处于打开状态的文档。文件名后面是状态指示器，显示恢复过程中已对文件进行的操作。此外，软件还给出了该文档上次保存的时间。

此时我们只要在“可用文件”列表中选择需要恢复的文件，然后从右侧的倒三角箭头下拉菜单中选择“另存为”命令，一般选择替换为原有文档。退出Word时所有未保存的自动恢复文件都将自动被删除。

二、人工恢复文档

如果用户没有激活自动恢复文档功能，当文档损坏后，只能用人工恢复文档的方法对Word文档进行修复了。修复时可以采取下面的步骤找回丢失的文档。

1. 打开并修复文档

启动Word软件，单击Word菜单中的“文件”→“打开”命令，弹出一个打开对话框。在该对话框中选择需要打开的Word文档，随后单击“打开”按钮右侧的小三角，在弹出的打开方式中选择“打开并修复”命令。此时Word会自动提示文档损坏部分并自动修复。

2. 用暂存盘文件恢复文档

除了上面的方法外，我们还可以进入Word的临时文件夹中对Word文档进行恢复。在编辑Word文档时，软件会将未保存的文件暂存在一个指定的文件夹中。在Windows 2000/XP中程序默认将暂存文件保存到“C:\Documents and Setting\<用户名>\Application data\Microsoft\word”中，在这里可以找到文件名包含“自动恢复保存”字符的*.asd文件，双击该文件即可在Word程序中打开。在这个文件夹中我们还可以看到一个名为“~wrd0004.tmp”的临时文件，将扩展名改为“doc”，双击打开。这个文件是发生灾难事故前未保存的新建文档。

三、 用第三方软件进行恢复

1. 用OfficeFix程序恢复Word文档

OfficeFix是一款优秀的文档修复工具，提供了对Access、Excel、Word文档修复功能。

OfficeFix安装后，在主界面中我们看到程序提供了ExcelFix、AccessFix、WordFix三个功能按钮。通过这三个按钮我们可以对Access、Excel、Word文档进行修复。

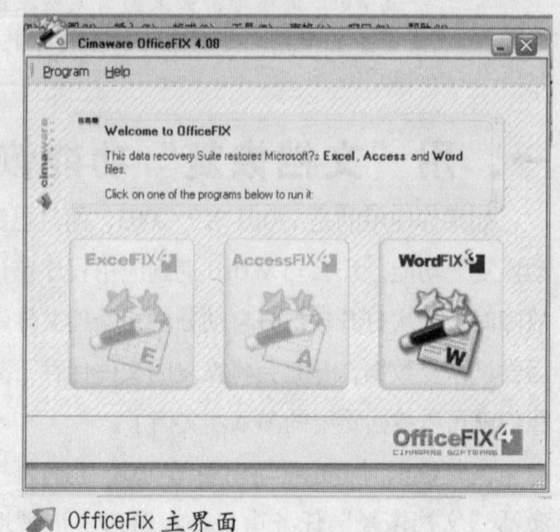

OfficeFix主界面

修复Word文档时，单击“WordFix”按钮，进入Word文件修复界面。在该窗口中单击“Start”按钮，进入一个“Select File”（选择文件）窗口。在此单击“Select file”按钮选择需要修复的Word文档，选择的Word文档将显示在“File name”（文件名）列表中。随后单击“Recover”按钮，程序自动对选中的Word文档进行修复。修复后单击“Save”按钮，即可将修复后的文档做另存处理。随后在该软件中单击“Open”按钮即可打开修复后的Word文件。

2. 用OfficeRecovery程序恢复Word文档

OfficeRecovery也是一款非常优秀的Office文档修复工具，并且修复的速度非常快。该软件提供了对Access、Excel、PowerPoint、Word文档的修复功能。

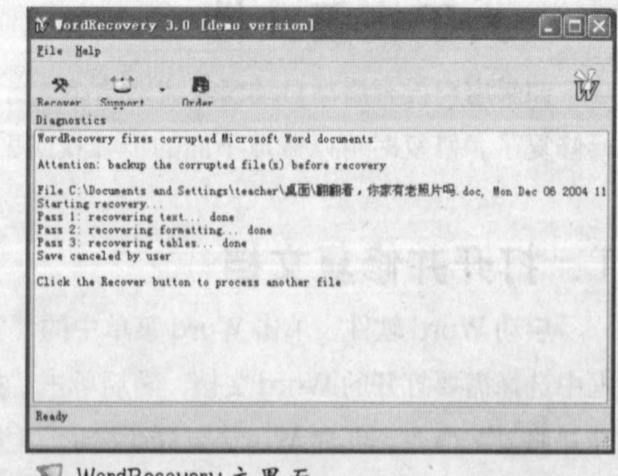

WordRecovery主界面

安装后在系统的“开始”菜单中单击“WordRecovery”快捷方式，即可快速启动Word文档修复工具。使用WordRecovery非常简单，只要单击程序界面中的“Recovery”按钮，在弹出的打开文件窗口中选择需要修复的文件，并单击“Recovery”按钮即可快速对选中的文件进行修复。软件还会在窗口中显示修复步骤。文件修复后，弹出一个“保存”对话框，在此对修复的文件进行保存，即可将损坏的文件挽救回来。

系统备份、还原的优化与调整

文／图　武金刚

未雨绸缪，在系统运行稳定的时候应该及时对系统进行备份，这样在出现问题时我们就可以快速地对系统数据进行恢复，从很大程度上挽救系统中的数据。是不是所有的系统数据都必须进行备份呢？什么样的系统备份后再恢复才能正常运行呢？还原后的系统还要进行哪些优化和调整呢？在这一专题中我们主要介绍系统备份、还原前后的一些优化与调整方法。

方案一 备份前系统启动优化

刚刚安装好的系统运行是比较稳定的，因此很多用户都会在刚安装好系统后就对其进行备份。当系统瘫痪后再还原，片刻之间一个崭新的系统又摆在了我们面前。可是在系统备份后电脑中的设置和优化却不能恢复，这样系统还原后我们还要一步步地进行设置、优化，还是显得有些麻烦。因此我们在对新系统进行备份前，还要对系统的各个方面进行相应的设置和优化。下面我们就来了解一下与系统启动相关的优化操作。

一、系统引导菜单优化

电脑在使用一段时间后启动会越来越慢，这是由于系统启动组中加载的程序过多。要想加快系统的启动速度，可以对电脑的启动组进行清理。

1. 查看Boot.ini引导文件内容

由于某种需要很多用户都安装了多个系统，这样在启动系统时电脑屏幕上会出现一个多系统引导菜单，通过这个引导菜单可以选择需要进入的系统。其实这个引导菜单的设置保存在系统分区（C盘）根文件夹下面的一个隐藏文件Boot.ini中。

那么如何查看Boot.ini文件内容呢？依次点击“开始”→“控制面板”，打开“控制面板”界面，双击“文件夹选项”选项，打开“文件夹选项”对话框。

切换到“查看”选项卡，选中“高级设置”菜单中的“显示所有文件和文件夹”一项，然后单击“确定”退出即可。

这时我们可以进入到C盘根文件夹下，在该文件夹下我们可以看到Boot.ini文件。用鼠标右键单击该文件，在弹出的右键菜单中选择“打开

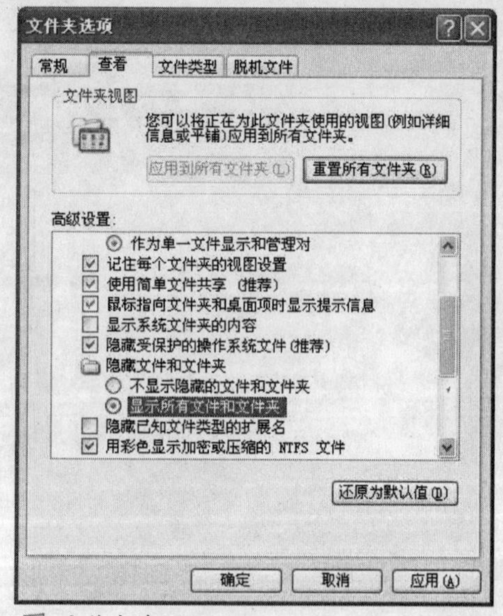

文件夹选项

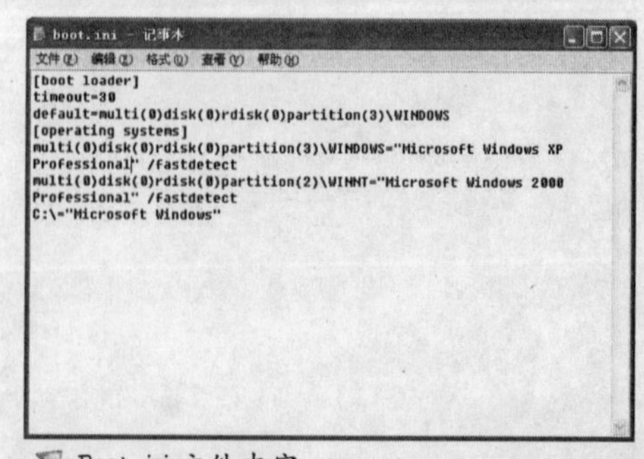


```
[boot loader]
timeout=30
default=multi(0)disk(0)rdisk(0)partition(3)\WINDOWS
[operating systems]
multi(0)disk(0)rdisk(0)partition(3)\WINDOWS="Microsoft Windows XP Professional" /fastdetect
multi(0)disk(0)rdisk(0)partition(2)\WINNT="Microsoft Windows 2000 Professional" /fastdetect
C:\="Microsoft Windows"
```

Boot.ini文件内容

方式"，在弹出菜单中选用"记事本"打开Boot.ini文件。

小提示

如果在"文件夹选项"对话框中选择了"显示所有文件和文件夹"，在C盘上还没有看到Boot.ini文件，这时我们可以点击"开始"→"运行"，在运行对话框中输入"c:\boot.ini"，点击"确定"按钮后启动该文件。

2. Windows XP启动菜单优化设置

Boot.ini文件中的内容不是固定不变的，可以在Boot.ini文件中更改某些设置以加快系统的启动速度。但是对其的错误修改将有可能导致计算机无法正常启动，请小心。具体操作步骤如下。

首先用鼠标右键点击"我的电脑"图标，在弹出菜单中点击"属性"项，打开系统属性窗口。在系统属性窗口中点击"高级"选项卡，然后点击"系统和故障恢复"按钮，打开系统和故障恢复设置窗口。

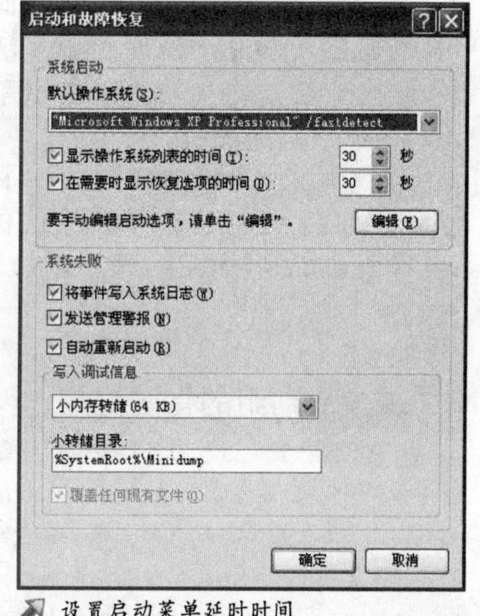

设置启动菜单延时时间

在"显示操作系统列表的时间"中可以更改引导菜单的等待时间。系统默认的启动时间为30秒，可改为20秒、10秒、5秒等，以缩短系统启动时的等待时间。

随后单击"编辑"按钮，用记事本打开Boot.ini文件。在"Boot.ini"文件中找到下面语句：

Multi(0)disk(0)rdisk(0)partition(1)\WINDOWS="Microsoft Windows XP Professional" /fastdetect。

其中，"fastdetect"参数表示系统启动时快速检测串行口和并行口。我们可以将该语句中的"fastdetect"改为"nodetect"参数，这样启动时就不会检测计算机中的各个串口，缩短了启动时间，从而达到加快启动速度的目的。

二、启动过程优化

1. 删除Config.sys和Autoexec.bat中不必要的文件

Config.sys和Autoexec.bat文件中加载一些命令后会导致系统启动速度过慢。删除这两个文件中没必要的部分可以加快系统的启动速度。一般情况下这两个文件中的所有命令都可以删除。删除该文件中内容时执行"开始"→"运行"→"Msconfig"，弹出"系统配置实用程序"窗口，再根据需要将Config.sys和Autoexec.bat中某些不必运行的程序前的"✓"去掉。

如果在Windows XP系统的"系统配置实用程序"窗口中没有Config.sys和Autoexec.bat两项，

可以到系统所在根文件夹下用记事本打开这两个文件，清空该文件中的所有内容即可。

小提示

在以上操作中，我们可以通过“Msconfig”程序快速对启动组进行优化。而在Windows 2000中已经抛弃了这个命令，如果要想优化启动组，能通过注册表来完成，非常麻烦。其实，我们可以将Windows XP系统中的Msconfig（C:\Windows\system）命令复制到Windows 2000系统的system文件夹下，随后直接运行即可。

2. 减少系统启动时的等待时间

Windows XP启动时有一个不断显示进度条的界面，如果启动中运行的程序太多，这个界面的显示时间会比较长，这样就大大地拖延了系统启动的时间。其实我们可以通过减少进度条的显示次数来提高Windows XP的启动速度。

首先在系统“运行”窗口中输入“Regedit”命令，打开注册表编辑器，依次打开“Hkey_Local_Machines\System\CurrentrolSet\PrefetchParameters”。在右侧窗口中有一个“Enableprefetcher”项，键值默认为3，可以将此键值改为1，这样就可以加快启动速度。

3. 减少启动组的常驻程序

一些软件在安装过程中会自动向启动组中添加一些启动程序（如QQ、Winzip、Winamp等）。如果启动组中加载的程序过多，将会导致系统的启动速度减慢。要想加快电脑的启动速度，应去掉启动组中的一些不必要的程序。在“系统配置实用程序”中点选“启动”选项，去掉某一项前的“√”即可。

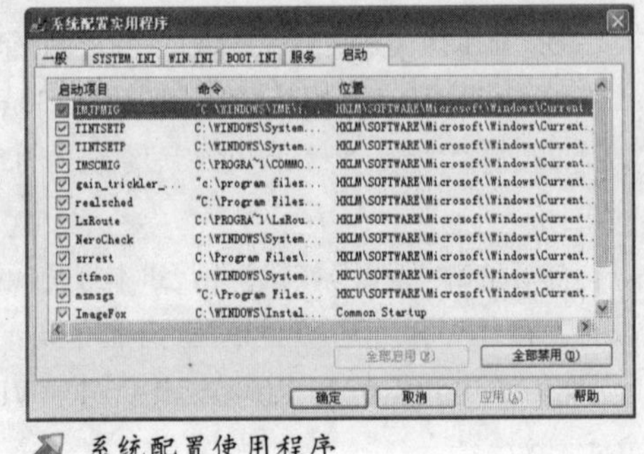

系统配置使用程序

4. 取消任务栏上的快速启动组

Windows任务栏的“快速启动组”中的图标是为了快速、方便地启动某一程序而设置的。如果“快速启动组”中的快捷方式过多就会大大影响系统启动的速度，所以有必要删除该组中的一些快捷方式或关闭该启动组来提高系统的启动速度。关闭“快速启动组”方法：用鼠标右键点击任务栏→工具栏→去掉“快速启动”前面的“√”。

5. 设置通道属性

我们也可以通过设置IDE通道的方法来提高Windows XP的启动速度。首先用右键单击“我的电脑”→“属性”→“设备资源管理器”，找到并打开“主要IDE通道”和“次要IDE通道”，把其中不用的设备类型都改为“无”即可。

6. 禁止系统搜索软驱

系统在每次启动时默认要对软驱进行扫描，影响了启动速度。为了加快启动速度，可以禁止系统搜索软驱。Windows 98/Me中禁用此项功能可通过在桌面上右键单击“我的电脑”，选择“属性”，在出现的对话框中依次选择“性能”→“文件系统”→“软盘”，将“每次启动计算机时都搜索软盘驱动器”项的“√”去掉。

小提示

在Windows 2000/XP中并没有提供禁用搜索软驱功能，如果你的软驱不经常使用，可以暂时将其关闭。关闭时，右键单击“我的电脑”，在弹出的右键快捷菜单中选择“属性”，随后在弹出的对话框中单击“硬件”标签项。点选“设备资源管理器”按钮，在出现的硬件列表中选择“软驱控制器”项，用鼠标点开前面的“+”号，在“xxxx Floppy disk”（xxxx即软驱的名称）图标上单击右键，在弹出的菜单中选择“停用”即可。这样设置后软驱将停用，以后使用时再修改回来即可。

7. 修改Msdos.sys取消Windows 98/Me 启动延时

如果你使用的是Windows 98/Me操作系统，还可以通过修改Msdos.sys取消启动延时，以加快系统的启动速度。

首先对系统中的“Msdos.sys”文件进行修改。这是系统启动时需要加载的文件。该文件位于“C:\”盘下，是一个隐藏、只读属性文件。找到该文件后，用右键点击该文件。在弹出的右键菜单中选择“打开方式”命令，随后弹出一个“打开方式”对话框。在下面的“选择需要的应用程序”列表中选择“记事本”程序，单击“确定”即可用记事本将Msdos.sys文件打开。其中在[Options]下输入以下语句：

```
BootDelay=0
GOLO=0
DrvSpace=0
DoubleBuffer=0
```

语句中，BootDelay项表示系统的延时时间。“=”号后面的数值为系统启动时的延时时间，单位为秒，如果修改为“0”，说明该计算机启动时不延时，而直接启动；GOLO项表示显示开机画面，“=”号后面的数值如果是“1”表示系统在启动时自动加载Io.sys或Golo.sys程序，即显示Windows 98的开机画面；如果GOLO后面的数值为“0”时，系统启动时不显示开机画面；DrvSpace项数值设置为“0”时表示不加载压缩驱动程序，这样可以增加文件存取速度；DoubleBuffer数值为0时表示不使用双重缓冲区，这样从很大程度上缩短了启动时间，从而加快了启动速度。修改后保存即可。

方案二 备份前系统性能的优化

随着电脑的使用时间的增长，磁盘上的文件夹越来越多，文件夹结构也越来越复杂。在有用的程序和数据增长的同时，无用的临时文件、工作文件也会同步增长。这些文件长期保留在硬盘上，既浪费硬盘容量，又造成磁盘文件结构混乱。当磁盘中的文件非常多时，磁盘访问的速度也会有所降低。综合以上种种原因，我们要对磁盘上的垃圾文件进行清理，才能使磁盘正常运行。

一、手工清除系统垃圾文件

1．定期清除系统分区中的文件

要区分垃圾文件，应从文件的扩展名入手。一般后缀为*.bak、*.??、*.chk、*.fts、*.tmp、*.old、*.xlk 的文件都是系统或软件运行时产生的临时文件，时间一久，占用的空间极大，应该及时清理删除。

删除这些垃圾文件时，首先单击“开始”→“搜索”，打开“搜索”对话框，在右侧的“你想查

Windows 系统中最常见的垃圾文件类型

后缀名	文件类型
.??$；.??~；*.~*；*.tmp ；~*.*；*._mp；*.syd	临时文件
.ftg；.gid	帮助的临时文件
.$$$；.@@@	异常的临时文件
*.———；mscreate.dir	安装临时文件
*.bak	临时备份文件
*.old	旧备份文件
chklist.* ；*.chk	丢失簇的恢复文件
*.ms	微软产品备份文件
*.diz	下载软件说明文件
*.wbk	Word 备份文件
*.xlk	Excel 备份文件
0???????.nch	新闻组临时缓存数据文件
*.cdr_	CorelDraw 备份文件
*.#REs	Photoshop 转存文件
*.Dmp	Windows XP/2000 系统内存存储文件

找什么”项中点选“所有文件和文件夹”项。随后在“全部或部分文件名”项中输入要搜索垃圾文件的扩展名，如“*.tmp”。在下面的“搜索”项中选择“我的电脑”，随后单击“查找”按钮，即可将硬盘中所有扩展名为TMP的文件查找出来，然后将其删除即可。其他类型的垃圾文件也可以用这种方法清理。

2.删除Windows XP中无用的输入法

Windows XP自带了多种输入法，其中包括日文、韩文、繁体中文输入法等，存放在Windows\ime（有些则存放在Windows\system32\ime）文件夹下，共有80多兆字节。这些输入法既占用了硬盘的宝贵空间，又影响了系统的运行速度。如果某些输入法平时根本就不使用，那么就可以选择性地删除。

删除方法：首先在“任务栏”中右击“输入法”图标，在弹出的快捷菜单中选择“设置”，启动“文字服务和输入语言”对话框。在下面的“已安装服务”中删除多余的输入法，确定退出。然后进入Windows\ime文件夹，在该文件夹下我们可以将相应的输入法（如IMJP8_1、IMKR6_1、imejp98等）文件夹及文件删除即可。

3.删除Windows XP的帮助文件

对于Windows XP的初级用户来说，系统的帮助信息是非常有用的。但随着对系统越来越熟悉，帮助文件也就越来越多余，此时可以考虑将其删除。Windows XP的帮助文件均保存在系统安装文件夹下的Help文件夹中，可将其中的文件夹及文件全部删掉。

4.删除系统的安装备份文件

Windows XP安装完成后，不仅给系统文件做了备份，而且对驱动程序也进行了相应的备份，大大浪费了硬盘空间，降低了系统的运行效率。如果用处不大，可将这些备份删除。驱动程序的备份文件是Windows\driver cache\i386文件夹下的Driver.cab文件，可将其删除。

二、关闭不需要的功能

1．关闭系统错误发送功能

Windows XP提供了一个系统错误发送功能，可以自动将系统中的出现的各种错误自动记录下来，然后提示是否发送到微软公司来解决。其实在平时的操作中这个功能根本不需要，所以可以将其功能关闭。方法是在“控制面板”中打开“系统”，选择“高级”选项，单击“错误报告”，然后勾选“禁用错误报告”即可。

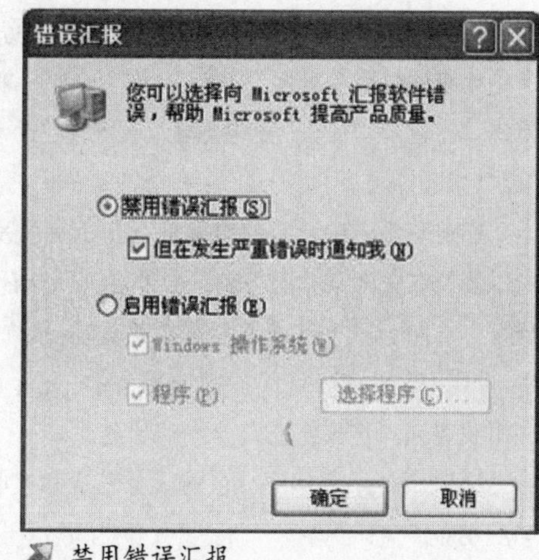

禁用错误汇报

2．关闭计算机的休眠功能

Windows XP的休眠功能占据了很大的硬盘空间。如果我们平时很少使用该功能，可以关闭系统的这一功能，这样大约可以节省200多兆字节的硬盘空间。其关闭方法是在“控制面板”中打开“电源管理”，并切换到“休眠”标签项下，将“启用休眠”前面的钩去掉即可。

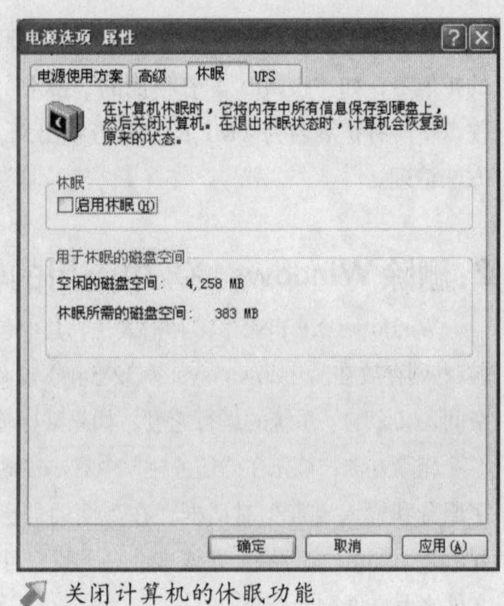

关闭计算机的休眠功能

3．关闭“自动更新”功能

Windows XP提供的“自动更新”功能，对于一个24小时都上网的用户来说很适合。可是考虑到网速问题，每次系统都会到网上下载更新文件，又给网速增加了“负担”。笔者建议你将默认的自动升级改为手动升级方式。具体操作方法为：右键单击“我的电脑”，点击“属性”，点击“自动更新”，在“通知设置”一栏选择“关闭自动更新，我将手动更新计算机”一项。

4．关闭不常用的服务

在Windows XP中，系统启动时会自动为用户添加一些服务，但是这些服务并不是系统所必须的，并且严重地影响了系统的启动速度，浪费了部分系统资源。因此，对大部分用户来说，完全可以将某些不常用的服务功能关闭，以便节省系统资源。

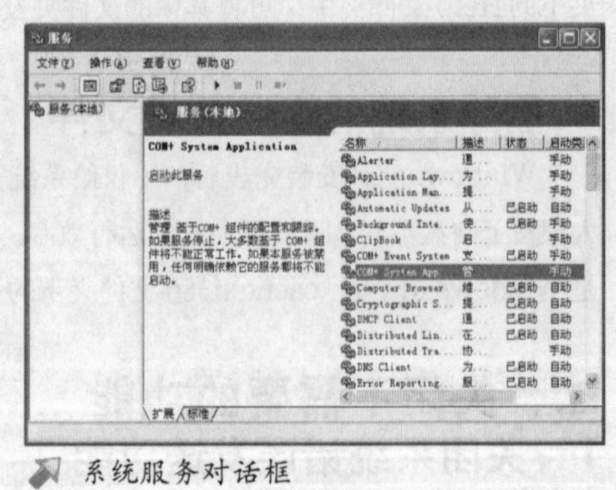
系统服务对话框

关闭服务的方法：右键单击“我的电脑”，选择“管理”菜单，在弹出的窗口中选择“服务和应用程序”下的“服务”（或在“开始”→“运行”，输入“services.msc”命令，打开“服务”对话框）。在右边的窗口中，会列出目前系统运行的所有服务程序，选中要禁用的服务程序，右键点击“属性”，接着再单击“停止”，并将“启动类型”设置为“手动”或“已禁用”即可。

在这些服务中，有的服务是Windows XP启动或运行所必须的，关闭后会影响系统的正常运行。所以我们在关闭某项服务前，一定要认真查看窗口左边的文字说明，确认后再将其禁止。笔者经过反复研究，总结了以下几条供大家参考。

“Clipbook Server”（文件夹服务器）：这个服务允许网络上的其他用户看到我们电脑上的文件夹。在这里我要强烈建议把它改为手动启动。

“Messenger”（消息）：在网络上发送和接收信息。如果你关闭了Alerter，可以安全地把它改为手动启动。

“Printer Spooler”（打印后台处理程序）：如果你没有配置打印机，建议改为手动启动或关闭它。

“Error Reporting Service”（错误报告）：服务和应用程序在非标准环境下运行时提供错误报告。建

议改为手动启动。

“Fast User Switching Compatibility”(快速用户切换兼容性):建议改为手动启动。

“Automatic Updates”(自动更新):这个功能前面已经讲过了，在这里可以改为手动启动。

“Net Logon”（网络注册）：处理注册信息的网络安全功能可以改为手动启动。

“Network DDE和Network DDE DSDM”(动态数据交换):除非你准备在网上共享你的Office，否则应该把它改为手动启动。

“NT LM Security Support”(NT LM安全支持提供商):在网络应用中提供安全保护，建议改为手动启动。

“Remote Desktop Help Session Manager”(远程桌面帮助会话管理器):建议改为手动启动。

“Remote Registry”(远程注册表):使远程用户能修改此计算机上的注册表设置，建议改为手动启动。

“Task Scheduler”(任务调度程序):使用户能在此计算机上配置和制定自动任务的日程，如计划每周的碎片整理等，建议改为手动启动。

“Uninterruptible Power Supply”(不间断电源):管理UPS。如果你没有UPS，把它改为手动启动或关闭它。

“Windows Image Acquisition (WIA)”(Windows 图像获取 WIA):为扫描仪和照相机提供图像捕获功能，如果没有这些设备，建议改为手动启动或关闭它。

5. 禁止系统还原功能

自Windows Me开始，Windows操作系统就提供了一个系统还原功能。系统还原功能可以为我们自动备份一些重要的数据，但它耗费了大量的系统资源和硬盘空间。如果你对系统的各项操作都很熟悉，考虑到节省硬盘的空间，提高系统效率，可以将“系统还原功能”禁止。

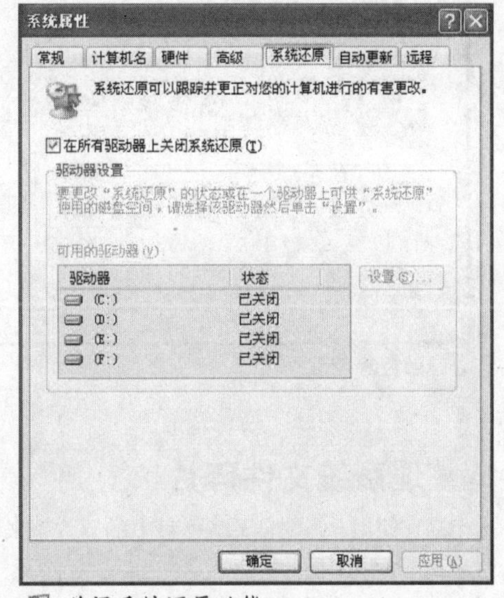

关闭系统还原功能

在“Windows XP”中禁止系统还原的方法：首先打开“控制面板”，选择“系统”，然后在“系统属性”对话框中切换到“系统还原”选项卡，将其中的“在所有的驱动器上关闭系统还原”前面打上“√”，然后点击“确定”按钮。随后将C盘根文件夹下的“_RESTORE”文件夹删除。

在“Windows Me”中禁止系统还原的方法和Windows XP的方法不同。首先在桌面上右击“我的电脑”，选择“属性”，然后在“系统属性”对话框中依次打开“性能”→“文件系统”→“疑难问题解答”，将其中的“禁止系统还”前面打上“√”，然后点击“确定”。

接下来按上面提到的方法进入启动组，将“*StateMgr”项前面的“√”去掉，点击“清除”按钮，清除装载在注册表中的无用项目。然后点击“确定”，重新启动。将C盘根文件夹下的“_RESTORE”文件夹（隐藏）在纯DOS下删除，这样可节省几百兆字节的硬盘空间。

三、对磁盘进行维护

1. 对磁盘进行清理

除了上面的清理垃圾文件的方法外，我们还可以使用系统自带的“磁盘清理”工具。磁盘清理是日常使用电脑时必须做而且需要经常做的工作，通过“磁盘清理”程序可以清理软盘、硬盘上无用的文件，以保证系统的正常运行。

运行磁盘清理程序时，首先在“开始”→“程序”→“附件”→“系统工具”中执行“磁盘清理程序”命令，随后弹出一个“磁盘清理程序”窗口。在该窗口中程序要求选择清理的磁盘（例如C盘），随后单击“确定”按钮，系统提示“正在扫描C盘”。随后列出多种需要清理的文件。勾选需要清理的文件后，单击“确定”按钮便可以把搜索到的文件清理干净。

单击“其他选项”，程序提供了“Windows组件”、“安装的程序”、“系统还原”三项功能，单击相应项中的“清理”按钮，进入相应的界面卸载无用的组件。

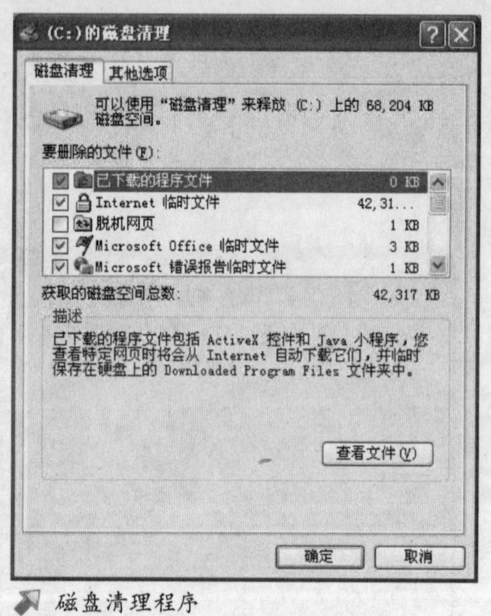

磁盘清理程序

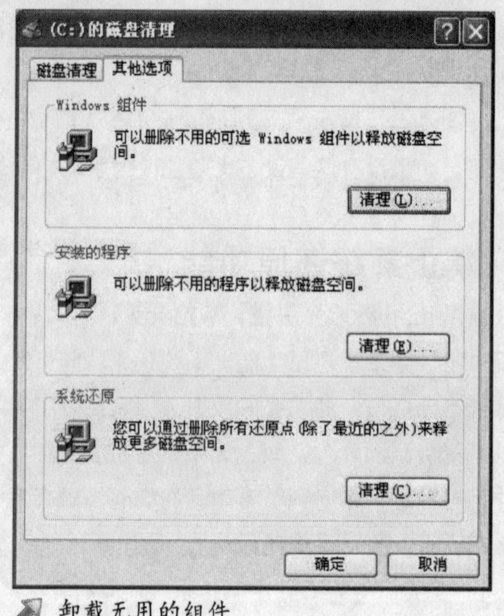

卸载无用的组件

2. 整理系统文件碎片

电脑在使用一段时间后，磁盘上的碎片越来越多，这样会导致系统运行过慢。因此要定期地对磁盘进行碎片整理。

对磁盘进行碎片整理时，首先要将开机自动执行的软件以及屏幕保护设置禁止掉，重新启动后再执行碎片整理，否则可能出现异常或整理死机现象。

小知识

磁盘碎片整理程序可以分析本地分区和文件夹中碎片文件的分布情况，随后对碎片进行整理，使得每个文件或文件夹都在磁盘分区上单独而连续地存储下来。这样，系统就可以更有效地访问该分区中的文件和文件夹，以及更有效地保存新的文件和文件夹。

(1) 用好系统自带的“碎片整理”工具

Windows XP 系统提供了一个碎片整理工具软件，通过这个工具可以快速地对磁盘中的碎片文件进行整理，从而提高系统的性能。

在“开始”→“所有程序”→“附件”→“系统工具”中双击“磁盘碎片整理程序”，即可启动 Windows XP 的碎片整理工具。

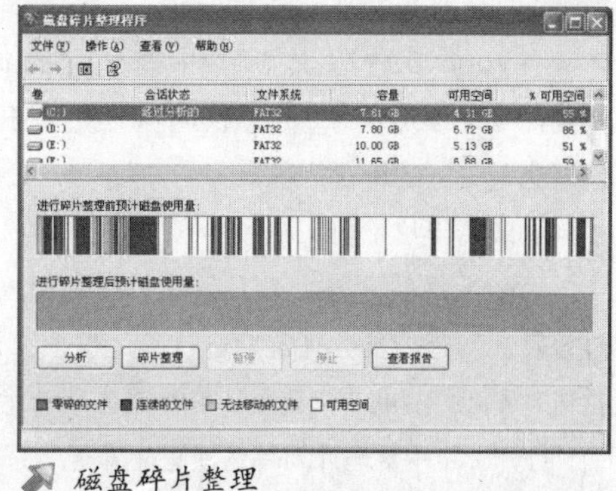

磁盘碎片整理

在程序的主界面上方提供了当前磁盘的分区列表，在此可以选择需要碎片整理的分区。在碎片整理之前，首先单击“分析”按钮，这时磁盘碎片整理程序开始对指定的分区进行碎片分析。分析完成后，会在“分析显示”中显示出对当前分区的分析结果。同时也会显示一个对话框，告诉我们是否需要进行对分区进行碎片整理。单击“查看报告”可以查看分析报告，其中显示了更详细的卷信息以及最多碎片文件的列表。

需要对当前分区进行碎片整理时，单击“碎片整理”按钮即可。碎片整理花费的时间取决于多个因素，其中包括分区的大小、分区中的文件数和大小、碎片数量和可用的本地系统资源。

完成整理后，程序会在“碎片整理”中显示整理结果。单击“查看报告”，可查看已整理分区的碎片整理报告。

(2) 用 VoptXp 进行碎片整理

系统自带的“碎片整理”工具虽然能够彻底地对硬盘上的碎片文件进行整理，但是花费的时间比较长。这里笔者推荐使用第三方碎片整理工具 VoptXp，利用该软件可以快速地对磁盘上的碎片进行整理，效果非常好。

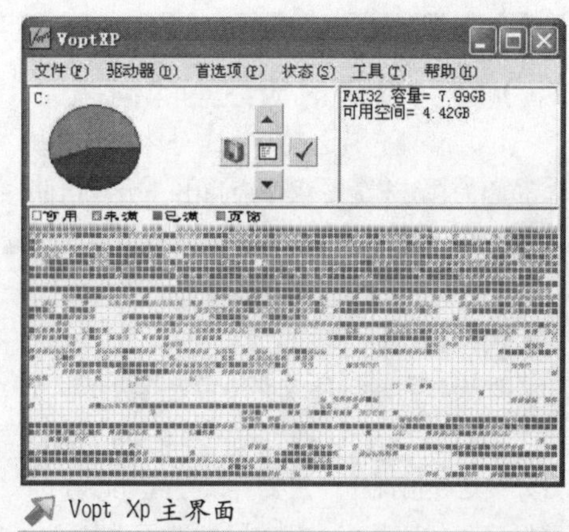

Vopt Xp 主界面

启动 VoptXp，可以看到程序的主界面上方是一个菜单栏，包括“文件”、“驱动器”、“首选项”、“状态”、“工具”、“帮助”六个功能菜单。

在该界面中以图示方式显示了当前磁盘占用的情况，同时还可以在下面的文件分布窗口中查看当前分区中文件的分布状态和碎片情况，并以不同的颜色对文件类型给予区别。这些信息将帮助你判断是否应该进行磁盘整理了。查看其他分区时可以通过窗口中的上下箭头按钮选择其他分区。

①整理分区中的碎片

用 VoptXp 程序对磁盘进行碎片整理时，首先选择一个需要整理的分区，随后单击“分析”按钮。程序在窗口右侧列出了当前分区的分析情况，包括容量、可用空间、文件、文件夹、碎片文件数、系统恢复文件、临时文件等信息。

分析后单击界面中的“碎片整理”按钮，程序会启动磁盘扫描程序检测当前磁盘错误。如果没有错误发生，会自动开始对磁盘中的碎片进行整理。如果磁盘上有错误，此时程序会在该界面的列表框中给出文件出错信息。遗憾的是程序并没有提供磁盘错误的修正功能，此时需要使用系统提供的磁盘扫描程序等专门工具来修复磁盘。

在VoptXp的“工具”菜单中提供了Scandisk的快捷命令，使用该命令可以快速启动磁盘扫描程序修复当前分区的错误信息。

②定期碎片整理

VoptXp程序提供了定期碎片整理功能，可以通过该功能对指定的分区定期进行碎片整理。设置时首先在VoptXp的“首选项”菜单中选择“计划”按钮，打开“碎片整理计划首选项”对话框。在“整理”项中点选定期整理的时间（程序提供了一周、一个月、不要三种，我们可以根据需要进行选择）。随后在“驱动器”项中勾选需要整理的分区，随后单击“应用”按钮即可。

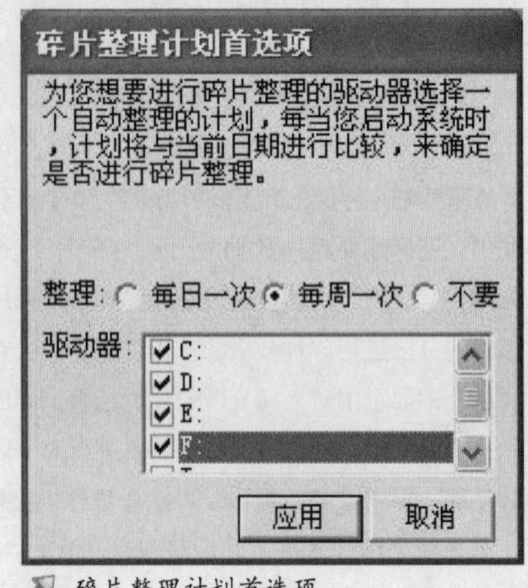

碎片整理计划首选项

小提示

设置定期碎片整理时，建议一般用户设置一个月整理一次。如果经常下载、安装、卸载软件的用户可以一周进行一次碎片整理。

（3）碎片整理时应注意的问题

①在整理碎片之前对指定分区进行分析

因为在分析后，程序会弹出一个对话框，告诉用户该分区中碎片文件和文件夹的百分比，并建议是否进行碎片整理。这样可以避免不必要的磁盘碎片整理操作，减少大量地对硬盘的读写操作，也是对硬盘的一种保护。因此我们最好每周进行一次分区碎片分析。如果发现分区中的碎片太多就应该对该分区进行碎片整理了。

②安装大量软件或文件后进行分析

当用户安装或卸载了过多的应用软件或者添加了大量的文件或文件夹后，分区上可能有过多的碎片，在这种情况下一定要对该分区进行分析。一般来讲，访问频繁的服务器中分区比单个用户所使用的分区产生的碎片多，应该经常进行磁盘碎片整理。

③确保磁盘至少有15%的可用空间

磁盘必须至少有 15% 的可用空间，磁盘碎片整理程序才能进行完全充分地整理。磁盘碎片整理程序使用这部分空间作为文件碎片的暂存、排序区域。如果分区的可用空间少于 15%，那么磁盘碎片整理程序只能部分地进行碎片整理，效率降低。要增加分区的可用空间，应删除不需要的文件或将其移至其他磁盘分区后，再对磁盘进行碎片整理。

④安装 Windows 系统后进行碎片整理

重新安装系统或升级了 Windows XP 补丁程序后，应该对该分区进行碎片整理。这样可以帮助我们获得最佳的文件系统性能。

方案三 通过Documents and Settings 文件夹优化Windows XP系统

经常安装系统的朋友都会发现，每当安装好Windows XP/2000系统后，都可以看到在该系统中有一个Documents and Settings文件夹。可是很多用户对这个文件夹并不太了解。奇怪的是，这个文件夹的体积会随着我们使用计算机的时间而不断地增大。这个文件夹中到底都存放了些什么东西呢？可以删除吗？对我们一般用户来讲有什么用途呢？在本方案中我们就来对该文件夹做深入的介绍，并介绍如何通过该文件夹中的各项功能调整和优化系统。

一、认识Documents and Settings文件夹

Documents and Settings文件夹是Windows XP/2000操作系统中用来存放用户配置信息的文件夹。默认情况下在系统分区根文件夹下包括：Administrator、All Users、Default User、用户文件夹。

Documents and Settings存放了有关用户当前桌面环境、应用程序设置和个人数据的一些信息。用户配置文件还包含了用户登录计算机时所建立的所有诸如网络连接、桌面的大小、颜色数、鼠标设置、“开始”菜单和网络服务器等。当登录到Windows 2000/XP后，系统会自动建立配置文件。同时，通过向每个用户提供同他们最近一次登录计算机时相同的桌面，用户配置文件可以为每个用户提供一致的桌面环境。掌握了该文件夹的相关知识，会给我们优化系统带来很多方便。下面我们就以Windows XP为例来了解一下该文件夹在实际中的应用。

二、让多用户数据共享更方便

Windows XP支持多用户操作，每个用户都需要用自己的用户名和密码登录。并且各个用户都会在Documents and Settings文件夹下生成一个以用户名为名的文件夹，在该文件夹中存储着当前用户的程序设置和系统配置信息。如果多个用户要想共同使用电脑中的程序和文件，可以通过Documents and Settings方便地让多用户进行数据共享。

1．让多个用户共享“开始”菜单和桌面

“开始”菜单是用来存放每个用户“开始”菜单内容的文件夹。系统中每个用户的“开始”菜单中的程序都是由两部分组成，一部分存放在“用户名”文件夹下的“「开始」菜单”中，另一部分存放在“All Users\「开始」菜单”中。在“用户名”文件夹下的“「开始」菜单”文件夹存放的是当前用户安装系统时复制的程序的快捷方式，而“All Users\「开始」菜单”文件夹中则存放着各个

用户共用的程序。

如果我们想让该系统下每个用户的“开始”菜单中都显示计算机中所有程序的快捷方式，以方便运行程序，可以将需要共享程序的快捷方式复制到“All Users\「开始」菜单”文件夹中即可。随后再将用户名下面的“「开始」菜单”文件夹下的所有程序的快捷方式复制到“All Users\「开始」菜单”中。

如何使各个用户中以后安装的程序的快捷方式自动复制到“All Users\「开始」菜单”文件夹中呢？我们只要将快捷方式的复制路径改为“All Users\「开始」菜单”文件夹即可。这样以后再安装程序，其快捷方式就会直接被复制到“All Users\「开始」菜单”文件夹中。

修改时在“运行”对话框中键入“Regedit”，打开注册表编辑器，随后展开 HKEY_CURRENT_USER\Software\Microsoft\Windows\CurrentVersion\Explorer\Shell Folders分支，在右侧的键值中找到“Programs”键值项，双击它，弹出一个“编辑字符串”对话框。将下面的“数值数据”项的路径改为“C:\Documents and Settings\teather\「开始」菜单\程序”即可。

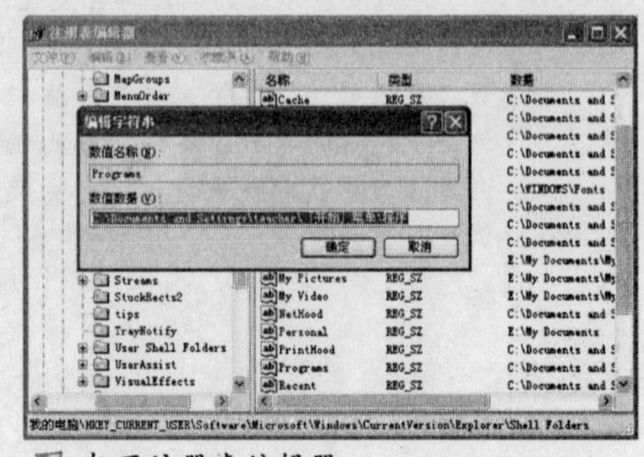

打开注册表编辑器

小提示

通过此方法我们还可以实现各个用户的桌面文件的共享。

2. 让多用户上网更方便

经常上网的用户都会将自己喜欢的网站地址收藏到收藏夹中，这样便于以后使用。可是如果进入其他用户后需要重新收藏需要的网站地址。如果将所有用户中收藏的网址都放到同一个文件夹中，这样就能在用任何用户名登录的情况下快速找到喜欢的网站了。

（1）涉及的文件夹

收藏夹：该文件夹位于每个用户名文件夹下。

（2）文件夹功能

上网时我们收藏的网址都会保留在这个文件夹中。

（3）应用

修改时首先指定一个收藏网址的文件夹，然后将其他用户名下的收藏夹中的网址都复制到该文件夹。为了使以后我们每个用户收藏的网址都会被保存到该文件夹中，我们需要在注册表中修改该文件夹的路径。

启动注册表编辑器，按照上面的方法找到 Shell Folders 分支，随后在该分支中双击“Favorites”

键值项。打开该项的“编辑字符串”对话框，在该对话框的“数值数据”项中输入指定收藏夹的位置即可。随后其他用户也按照此方法进行修改。以后每个用户收藏的网站都会被保存到指定的文件夹中了。

3. 让多用户访问网上邻居更方便

如果将每个用户访问网上邻居的快捷方式都保存到指定的文件夹中，这样我们就可以在任何用户环境中快速地访问同一网段内计算机的共享文件夹了，给我们文件共享带来了方便。

(1) 涉及文件夹

Nethood：该文件位于每个用户文件夹中。

(2) 文件夹功能

该文件夹保存着每个用户使用网络邻居时保存在网络邻居中的共享文件夹的快捷方式，有了这些快捷方式，可以快速地打开需要的共享文件夹。

(3) 应用

修改时打开注册表编辑器，在Shell Folders分支下找到“Nethood”键值项，随后打开该项的“编辑字符串”对话框，在该对话框的“数值数据”项中输入指定文件夹的位置即可。其他用户也按照此方法进行修改。以后各个用户通过网上邻居访问过的共享文件夹的快捷方式都会被保存在该文件夹中。

4. 共享IE下载文件缓冲区

在每个用户的文件夹下都有这样一个庞大的缓存文件夹。IE文件缓冲区虽然可以加快网页速度，但是体积也比较庞大。这样浪费不少的硬盘空间，因此可以将所有用户的IE缓存文件都放入同一个文件夹中，这样既可以节省磁盘空间，又给我们多用户上网带来方便。

(1) 涉及文件夹

Temporary Internet Files：该文件夹位于每个用户文件夹下的Local Settings文件夹中。

(2) 文件夹功能

Local Settings：该文件夹保存了应用程序数据、历史和临时文件。在运行系统中安装程序时，程序会自动提取到该文件夹中应用程序的数据。

Temporary Internet Files：IE下载文件缓冲区。使用IE浏览器浏览网页时，系统会自动将浏览过的网页内容放在这个文件夹中，当你再次打开相同的网页时系统会从这个文件夹中进行提取，这样可以加快浏览的速度。

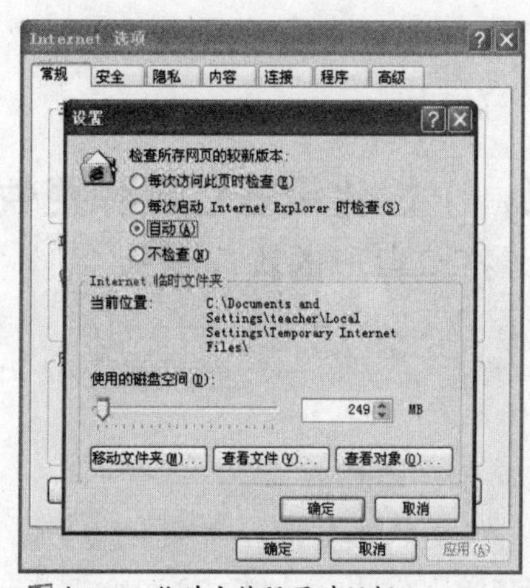

Internet临时文件设置对话框

（3）应用

修改时用右键单击IE图标，选择“Internet 属性”命令，随后打开“Internet 属性”对话框。在“常规”标签项中找到“Internet 临时文件”项，单击“设置”按钮弹出设置对话框。在该文件夹中单击“移动文件夹”按钮，在此选择指定用户下的文件夹即可。随后其他用户也按照此方法进行修改。

5．随时随地提取文件

“我的文档”默认情况下位于每个用户的文件夹下。如果你的计算机使用的是多个系统，这样用户保存文件就会显得有些零乱，查找非常不方便。其实在系统中让多个用户使用一个“我的文档”，将所有文件都保存到“我的文档”中，这样对我们提取、修改文件非常方便。

（1）涉及文件夹

My Documents：该文件夹位于用户文件夹下。

（2）文件夹功能

该文件夹是每个用户常用的“我的文档”文件夹，其中保存着文件、数据等。程序默认情况下“我的文档”中包括一下几个文件夹：

My Pictures：存放用户图片文件，默认会把图片下载到这里。

My Music：存放用户音乐文件，默认会把音乐文件保存到这里。

My Library：存放用户文库文件。

My eBooks：存放用户电子书文件。

（3）应用

共享同一个“我的文档”时，在桌面“我的文档”图标中单击右键选择“属性”命令，随后弹出一个“我的文档 属性”对话框。在该对话框中的“目标文件夹”文本框中输入指定文件夹的路径，随后单击“确定”即可。

按照此方法将其他用户的“我的文档”改为该文件夹。以后每个用户都可以随时在这个文件夹中提取文件了。

三、个性化设置让操作更快捷

1．打造自己的程序模板

（1）涉及文件夹

Templates：该文件夹位于“用户文件夹”下。

（2）文件夹功能

该文件夹中存储着常用程序的模板文件，如Winword.doc、Powerpnt.ppt、Excel.xls等。模板就是包含有段落结构、字体样式和页面布局等元素的样式文件，它决定了文档的基本结构和设置的样式。

(3) 应用

了解了模板的功能外，我们可以在该文件夹中按照自己的需要设置个性的模板。新建模板时，在该文件夹空白处右击，选择“新建”→“Microsoft Word 文档”命令新建一个Word文件，重命名为Winword2.doc。双击该文件随后对其中的字体、字形、页面大小等作一些个性设置，并保存该文件。以后在“资源管理器”中右击，选择“新建”→“Microsoft Word 文档”命令，再双击新建的文档，就会发现它已经套用了我们在Winword2.doc中的设置了。

2. 打造个性右键发送功能

通过右键发送菜单可以快速地对指定的文件进行相关处理，如发送到“我的文档”、对指定的文件快速压缩、快速发送邮件等，这给平时的操作带来了方便。其实我们还可以将自己经常使用的文件夹(如U盘)的快捷方式添加到右键“发送”菜单中。

(1) 涉及文件夹

SendTo：该文件夹位于“用户文件夹”下。

(2) 文件夹功能

该文件夹中的内容对应于鼠标右键菜单中“发送”中的内容，可以在这里面添加或修改“发送”菜单中的项目。

(3) 应用

只要将目标文件夹(如U盘)的快捷方式复制到SendTo文件夹中即可，以后单击右键选择“发送到”命令时，可以看到该菜单下多了一个U盘的盘符。这样就可以通过“发送”菜单快速地将指定的文件发送到U盘上。

四、通通透透给系统减肥

在Documents and Settings文件夹中除了可以对用户的上述各项进行设置外，还可以利用该文件夹给系统所在的分区进行减肥。

1. 该挪的都挪走

(1) 移动“我的文档”

上面我们提到了多用户共享一个“我的文档”，这给多用户使用带来了方便。不过，如果我们在网上下载的软件、电影、图片等文件都存放在该文件夹中，这个文件夹肯定非常庞大。为了保证C盘的剩余空间，我们可以将该文件夹移到其他分区。

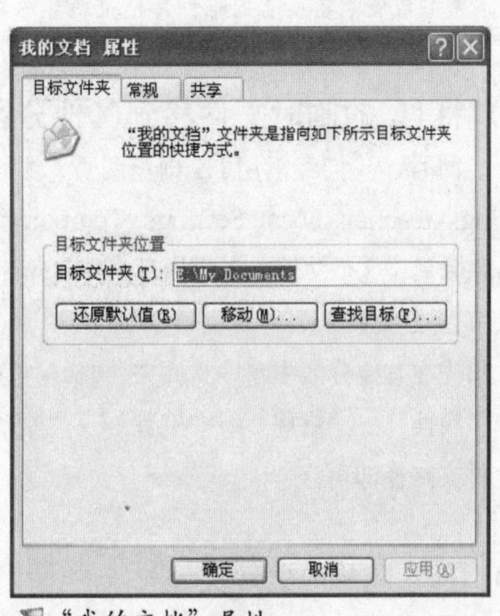

“我的文档”属性

移动方法：首先在其他分区中建一文件夹（如D:\MY Documents），在桌面上右击“我的文档”→“属性”，在“属性”框中的“目标”选项中选中该文件夹即可。

小提示

将“我的文档”及该文件夹下面的子文件夹移到其他分区，不仅为系统分区腾出了剩余空间，减少了系统分区的碎片文件。还能确保保存的文章的安全性，即在系统瘫痪后，重新安装系统时不会影响该文件夹中的文件。

(2) 移动Outlook Express存储文件夹

启动Outlook Express，在程序的主界面单击“工具”菜单下的“选项”命令，随后弹出“选项”对话框。切换到“维护”标签项下单击“存储文件夹”按钮，程序弹出邮件存储路径，默认邮件保存到C：\Documents and Settings\“用户名”\Local Settings\ApplicationData\Identities\{5146AEDC-172E-4868-A96C-ACC2CD223F2D}\Microsoft\Outlook Express。单击“更改”按钮，将该路径保存到其他分区的相应文件夹下，重启Outlook Express即可生效。

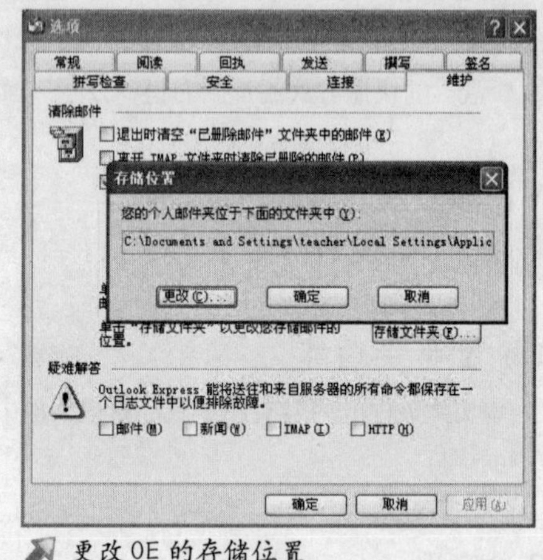

更改OE的存储位置

小提示

将Outlook Express的“存储文件夹”移到其他分区，不仅为系统分区腾出了剩余空间，也对Outlook Express中的邮件信息进行了备份。在重新安装系统后，将“存储文件夹”路径改为自己已设置的文件夹，可以看到系统安装前所有的邮件都已重新显示到Outlook Express程序中了。

(3) 将IE的临时文件移到其他分区

上网时，我们经常用IE浏览网页，默认情况下这些网页全部被存到C：\Documents and Settings\teacher\Local Settings\Temporary Internet Files文件夹中。虽然这可以加速网页的浏览，但日积月累，这个文件夹下的临时文件和碎片也就越来越多，大大地影响了系统的运行速度。我们可以将其移到其他分区。

事先在其他分区中建一文件夹，如D:\Temporary Internet Files。然后在桌面上右击IE图标，并选择“属性”→“常规”→“设置”→“移动文件夹”，随后在“移动文件夹”对话框中输入刚刚建好的文件夹路径即可。

(4) 移动TEMP文件夹

TEMP文件夹位于每个用户文件夹下的Local Settings中，这是系统的临时文件夹。在系统和软件的运行过程中会产生很多临时的文件，就存放在这个文件夹中。为了减少C盘上的垃圾文件我们可以将它移到其他分区。

移动时右键单击“我的电脑”，选择“属性”命令，弹出“系统属性”对话框。切换到“高级”项下，单击“环境变量”按钮，弹出“环境变量”窗口。在“用户变量”项中选择“TEMP”，随后单击下面的“编辑”按钮，在变量值中输入一个其他分区的地址，之后单击“确定”即可。以后系统临时文件就会被保存到指定的文件夹中。

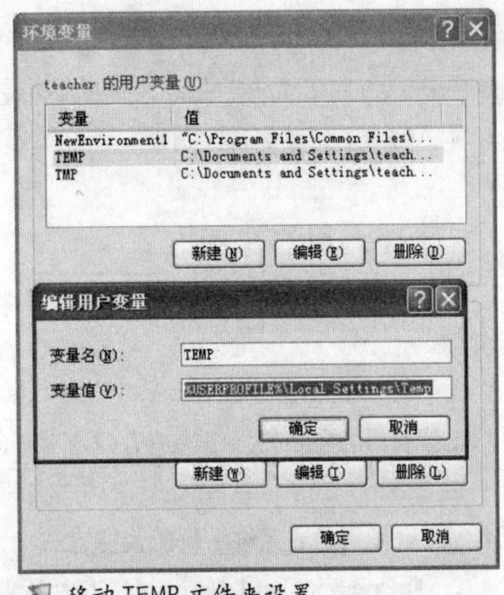

移动TEMP文件夹设置

2．该清的都要清除

（1）定期清理临时文件夹

虽说Temp和Temporary Internet Files文件夹都移动到其他分区了，时间一长这些文件夹中会保存很多的临时文件，占用很大的硬盘空间，因此需要定期地对这些文件夹进行清理。

清理Temp文件夹时可以直接进入该文件夹删除里面的文件即可。而清理Temporary Internet Files文件夹时，右键单击IE图标，选择“Internet 属性”命令，随后弹出“Internet 属性”对话框。在该对话框中单击“删除文件”按钮，随后在弹出的“删除文件”对话框中勾选“删除所有脱机内容”复选框，随后单击“确定”按钮即可删除IE缓存文件。

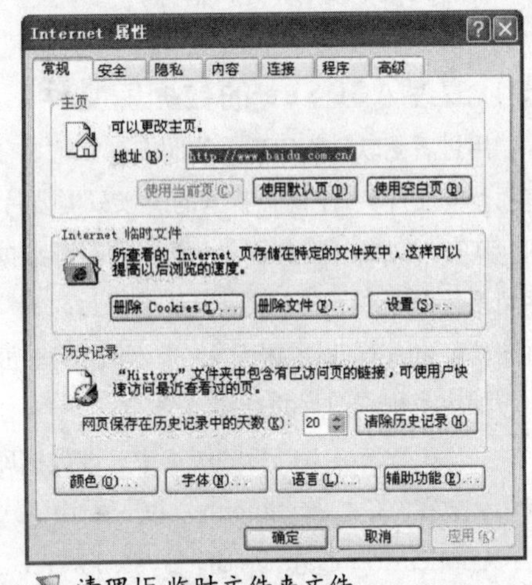

清理IE临时文件夹文件

（2）定期清除上网的历史记录

每次上网的历史记录都会保存在Documents and Settings文件夹的每个用户文件夹中Local Settings文件夹里面。时间一长这里也有很多无用的网址，因此需要定期清理。清理时，在“Internet 属性”对话框中单击“清理历史记录”按钮，即可将该文件夹中的历史记录清除。

（3）清理不需要的文档

Windows XP安装后自动在Documents and Settings文件夹下生成一个“共享文档”，这样可以方便与其他计算机共享文件。可是往往我们并不会将需要共享的文件放到这个文件夹，因此这个文件夹就没有使用价值了，可以删除。

“共享文档”一般在Documents and Settings文件夹中的“All Users”文件夹下，其下包括共享视频、共享图像、共享音乐三个文件夹。“共享图像”文件夹保存着程序自带的图片，不需要可以将其删除。“共享音乐”文件夹保存着Windows Media Player自带的媒体库列表。如果你安装了Windows

Media Player10，该文件夹中还会多出一个“同步播放列表”文件夹，这个文件夹是 Windows Media Player10 同步功能生成的同步播放列表文件。此外该文件夹中还包括示例播放列表、示例音乐等文件夹，如果不需要都可以删除。

(4) 清理无用的快捷方式

在 Documents and Settings 文件夹下还保存着很多程序或文件夹的快捷方式，也可以将其清除。

C:\Documents and Settings\All Users\「开始」菜单\程序\附件\辅助工具文件夹中存放着系统辅助功能向导的程序快捷方式，对一般用户来说根本没用，可以直接清除。

C:\Documents and Settings\用户名\Favorites 文件夹中保存着我们收藏的网址的快捷方式，我们可以找到没用的或系统默认的快捷方式加以清除。

C:\Documents and Settings\用户名\Recent 文件夹中存放着大量的运行过文件的快捷方式，这些快捷方式根本没用，建议清除。

(5) 清理 ACDSee 的数据库文件

用过看图软件 ACDSee 的朋友都知道，它浏览图片的速度非常地快。只要是让 ACDSee 浏览过的含有图片的文件夹，下次在打开的时候只需要片刻的功夫就可以快速浏览到全文件夹中的所有图片的缩略图。其实 ACDSee 提供了一个建立缩略图数据库 Imagedb.dtf 的功能，它将浏览过的图像文件信息都储存到该数据库中，在下次浏览这些图片时程序便会自动从Imagedb.dtf数据库文件中调出这些缩略图，从而加快了浏览图片的速度。

在 ACDSee 4.0 以后的版本中，该数据库文件默认存放在“C:\Documents and Settings\用户名\Application Data\ACD Systems\ACDSee”文件夹下，它的大小随着浏览图像文件的增多而增加，一般该文件大小都在上百兆字节左右。

我们可以在ACDSee中单击“工具”→“选项”，在弹出的“选项”对话框中单击“杂项”标签项，在此我们可以将“图像数据库”移到其他分区。

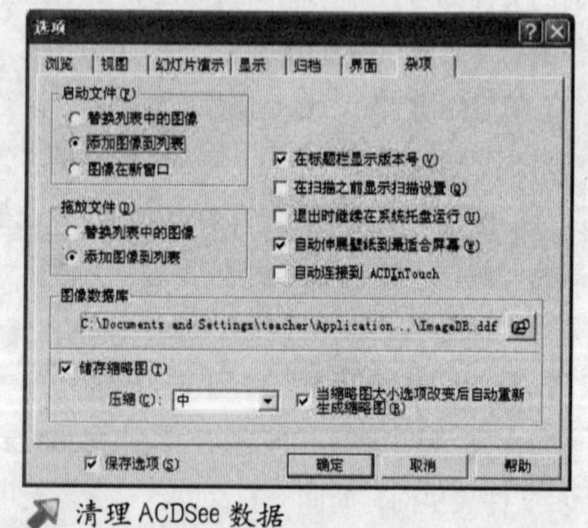

清理 ACDSee 数据

同时我们也可以为该数据库进行减肥。在“工具”菜单中单击“数据库”→“维护”命令，弹出一个“数据库维护”对话框。单击中间的“删除数据库信息和缩略图”按钮，这时我们看到在新建数据库栏中的文件夹和缩略图个数及大小都将变成0。随后单击“优化”按钮，程序便开始扫描当前的文件夹并删除相关信息。优化完成后，再查看数据库文件大小，其容量已大大减小了。随后单击“关闭”按钮即可完成。

(6) 清理 Windows Media Player 版本信息

C:\Documents and Settings\用户名\Local Settings\Application Data\Microsoft\Windows

Media 文件夹中存放着 Windows Media Player 升级的版本信息，如 8.0、9.0、10.0 等每个版本都有一个独立的文件夹，这些信息对一般用户来说已没有用处，可以删除。

五、让系统更安全

Documents and settings 文件夹是用来存放用户配置信息的文件夹，通过该文件夹往往会泄露一些隐私。

1．别让“小甜饼”泄密

Cookies 又叫“小甜饼”，是你在浏览某些网站时，留在硬盘上的一些资料，包括用户名、用户资料、网址等。该文件夹位于 Documents and Settings 文件夹的每个用户文件夹中。因此我们可以将这些文件夹中的文件进行清理，保证数据的安全。在“Internet 属性”对话框中单击“删除 Cookies”按钮，即可清理完成。

2．Windows XP 中为重要文件设置专用文件夹

如果 Windows XP 中的用户比较多，为了安全，我们可以将某些文件夹设置成个人专用文件夹，使别人无法查看与更改内容。不过，在使用该项功能之前，分区格式必须是 NTFS 格式。打开“我的电脑”，然后双击打开 C 盘中的“Documents and Settings”文件夹，并选择指定的用户文件夹。用鼠标右键点击用户配置文件中的任意文件夹，并从弹出的右键菜单中选择“属性”命令。在弹出窗口中选择“共享”选项卡，并选中“将这个文件夹设为专用”复选框，这样专用文件夹就设置成功了。

3．找回暂存盘文件

在使用电脑时，往往会因为断电等现象导致死机出现，这样我们在 Word 中来不及保存的修改内容就丢失了。其实 Word 文档在我们没有存盘之前会将一些文档存放在 C:\Documents and settings\用户名\Application Data\Microsoft\Word 中，所以重新启动计算机后进入该文件夹就会找到文件名为 xxx.asd 的文件（xxx 表示文件名称）。这个文件就是刚才正在修改的文件，我们可以改名为 xxx.doc，用 Word 打开。怎么样，刚刚辛苦修改的文件是不是又出现了？

方案四 用软件优化系统

系统优化的方法有很多，除了利用其自带的功能进行调整外，还可以借助第三方软件。这些软件功能强大，界面简洁，操作简单，优化效果较好，实为日常优化调整的必备工具。

一、将应用软件移到其他分区

在使用电脑时我们经常会安装一些应用软件，而大多数软件默认的安装路径都是系统分区中的文件夹。如果你对软件安装并不熟悉，采用了默认路径安装，久而久之，系统分区里面就会有很多软件。这样既不利于系统运行，也不利于软件的安全，因此最好将应用软件安装到非系统分区中。

那么我们是不是必须将系统分区中的软件卸载后，再重新安装到其他分区呢？其实我们可以使用软件移动工具将这些软件移到其他分区。

“Mover98”是一个软件移动工具，可以将应用软件从一个分区移动到另一个分区。用它移动软件可以保持软件原来的配置，并且可以将注册表信息、DLL 链接文件、快捷方式等同时更改。所以用 Mover98 移动的软件，不需要修改桌面上的快捷方式，一样还是可以启动软件。它还可以将 Windows 系统搬家，丝毫不会损坏系统下的各种软件的配置。

下面我们就以移动 NetCaptor 软件（默认安装路径 C:\Program Files\NetCaptor）为例，介绍一下具体的移动过程。

1. 添加移动文件

启动软件，弹出一个向导窗口。在该向导界面中共有四个选项，可以根据需要选择一个打开程序的方式，如“从Program Files文件夹中选择”。单击“下一步”，软件列出Program Files文件夹的所有程序文件夹，在此用鼠标依次打开NetCaptor程序所在的文件夹并选中。单击“下一步”按钮，在此指定NetCaptor程序移动到的目标分区和文件夹（如D:\Program NetCaptor）。最后单击“完成”，NetCaptor 程序就被添加到“Mover 98”程序的主界面中了。

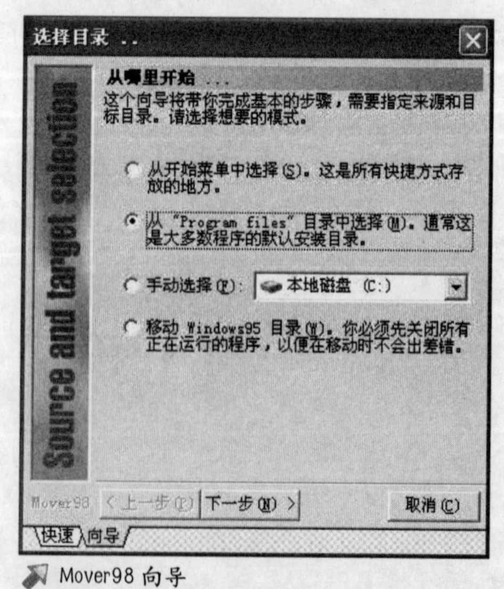

Mover98 向导

如果还需要移动其他的软件，可以单击主界

面右“文件夹”窗口中的“添加”按钮，接着添加其他需要移动软件。

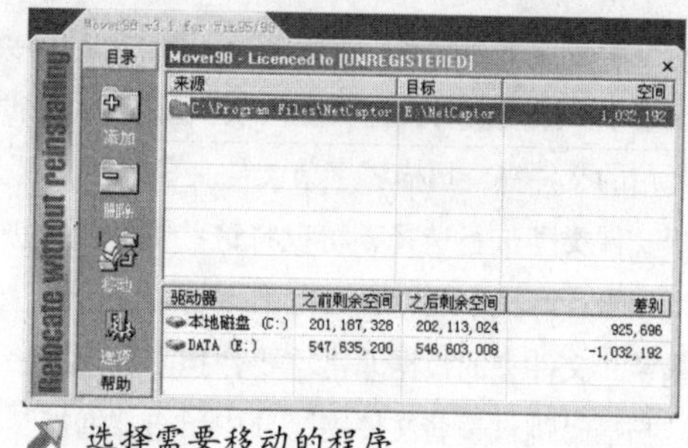
选择需要移动的程序

2. 移动添加的应用程序

接下来我们就可以对添加的应用软件进行移动了。首先在程序的主界面的右窗口中单击“移动”按钮，程序给出一个“选项”设置界面。其界面中共有“快速扫描”、“完整性检测”、“产生报告”三个选项，在此建议全部选中。然后单击界面中的“开始”按钮，程序开始移动所选择的应用程序。

“Mover 98”在移动软件时先对磁盘进行扫描，检查磁盘文件是否有错误，同时会播放出一段优美的音乐供我们欣赏。磁盘扫描后“Mover 98”便开始自动移动软件，移动后即可返回主界面。现在查看一下NetCaptor已在D盘稳稳地安家了。

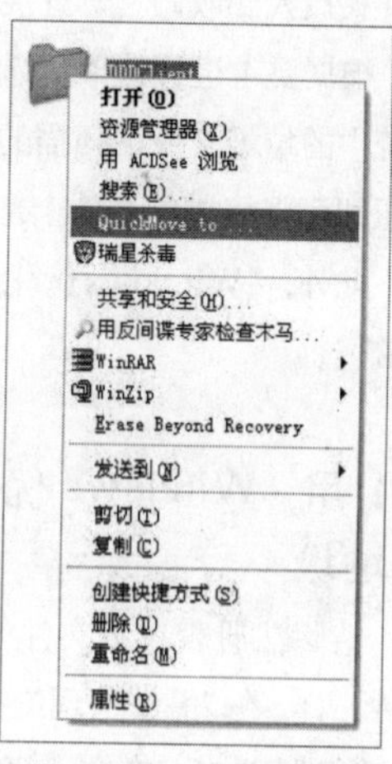
快速移动应用软件

3. 快速移动程序

“Mover 98”还提供了一项快速的移动应用软件的方法。在桌面和指定的文件夹中右击要移动的应用软件或快捷方式图标，并选择关联菜单中的“QuickMove to...”项，随后软件给出一快捷界面。在该界面中选择应用软件移动后的路径，然后单击“Move”即可对软件进行快速移动。

二、用软件清理系统中的垃圾文件

1. 用“Windows优化大师”将垃圾文件清除出门

除了手工清除垃圾文件外，我们还可以借助“Windows优化大师”来自动搜索电脑中的各种类型的垃圾文件，并且彻底地将其清除，效果也非常好。“Windows优化大师”还可以帮助我们彻底地清除注册表中的一些无用的DLL链接文件。

(1) 用“Windows优化大师”清除系统垃圾

启动“Windows优化大师”，单击左侧的“系统清理维护”标签项，在弹出的系统清理维护各项中单击“文件垃圾清理”按钮，随后在右侧窗口中弹出一个“垃圾文件清理”界面。其中在上面的文本框中我们可用鼠标点选需要清理的垃圾文件的分区或文件夹，在此建议全选，这样可

垃圾文件清理

以对整个磁盘进行扫描。随后单击下面的“扫描类型”标签项，在此对需要扫描的文件的方式进行选择，建议选中“扫描使用文件类型列表、扫描系统临时文件夹、扫描无效的快捷方式、扫描IE临时缓存、扫描无用的文件夹、扫描零字节文件夹”等项。以上各项选好后单击“文件类型”标签项，对需要扫描的垃圾文件类型进行选择，可以将这些类型的垃圾文件全部选中。

如果计算机中还存在其他类型的垃圾文件，还可以单击“增加”按钮来添加其他类型的垃圾文件。如果某一文件夹的数据非常重要，担心“Windows优化大师”扫描时误删除了重要数据，可以在下面的“扫描时跳过一些文件夹”项中单击“增加”按钮，以后扫描时“Windows优化大师”会自动跳过该文件夹。

以上设置后单击“删除选项”标签项，选择一个垃圾文件的删除方式，程序提供了“删除后将垃圾文件夹放入回收站”、“直接清除垃圾文件”、“将垃圾文件移到D：\MY Tools\won\Bak文件夹”等选项，根据要求进行选择。选好后单击该界面上方的“扫描”按钮，随后软件会根据我们的设置自动扫描系统中的垃圾文件，扫描的结果将会出现在“扫描结果”界面中。扫描后单击“删除”和“全部删除”按钮即可将扫描的文件全部清除。

此外，“Windows优化大师”还提供了冗余的DLL清理、ActiveX清理等，清除方法也很简单，不再赘述。

(2) 用“Windows优化大师”清除注册表垃圾

清除注册表垃圾文件的步骤和清除系统垃圾文件一样。在“系统清理维护”标签项下，单击“注册表管理”选项，在右则窗口中勾选需要扫描的注册表信息类型。单击“扫描”按钮便对系统注册表进行扫描，随后单击“删除”或“全部删除”即可完成清除操作。

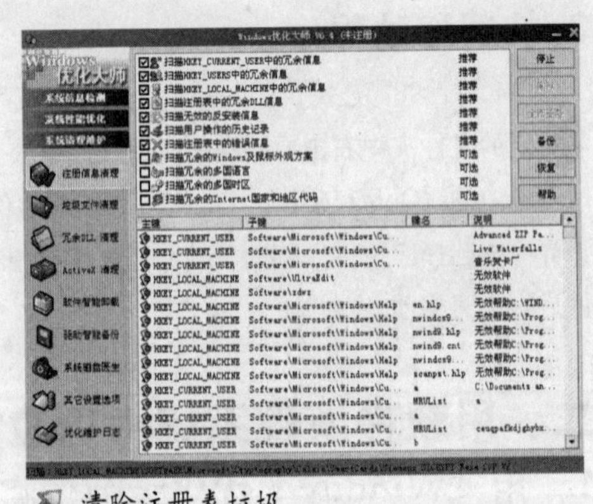

清除注册表垃圾

小提示

注册表是系统的核心，稍有错误，就会造成软件或系统出现各种问题，严重的甚至使系统瘫痪。因此在清理注册表垃圾文件前应先单击“备份”按钮对注册表进行备份。

2．垃圾文件清理专家System Mechanic

System Mechanic是一款强大的多功能系统维护和优化工具软件，集十五项强大的系统维护功能于一身。我们可以通过“文件、系统、因特网”三个标签项对系统各个方面的垃圾信息进行清理，效果非常好。

此外，程序还提供了一个“维护向导”功能，通过此功能可以快速对系统中所有垃圾信息进行清除。下面我们就一起来看看这个非常实用的功能。

首先在System Mechanic主界面中单击“维护向导”命令，随后弹出一个维护向导界面，在此我们可以对磁盘垃圾、注册表垃圾、因特网垃圾进行统一清除。

单击“下一步”按钮，选择清除的项目，在此建议三项全部选中。选择后需要分项进行设置。单击“下一步”，首先来对“磁盘垃圾”进行设置。在此选择需要清除的分区，随后单击“下一步”。在此还需要对清除的垃圾文件类型进行选择，单击“下一步”按钮选择垃圾文件的删除方式（程序提供了移到回收站、永久删除、移到指定的文件夹三种删除方式）。

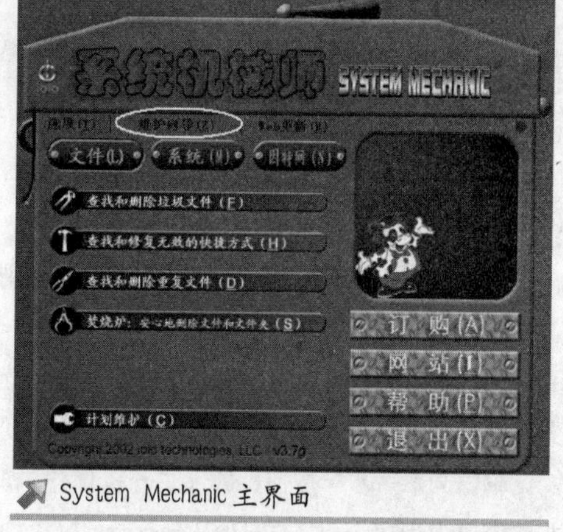

System Mechanic 主界面

对磁盘垃圾文件设置后，下面还需要依次对注册表垃圾文件、Internet 碎片文件进行设置。设置后单击“开始”按钮，程序便对磁盘垃圾、注册表垃圾、因特网垃圾文件进行逐一扫描并清除。

三、用“超级兔子”优化系统性能

除了上面介绍的软件外，在此还为大家推荐优秀的系统优化、调整工具软件——“超级兔子魔法设置”。它是一个能够以修改系统注册表等操作来达到系统优化目的的软件。使用这个软件就可以彻底地对系统进行优化和调整。

1. 对系统及软件进行优化

“超级兔子优化王”能够让你的系统、应用软件都得到较好的调整。整个操作过程非常简单。进入魔法设置工具组界面，启动优化王。选择第一项“对系统及软件进行优化”，接着单击“下一步”，进入优化选项界面。

(1) “会跟随 Windows 启动的软件”窗口的优化

优化作用：加快开机速度、节省系统内存。

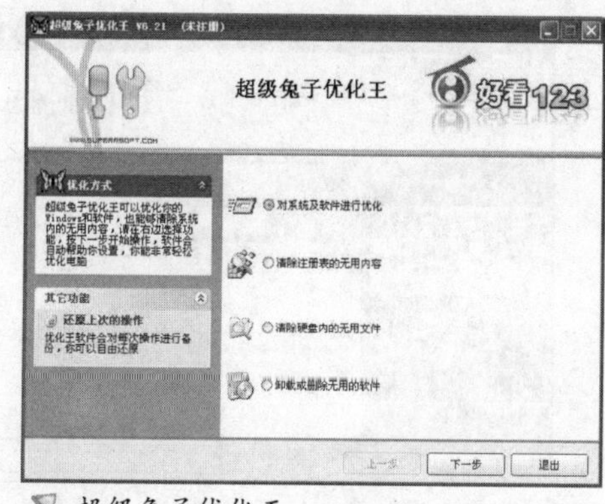

超级兔子优化王

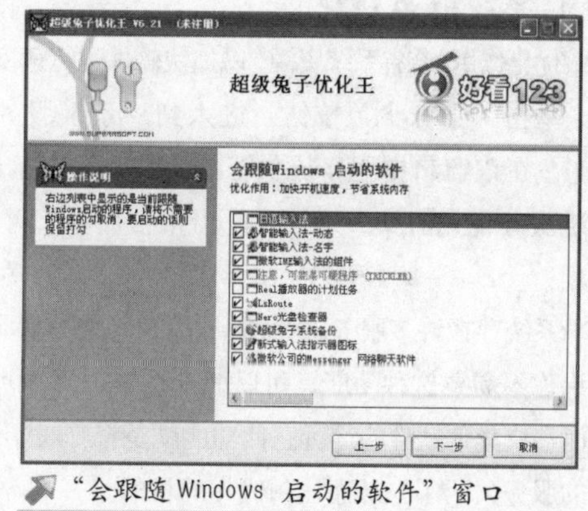

“会跟随 Windows 启动的软件”窗口

首先进入“会跟随 Windows 启动的软件”窗口，这里列出的软件都会跟随 Windows 启动而一起启动。如果不需要它们，可以将它们关闭(取消对这些软件的选中)。如果系统的启动组中有可疑程序，软件会用红色的文字显示出来。

（2）开机优化

优化作用：减少等待时间，加快开机启动速度。

Windows 在开机出现画面时，会显示一个进度条，此设置可以减少启动时的等待时间，勾选“减少启动画面时的等待时间”可以加快开机速度。

单击“下一步”按钮，进入“开机优化”窗口，在该窗口中程序提供了“减少Windows NT/2000/XP 的开机等待时间”、“减少 Windows 开机画面的等待时间”等优化设置。

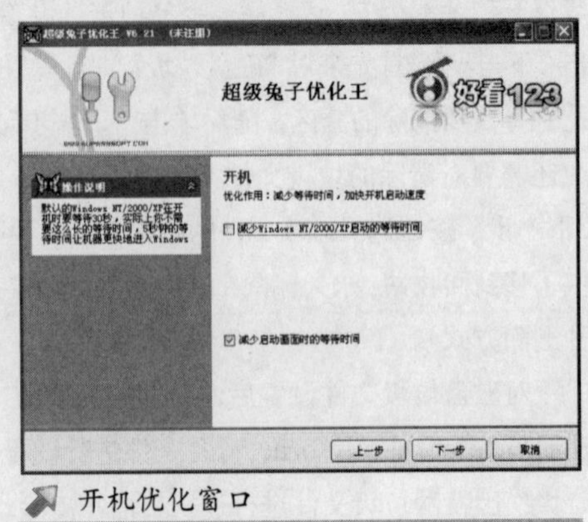

开机优化窗口

小提示

这个功能和设置 Boot.ini 文件中的系统启动等待时间的效果是一样的。

（3）关机优化

优化作用：减少终止程序的等待时间和页面文件操作，以加快关机速度。

单击“下一步”按钮，窗口中提供了“启用进程优化”、“取消关机时整理页面文件”两个选项。

启用进程优化：系统在关机的时候会关闭所有的进程，而减少等待时间，有助于快速关机。同时自动终止无用进程，减少平时对内存的占用。

取消关机时整理页面文件：如果发现关机时硬盘需要工作很长时间，然后才能关机，则很可能是在整理页面文件。完全可以取消这个步骤，以加快关机速度。

（4）系统服务优化

优化作用：节省系统资源，以加快软件运行速度。

单击“下一步”按钮，进入到“系统服务”窗口。在该窗口中程序提供了“标准个人电脑的系统服务优化方案”、“禁止使用信使服务”两个选项。

系统存在许多服务，每种服务都有一定的功能。如果你不需要这种功能，可以减少系统占用内存，从而加快其他软件的运行。此功能就是将平时不使用的服务关闭了，从而达到优化的目的。

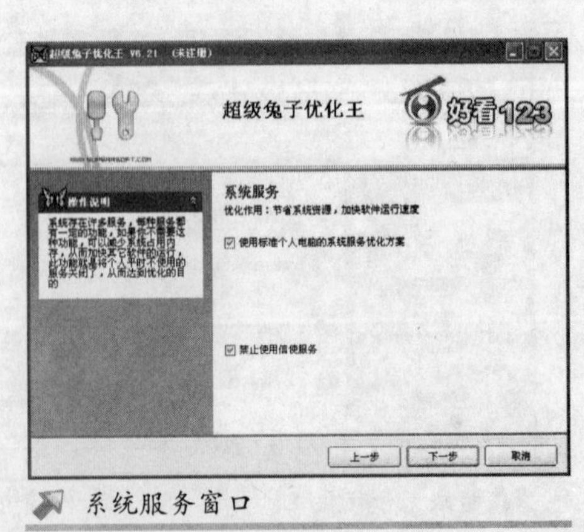

系统服务窗口

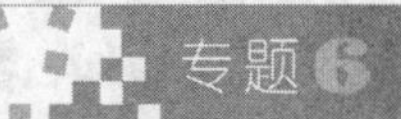

(5) 系统错误优化

优化作用：减少出错时所需的时间。

当一个软件被病毒感染或产生其他错误时，系统会自动终止它，但你仍然要选择系统的错误发送功能告知微软公司，大多数情况下是没有必要的。勾选“停止汇报出错信息”，取消这种汇报机制，使系统在出错时不会花太多的时间去处理。

(6) 网络优化

优化作用：加大宽带各指标，加快网络速度，减少局域网查找计算机的等待时间。

如果使用的是宽带网络，可以调整Windows各项参数，使得网速更快。在连接了局域网的电脑中，浏览器总要搜寻另外的电脑，影响了速度，取消这个动作会让浏览更迅速。

2.清除注册表内的无用内容

扫描时在“超级兔子优化王”界面中单击“清除注册表内的无用内容”，并单击“下一步”。在下面的界面中建议勾选“以更安全的方式进行扫描”，这样整个扫描过程将非常安全，最大限度地减少扫描到有用内容的可能性。点击“下一步”开始扫描，扫描过程大概要几分钟，扫描到的无用内容将被显示在该列表中。

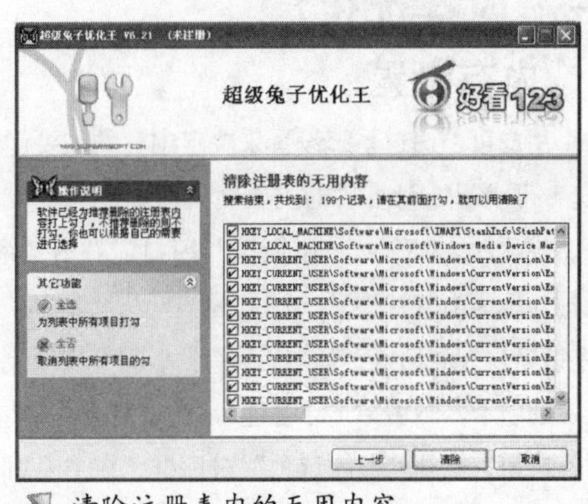

清除注册表内的无用内容

查找结束后，仔细检查列表中打钩的项目。如果认为某项是正常的或有用的内容，就应该取消对它的选中。扫描后单击“清除”按钮，即可将扫描后注册表内的垃圾清除。

小提示

清除注册表中的垃圾后，再使用超级兔子注册表优化里的压缩功能，可以进一步减小注册表的体积，加快系统的运行速度。超级兔子对每次清除的垃圾文件都进行了备份，如果清除了某些垃圾文件后系统或某些软件不能正常运行，可以在优化王界面左侧单击“还原上次操作”按钮，即可还原清除的注册表内容。

方案五 备份前的硬件优化

在操作系统中，有很多对硬件进行优化的设置项。如果能很好地对这些项目进行设置，不仅能使整个电脑系统稳定，还能加快运行速度，为我们的工作和生活带来方便。因此，系统备份前也应该对硬件进行优化设置，以使还原后的系统达到最佳状态。

一、内存优化

1. 内存设置

用户可以通过系统设置来决定内存的主要优化对象。一般来讲，计算机的主要优化对象应该是应用程序。优化时，打开“控制面板”窗口，右击“系统”图标，从弹出的快捷菜单中选择“打开”命令，打开“系统特性”对话框。单击“高级”标签，切换到“高级”选项卡，然后单击“性能”选项组中的“性能选项”按钮，打开“性能选项”对话框。在“应用程序响应”选项中选择“应用程序”单选按钮，优化应用程序性能。

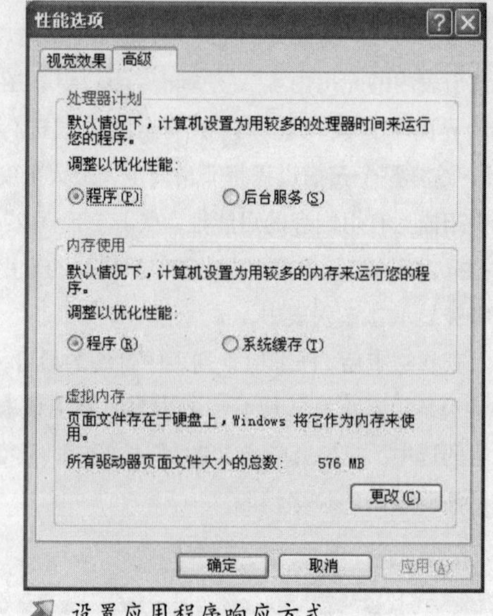

设置应用程序响应方式

2. 虚拟内存设置

虚拟内存作为物理内存的补充和延伸，对Windows操作系统的稳定运行起着举足轻重的作用，如果设置不好，会影响计算机的整体性能。

(1) 启用磁盘写入缓存

当我们设置虚拟内存后，应先设置磁盘写入缓存。首先在“我的电脑”上单击鼠标右键，在弹出的右键菜单中选择“属性”命令，打开“系统属性”对话框。随后切换到“硬件”标签项下，打开“设备管理器”，在设备管理列表中找到“磁盘驱动器”。选择当前正在使用的硬盘，单击鼠标右键选择“属性”

小提示

启用这个功能后，如果计算机突然断电可能会导致无法挽回数据丢失，因此最好在有UPS的情况下再打开这个功能。

命令。在“硬盘属性”对话框中的“策略”标签项，在此勾选“启用磁盘上的写入缓存”项。这个选项将会激活硬盘的写入缓存，从而提高硬盘的读写速度。

(2) 打开Ultra DMA

在设备管理器中选择“IDE ATA/ATAPI控制器”中的“基本/次要IDE控制器”，单击鼠标右键选择“属性”，打开“高级设置”页。这里最重要的设置项目就是“传输模式”，一般应当选择“DMA (若可用)”，设置后“确定”即可。

(3) 设置“系统内存”

在“我的电脑”上单击鼠标右键，选择“属性”→“高级”，在“性能”下面单击“设置”按钮，在“性能选项”中选择“高级”页。这里有一个“内存使用”选项，如果将其设置为“系统缓存”，Windows XP 将使用约4MB的物理内存作为读写硬盘的缓存，这样就可以大大提高物理内存和虚拟内存之间的数据交换速度。在默认情况下，这个选项是关闭的。如果计算机的物理内存比较充足，比如256MB或者更多，最好打开这个选项。但是如果物理内存比较紧张，还是应当保留默认的选项。

3. 调整虚拟内存

打开“控制面板”窗口，右击“系统”图标，从弹出的菜单中选择“打开”命令，打开“系统特性”对话框，并切换到“高级”标签项下。在“高级”标签项下单击“性能选项”按钮，进入“性能选项”对话框。

要进行虚拟内存管理时，单击“更改”按钮，打开“虚拟内存”对话框。在“所有驱动器页面文件大小的总数”选项组中，对话框提示用户驱动器页面文件允许最小值2MB，当前已分配的虚拟内存为288MB，并推荐用户使用 94MB虚拟内存。如果用户要修改某个驱动器的页面文件大小，可在驱动器列表框中单击该驱动器即可。

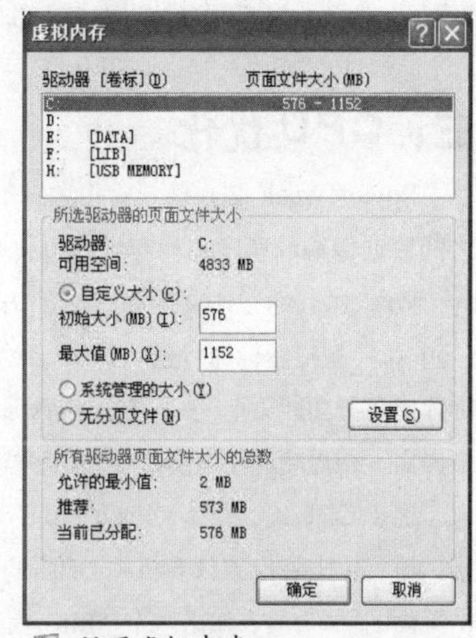

设置虚拟内存

在“所选驱动器的页面文件大小”选项组中点选“自定义大小”选项。在下面的“初始大小”文本框中输入初始页面文件的大小，其值必须在2~273之间，且不超过驱动器的可用空间。在“最大值”文本框中输入所选驱动器页面文件的最大值，其值应大于或等于页面文件初始大小，且不能超过驱动器的可用空间。当驱动器的可用空间大于4095MB时，页面文件也不能超过4095MB。单击“设置”按钮，使对所选驱动器页面文件大小的设置生效。

二、硬盘优化

目前硬盘优化软件很多，如Windows优化大师、超级兔子、PC Accelerator XG、SuperFassst等。

下面我们以Windows优化大师为例，来了解一下优化过程。启动Windows优化大师，切换到“系统性能优化”项下，单击“磁盘缓存优化”按钮进入到磁盘优化界面时，在“输出／输入缓冲大小”项中根据电脑中物理内存的实际大小来设定输出／输入缓冲大小的值。在“内存性能设置”项中对于一般用户选择最小内存消耗就可以了，网络服务器用户则选择最大吞吐量，以保证系统的速度。

随后勾选下面的“Windows关机自动清理页面文件”复选框，这样可以增强数据的安全性，便于使用碎片整理工具软件在系统引导时维护硬盘，并取得更好的碎片整理效果。

单击“虚拟内存”按钮，按照前面我们介绍的虚拟内存的设置方法设置好虚拟内存，并将虚拟内存文件移到到其它分区，如D盘。

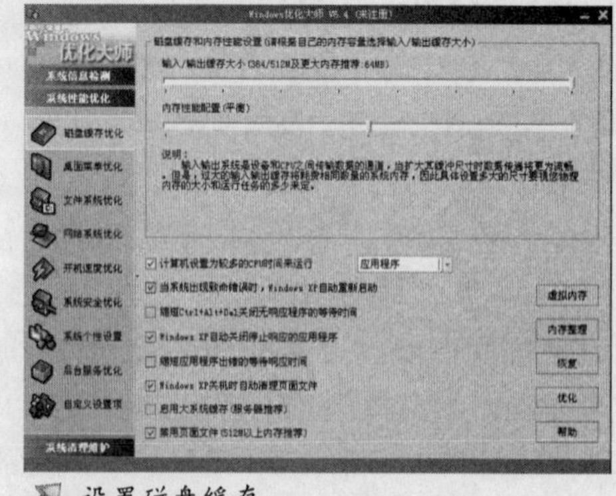

设置磁盘缓存

切换到“文件系统优化”界面，在该界面中的“二级数据高级缓存”项中将“二级数据高级缓存”值调整为128kB。随后勾选“需要时允许Windows 优化大师自动优化启动分区”，以加快引导速度。再勾选“优化NTFS性能，禁止创建MS－DOS 兼容的8.3文件名”项，以提高磁盘的访问效率。选择后单击“优化”按钮，随后重新启动计算机即可。

三、CPU优化

Powertweak 2.0是一款非常有用的CPU优化工具软件。它主要针对CPU和芯片组内部不同组件之间数据传输的速度和相容性进行优化，可以自行设定要最优化的硬件，让电脑发挥最高的性能。

Powertweak 2.0安装后，单击“开始”→“所有程序”→“Powertweak 2.0”→“Powertweak System Monitor”快捷图标即可启动Powertweak 2.0程序。启动后在系统托盘中生成一个图标，右键单击该图标弹出一个功能菜单——“Powertweak Control Panel”（Powertweak控制面板），便可以启动程序至主界面。在程序的左侧窗口中列出了当前计算机中的“Processor”（处理器）和“PCI/AGP”相关列表。

优化CPU时，单击“Processor”项前面的“+”号，随后单击弹出该计算机中CPU的型号，再次单击下面的“+”号，弹出一个“Information”（数据）选项，用鼠标单击该选项，在右侧菜单中可以显示当前CPU的详细信息。优化时单击下面的“Options”（选项）按钮，弹出一个“设置”对话框。该对话框中提供了三个复选框，其中“Use predefined Setti”表示使用预先定义的设置；“Configure System at Lo”配置系统信息；“Enable Advanced Option”表示提高性能。建议勾选前两项即可。单击“OK”按钮。返回上一界面，在该界面中单击“Optimize”（优化）按钮，程序会自动对当前的CPU进行优化，效果非常好。随后我们在查看一下“Information”（数据）选项中的数据已经被修改为优化后的数据了。

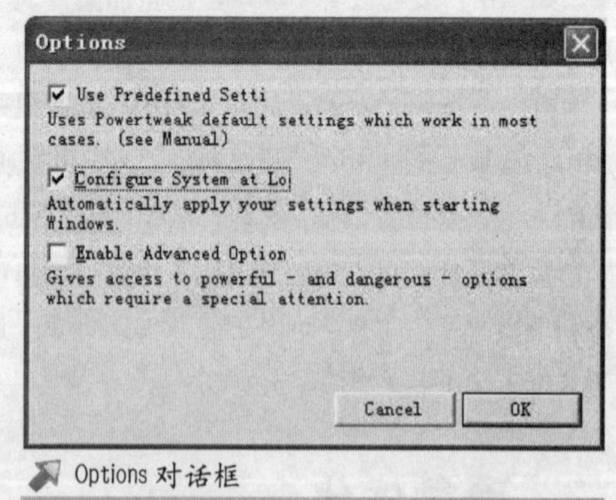

Options对话框

方案六 系统恢复后的文件的更新

在操作系统恢复后，备份文件中旧版本的软件或文件也许根本就不适应现在的需要了，因此应该将其卸载。系统恢复后的卸载是需要技巧的，否则也可能造成卸载后的系统和软件出现故障，因此我们应该慎重对待。

一、系统恢复后卸载应用软件

一般卸载软件有三种方法：用软件本身提供的卸载功能卸载、用Windows系统中的添加／删除程序来卸载、手工方式卸载。

1．用程序自带的卸载程序卸载

一般的软件在安装到计算机之后，本身都附带有一个卸载工具，这给我们卸载该软件提供了方便。

卸载时打开资源管理器，直接进入软件的安装文件夹，找到一个名位“Uninstall.exe”的文件，双击该文件，弹出一个卸载提示窗口，询问“是否卸载该软件”。在此单击“是”，就可以将该软件从系统中删除。

如果在卸载过程中要删除重要文件，如DLL文件或API文件时，程序会提问是否删除？遇到这样的问题时，我们可以根据需要选择。如果提示的DLL或API文件是系统文件夹中的文件，应该保留，否则会造成系统紊乱，导致其他软件无法运行。如果提示的文件在专用文件夹中，可以选择删除。

2．通过控制面板的“添加／删除程序”卸载软件

有的软件本身没有附带卸载程序，这时我们可以通过“控制面板”的“添加／删除程序”将其卸载。

卸载时双击“开始”→“控制面板”→“添加／删除程序”，在弹出的“添加／删除程序”对话框中选择要卸载的软件。最后单击“更改／删除”按钮，在弹出的卸载确认框中单击“是”按钮即可将其卸载。

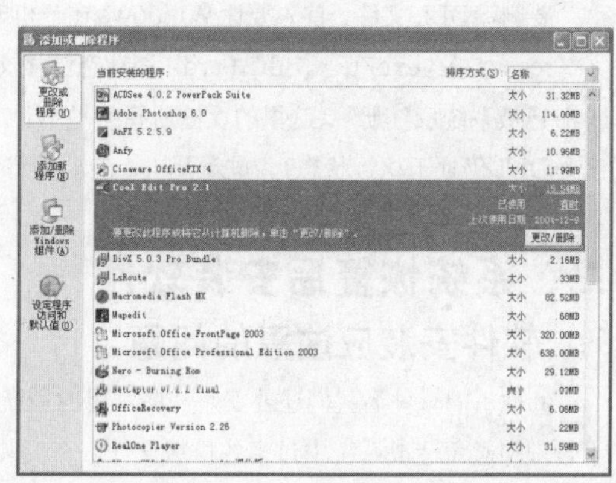

“添加／删除程序”对话框

注　意

这两种卸载方法并不是删除了所有的文件，在原来的文件夹中还带有该软件的一些历史记录文件。如果你不再使用这个软件，就可以在资源管理器中直接删除上述文件夹。

3．手工卸载软件

采用上面的两种方法卸载软件是最安全的卸载方式。如果卸载不成功，还可以使用超级兔子的智能删除功能。进入魔法设置工具组界面，启动超级兔子优化王。

选择“卸载或删除不需要的软件”，单击“下一步”按钮，选择要卸载的软件。

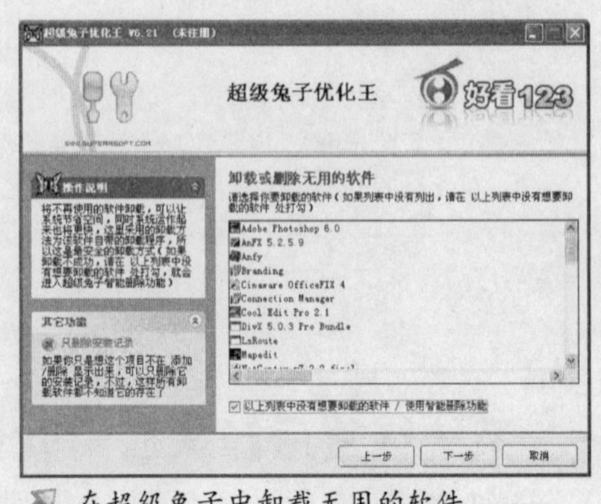

在超级兔子中卸载无用的软件

单击“下一步”，超级兔子将启动该软件自带的卸载程序，可以通过其自带的卸载程序进行卸载。如果卸载不成功，可以再回到上一步，勾选“以上列表中没有想要卸载的软件／使用智能删除功能”，再单击“下一步”，可以进入超级兔子的智能删除软件功能。在此选择你要删除的软件，单击“下一步”，软件会自动找到属于该软件的文件。将该软件打上钩，单击“删除”即可完成软件卸载操作。

智能删除时，软件会自动检查该软件与系统的相连性。如果与系统结合紧密，软件将不允许你再继续删除，防止误删除导致系统出错的现象出现。

如果上面的方法都不能卸载某些软件，最后的方法就是直接删除该软件所在的文件夹。这样作的缺点是无法彻底删除，有一些动态链接库文件、系统文件、注册表文件会存放在Windows中，而你又无从下手。有一个比较简单的方法，删除该软件后，按照上面介绍的方法，查找注册表或系统多余的链接文件，这样可以清除系统中的这些文件。

4．删除无用的DLL程序

要删除DLL文件，首先要让Windows在开机时不启动它，方法是在“开始”→“运行”窗口中输入“regsvr32．exe/u ＊.dll”（＊.dll即动态链接文件名），按回车键。这时Windows会提示我们“该DLL已被系统反注册”（这里的反注册指的是Windows将该DLL移出开机所必须执行的列表，但此时这个DLL仍处于执行状态）。重新开机，启动后将该DLL删除即可。

二、系统恢复后安装软件

1．软件安装应注意的问题

卸载了旧软件后我们还要安装一些常用的最新的软件。安装常用软件的方法非常简单，但是为了便于管理和避免造成系统中过多的垃圾文件，在安装前要做一些准备工作。

软件的种类很多，性能和安装方法各不相同，但其中也有很多规律。如果能够了解这些规律，掌握软件的安装技巧，软件安装后就会大大地减少系统垃圾文件和碎片的产生。

在默认的情况下，各种软件的安装文件会把软件安装在系统分区的“Program Files”文件夹中，因此该文件夹之下不同的应用软件使用不同的子文件夹。如果按照默认路径安装软件，会使系统分区非常庞大。经常安装或删减程序也会造成该分区的碎片和垃圾文件增多，大大影响了系统的稳定性和运行速度。

因此建议大家在安装程序时应合理分配。我们可以将常用的软件安装到其他分区的相应文件夹中，如D分区，可以保证C盘的清爽。将软件安装到D分区前，先要在该分区中建立几个保存软件的文件夹，如“Program Files”文件夹、“My Tools”文件夹等，方便管理安装程序。尽量不要将软件都安装到根文件夹下或随后的文件夹中。

2. 安装常用软件

安装常用软件的方法非常简单，下面我们就以“豪杰超级解霸V8”为例，了解一下常用软件的安装过程。

首先打开下载或购买的“豪杰超级解霸V8”安装程序所在的文件夹，用鼠标双击此文件夹中的安装程序Setup.exe文件。

程序弹出一个安装对话框，在此单击“接受”，进入“安装模式”对话框。在该窗口中程序共提供了极小安装、小型模式、中等模式、巨型模式等多种安装模式，在此可以用鼠标选择需要安装的模式。同时在该窗口右侧有一个“安装组件”选择窗口，程序可以根据选择的安装模式不同，自动增加或删减安装组件，当然也可以用鼠标手工勾选需要安装的组件。

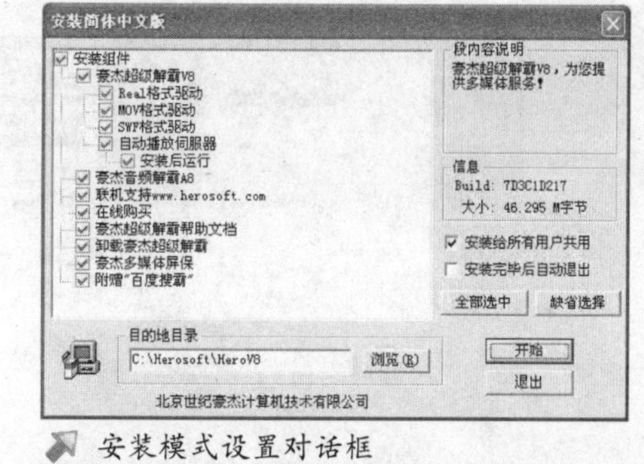

安装模式设置对话框

安装模式设置后，下面选择程序安装的路径。单击“目的地文件夹”右侧的“浏览”按钮，弹出一个“选择安装文件夹”对话框，在此选择好程序安装路径后单击“确定”返回安装界面。

以上几项设置后单击“开始”按钮，弹出一个显示文件复制或安装的进度条。文件复制完成，会弹出一个完成窗口，单击“确定”按钮即可完成安装。

软件安装成功后，系统桌面上会显示“超级解霸V8”快捷方式。双击桌面上的“超级解霸V8”图标就可以启动超级解霸V8来播放影音文件了。以后也可以从系统的“开始”→“程序”中启动该软件或其相关的文件。

总的说来，软件的安装和卸载是十分重要的。如果安装的文件夹设置混乱，就会造成文件管理混乱，系统垃圾成堆。经过一段时间后，就会发现硬盘中安装的软件十分混乱，需要用软件时却找不到在哪里。

同样，不当删除的软件会残留许多垃圾文件，并造成注册表混乱，使系统变得十分臃肿，软件运行时互相冲突，系统可利用资源下降。想避免这种状况，就要在安装、卸载软件时多加注意。

系统备份、还原和网络故障急救

文／图　武金刚

通过前面的专题，我们了解了系统和数据资料备份、还原的方法。但是在备份和还原的过程中并不是一帆风顺的，总会遇上一些故障或疑难问题。那么如何对这些故障问题进行处理呢？在本专题中我们就一起来了解一下如何解决备份、还原过程中遇到的故障问题。

方案一 恢复后常见系统故障的应急处理

用于系统恢复的工具软件有很多，其中功能最强大并且用户最多就是Norton的Ghost。可是我们在用Ghost恢复系统时往往会遇到一些错误问题，如系统恢复后不能正常运行、无法上网，严重的还会导致系统无法启动。那么面对系统恢复后出现的种种问题，该如何进行解决呢？本方案中我们就介绍如何解决Ghost备份、恢复文件时出现的问题。

一、用Ghost恢复系统时分区表破坏后的处理

1．恢复系统中途断电导致无法启动问题的处理

系统被破坏后，为了方便，我们往往会用Ghost进行恢复。可是往往在恢复系统会时出现一些意想不到的问题，如在恢复系统的过程中突然断电，再启动电脑时会出现无法读取磁盘分区的现象，用Ghost重新恢复依然无效。那么如何修复这种故障呢？

出现这种情况后，很多用户会误认为是Ghost在恢复过程中毁坏硬盘。其实不然，这是Ghost恢复系统时中途断电损坏了分区表所导致的问题。

那么为什么Ghost在恢复系统时会损坏分区表呢？首先来了解一下Ghost的恢复过程。Ghost在恢复系统时，程序提供了一个自动格式化分区和分区容量调整等功能，这样当我们用Ghost 复制一个磁盘映像时，它会自动对目标磁盘进行分区和格式化，并根据具体情况动态扩展或压缩DOS分区、NetWare分区及Windows NT分区。当源磁盘和目标磁盘的大小不同时，Ghost会自动调整目标分区的大小和位置(允许用户调整分区的容量）。因此当我们用Ghost恢复文件中途停止时往往会损坏分区表，导致上述问题发生。

解决上述问题时，可以用Windows启动软盘启动电脑，在A:\>提示符下键入“Fdisk /mbr”命令并按回车键。系统便对分区表进行修复。重启后，一般情况下即可解决此类问题。

通过上面的方法处理后，如果问题依旧，我们还可以用KV3000硬盘救护王修复，或用Disk Genius对硬盘分区表进行修复，方法可以参见专题五。

2．用Ghost对拷硬盘后不能正确读取分区数据问题的处理

为了快速安装系统，我们常用Ghost在两块硬盘上进行对拷。这样对拷后硬盘往往会出现一种现象，即在Windows状态下能正常显示硬盘上的分区，如C、D、E等，可是进入DOS后只能访问个别的分区，如C分区，而D、E分区不能访问。用Fdisk命令查看硬盘分区情况，可以显示主DOS分区。当我们想进一步查看扩展分区时，DOS系统显示“No logical drives defined”(没有逻辑分区)。

出现这种问题，往往是因为该硬盘没有用 Fdisk 等分区工具对硬盘进行分区，而是直接从另一块硬盘上用Ghost对拷过来所造成的，这也是很多用户常常出现的错误。其实一般在采用Ghost对硬盘进行克隆前，应该先把源硬盘用分区工具进行分区，并对分区进行格式化后，然后再安装操作系统，最后再用Ghost将整块硬盘制作成为一个GHO映像文件，刻录到一张光盘上。在装机的时候，用Ghost把光盘上的GHO文件克隆到目标硬盘上即可。硬盘对拷前，我们应该对目标硬盘进行分区，随后再用Ghost将映像文件克隆到目标硬盘上。这样对拷的硬盘在DOS下就能正常显示分区了。

二、Ghost 恢复系统后无法正常关机的处理

硬盘对拷后，目标电脑的 Windows XP 操作系统可以正常运行，操作过程都很正常。但就是不能正常关机。那么如何处理呢?

一般这种问题都是由于两台电脑的配置不同造成的，如两台电脑的主板不同、硬盘大小不符等。我们可以用下面的方法来解决。

首先，按照 Ghost 的提示完成 Windows XP 系统文件恢复后，重新启动电脑。在启动时，按下F5键，选择“安全模式”项，让电脑进入安全模式。在安全模式下打开“控制面板”→“系统”，在“系统属性”里选择“设备管理器”，打开“设备管理器”窗口。在此单击“查看”→“按类型排序设备”，并勾选下面的“显示隐藏设置”。这样所有的设置都将在该电脑中显示出来。

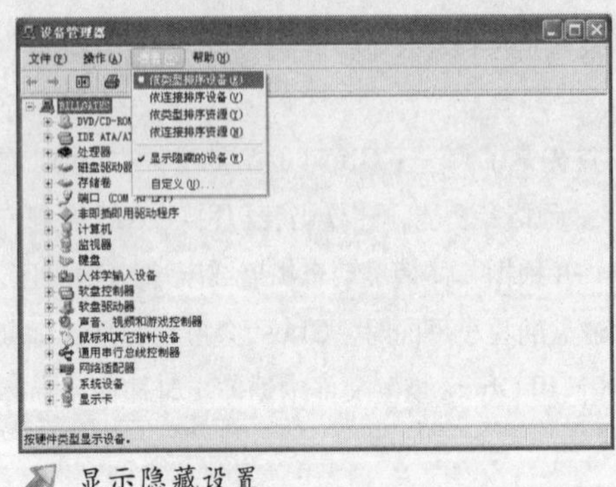
显示隐藏设置

卸载设备

随后点开“IDE ATA/ATAPI控制器”前面的加号，随后在显示的第一个设备单击右键，在弹出的右键菜单中选择“卸载”命令，将该设备卸载。按照此方法再对硬盘控制器中的硬盘项目进行卸载。

如果“设备管理器”中带有黄色感叹号的设备，在此将其删除。确定后重启电脑，电脑启动后会出现显示器属性出错信息。在此单击“取消”按钮，Windows XP不安装设备驱动程序，直接进入Windows XP系统。再次进入控制面板中启动“添加新硬件”对话框，在该界面中选择“让 Windows 搜索新硬件”选项，让电脑搜索出刚才所删除的设备，并在搜索完成后直接按“完成”按钮重新启动电脑即可。

三、Ghost 映像文件损坏后的修复

在我们用 Ghost 程序恢复 Windows XP 系统时，有时当Ghost 打开一个映像文件时程序会提示我

们该文件出现错误。或者在用Ghost恢复系统途中程序会突然提示我们映像文件出现错误，这样我们不得不中止恢复。以后再启动计算机又会出现无法读取硬盘的问题。

映像文件出错后，是不是就不能用它来恢复系统了？其实不然，我们可以用GhostExp程序对这映像文件进行修复。

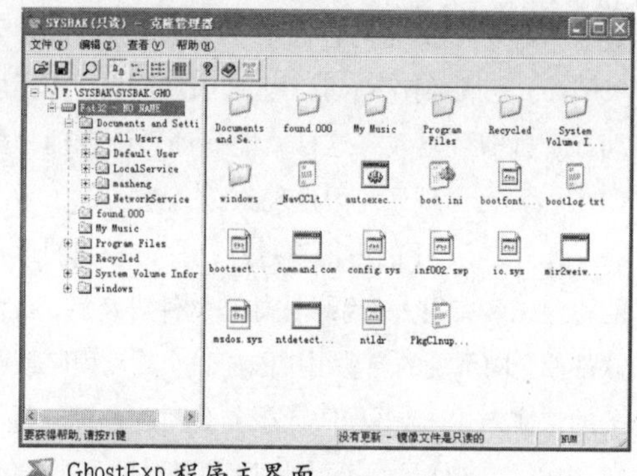

GhostExp 程序主界面

修复时单击“开始”→“所有程序”→“Ghost”→“GhostExp.exe”，启动GhostExp程序。在程序界面中单击“文件”→“打开”命令打开映像文件，再单击“文件”→“编译”命令。在随后出现的“另存为”对话框中为编译后的新映像文件输入一个文件名，单击“保存”按钮即可开始编译。窗口状态栏会显示编译进度，完成后可以看到新的映像文件。

小提示

由于编译过程要进行大量的磁盘读写操作，因此系统响应速度会变慢，建议在编译前关闭所有无关的应用程序以释放系统资源，从而保证编译的顺利进行。

通过“Ghost Explorer”我们可以对映像文件从很大程度上进行恢复。如果不能恢复只有重新制作映像文件了。

只要平时注意对映像文件的保护，就不会导致系统映像文件出现错误。那么如何在平时对映像文件进行维护呢？我们可以从以下两个方面入手：

(1) 尽可能将映像文件放在单独的硬盘分区上，不要和其他经常需要读写的文件放在一起。

(2) 在保存映像文件前，先对指定的分区进行碎片扫描。因为保存后由于映像文件占用的磁盘空间较大，所以尽量不要对映像文件所在硬盘分区进行磁盘整理，以免对映像文件造成破坏。

四、恢复后Windows XP提示CPU占用率过高问题的处理

有时候当我们恢复系统后，总感觉Windows XP运行速度很慢，在“Windows 任务管理器”的“性能”项中看到CPU的占用率为100%。长期 CPU 占用率过高，就会导致系统性能急剧下降，甚至会进入假死状态。那么如何解决这类问题呢？

CPU 占用率过高是由于Windows XP系统中运行的程序或启动的服务过多，大量占用了CPU资源所造成的“比例失调”，可以通过修改注册表提高系统响应能力。

点击“开始”→“运行”，在运行对话框中输入“Regedit”，点击“确定”，打开注册表编辑器。依次展开如下子键：HKEY_LOCAL_MACHINE\SYSTEM\CurrentControlSet\Services\lanmanserver，在其右侧窗口中新建一个名为“Maxworkitems”的DWORD键值项。然后双击它，在弹出的“编辑DWORD值”对话框中，根据计算机的内存容量来确定该键的键值。如果计算机内存小于512MB，请

键入“256”；如果内存大于512MB，请设置为“1024”。完成操作后，退出注册表编辑器，重新启动计算机即可生效。这样就能保证系统合理分配CPU，不会出现系统假死现象。

此外，CPU的占用率过高，往往和我们运行的程序过多有很大关系。比如当软件安装后，很多软件都会向系统的启动组中添加一个启动程序或服务的快捷方式，这些程序或服务会随着系统运行而自动运行。这样虽然可以快速启动软件，保证该软件能在系统后台运行，监视着系统的操作，但是这些程序的加载大大地占用了CPU资源。其实很多自动启动的程序或服务，对于我们一般用户来说没有用处，可以在启动组中将其删除。

在注册表中修改CPU占用率

首先在“开始”→“运行”中键入“Msconfig”命令，打开“系统配置实用程序”，进入到“服务”标签项下。

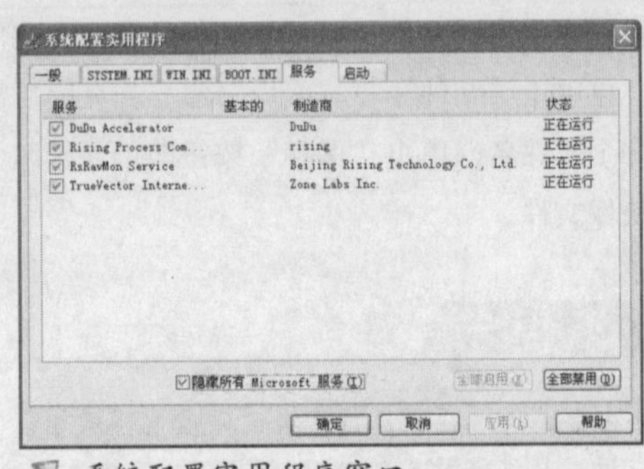

系统配置实用程序窗口

在该标签项中可以看到随系统运行的“服务”。去掉某服务项前面的钩，即可将该“服务”项禁止。如果你对当前的“服务”不太熟悉，可以勾选“隐藏所有Microsoft服务”复选框，这样程序会自动隐藏Microsoft提供的系统服务。剩下的服务都是安装软件时添加的，可以根据需要禁止，不会对系统有任何影响。

小提示

如果你需要关闭其他服务，可参考专题六中的“关闭不常用的服务”中介绍的方法，这样也可以减少CPU的使用率。

随后切换到“启动”标签项下，按照以前介绍的方法卸载一些不必要的启动程序。设置后，单击“确定”，重启计算机即可。

五、Windows系统恢复后死机故障的解决

Windows系统恢复后，往往会出现一些意想不到的问题，用户最担心的就是电脑出现频繁的死机现象。那么如何对症下药，彻底解决系统恢复后的死机现象呢？

1.死机故障分析

在电脑故障现象中，死机是一种最常见的故障，同时也是难于找到根源的故障之一。根据电脑死机发生时的情况可将其分为四大类。

(1)开机时出现死机现象

在启动计算机时只听到硬盘自检声而看不到屏幕显示，或在开机自检时发出鸣叫声，但计算机不工作或在开机自检时出现错误提示等。

(2)在启动计算机操作系统时发生死机

计算机屏幕显示自检通过，但在装入操作系统时出现死机的情况。

(3)在使用一些应用软件过程中出现死机

计算机一直都运行良好，只在执行某些应用程序时出现死机的情况。

(4)退出操作系统时出现死机

有时候当我们完成操作退出系统时，系统会出现停滞状态，导致死机现象发生。由于在“死机”状态下无法用软件或工具对系统进行诊断，因而增加了故障排除的难度。

综合上述分析，死机的一般表现有：系统不能启动、显示黑屏、显示“凝固”、键盘不能输入、软件运行非正常中断等。

2.死机故障排除

(1) Windows系统启动时开机画面显示过长

Windows XP系统刚刚恢复后，启动画面中的滚动条滚动三次就可以进入系统，可是使用一段时间后开机画面停滞的时间很长，发现该进度条需要滚动十几次才能进入系统，这是因为系统中加载的程序和服务项过多造成的。我们可以在“系统配置实用程序”对话框中关掉一些随系统启动的程序，再关掉一些不必要的服务项，以加快启动过程。

此外，我们还可以用修改注册表的方法，缩短Windows XP的启动滚动条的滚动次数，加快启动。其方法是，在“开始”→“运行”中运行“Regedit”命令，打开“注册表编辑器”找到Hkey_Local_Machine\system\currentcontrolset\control\session manager\memory management\prefetchparameters，在右边找到enableprefetcher主键，把它的默认值3改为1，确定后重启计算机，滚动条滚动的时间就会减少。

修改滚动条滚动次数

小提示

通过以上的操作，如果系统显示开机画面还是很长，就应该考虑系统中是否感染了病毒，或对磁盘进行全面扫描，检查磁盘是否存在着坏道。经过以上的操作后，系统的启动速度会明显提高。

小提示

如果在启动 Windows 98 时显示蓝天白云开机画面的时间很长，可以通过下面的方法来修改。在C盘根目录下，用记事本打开 Autoexec.bat 文件（该文件是隐藏文件）。在 Autoexec.bat 界面中查看有没有比较耗时的 DOS 程序，如果有就将其删除。然后在“开始”→“运行”中运行“msconfig”命令，调出系统配置实用程序对话框，查看 System.ini、Win.ini 选项是否有耗时的程序。根据自己的需要进行取舍后，再切换到“启动”项，将“启动”中不需要加载的程序前的钩去掉。

(2) Windows 系统启动时出现“VXD”或“386 无效”的错误提示

Windows XP 系统在启动中有时会提示“XXX.VXD”错误，单击任意键后才能继续启动。应该怎样去掉该提示？

出现这种错误信息时，是因为 Windows XP 系统的启动组中加载了某个程序的 VXD 文件，该文件又在卸载软件时被删除了。解决这种问题时可以在“注册表编辑器”中依次打开 HKEY_LOCAL_MACHINE\System\CurrentControlSet\Services\VxD 和 HKEY_LOCAL_MACHINE\Software\Microsoft\Windows\CurrentVersion\Run(RunOnce)，找到 VXD 驱动程序对应的键值项，单击右键选择“删除”按钮，将该键值项删除即可。

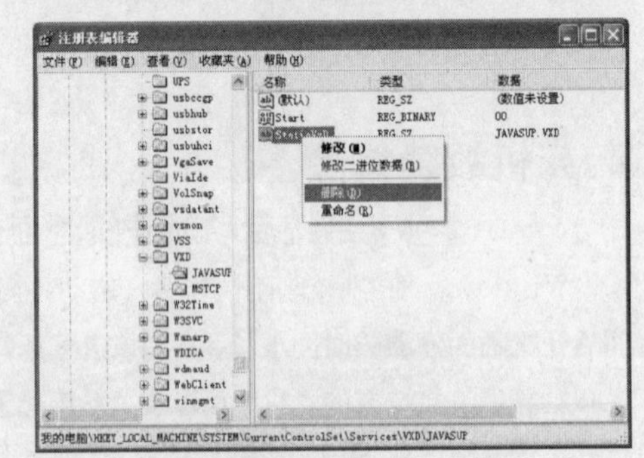

删除无效的 VXD 驱动程序键值项

此外，在 Windows 98 中系统启动时除了上面的现象发生外，有时还会出现 386 文件无效的提示。如果提示无效文件的错误信息所涉及的文件扩展名为.386 或未显示文件的扩展名，可打开 System.ini 文件，在该文件的[386Enh]字节中删除错误提示的命令行。如果错误信息仍然存在，还可以打开注册表编辑器，单击该窗口中的“编辑”→“查找”命令，在弹出的“查找”对话框中键入该文件名称，搜索该文件所在的键值项，并删除之即可。

(3) 关闭 Windows 系统时计算机停止响应

在执行 Windows XP 系统下“关闭计算机”窗口的“关机”命令时，系统往往无法正常关机，而是长时间处于关机状态下，甚至有时死机。这个时候我们只能按下主机箱上的电源键来关机。引起这种故障的原因主要是用来关闭系统的某些文件被破坏所造成的，如关机声音文件的损坏、快速关机功能存在冲突等。

要解决这些问题首先确定在关机时是否退出了所有正在运行的程序。如果没有退出，请先退出这些程序后再关闭计算机。

随后在“控制面板”中双击“声音和音频设置”选项，打开“声音和音频设置属性”对话框。切换到“声音”标签项下的“程序事件”列表中找到“退出 Windows”事件，单击“播放”按钮，如果声音能正常播放说明声音文件没有问题。如果声音文件不能正常播放，在下面的“声音”项中单击下拉菜单，选择“无”，关闭该事件。

如果问题仍没能解决，还需要检测一下应用程序是否存在着问题。单击“开始”→“所有程序”→“附件”→“系统信息”，在此单击“工具”→“DirectX 诊断工具”，在弹出的对话框中对系统、网络、声音等项目进行检测。检测时系统某一项出现问题，DirectX 诊断工具将给出一个错误提示。在此我们只需单击“下一步”按钮，

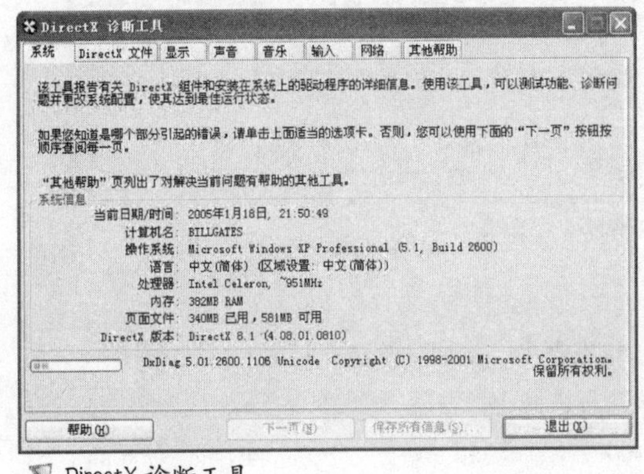

DirectX 诊断工具

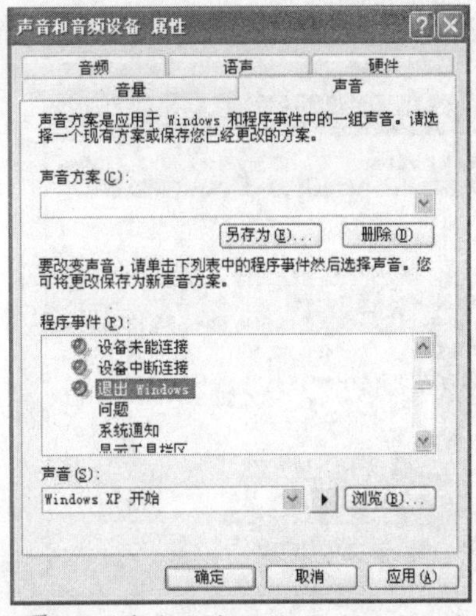

设置声音文件

系统就会自动对错误进行修复。

此外，我们还需要在“系统属性”窗口中关闭“休眠功能”和“高级电源管理功能”。当然一些常驻系统的后台服务，也会导致计算机无法正常关闭，可以关闭一些无用的服务程序。通过上面的操作将会从很大程度上加快电脑的关闭过程。

小提示

如果安装的是Windows 98系统，那么该系统提供了一个快速关机程序，需要将其关闭。方法是：单击“开始”→“程序”→“附件”→“系统工具”→“系统信息”，在出现的系统信息对话框中。选择“工具”→“系统配置程序”，在“常规”标签项下选择“高级”按钮，打开“疑难问题设置”对话框，取消系统的快速关机功能。这样调整后重新启动计算机就可以正常关机了。

六、系统恢复后总提示内存不足问题的处理

有的电脑在重新恢复系统后，运行过程中系统总是显示内存很低，而它的物理内存是256MB。如何解决这类故障？

出现这种情况先用最新版的杀毒软件对系统进行彻底杀毒，并检测系统分区是否有足够的剩余空间。

随后还需要查看一下“虚拟内存”的设置情况。右键单击“我的电脑”，在弹出的右键菜单中选择“属性”命令，打开“系统属性”对话框。切换到“高级”标签项下，依次进入到“性能”→“设置”→“高级”，在“虚拟内存”项中单击“更改”按钮，随后按照专题六介绍的方法对虚拟内存进行设置，并将页面文件选择为其他分区，单击“确定”退出。

由于在使用电脑时要经常安装软件，因此建议启动虚拟内存检测功能，这样可以及时了解内存的使用情况。

设置时，打开“控制面板”→“管理工具”，进入“计算机管理”窗口。在“系统工具”项中展开“性能日志和警告”，选择“计数器日志”。

在窗口右侧单击鼠标右键选择“新建日志设置”，随后弹出一个新建日志对话框。在该对话框中输入新建日志的名称，如“虚拟内存监视”，“确定”后进入到该日志窗口。

设置虚拟内存的大小

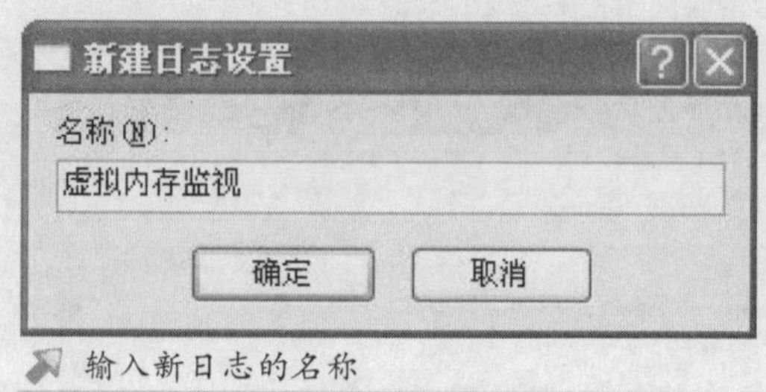

输入新日志的名称

在“常规”页中单击“添加计数器”按钮，弹出一个“添加计数器”对话框。在该对话框的 “性能对象”中选择“Paging File”，然后选中“从列表选择记数器”下面的“%Usage Peak”，并在右侧“从列表中选择范例”中选择“_Total”。随后单击“添加”和“关闭”按钮，返回上一界面。

这时我们在“日志文件”页中看到日志文件存放位置和文件名，程序默认保存在C:\PerfLogs文件夹中。以后需要查看这个日志来判断Windows XP平常到底用了多少虚拟内存。

切换到“日志文件”标签项下，在该标签项中的“日志文件类型”选择为“文本文件（逗号分隔）”这样便于我们查看。

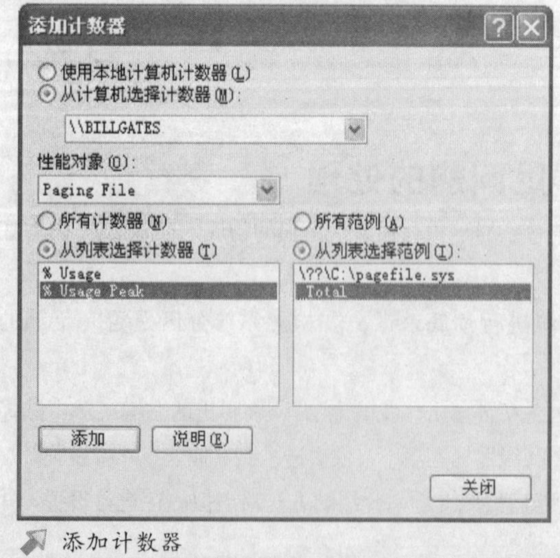

添加计数器

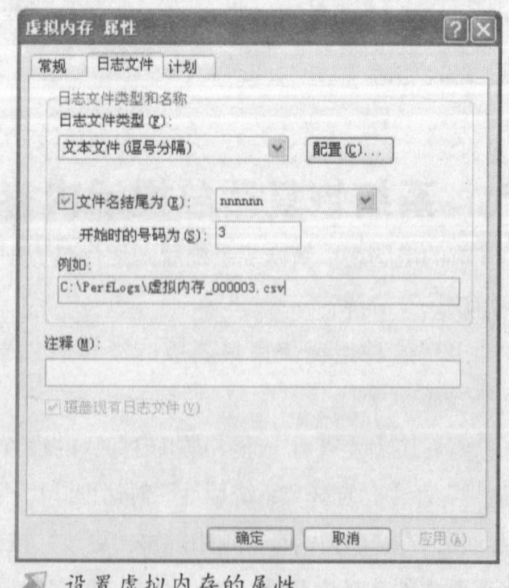

设置虚拟内存的属性

单击“确定”后，这时我们在“性能”窗口中可以看到多出了一个刚刚创建的虚拟内存项。该项的绿色图标表明日志系统已经在监视虚拟内存了，如果该项显示为红色图标就表示处在停用状态。处在停用状态时，我们可以单击鼠标右键选择“开始”来启动这个日志。

要想查看内存的使用情况时，进入到C:\PerfLogs文件夹下，在“虚拟内存_000002.csv”文件上单击右键选择“打开方式”。在打开方式列表中选择“记事本”，这样就可以用记事本打开该文件了。这个日志文件记录某一段时间内虚拟内存页面文件的使用情况，注意这里的单位是“%”，而不是“MB”。某一段时间内的数值越大，这说明该时间内运行的程序所占的内存空间越多。

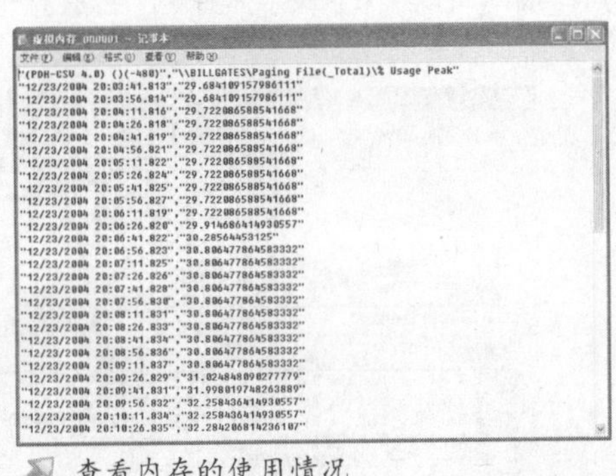
查看内存的使用情况

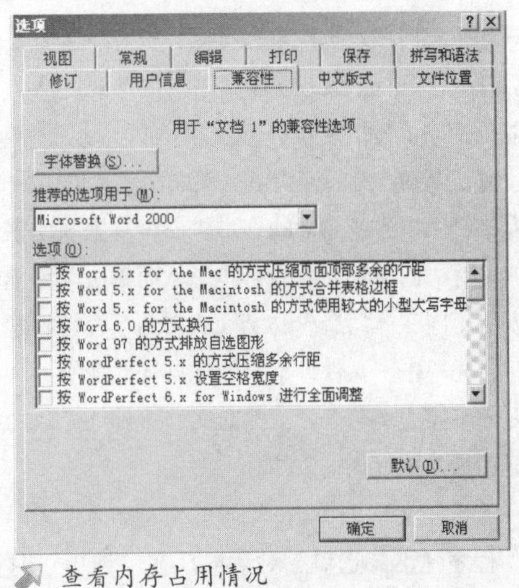

查看内存占用情况

此外，我们还可以查看一下运行的软件是否占用内存空间过大。查看时用“Ctrl+Alt+Del”组合键调出“任务栏管理器”，切换到“进程”界面，查看一下哪个软件占用的内存过大，以后尽量少运行该类软件。

七、系统恢复后文件关联更改

在系统恢复前，系统中默认情况下是利用Winamp打开MP3文件，可是在系统恢复后，这种关联被破坏了。Windows XP在默认的情况下用Windows Media Player打开MP3文件。怎么样能让Winamp以默认的方法打开MP3文件呢？

其实更改文件关联的方法并不难。首先在“资源管理器”中找到需要更改关联的文件（如MP3文件），随后在该文件上单击右键，在弹出的右键快捷菜单中选择“打开方式”命令，弹出一个“打开方式”对话框。

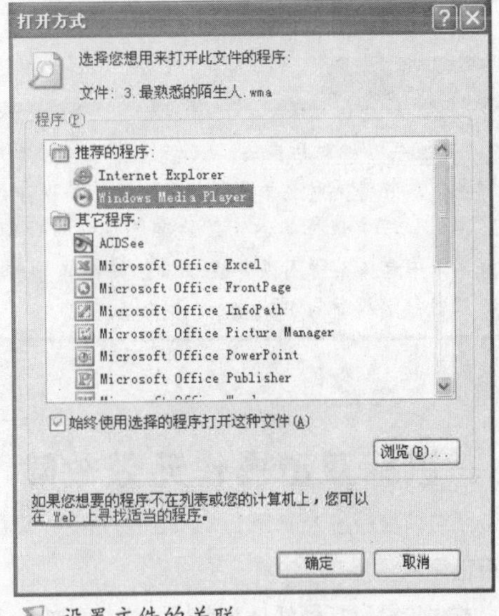

设置文件的关联

该对话框中列出了当前系统中所有安装的程

序。其中，系统还为我们推荐打开该文件的程序。在该列表中根据需要选择程序。如果该列表中没有需要的程序，可以单击“浏览”按钮，手工指定打开的程序。程序选择后，勾选下面的“始终使用选择的程序打开这种文件”项，随后单击“确定”按钮即可。以后我们就可以用自己更改后的程序打开指定的文件了。

八、恢复后字体不同导致兼容性问题

如果我们在系统恢复前安装了一些字体文件，并在某些Word文档中使用了这些字体文件，系统恢复后系统中没有了这些字体文件，再打开该Word文档可能会出现一些无效的字体，或者文档中所有的字体都变成了默认字体（一般为宋体）等字体兼容性现象。那么如何解决字体的兼容性问题呢？

其实Word专门提供了一项非常实用的“替换字体”功能，可以用来解决字体的兼容性问题。该功能允许将文档中所包含的、本机内没有安装的字体转换成计算机内某种相似的字体，从而解决了因不同系统安装不同字体而造成的Word文档兼容性问题。

首先单击“文件”菜单的“打开”命令，将包含有无效字体的文档打开，此时文档中那些无效的字体都显示为系统默认的宋体。

随后在文档中单击“工具”菜单的“选项”命令，程序弹出“选项”对话框。在“选项”对话框中单击“兼容性”标签，单击“替换字体”按钮。若该文档中不存在无效字体，则系统就会弹出“Word不需要进行字体替换，文档中的所有字体都是有效的”的提示，否则将会弹出“替换字体”对话框要求替换字体。

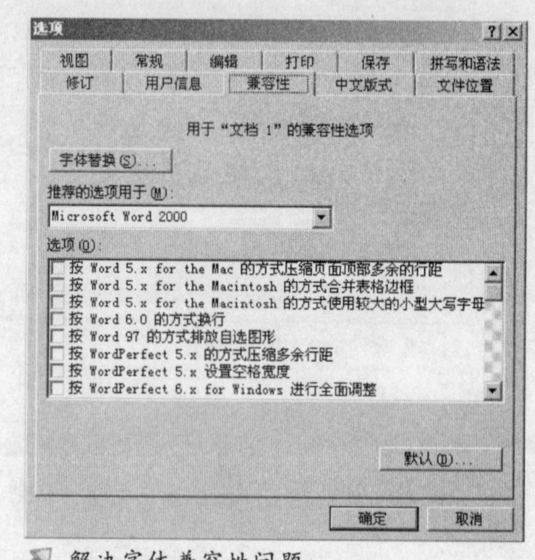

解决字体兼容性问题

小提示

“替换字体”对话框的“文档所缺字体”框中将显示出所有该文档中使用的，而该系统当前没有安装的字体，并将同时显示出Word默认的替换字体（系统默认的替换字体一般多为宋体）。随后从“文档所缺字体”框中选择某种无效的字体（如微软简楷体），单击“替换字体”下拉框，从本机上所有已安装的字体中选择某种用以替换“微软简楷体”的字体，如“楷体”，这样就可以在Word中用“楷体”来代替“微软简楷体”进行显示了。

九、鼠标双击操作无效故障

系统恢复后进入Windows XP窗口时发现鼠标的单击和拖拽操作正常，但无法通过双击鼠标启动应用程序。

首先检测鼠标硬件是否良好，如果更换一支鼠标还出现同样的错误，可以检查鼠标的设置问题。

出现该故障是因为鼠标双击的时间间隔设置得太短，致使系统将用户的双击操作视为两次不连续的单击操作。我们只须适当调整鼠标双击的速度即可解决该问题。

解决该类问题时，进入Windows XP的“控制面板”，右键单击“鼠标”选项，单击鼠标右键，然后选择弹出菜单中的“打开”命令，启动鼠标设置功能。

在“鼠标键”标签项下将“双击速度”中的滑杆向左移动，适当调节Windows下的鼠标双击速度，此速度可通过旁边的“测试区域”进行测试，使之与自己的操作速度相适应，设置后单击“确定”返回即可。

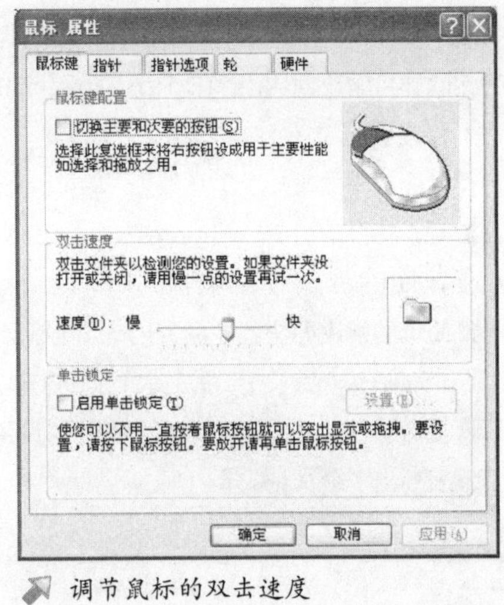

调节鼠标的双击速度

十、整理磁盘碎片导致死循环故障

使用Windows XP系统自带的磁盘碎片整理程序进行磁盘整理，在进行到10%时程序陷入死循环，使得碎片整理无法进行。

这类问题的出现主要是系统文件运行错误或损坏造成的。进行碎片整理时，先对磁盘上的系统文件进行扫描。在1%～10%阶段则主要是检查驱动程序是否有错，并读取驱动程序信息，10%之后才进行真正的磁盘碎片整理。系统进行到10%之后陷入死循环，说明多半是因为内存驻留程序，如杀毒软件、屏幕保护程序干扰了正常的磁盘扫描，使程序不能正常进行，从而形成死循环。

解决时，在整理磁盘碎片之前关闭内存驻留程序，然后再进行整理。如果取消这些内存驻留程序之后磁盘碎片整理仍然不能进行，则应使用Scandisk对磁盘进行全面检查（包括表面测试），以排除磁盘故障的可能性。

小提示

用户若较长时间没有整理过磁盘碎片，整理碎片时从10％开始到11％的过程的确需要很长的时间。

十一、“控制面板”中的设置项目不全故障

系统恢复后，有时我们会发现进入“控制面板”后少了某些设置项。甚至有时控制面板项中所有项目都无法显示。如何找回控制面板中的这些丢失的项目呢?

造成该故障的原因主要有两种，一是控制面板中丢失一些设置，这是因为Windows文件夹下相应的系统设置文件(CPL文件)恢复过程中丢失所造成的；二是系统的Control.ini文件错误地被设置了“*.cpl=no”命令，禁止了这些控制图标的显示。

首先用记事本打开系统分区Windows目录中的Control.ini文件，找到[don't load]节。若在该节

中发现了相应的“*.cpl=no”命令行，则说明故障是由第一种原因造成的，只需将这些“*.cpl=no”命令行删除即可解决问题。若在[don't load]节中没有发现“*.cpl=no”命令，说明故障是因为对应的CPL文件不存在引起的。

控制面板中的每一个工具都由 Windows\System32 文件夹中的一个 CPL 文件表示。当你启动控制面板时，将自动加载 Windows\System32 文件夹中的 CPL 文件。如果 CPL 文件丢失，将不能在控制面板界面中找到该设置项目。

最简单的解决办法就是在其他 Windows 版本相同的计算机中将这些CPL文件拷贝到本机的Windows＼SYSTEM 目录中。另外，我们也可以利用 Windows 的“系统文件检查器”对所需的 CPL 文件进行恢复。经过上述步骤后，那些丢失的设置项目就会重新出现在 Windows 的“控制面板”中。

下表列出了最常见的 CPL 文件。

Access.cpl	“辅助功能”属性
Appwiz.cpl	“添加/删除程序”属性
Desk.cpl	“显示”属性
Hdwwiz.cpl	“添加硬件”属性
Inetcpl.cpl	“Internet”属性
Intl.cpl	“区域设置”属性
Irprops.cpl	“红外端口”属性（在你安装红外线设备之前，位于 C:\Windows\Driver cache\I386\Driver.cab 中）
Joy.cpl	“游戏杆”属性
Main.cpl	“鼠标”属性
Mmsys.cpl	“多媒体”属性
Ncpa.cpl	“网络连接”属性
Nusrmgr.cpl	“用户账户”属性
Nwc.cpl	“Gateway Services for NetWare”属性
Odbccp32.cpl	“开放式数据库连接(ODBC)数据源管理器”属性
Powercfg.cpl	“电源选项”属性
Sapi.cpl	“语音”属性（位于C:\Program files\Common files\Microsoft Shared\Speech 中）
Sysdm.cpl	“系统”属性
Telephon.cpl	“电话和调制解调器选项”属性
Timedate.cpl	“时间和日期”属性

方案二 还原后常见软件故障处理

当我们对已经损坏的系统进行恢复后，有时候也会出现很多应用软件问题，如一些软件不能正常使用等，这样便给我们带了很多麻烦。在本方案中我们将介绍对系统恢复后常见软件故障的处理方法。

一、升级SP2系统后，MS Office组件无法运行故障的处理

MS Office 2003组件在Windows XP中一直能正常使用，可是当系统升级到SP2后却无法运行，卸载程序安装，问题仍在。如何能让MS Office组件在SP2下正常运行呢?

这是因为DEP数据的检测功能控制了MS Office组件运行而导致的问题。我们可以通过手动配置的方法，让某一个程序不受DEP检测，从而避免DEP产生的兼容性问题。方法如下：在桌面上右键单击“我的电脑”，在弹出的右键菜单中选择“属性”。在弹出的“系统属性”窗口中点击“高级”选项卡，接着点击“性能”栏目中的“设置”按钮。在弹出的“性能选项”对话框中点击“数据执行保护”选项卡，选中“为除下列选定程序之外的所有程序和服务执行DEP”，然后点击“添加”按钮，将你所需要的Office组件中的程序添加进来即可。

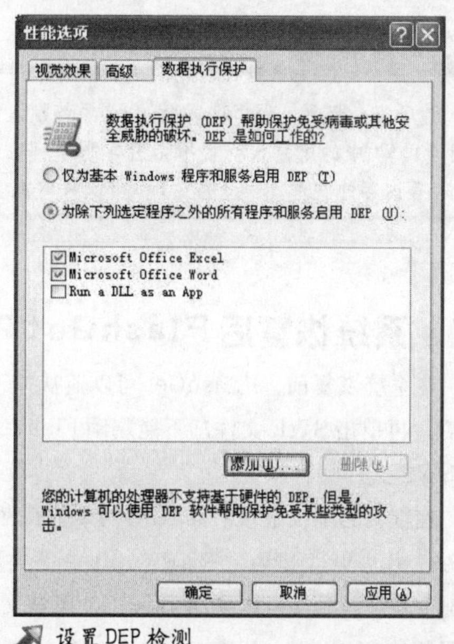

设置DEP检测

二、本地网页中的Flash文件无法正常显示

在Windows XP 恢复后，一些本地文件夹或光盘上的网页文件中Flash动画文件无法正常播放。

首先确认系统中是否安装了诸如FlashPlayer等Flash播放工具。如果安装了，再检查一下上网助手，看是否阻止了Flash动画文件运行。单击IE工具栏中的上网助手工具条，随后单击“已拦截”按钮，在弹出的下拉菜单中将“拦截Flash广告”项前面的钩去掉。通过上面的设置我们就可以正常播放Flash文件了。

如果你安装的是Windows XP SP2系统，还可以启动IE浏览器，点击菜单栏的“工具”→“Internet选项”命令，打开“Internet选项”窗口。点击“高级”标签项，在“设置”下拉列表框

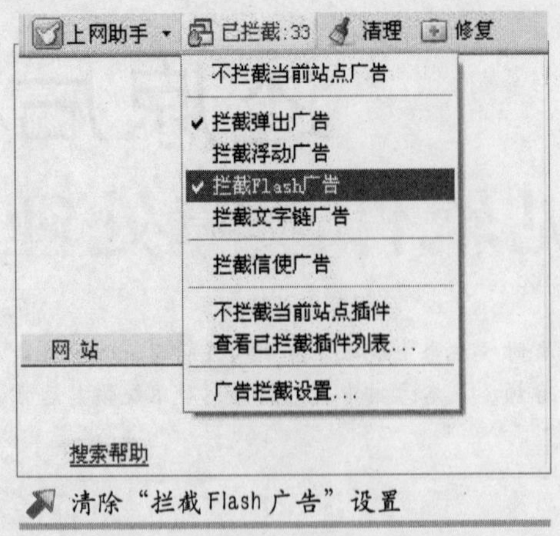

清除“拦截Flash广告”设置

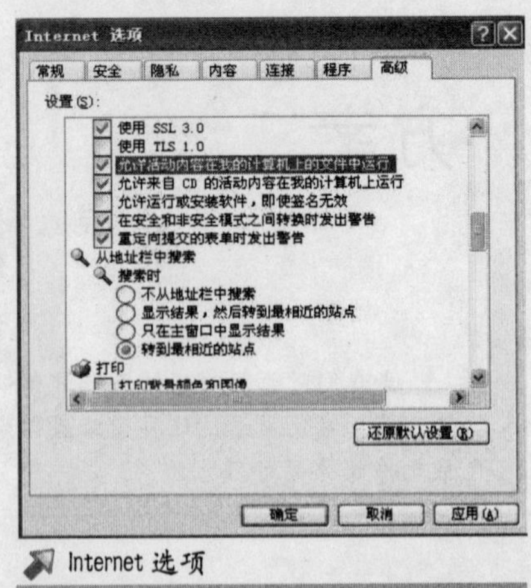

Internet 选项

中勾选“允许活动内容在我的计算机上的文件中运行”和“允许来自CD的活动内容在我的计算机上运行”选项，单击“确定”按钮。

注　意

为了安全起见，Windows XP SP2系统默认安全设置为防止用户在本地打开一些Flash文件，这样被隐藏于Flash中的恶意代码就不会引导恶意网站来攻击计算机，保护系统的安全。这也导致无法播放含有Flash等内容的文件。因此播放Flash文件时在上面的界面中进行手工设置。

三、系统恢复后FlashGet不能下载SWF等文件

在系统恢复前，FLashGet可以监视并下载网页中的SWF等多种格式的文件。可是当恢复系统后，再单击SWF文件却不能启动FlashGet程序下载这时如何让FlashGet重新自动监视并下载SWF文件呢?

在默认的情况下，FlashGet可以监视网页上ZIP、EXE、BIN、GZZ、TAR、ARJ、LZH、MP3、A[0−9]?、SWF、RAR、R[0−9]等类型的文件。这样当我们想下载这类文件时，只需单击该下载文件，随后便可以启动FlashGet下载文件。

如果想让FlashGet下载其他类型文件，我们可以再将该文件添加到FlashGet程序中。在FlashGet中单击“工具”→“选项”菜单，切换到“监视”标签项下，在“监视的文件类型”文本框中程序列出了当前监视的文件的扩展名，在此可以添加需要监视的文件类型，如SWF文件。添加时只需在该文本框中输入“.SWF”，添加多个文件类型时可以用“；”号隔开。这样以后使用FlashGet下载文件时程序会对该类型的文件进行自动监视。

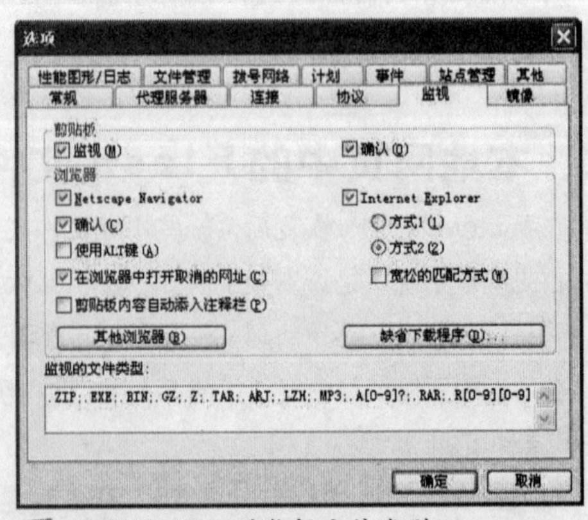

设置FlashGet的监视文件类型

而当系统恢复后，手工添加到监视类别中的文件类型就会丢失，因此FlashGet不能自动监视，这时可以按照上面的方法输入需要的该文件的扩展名即可。

四、系统恢复后FlashGet右键功能失效

FlashGet提供了一个功能强大的右键功能，当在网页中遇到需要下载的文件时，单击右键菜单选择“使用网际快车下载”命令随后会启动“FlashGet”程序对该文件进行下载。可是当我们恢复系统后FlahGet在IE中的右键失效，再单击右键菜单中的“使用网际快车下载”下载文件时程序没有反应。

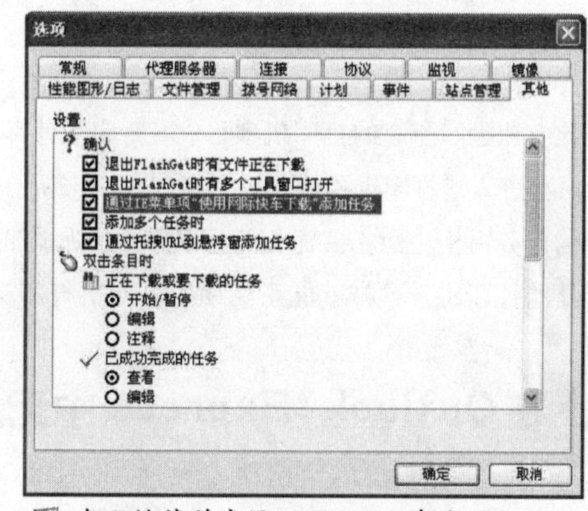

在右键菜单中添加FlashGet命令

如何找回FlashGet的右键功能呢？设置时单击程序主界面中的“工具”→“选项”命令，切换到“其他”标签项中，在“设置”框的“确认”项中找到“通过IE菜单项‘使用网际快车下载’添加任务”，重新勾选此项，以后就可以在IE右键菜单中启动FlashGet了。

五、打印机不能正常打印

系统恢复后，打印机的驱动程序安装正常，并且将该打印机也设置为默认打印机，可是在Word文档中打印文件时，该打印机没有反应，系统提示为“Operation cannot be completed”（操作不能完成）等信息。

解决此问题时，首先进入系统安全模式，删除c:\Windows\system32\spool\printers和c:\Windows\system32\spool\drivers\w32x86两个文件夹中的所有文件和文件夹。

随后在“开始”→“运行”中进入“regedit”命令，打开“注册表编辑器”，找到注册表下面的分支：

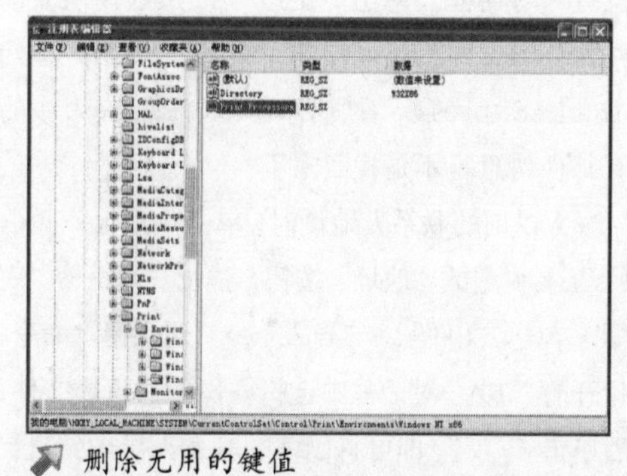
删除无用的键值

HKEY_LOCAL_MACHINE\SYSTEM\CurrentControlSet\Control\Print\Environment\Windows NT x86，删除Drivers、Print Processors两项以外的所有键值项。

随后依次展开HKEY_LOCAL_MACHINE\SYSTEM\CurrentControlSet\Control\Print\Monitors子键，删除以下几项外的所有键值项。

BJ Language Monitor

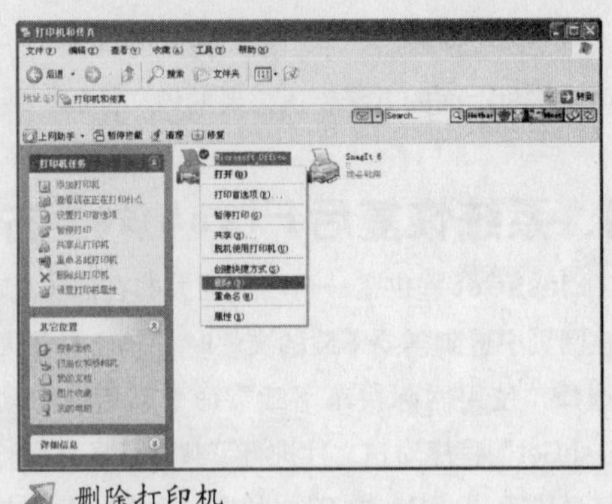
删除打印机

Local Port

PJL Language Monitor

Standard TCP/IP Port

USB Monitor

退出“注册表编辑器”，在控制面板中双击“打印机和传真机”项目。右键单击要删除的打印机，随后弹出一个右键菜单，选择“删除”命令即可。按照此方法删除所有的打印机项目。重新启动计算机，再次进入“打印机和传真机”窗口，在该窗口左侧的任务窗格中点击“添加打印机”，重新添加一个新的打印机，这样就能正常使用打印机打印文件了。

六、在 Outlook Express 中无法查看接收的邮件

在我们恢复系统后，启动Outlook Express后发现收件箱和已发邮件箱中都是空的，无法查看以前接收的邮件和以前发送的邮件，地址薄中的联系人地址也是空的。如何恢复这些信息呢？

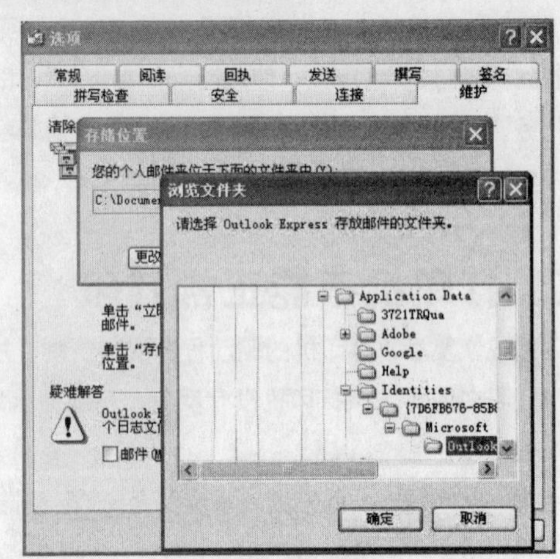

设置OE邮件存储路径

如果你在恢复系统前，已经习惯了将邮件和地址薄都保存到其他分区，那么只要将邮件路径改为邮件保存的文件夹即可。单击“工具”→“选项”命令，单击“储存文件夹”按钮，弹出“存储位置”对话框，单击“更改”按钮选择恢复前邮件保存的文件夹，并单击“确定”按钮。重启Outlook Express。看看Outlook Express中的所有邮件信息是不是找回来了？

导入以前的联系人地址时，单击Outlook Express工具栏中的“地址”按钮，弹出“通讯簿”对话框，单击“文件”→“导入”→“通讯簿”命令，在打开的“导入”对话框中选择备份的通讯簿文件，随后单击“确定”即可将以前的联系人导入到自已的地址薄中。

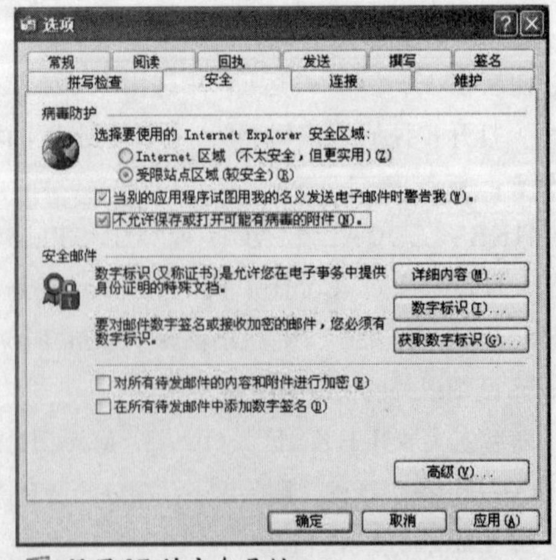

设置OE的安全属性

七、无法打开 Outlook Express 邮件中的附件

系统恢复后，在打开Outlook Express附件时，

发现附件中的文件已经变成了灰色，无法打开附件中的文件。附件中的文件是否被删除了，如何找回Outlook Express附件中的文件呢？

其实Outlook Express为了安全，在默认的情况下启用了“不允许保存和打开可能有病毒的附件”，这样附件便被锁住，因此我们无法查看附件中的内容。要想查看附件用的文件时，在Outlook Express程序的菜单中单击“工具”→“选项”命令，随后打开“设置”对话框。在该对话框中切换到“安全”标签项下，找到“病毒防护”项，去掉对“不允许保存和打开可能有病毒的附件”复选框的选择，随后单击“确定”即可。

八、系统恢复后IE不能正常浏览网页图片

Windows XP系统恢复后，用IE上网浏览网页时却发现有很多图片无法浏览，图片的位置上只显示一个带“×”的空白边框，如何处理这种问题呢？

现在很多网站为了拓展其功能，都在网页上添加了很多Java插件，可是Windows XP系统屏蔽了Java功能，因此在浏览含有Java插件的网站时不能正常浏览网页中的Java特效，这时需要到微软的网站上下载并安装一款Java虚拟机程序。

在浏览器界面单击“工具”→“Internet选项”中的“高级”选项卡，勾选“启用JavaJIT编译器”。再找到“多媒体”项，勾选“播放网页中的动画”和“显示图片”项，最后在“安全”项中点选安全设置项中的“Internet”，并单击“自定义级别”，在“安全设置”中启用“运行ActiveX控件和插件”。设置后重新启动计算机，以后就可以正常浏览网页中的图片了。

如果通过上面的方法还是无法正常显示图片，我们可以通过修改注册表的方法来解决。

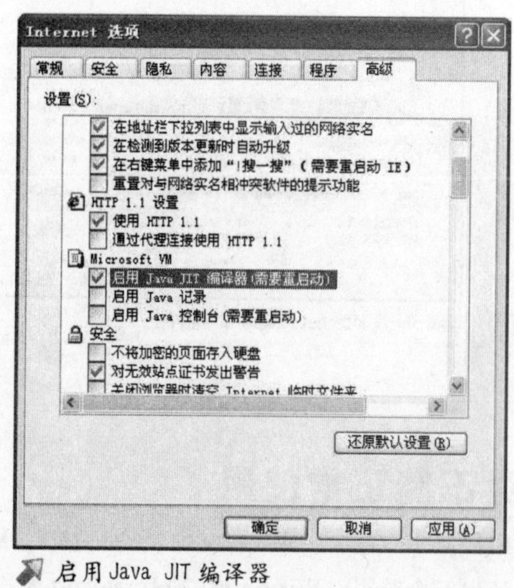

启用Java JIT编译器

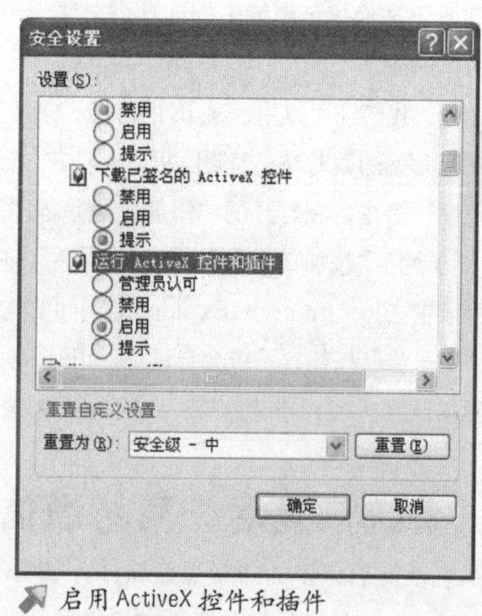

启用ActiveX控件和插件

首先打开记事本程序，录入以下内容：

Windows Registry Editor Version 5.00

（此处空一行）

[HKEY_LOCAL_MACHINE\SOFTWARE\Microsoft\InternetExplorer\Main\Feature-

Control\FEATURE_LOCALMACHINE_LOCKDOWN]

@=""

"iexplore.exe"=dword:00000000

"explorer.exe"=dword:00000000

需要注意的是，上述两个键值为“1”时为禁用，为“0”时为解禁 ActiveX、java 等控件。录入完毕，另存为“ShowPicture.reg”（文件名任取），扩展名必须是REG，双击导入到注册表中去即可。

九、系统恢复后IE被损坏而无法使用

系统恢复后，当我们启动IE上网时，系统提示“非法操作”字样，那么如何修复损坏的IE呢？

IE损坏一般情况下就是IE链接的几个动态链接库文件损坏或未被加载而所导致的，该链接库文件为Actxprxy.dll、Mshtml.dll、Urlmon.dll、Msjava.dll、Browseui.dll、Oleaut32.dll、Shdocvw.dll，保存在C:\windows\system32文件夹下。我们可以用重新加载的方法，对该链接文件进行加载。如加载Mshtml.dll文件时，在“运行”文本框中键入“regsvr32 shdocvw.dll”，按回车键即可。按此方法还需要对其他几个文件进行重新加载，加载后重新启动系统即可生效。

如果发现IE还是无法使用，还可以到其他电脑上拷贝上面的几个文件（注意IE版本要相同），随后在DOS下替换掉该电脑中的这几个文件，一般问题就可以解决。

此外，我们还可以用卸载IE的方法，来修复受损的IE程序。卸载时在“控制面板”中双击“添加/删除程序”命令，在打开的“添加/删除程序”对话框中切换到“添加/卸载windows组件”项下，在该列表中去掉“Internet Explorer”前面的钩。再单击“下一步”按钮，系统会自动删除IE组件。删除后再按此方法将IE重新安装，这样就能修复IE。

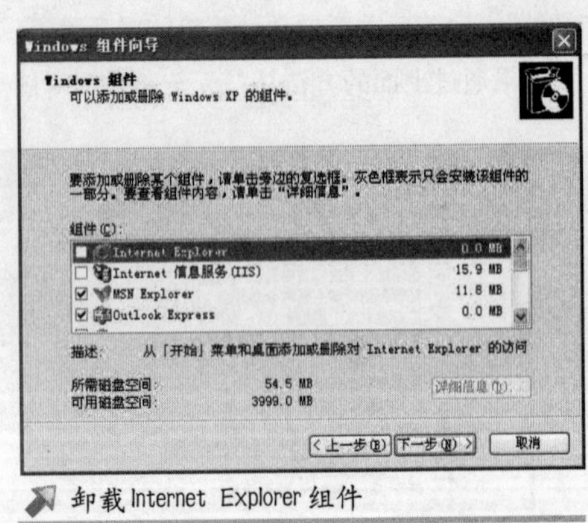

卸载Internet Explorer组件

十、系统恢复后，网络通信工具不能正常使用

系统恢复后许多的网络通信软件，如QQ、MSN Messenger、Windows Messenger、Windows Netmeeting等都无法正常使用了，并总是弹出安全警报，Windows Netmeeting无法进行远程桌面的共享。

这是由于Windows XP自带的防火墙在默认情况下，将限制未经允许的来自网络或Internet的连接，以致许多的网络通信软件无法正常工作。

对于QQ、MSN等即时通信软件，只需要在弹出的Windows安全警报对话框中点击“解除阻止”按

钮即可。对于 Windows Messenger、Windows Netmeeting，不但需要点击“解除阻止”按钮，而且还要将其主程序添加到“例外”中去。

在“控制面板”窗口中双击“Windows 防火墙”选项，在弹出的“Windows 防火墙”窗口中进入到“例外”选项卡，在“程序和服务”列表中被勾选的程序就是系统允许网络传输的程序。

添加新程序时，单击“添加程序”按钮，弹出一个“添加程序”对话框，在此选中“Windows Messenger”并单击“确定”按钮，这时 Windows Messenger 已经可以正常工作了。

接着，点击“浏览”按钮，找到位于 C:\Program Files\NetMeeting 文件夹中的 Conf.exe 文件，点击“打开”按钮将其添加到“例外”项中。同理，将位于” C:\Windows\System32”目录中的“Mnmsrvc.exe”也添加到“例外”中去，点“确定”按钮，Windows Netmeeting 的远程桌面共享就正常了。

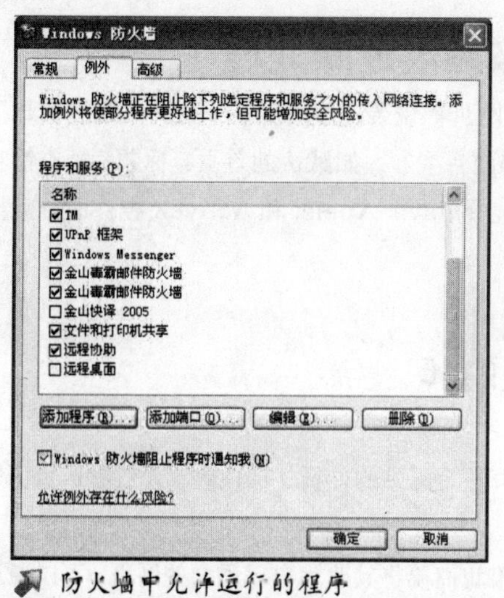

防火墙中允许运行的程序

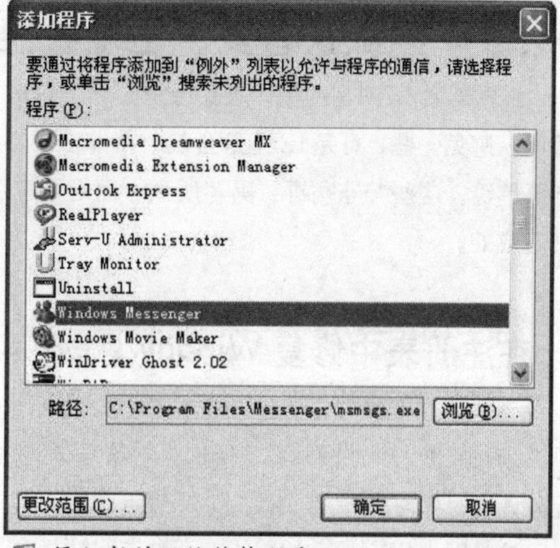

添加新的网络传输程序

方案三 系统恢复后网络故障处理

系统恢复后，很有可能产生网络方面的故障现象，使得用户无法上网或不稳定。该如何解决上网故障呢？系统恢复后的网络故障问题处理又和一般的网络故障有什么区别呢？本方案将带给你答案。

一、IE 的默认首页、地址栏经常被篡改故障处理

经常驾着IE网上冲浪，难免会遭黑客、病毒、非法网页等侵袭。虽然安装一些防火墙和防毒工具可以避免一些，可是IE还是会被一些非法网站篡改得面目皆非，如默认的首页、标题栏、右键功能菜单等。这些并非病毒、黑客所致，而是藏有别有用心的Java Applet和ActiveX控件的恶意网页造成的。

1. 在注册表中修复 Windows 98 下受损的 IE

(1) IE 首页被篡改

当我们进入一些网站后，下次再启动IE时总是先打开这个网站的首页，即使重新设置默认页仍然无效，这时如何将IE首页改回原来设置呢？

这是因为IE起始页的默认首页被该网站篡改了。如果我们要将其改为自己需要的网页，可以通过以下方法进行修改。首先在“开始”→“运行”中输入“regedit”，然后单击“确定”，打开“注册表编辑器”，并依次打开HKEY_LOCAL_MACHINE\Software\Microsoft\InternetExplorer\Main，右窗口中的Default_Page_URL这个键值项即首页的默认页。双击此子键的名称，弹出一个“编辑字符串”文本框。

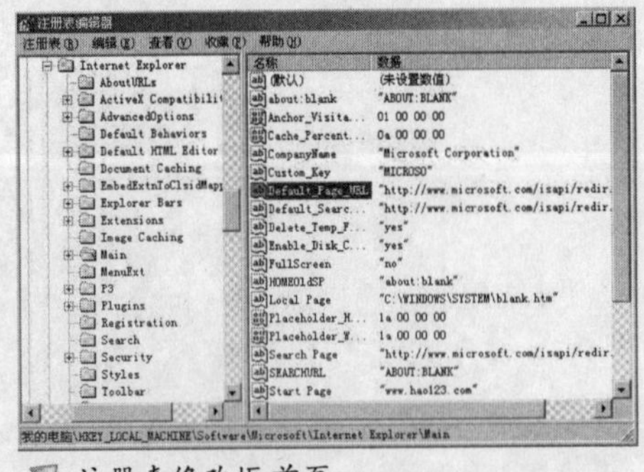

注册表修改IE首页

在其中的“数值数据”框中改为自己需要的首页网址。然后找到“Start Page”键值项，按照上

输入首页地址

述的方法修改好其键值。如果想将起始页设置为空白页时，可以将“Start Page”键值项的键值设置为“about:blank”。然后再打开“HKEY_CURRENT_USER\Software\Microsoft\Internet Explorer\Main\Start Page”键，按照上面方法将其设置好，重启IE即可生效。

可是有时IE的默认首页被修改后，所有的设置灰色按扭不可选，通过以上方法根本无法修改回来。这种故障也能通过注册表来进行修改，首先在注册表编辑器中依次打开HKEY_USERS\.DEFAULT\Software\Policies\Microsoft\Internet Explorer\Control Panel键，将右侧的窗口中“home page”的键值“1”修改为“0”（1即为灰色不可选状态）。

如果IE的“Internet选项”中的“Internet临时文件”、“历史纪录”和下面的“颜色”、“字体”、“语言”、“辅助功能”按钮都成为灰色的，可以再在该键中依次将“Settings”（Internet临时文件）、“History”（历史纪录）、“Colors（颜色）”、“Fonts（字体）”、“Languages（语言）”、“Accessibility（辅助功能）”的键值修改“0”，即可恢复功能。

(2) IE标题栏被修改

有时我们在登陆一些网站后，在IE的标题栏上总是滚动着该网站的字幕（如，“★欢迎光临xxx网站……★”），怎样也删除不掉。其实这是恶毒网页驻留在注册表中造成的。其修改方法为：

打开注册表编辑器，依次展开HKEY_LOCAL_MACHINE\SOFTWARE\Microsoft\Internet Explorer\Main下，在其右侧窗口中找到“Window Title”，将该键值项删除，或将Window Title的键值改为“IE浏览器”等你喜欢的名字。

然后展开HKEY_CURRENT_USER\Software\Microsoft\Internet Explorer\main，再按上述方法进行修改，退出即可。

(3) IE右键菜单被篡改

当我们在IE中单击右键时发现右键快捷菜单中增加了一个快捷命令，点击此命令IE便马上进入相关的网站，这个命令给右键操作带来了很多的麻烦。我们可以在注册表中删除此类快捷命。

打开注册标编辑器，依次展开下列子键HKEY_CURRENT_USER\Software\Microsoft\Internet Explorer\MenuExt，在该子键下删除相对应名称的键值项即可（要保留程序默认的键值项，如FlashGet和NetAnts等）。值得一提的是，如果要删除的键值项并非是网站地址（不是http://形式），而是本地地址形式（即：C:\PROGRAM FILES\NET\ /index01.html），那么是该网页自动被下载到了硬盘上。除了在注册表中将其删除外，还要根据路径找到此文件，并将其删除。

(4) IE中的Internet选项被屏蔽

我们遇到的最恶毒的网页那就是将IE中的Internet选项的所以功能都给屏蔽了！在IE菜单中单击“工具”→“Internet选项”时，弹出一个“由于该计算机收到限制，本次操作被取消，请与您的系统管理员联系”的对话框。其实这是恶毒的网页将Internet选项内的常规、安全、链接、程序、高级标签页中的所有的功能禁止了，造成Internet选项失效。

恢复的方法是，打开注册表编辑器，依次展开以下子键HKEY_USERS\DEFAULT\Software\Policies\Microsoft\Internet Explorer\Control Panel，在右窗口中依次将“GeneralTab”（常规页）、

“SecurityTab”（安全页）、“ConnectionsTab”（连接页）、“ContentTab”（内容页）、“ProgramsTab”（程序页）、“AdvancedTab”（高级页）项的键值都改为“0”，即可生效。

(5) IE 默认搜索引擎被修改

当我们使用IE在网上浏览时，常常会利用IE工具栏中搜索引擎的工具按钮实现网络搜索，可是被篡改后IE搜索引擎只能链接到指定网站。如何修改呢？运行注册表编辑器，依次展开以下子键：HKEY_LOCAL_MACHINE\Software\Microsoft\Internet Explorer\Search。将“CustomizeSearch”和“SearchAssistant”键值项的值改为某个搜索引擎的网址（http://www.topsearcher.com/ie/）即可。

(6) 非法网页加载到启动组

有的网页篡改了IE后，还将自己隐藏在启动程序中，这样每次加电启动电脑后它都会再次启动，非常麻烦。这时我们可以在“开始”→“程序”→“启动”中将其直接删除。有的启动项在“启动”中根本看不到身影，只能通过以下方法进行修改。

在“开始”→“运行”输入“Msconfig”，弹出“系统配置实用程序”。选择“启动”标签项，去掉“命令”项为网址的项前面的钩，保存并退出。然后打开“注册表编辑器”，展开HKEY_LOCAL_MACHINE\Software\Microsoft\Windows\Current Version\Run键，并将带有网页的键值项删除。

有时用以上方法改更了注册表和启动菜单后，下次启动计算机时该网页还会自动出现，并且再次更改你的IE，这是怎么回事呢？其实当我们浏览某些网站时该网站不是直接将网站地址添加到注册表中，而是自动在硬盘上生成一个HTML文件。

一般情况下该HTML文件保存在c:\Windows目录下，该文件自动将链接添加到系统的启动中（该文件在启动组中一般不是HTTP://格式，而是本地路径格式如，C:\Windows，因此应引起大家注意）。所以用上面的方法去除了启动中的链接后下次启动它还会继续启动。如果这种现象出现时除了作以上修改后，还要找到该文件的藏身路径，将其HTML文件删除掉，以后就不再启动了。

(7) 系统启动时弹出对话框

有的非法网页还通过修改注册表使系统每次启动时都弹出一个对话框，向我们“打招呼”，只有单击确定系统才能继续启动。

其修改方法是：依次展开注册表HKEY_LOCAL_MACHINE\Software\Microsoft\Windows\CurrentVersion\Winlogon子键。

在右边窗口中将“LegalNoticeCaption”和“LegalNoticeText”这两个键值项删除即可。

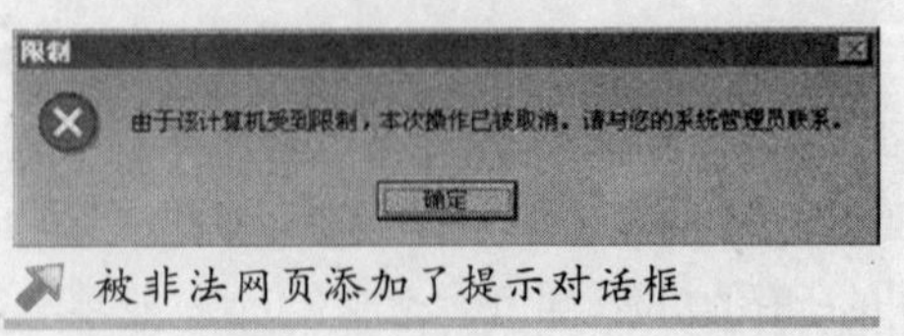

被非法网页添加了提示对话框

小提示

上面的方法可修复Windows 98下IE中的各项设置，但不一定能够在Windows XP系统中修改生效。

2. 软件修复法修复Windows XP下受损的IE

“上网助手2005”为IE提供了强大的修复功能，可以对IE的各个方面进行修复和弥补，效果非常好。单击“修复”，弹出“全面修复IE”、“恢复IE外观”、“IE保护设置”三个功能。

(1) 全面修复IE

修复时单击百度工具栏中的“修复”按钮，在弹出的下拉菜单中选择“全面修复IE”，随后弹出一个“全面修复IE”对话框。

在修复下拉菜单中程序提供了多大20多项的IE修复功能，其中包括被恶意网页篡改后的浏览器标题、首页、搜索引擎、右键菜单的修复，并且还可以对被非法网页改写的文件创建日期、系统时间等项进行修复。在修复时我们应该对症下药，勾选需要修复的选项，随后单击“立即修复”按钮即可。

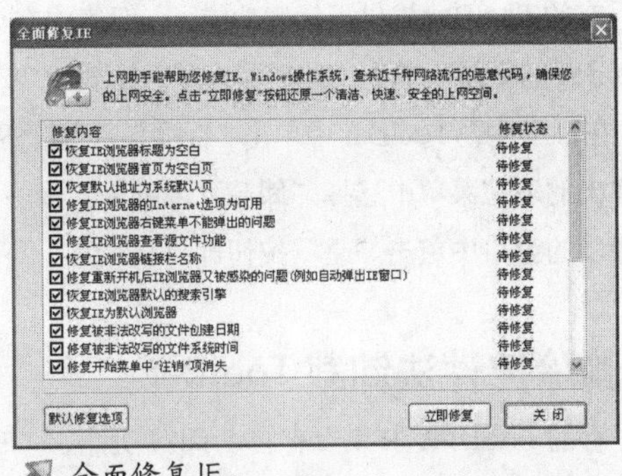

全面修复IE

(2) 恢复IE外观

如果IE的外观被一些网站修改，如添加了各种图标、工具条或菜单项，可以通过“恢复IE外观”功能，为IE找回原貌。在“恢复IE外观”界面中看到一个“一键清理”标签项，在该标签项中单击“一键清理”按钮，快速的清理IE中的各种图标和工具条，效果非常好。当然还可以通过后面的“清理IE工具栏”、“清理IE工具条”、“清理IE右键菜单”标签项进行清理。

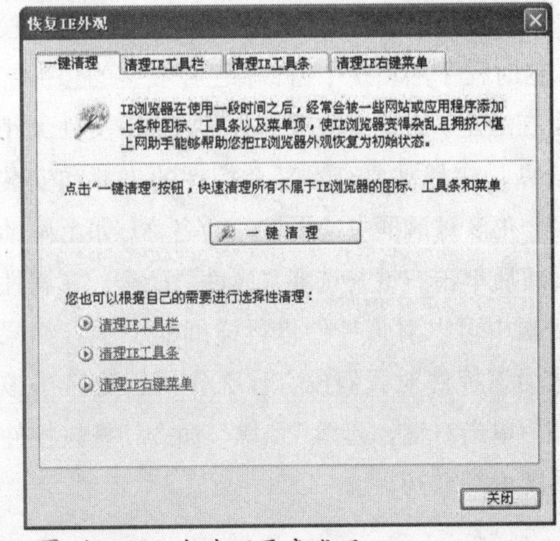

在3721中清理恶意代码

(3) IE的保护设置

虽说上网助手为我们提供了周到的修复功能，但经常修复也显得麻烦。还好，在上网助手2005中为我们提供了一个“IE保护设置”功能，可以对IE的首页设置、默认浏览器、屏蔽恶意代码等项进行设置，使得恶意网站再也无法对IE进行修改。

二、彻底清除 IE 中的 ToolBar

现在很多网站都推出了一些 ToolBar，如新浪的点点通、3721 的上网助手、百度搜霸、GoogleBar 等。这些ToolBar安装后会在IE的工具栏中以工具条的方式出现，给上网查找信息带来很大的方便。可是ToolBar安装多了也给我们的操作带来了不少麻烦，于是还必须卸载一些不经常用到的ToolBar。这些ToolBar并不像常用程序那么容易卸载，一般在“添加／删除程序”中找不到他们的身影。其实我们可以利用以下方法对其进行卸载。

1.利用自身的卸载功能卸载

有的ToolBar提供了卸载功能，一般集中在该ToolBar的下拉菜单中，如百度搜霸。卸载时启动IE，在百度搜霸ToolBar中单击“百度徽标”按钮，在弹出的下拉菜单中选择“卸载百度搜霸”命令，在弹出的窗口中单击“是”按钮即可。

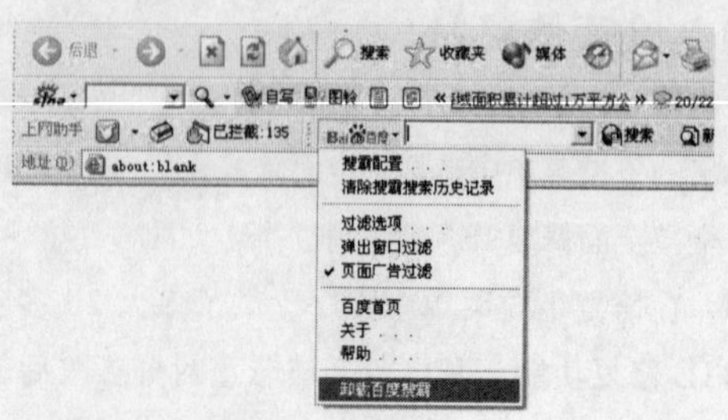

卸载百度搜霸工具条

2.删除控件法卸载 ToolBar

有的ToolBar中并没有自动卸载功能，这时我们可以采取删除控件的方式对其进行卸载。首先在IE中打开“Internet属性”对话框，在“常规”标签项中单击“设置”→“查看对象”按钮。这时程序启动一个窗口，已经安装的控件都显示在这里。在此有程序名称、状态、文件大小等信息，如果需要查看某个控件的来源和安装路径，在该对话框中选择控件的名称，如上网助手。随后单击右键并选择“属性”命令，在属性对话框中可以对该控件进行详细的了解。如果你认为该控件对我们没有什么作用，可选中该控件后单击右键，选择“删除”命令，将该控件从系统中卸载掉。

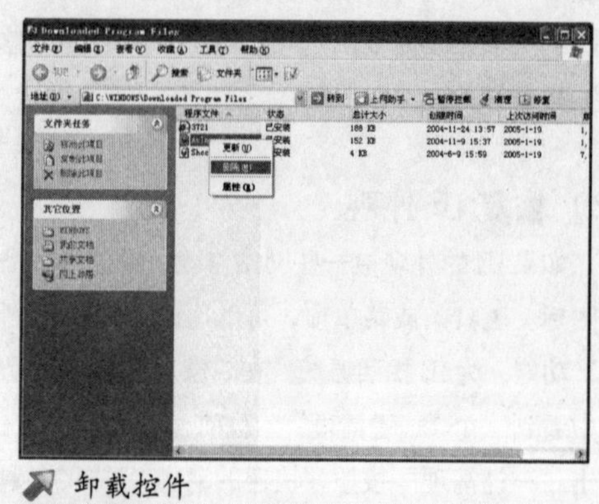

卸载控件

三、无法进行远程操作

恢复 Windows XP 后，每当使用 net 命令或者其他方式远程操作对方计算机时，都会出现类似“System error 53 has occurred. The network path was not found.”、“Unable to access the computer A. The error was Access is denied.”等错误提示。

Windows XP 系统在升级到 Windows XP SP2 版本以后，SP2 会将以前版本中的防火墙升级成了 WF（Windows Firewall）防火墙并提高了其默认安全等级。当我们远程操作已经安装SP2的并开启了防火墙功能的计算机时，该计算机的该 TCP 445 端口已经被禁用，因此会提示上述错误信息。要想正常远程访问对方计算机，必须开放对方计算机的TCP 445端口才行。解决方法如下：

点击“开始”→“设置”→“控制面板”→“Windows防火墙”，打开防火墙设置窗口，切换到“例外”选项卡，勾选“文件和打印机共享”并单击“编辑”按钮，在打开的“编辑服务”窗口中选中“TCP 445”。单击“更改范围”按钮，勾选“仅我的网络”或者勾选“自定义列表”并输入要控制的计算机的IP地址子网掩码，“确定”后即可。

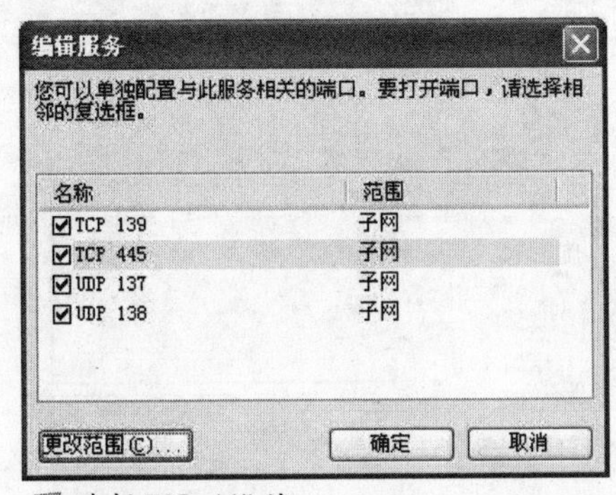

选择TCP 445端口

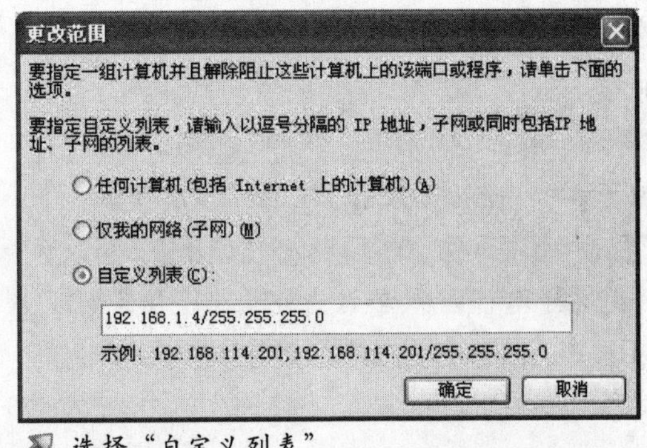

选择“自定义列表”

四、恢复后BT下载速度变慢

很多用户在恢复系统后上网速度正常，可是发现使用BT程序下载文件时下载进度明显变慢，有时打开网页速度也异常缓慢，甚至出现“无法打开网页”的问题。

这是由于系统恢复后，默认设置中将TCP同时连接请求的数量限制在10个以内造成的。我们可以用修改Tcpip.sys文件的方法来提高BT的下载速度，效果非常好。

修改Tcpip.sys文件时，需要一款专门的系统文件修改工具，在此推荐一款名为WinHex的软件。WinHex是一款非常不错的16 进制编辑器，可以轻松地对系统中的文件进行修改。

用WinHex修改Tcpip.sys文件的具体方法如下：将C:\WINDOWS\SYSTEM32\DRI-VERS目录下的Tcpip.sys文件拷贝到其他目录，随后用WinHex打开该文件，在offset栏中分别定位到“00000130”和“4F322”行，将其原始值“6E 12 06 00”、“0A 00 00 00”分别修改为“62 13 06 00”、“FE FF FF 00”。修改后单击保存按钮，重启计算机进入到安全模式，随后将修改后的Tcpip.sys文件分别拷贝覆盖到C:\WINDOWS\SYSTEM32\DRIVERS、C:\WINDOWS\SERVICEPACKFILES\I386、C:\WINDOWS\SYSTEM32\DLLCACHE文件夹下的同名文件即可。

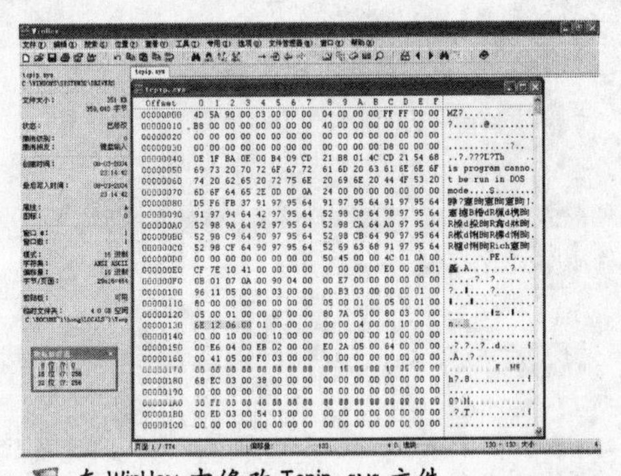

在WinHex中修改Tcpip.sys文件

值得注意的是，上面介绍的是SP2 2180版的

修改方法，对于其他版本而言修改数据值有所不同。

五、利用组策略让带宽利用率达到最高

系统恢复后，发现安装的宽带速度却没有以前那么快了，打开某个网页时总是等待一段时间，不知是哪里出现了问题，应该如何进行设置呢？

这是由于QoS数据包出现问题造成的，可以用调整QoS数据包的方法来提高宽带速度。设置Qos包时在“运行”对话框中键入“gpedit.msc”命令来打开“组策略”窗口，再从“管理模板”下找到“网络”项目。这里有一个“QOS数据包程序”项，展开后可以在窗口右侧的“设置”列下看到一个“限制可保留带宽”的项目。双击该项目，可以看到这里的“带宽限制”默认值为20，将它修改为“已启用”，并将“带宽限制”值改为“0”就可以让带宽利用率达到最高。

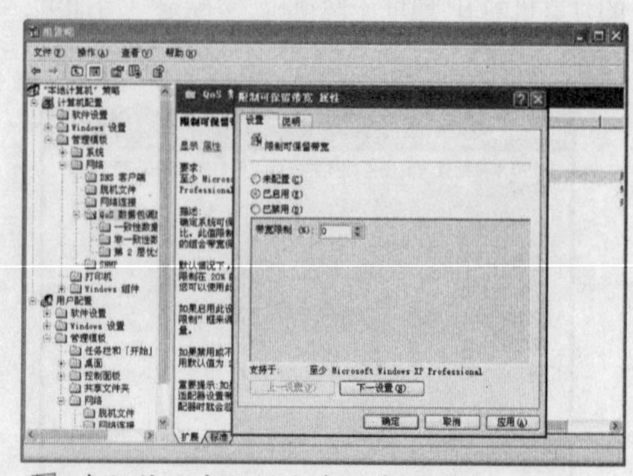

在组策略中设置带宽最高利用率

六、用Web方式浏览内网中的共享文件夹

经常在局域网中收发文件，如果每次都需要从“网上邻居”中一步步打开其他用户计算机上的共享文件，这样时间一长总感觉有些麻烦。其实在局域网中可以通过Web方式轻松实现资源共享。通过设置了Web方式后，以后只要在IE的地址栏中输入网内计算机的IP地址和指定的共享文件夹名称，按回车键即可打开该文件夹，非常方便。那么如何在局域网内设置Web共享文件夹呢？

用Web方式浏览局域网内的共享文件夹，需要安装IIS组件，一般情况下系统默认不安装，因此需要手工对其进行安装。安装时在“控制面板”→“添加／删除程序”中启动“添加／删除Windows组件”程序，勾选其中的“Internet信息服务（IIS）”项，随后安装即可。

IIS安装后，右键单击设置Web共享文件夹并选择“属性”，可以发现“属性”对话框中多出一个“Web共享”标签项。

在“Web共享”标签项中单选“共享文件夹”，弹出一个“编辑别名”对话框。在“别名”项中输入该文件夹在局域网中显示的名称，在“访问权限”中系统提供了读取、写入、脚本资源访问、浏览目录四个多选项。建议勾选“读取”项，其他选项可根据需要选择。在“应用程序权限”中选项“无”，单击“确定”按钮退出。

以后我们可以在该局域网其他计算机的IE地址栏中输入该计算机的IP地址和这个共享文

安装IIS组件

件夹名称（如 http://192.168.0.5/ My Music），按回车键后，就能看到该文件夹中的所有内容，并显示出该所有文件创建的时间。我们还可以单击该文件夹中标有<Dir>字样的链接，访问下一级文件夹中的内容，用鼠标单击其中的某个文件即可启动相应的程序。如果要想将某一个文件保存到自己的计算机中，单击右键选择“另存为”即可。

七、IE 浏览网页时总是显示脱机文件

系统恢复后有时在上网浏览时，打开某一主页速度非常慢，再进入下一链接 IE 会提示该页无法显示。比如进入搜狐主页后，点击“体育”链接，再点击各项内容时，就无法打开了。但是视频电视却能收看，速度较慢。

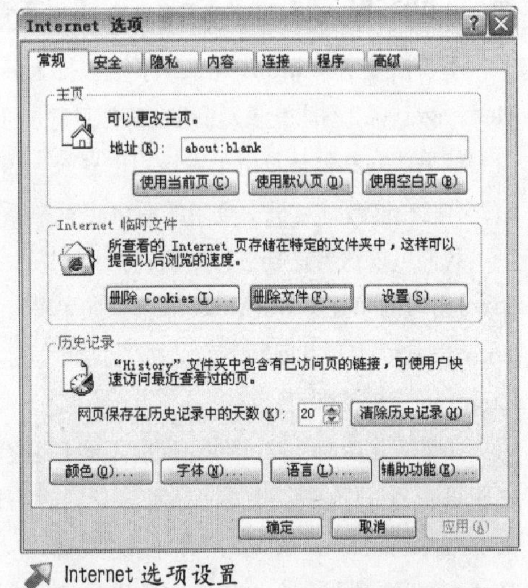

Internet 选项设置

删除文件

是否删除 Internet 临时文件夹中的所有内容?

您也可以删除本地存储的所有脱机内容。

删除所有脱机内容(D)

确定　取消

删除脱机文件

其实这是由于网络速度过慢造成的。我们在浏览某一个网站时，如果网速过慢 IE 会首先调用缓存区中保存的脱机文件，所以看到的是以前的网站内容或者提示该网页无法显示，看不到网站上及时更新的文件。

解决这个问题时，首先启动IE浏览器，在“文件”菜单中看看是否勾选了“脱机浏览”命令。如果勾选了该项，应将该命令前面的钩去掉。随后可以单击 IE 工具栏中的“刷新”按钮，IE 会自动登录到该网站的服务器下载最新的网页。如果这种方法依然无效或者刷新速度过慢，可以在 IE 界面中选择“工具”→“Internet 选项”，随后弹出一个“Internet 选项”对话框。在“常规”标签项的“Internet 临时文件”项中单击“删除文件”按钮，在弹出的“删除文件”对话框中勾选“删除所有脱机文件”复选框，单击“确定”按钮，系统会将所有的脱机文件删除，以后再输入以上网站就可以显示最新的网页内容了。

八、无法浏览网页，但是可以用 QQ 聊天

系统恢复后，启动 IE 无法浏览网页，但是打开 QQ 软件时，却能正常使用，这是什么原因?

出现这种情况，首先检测网线连接是否存在故障，并且和当地电信部门联系。如果线路一切正常，这就是系统出现了问题。系统出现问题主要是系统在恢复时损坏了 DLL 文件造成的，一般为 Wsock32.dll（C:\WINDOWS\system32）文件。我们可以在 Windows XP 安装光盘上重新提取一个 Wsock32.dll 文件。提取时先将 Windows XP 安装光盘放入光驱，

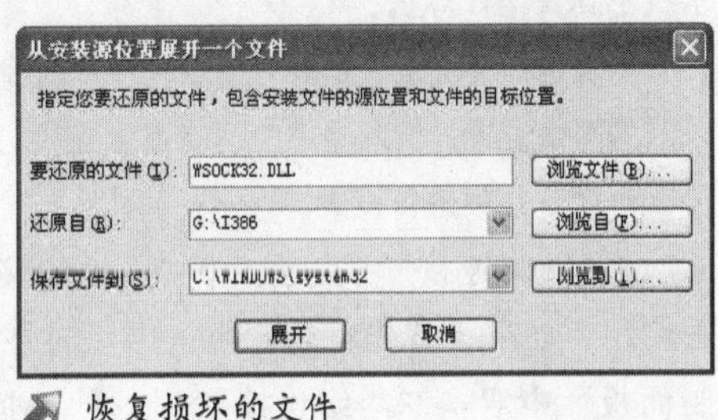

恢复损坏的文件

在“开始”→“运行”中键入“Msconfig”命令，打开“系统配置实用程序”，单击“展开文件”按钮，打开“从安装源位置展开一个文件”对话框。在其中的“要还原的文件名”文本框中输入需要提取文件的名称（注意用全称），在“还原自”项中输入光盘的路径，一般为G:/i386(G为光盘)。在“保存文件到”项中输入文件保存的路径，如C:\Windows\system32。输入后单击“展开”按钮即可成功提取文件，重启计算机就可以正常上网了。

九、MSN Messenger 无法登录

重新恢复了Windows XP系统并打上最新的系统补丁后，所有软件都能正常使用了，惟独MSN Messenger 6.2不能登录，可是在其他计算机上用该用户名登录一切正常。这是什么原因，如何解决呢？

如果能在其他计算机上用该用户登录，说明该用户的账号和密码都正常。那么导致MSN Messenger 6.2不能在这台计算机上登录的原因也就是系统和软件问题了。

我们可以试着这样进行解决：退出MSN Messenger 6.2，在“开始”→“所有程序”运行Windows自带的Windows Messenger。如果Windows Messenger能够正常登录，就说明MSN Messenger 6.2软件本身有问题。可以在“添加/删除程序”中将该软件卸载，重新安装一个新的MSN Messenger 6.2软件即可。

如果Windows Messenger也不能正常登录，就应该查看一下网络设置情况了。查看时右键单击桌面上的IE图标，在右键菜单中选择“Internet选项”命令。随后在弹出的“Internet选项”对话框中。切换到“连接”标签项下，单击“局域网设置”按钮。在弹出的“局域网设置”对话框中将“代理服务器”项下面的“为LAN使用代理服务器”复选框中的钩去掉，“确定”后重启计算机即可。

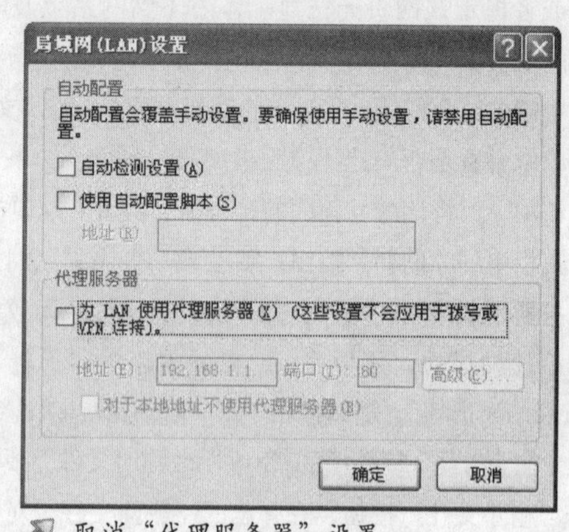

取消“代理服务器”设置

十、系统恢复后在“网上邻居”中找不到其他计算机

在恢复系统后，当用该计算机访问同一局域网内的其他计算机时，打开“网上邻居”后，系统提示找不到其他计算机。

出现这种情况主要是因为在系统恢复时删除了以前的网络设置。如果要想使网络正常连接，我们可以对以下几项进行设置。

在“网络连接”中查看一下“本地连接”是否启用，如果没有先将它启用。启用时在“控制面板”中双击“网络连接”，打开“网络连

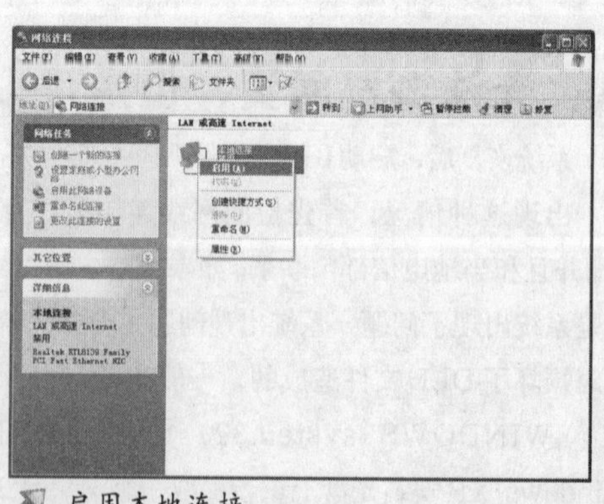

启用本地连接

接”窗口，在该窗口中右键单击“本地连接”图标，在右键菜单中选择“启用”按钮，即可激活本地连接。

随后在右键菜单中选择“属性”命令，打开“本地属性”对话框，在“此连接使用下列项目”中点选“Internet 协议（TCP/IP）”，并单击“属性”按钮，弹出“Internet 协议（TCP/IP）属性”对话框。

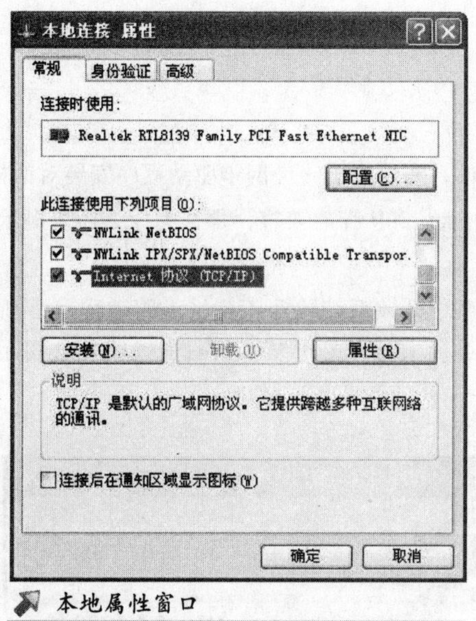

本地属性窗口

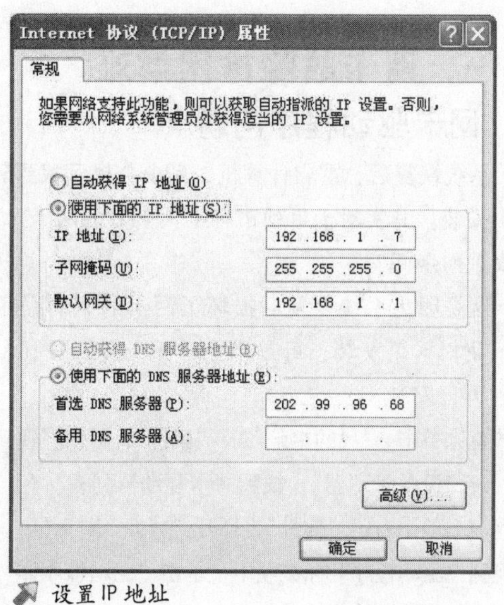

设置 IP 地址

在该对话框中点选“使用下面的IP地址”单选项，并在“IP地址”项中输入诸如192.168.1.1的IP地址。注意，该IP地址的前面三个字段要和服务器或其他计算机的字段相同，最后一个字段不能和其他计算机的最后一个字段重复。随后在“子网掩码”项中输入255.255.255.0，在“默认网关”项中输入服务器的IP地址。点选“使用下面的DNS服务器地址”，并在“首选DNS服务器”中输入本地的服务器地址。该地址一般由当地电信部门提供。输入后单击“确定”按钮，返回上一界面。

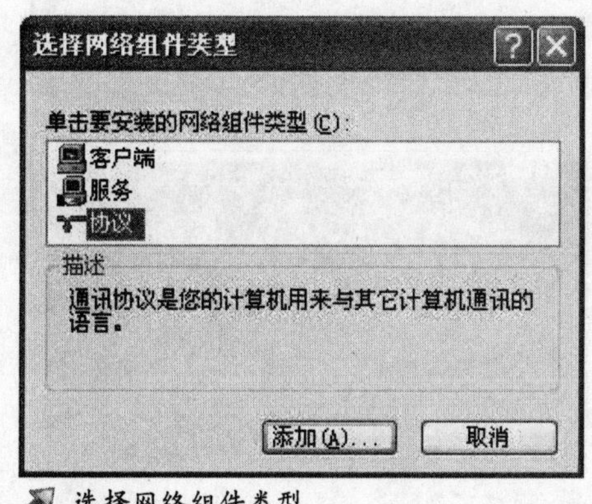

选择网络组件类型

添加 NetBIOS 协议

为了保证局域网内的文件传输速度，还要在“Internet 协议（TCP/IP）属性”对话框中添加一个“NetBIOS”协议。添加时在“Internet 协议（TCP/IP）属性”窗口中单击“安装”按钮，弹出一个“选择网络组件类型”对话框。点选“协议”项，单击“添加”按钮，打开“添加网络协议”对话框。在此点选与“NetBIOS”相关的协议，随后单击“确定”即可。

以上设置成功后，重启计算机，就可以在“网上邻居”中互相访问共享文件夹了。

十一、网卡故障排困解难

1. 网卡驱动程序问题

系统恢复后，重启计算机，系统会提示找到新硬件，随后弹出一个网卡驱动程序安装对话框，要求安装。其实对于目前市场上大多数的网卡 Windows XP 都能兼容，那么为什么还要提示我们安装网卡呢？

这是因为系统恢复后损坏了网卡的驱动程序文件，导致系统检测不到网卡驱动程序，所以提示我们重新安装。可是单击“下一步”按钮，网卡却不能正常安装，这时就需要先将网卡卸载后再行安装。

首先单击 “我的电脑”→“属性”，单击“硬件”→“设备管理器”，找到网卡驱动器列表。在该列表上单击右键“属性”，打开“属性”对话框，切换到“驱动程序”标签项下，单击“驱动程序详细信息”按钮。可以看到该窗口中列出了网卡驱动程序保存的路径。记下网卡驱动程序所在的文件夹，返回上一界面，单击“卸载”按钮，系统即可卸载网卡驱动程序。

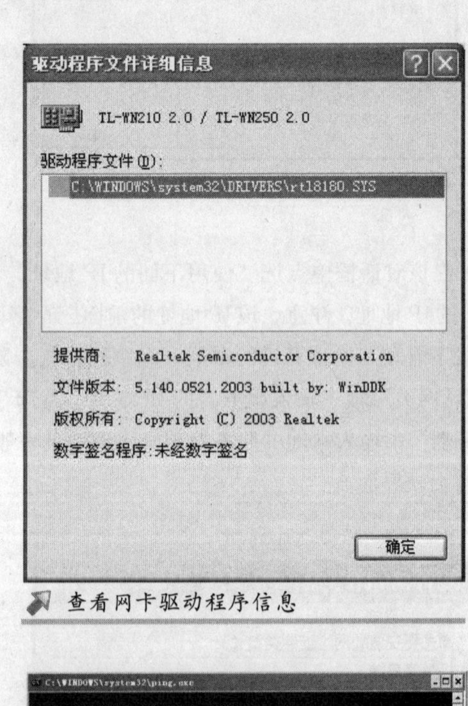

查看网卡驱动程序信息

卸载后的网卡还在电脑中保留着一部分驱动程序，因此我们还要打开网卡驱动程序保存的文件夹将这部分驱动文件删除。随后再进入 C：\Windows \Inf 文件夹下，找到与网卡驱动程序名称前缀重名的 INF 文件，将其删除。重新启动计算机，Windows XP 开始重新搜索网卡驱动程序，按照提示一步步安装新的驱动程序即可。

2. Ping 其他计算机时显示网络不通

系统恢复后，用 Ping 命令 Ping 网卡地址时，本地显示是正常的，而网内其他计算机却显示网络不通。

网络不通

用 Ping 命令 Ping 本地网卡 IP 地址时正常就说明当前的网卡安装正确，而且驱动程序也能正常工作，也不存在与其他设备发生冲突的可能。而Ping网内其他计算机的IP地址不通，则说明其他计算机工作不正常，或者网络连线有问题。因此先检测其他计算机的驱动程序或网线是否正常。如果这些原因都被排除了，那么很有可能就是其他计算机网卡的网络适配器和网络协议没有安装好。这时可以在“设置管理器”中删除网卡驱动程序，重启计算机，系统自动对网卡驱动程序进行安装。安装后将该计算机的IP地址和其他计算机的IP地址设置在同一网段内，并设置好网关地址，重新启动计算机便能正常访问了。

3. 停用网卡的节能功能

系统恢复后，电脑每次开机能正常上网，但是离开电脑一段时间后就不能连网了，是不是网卡被损坏了？

网卡没有损坏，这是因为该网卡具有节能功能。电脑开机闲置一段时间后，网卡会自动进入节能状态，唤醒电脑后网卡还处于节能状态，因此无法连接网络。要继续使用网卡，需要将网卡绑定的本地链接重新启用即可。如果你不需要网卡的节能功能，可以从设备管理器中将其关掉。右击“我的电脑”，选择“属性”→“设备管理器”，双击对应的网卡，弹出属性窗口。选择“电源管理”，去掉“允许为计算机节能关闭这个设备以节约电源”前的钩。单击“确定”按钮后再启用网卡，就可以使用网卡了。

4. 本地连接图标不能正常显示

Windows XP恢复后，在电脑的右下角的“本地连接”的图标时有时无，这种故障如何解决？

在“本地连接”的属性设置窗口中选择“连接后在通知区域显示图标”。之后，只要网卡安装正确，在电脑的右下角就会有两台电脑相连的图标。当网线未连接好时，在图标上都会有一个红色的“X”，网络恢复正常时红色的叉将消除。系统桌面右下角的“本地连接”图标时有时无，这说明网卡本身或网卡驱动程序出现了问题，建议将网卡驱动程序卸载后再重新安装。如果网卡驱动安装后问题依旧，可以为网卡更换一个PCI插槽试一下。如果还是不能解决问题，那么只能更换网卡了。

5. 克隆系统后出现两块网卡的解决办法

经过网络克隆后系统中出现两块网卡设备，常规的解决方法是把两块网卡都删除，然后在“设备管理器”中执行“刷新”命令，找到实际的网卡并进行属性设置。

其实不管显示的两块卡中哪一块对应真实的网卡，只要对两块网卡均设置相同的网络属性即可。由于错误显示的那块网卡并不会影响系统的正常使用，所以也就没有必要追究哪块对应了真实的网卡。不过有时还会出现一块网卡显示为多个网卡的情况，这是网卡和主板接触不好所产生的现象，重新插拔一下网卡就可以解决。

系统安全与故障急救

文／图 武金刚

随着互联网的普及，网上的病毒、黑客、木马、不良网页等时时威胁着电脑的安全。因此，电脑用户都纷纷升级杀毒软件、安装防火墙、下载系统补丁等，以求妥善地防护。虽然如此，电脑系统的安全防护仍然是困扰电脑用户的一大难题。本专题我们就一起来解决如何让系统更安全，如何处理由于病毒、黑客、木马、加解密造成的故障。

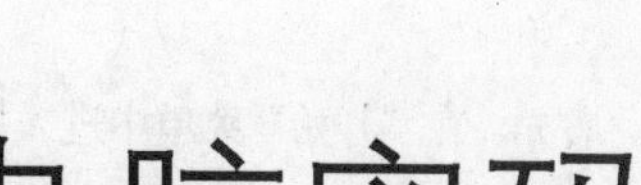

方案一 电脑密码巧设置

如果你的电脑上保存有自己的秘密文档，如果你的电脑为多人共享而不想让他人看到自己的资料，如果有某些应用程序不想让他人执行使用，如果你有很多密码需要记录管理，那不妨跟着此文一起来给电脑加密。

一、设置开机密码

保护电脑中的数据，最直接的方法就是给电脑设置开机密码，使得其他用户无法进入电脑。开机密码的设置方法有两种，一种是设置BIOS密码，一种是设置Windows的登录密码。

1. 设置BIOS密码

开机时按住键盘上的Del键，进入BIOS设置的主界面。在界面中选择“BIOS FEATURES SETUP”（BIOS扩展功能设置）项，进入设置界面。

找到“Security Option”（安全选项）一项，将“Security Option”的值设置为“System”，按Esc键返回BIOS主界面。

选择主界面右侧的“Supervisor Password”（设置超级用户密码）项，按回车键。在出现的“Enter Password”（输入密码）对话框中，输入所需要的密码。两次输入密码后，选择该界面中的“Save&Exit Setup”一项，在出现的保存询问框中选择“Y”，这样BIOS密码设置成功。以后启动计算机时，只有输入正确的开机密码后方可使用计算机。

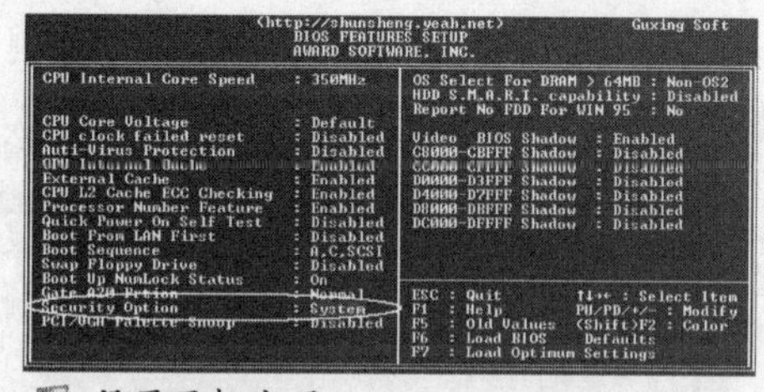

设置开机密码

2. 设置Windows登录密码

如果你和他人共用一台电脑，用上面的加密方式就不行了。这时我们可以通过在Windows系统中给账户加密的方法来保护自己的资料。下面我们就以Windows XP为例了解一下加密的过程。

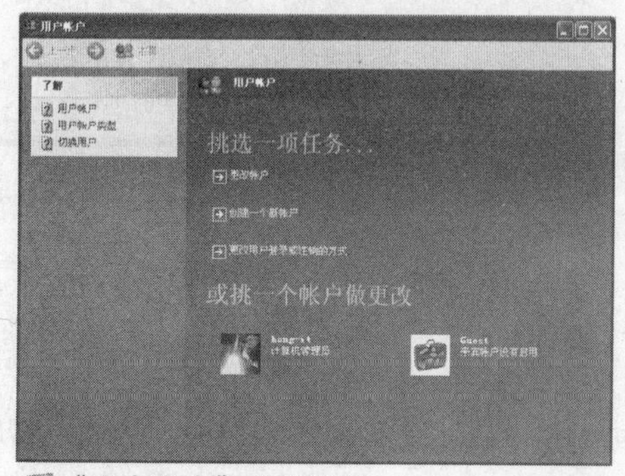

“用户账户”管理程序

首先，在“开始”菜单中进入控制面板窗口，双击控制面板中的“用户账户”图标，启动“用户账户”管理程序。

单击窗口中的“创建一个新账户”选项，在弹出的“为新账户起名”窗口中输入新账户的名称。单击“下一步”，在“挑选用户类型”窗口中选择“计算机管理员”,单击“创建用户”按钮,这个账户便创建成功了。

随后我们要给该用户设置密码。单击“创建密码”，弹出一个“密码设置”窗口，在“输入新密码”和“再次输入密码”项中输入一个账户密码，在下面的密码提示中输入密码提示语言。单击“创建密码”按钮，为该账户添加密码。以后再使用该账号时只有正确输入密码才能进入。

3.启用 Windows XP 账户数据安全功能

Windows XP 自带了一个账户数据安全功能，可以有效地增强系统安全性。通过“Windows XP 账户数据安全”功能制作的加密软盘，就可以完全放心地使用 Windows XP 了。

(1) 双重密码保护的设置

启用时在“运行”项中键入“syskey”(该程序位于 C:\WINDOWS\system32 文件夹下，是一个可执行程序)，单击“确定”按钮，弹出程序窗口。

选择“启用密码”，单击“更新”按钮，进入“启用密码”窗口。点选“密码启动”单选项输入一个密码，然后点击“确定”。这样做使Windows XP 在启动时需要多输入一次密码，起到了两次加密的作用。操作系统启动时，在输入用户名和密码之前会出现窗口提示“本台计算机需要密码才能启动，请输入启动密码”，这便是刚刚设置的第一重密码保护。

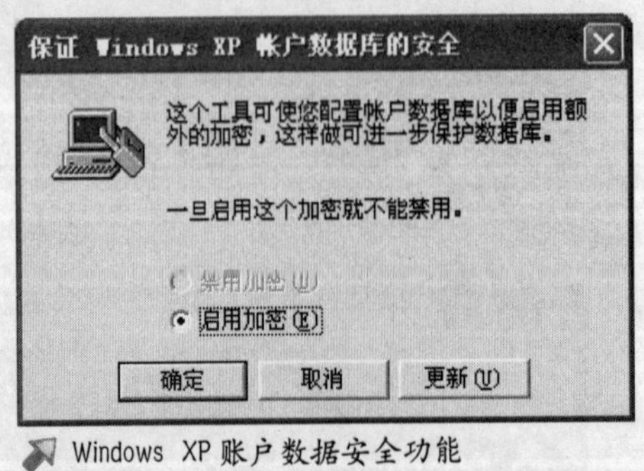

Windows XP 账户数据安全功能

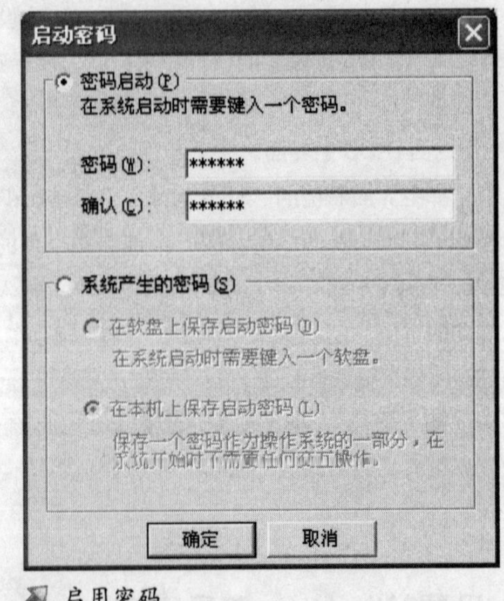

启用密码

(2) 密码软盘的制作

如果选择“在软盘上保存启动密码”，将生成一个密码软盘。当然，如果之前设置了 syskey 系统启动密码，这里还会需要你再次输入系统启动密码，以获得相应的授权。

系统会提示用户在软驱中放入软盘，当密码软盘生成后也会出现提示。再次启动系统，会提示插入

密码软盘，否则用户无法登录系统。插入密码软盘，根据不同账户输入不同的密码。密码软盘中的密匙文件可以复制到其他软盘上。

二、给电子邮件设置密码

1．利用标识给邮箱加密

由于E-mail的安全性不高，多用户使用时经常会泄露一些重要的邮件信息。我们可以在Outlook Express中以创建标识的方法为用户的邮件加密。

(1)建立用户标识

启动Outlook Express，单击“文件”菜单中的“标识”→“添加标识”命令，弹出一个“新标识”对话框。

在“输入姓名”文本框中输入该标识的名称，再勾选下面的“需要密码”复选框，单击“确定按钮”。随后弹出一个“输入密码”对话框，设置标识密码后单击“确定”按钮，返回上一界面。接着单击“确定”按钮，系统弹出一个“询问”窗口，询问是否切换到新标识中，单击“是”，Outlook Express会自动重启并切换到新建标识中。至此该标识创建成功。

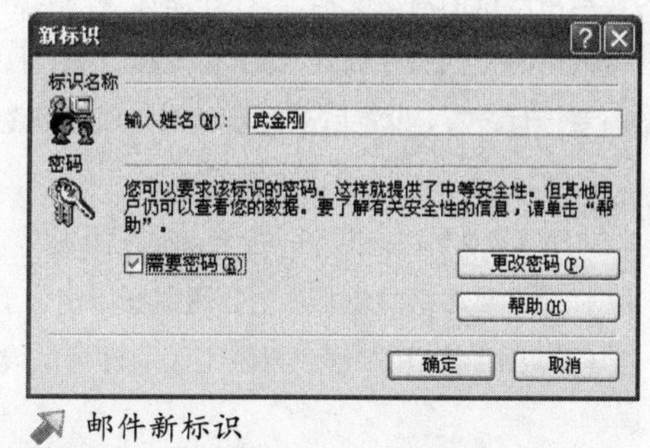

邮件新标识

(2)使用标识

标识创建后，在该标识中需要对邮箱账户属性进行设置，账号属性设置方法不再赘述。

邮箱属性设置后，就可以在该标识中收发电子邮件了。退出该标识时单击“文件”菜单下的“退出并注销标识”即可。以后每次启动Outlook Express，程序会弹出一个标识选择窗口。选择好需要进入的标识，输入密码，单击“确定”按钮即可进入。

小提示

退出标识不能关闭窗口，否则下次打开Outlook Express会直接进入标识而不需要输入密码。

三、给文件加密

除了给电脑设置密码外，还可以通过一些软件给一些重要的文件加密，以达到保护的效果。

1．利用文件自加密的方法给文件加密

(1) 用Word给文档加密

Word是我们最常用的文字编辑软件。为了保护文档免遭不受欢迎者的访问，Word提供了一个文件加密功能。通过Word加密的文件，只有输入正确的密码方可访问。下面以Word XP为例了

解其加密过程。打开需要加密的文档，用鼠标单击“工具”菜单中的“选项”命令，切换到“安全性”标签项。

在该界面中程序提供了“打开权限密码”和“修改权限密码”两项。其中“打开权限密码”表示打开该文件时所需要的密码，而“修改权限密码”则表示设置了此项密码后只能以只读的形式打开该文档。

当用户试图对该文档进行修改时，程序会自动将修改后的文档另存为其他文档。在此我们可以根据需要进行设置，设置后下次启动该文档即可生效。

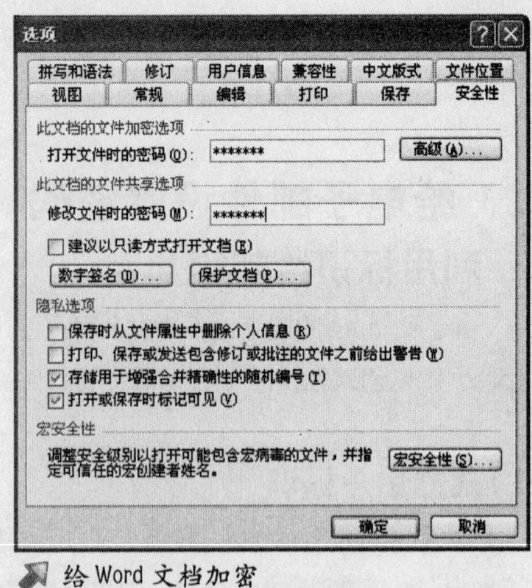

给 Word 文档加密

(2) 用Excel给文件电子表格加密

打开需要加密的电子表格，用鼠标单击“工具”菜单中的“选项”命令，在“安全性”标签项输入“打开权限密码”和“修改权限密码”即可。设置后下次启动该电子表格即可生效。

(3) 给压缩文件设置密码

我们还可以利用压缩软件给文件打包加密。目前常用的压缩软件一般是WinZip和WinRAR。这两个软件都带有加密功能。下面我们就以Winzip为例来看看具体的加密过程。

右键单击需要加密的文件选择，选择“Add to ZIP”命令，弹出“添加”对话框。选择该压缩文件需要保存的路径，单击该界面下面的“密码”按钮，在弹出的密码输入框中输入密码即可。以后在查看该压缩文件时只有输入密码才行。

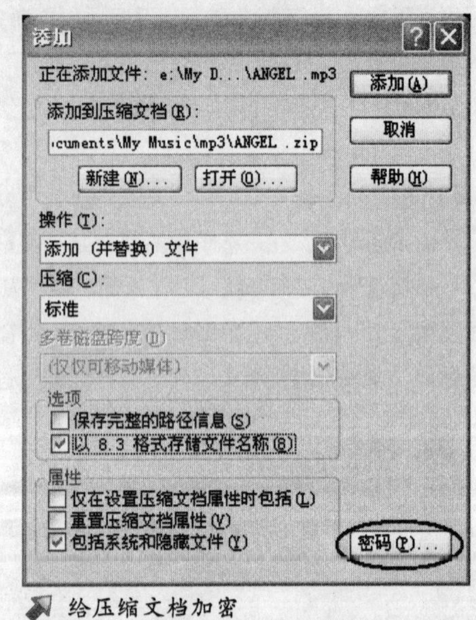

给压缩文档加密

四、用“文件密使”给文件加密

目前网上的加密工具数不胜数，功能也非常强大。下面我们就介绍如何利用加密工具给文件加密。

“文件密使”是一个功能齐全、易用的数据加密和安全通信工具，能绝对确保你的数据安全，并提供了密码管理器。程序提供了文件夹加密、隐藏密文、生成可自解密的文件等加密功能。多样的加密方式大大改变了加密工具单调枯燥的模式。为了保护通信的安全，“文件密使”新添加了即时安全通信工具——密聊，还新增了USB移动存储器通用版本。

启动“文件密使”主界面，在“源文件”框中输入需要加密的文件名(可点击右侧的“浏览”按钮查找文件)，在“输出文件”框中填入处理后文件输出的位置。

点击下面的“加密”按钮，在出现的对话框中选择文件的加密方式。在这里可以选择“单一式”或

“提问式”两种密码方式。单一式只有一个密码，而提问式则可以由用户自己提出问题最后以答案为密码。选择好一种密码方式，输入并确认密码。无论是哪一种密码方式，都可以在加密前填上一些注释，以便于辨认文件。

给加密文件解密时，在“源文件”框中输入加密文件的路径(可点击右侧的“浏览”按钮)，在“输出文件”框中填入解密后文件输出的位置以及名称，然后点击程序的“解密”按钮即可。

“文件密使”还可以移动文件，通过该功能可以轻松制作“自解压”文件，非常适合经常外出但又需要保密文件的用户。

在软件主界面中点击“生成.EXE”按钮，输入相应的密码，即可使需要加密的文档生产一个EXE文件。使用时只要单击该文件，再单击“解密”，输入密码后即可。用“文件密使”制作的移动密文可以脱离主程序自己运行，非常方便。

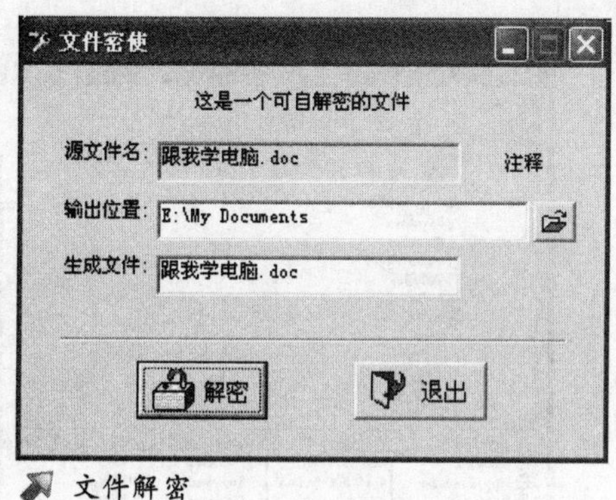

文件解密

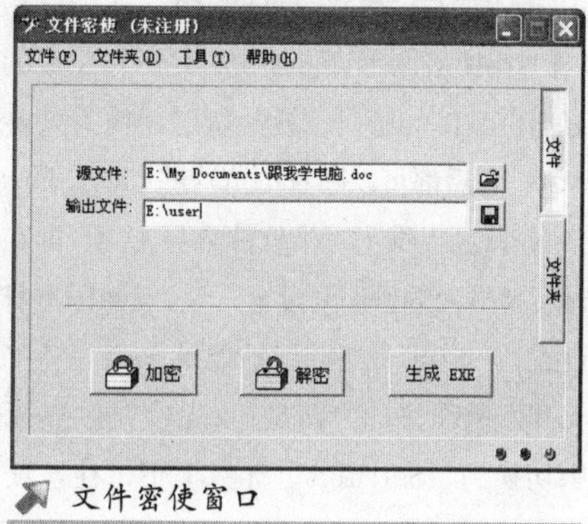

文件密使窗口

五、给图片设置加密

经常到网上下载一些精美的图片，又不想让其他人看到，所以每次都要设置隐藏属性。其实给图片加密可以用专业的图片加密工具Private来完成。

Private 是一款集浏览和加密为一体的功能强大图片浏览器。它采用的密码保护方式可以对图形文件本身和程序自身进行加密。受保护的图片以随机生成乱码的形式隐藏起来，达到了保护的目的。

1．浏览图片

Private启动后弹出一个对话框，在该对话框中输入默认的密码，即：Private（此密码可以更改，下文做具体介绍），然后单击“OK”便进入了软件主界面。

软件的主界面共分左右两个窗口，其中左侧包括系统文件浏览和图片文件列表上下两个窗口，右侧是图像浏览窗口。在这里我们可以用Private轻松的浏览各种格式的图形文件和被该程序加密后的图形文件。

Private主界面

浏览时首先在左侧的系统文件列表中选择需要加密的图形所在的文件夹，然后在下面的图片文件列表窗口中。选择图形文件，并可以在程序右边的图片预览窗口中对图片内容进行预览。程序提供了全屏、幻灯片、循环、随机等浏览功能。

2. 图形文件加密设置

对图形文件进行加密时，首先在图片文件列表中选中一个或多个文件，然后单击工具栏中的“Encrypt File (s)”按钮，软件会自动对所选中的图片进行加密。加密后的图片生成随机乱码，只能被该软件识别。我们还可以单击工具栏中的“Decrypt File(s)”按钮对加密后的图片进行解密还原。

3. 软件自身密码设置

Private对图形进行加密只是随机生成的乱码并没有提供具体的密码设置，所以任何人只要进入了Private 之后都可以随意浏览这些加密后的文件。为此Private还提供了一个软件自身密码（即在软件启动时所要输入的密码）设置，对Private本身进行密码设置，以达到良好的保护效果。

其密码设置的方法是：首先在软件界面的左窗口中切换到“Settings”标签项下，在该项下单击“Change Encryption Key”，弹出一个“Enter Password”窗口。在该窗口中输入原始密码（即：Private），确定后单击“Change Password”按钮，在弹出的对话框中再输入一个新的密码即可。

通过以上的设置我们就可以将自己心爱的图片保存起来了，浏览时只需启动Private然后输入设定好的密码就可以了。这样再也不会被别人偷看到这些图片了。

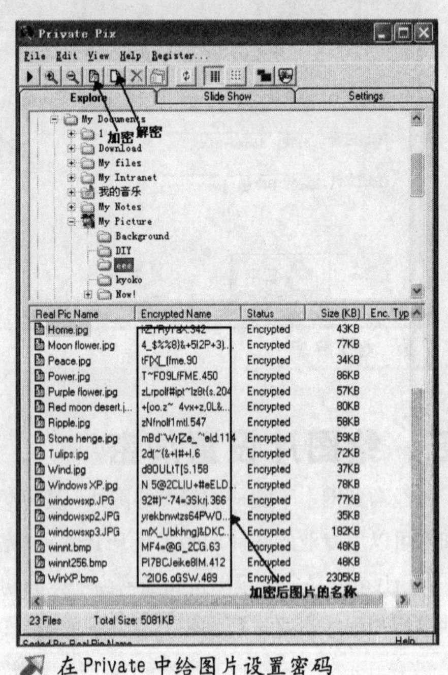

在Private中给图片设置密码

六、给文件夹加密

1. 手工给Windows 98文件夹加密

给文件夹加密的方法很多，上面介绍的“文件密使”、“加密金刚锁”这两款软件都可以给文件夹加密。在此笔者还要向大家介绍一种手工给文件夹加密的方法，即通过修改文件夹下面的Folder.htt（隐藏文件）文件来为文件夹进行加密。用记事本打开要加密文件夹的Folder.htt文件，找到：

“<META HTTP-EQUIV="Content-Type" CONTENT="text/html; charset=gb2312">

<!-- allow references to any resources you might add to the folder -->

```
<!-- (a "webbot" is a special wrapper for FrontPage compatibility) -->
<!-- webbot bot="HTMLMarkup" tag="base" startspan -->
<base href="%THISDIRPATH%\">
<!-- webbot bot="HTMLMarkup" endspan -->”
```

一段，在此段后加入：

```
“<script language="vbscript">
function askpass()
document.all.filelist.style.visibility = "hidden"
 passwrd = "22222"
getii=window.prompt("请输入密码：")
if getii = passwrd then
window.alert("欢迎！！！")
document.all.filelist.style.visibility = "visible"
else
window.alert("密码错！！！")
end if
end function
</script>”
```

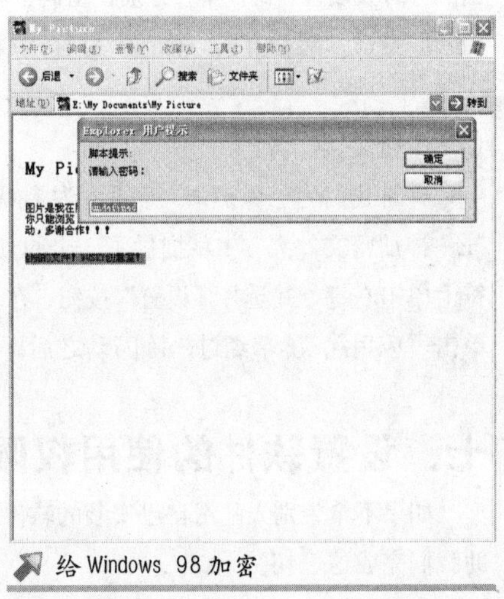

给 Windows 98 加密

然后在“<body scroll=no onload="Init()">”一句前添加“<body scroll=no onload="askpass()">”，保存退出即可（其中“passwrd = "12345"”中的“12345”表示密码，可以随便设置）。这样你的密码就做好了，刷新文件夹后密码便可以使用。

2. 用加密工具给文件夹加密

“E-神加密文件夹”是一款功能完善、界面豪华、操作简便的文件夹加密软件。该软件可以帮助我们轻松地对重要的文件夹进行加密、隐藏，并对软盘、硬盘驱动器有锁定功能。

“E-神加密文件夹”是一个右键菜单工具，安装后在“开始”菜单和桌面上找不到它的身影。那么如何使用“E-神加密文件夹”给文件夹加密呢？

（1）加密文件夹

首先在资源管理器中找到需要加密的文件夹，并在该文件夹上单击右键，在弹出的右键菜单中选择“E-神加密”，弹出加密对话框。

在该对话框中输入密码（未注册版本默认密码为“system”，因此未注册用户也就谈不上密码保护了，注册后无此限制）。密码输入后单击“加密”按钮，便可对该文件夹进行加密。

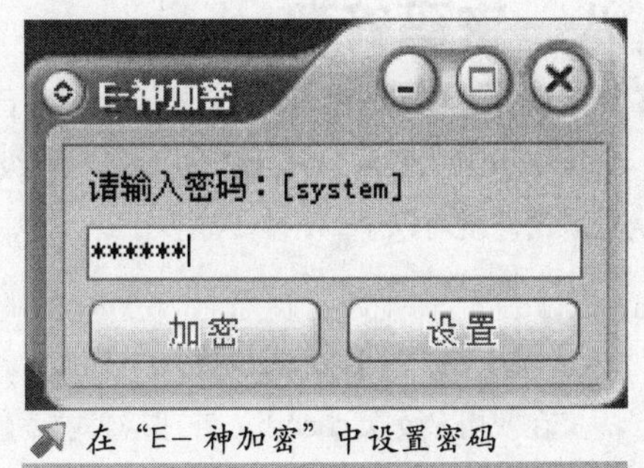

在“E-神加密”中设置密码

以后需要查看该文件夹中的内容时，双击加密后的文件夹图标，并在密码框里输入密码，点击“解密”即可完成解密操作。

在加密的过程中，有时会修改密码。这时我们可以双击该加密文件夹，在弹出的密码输入对话框中单击“设置”按钮，在弹出的“高级设置”窗口里，分别在密码框和验证框里输入新密码（必须一致），然后点击“修改”即修改成功。

加密后的文件夹图标

（2）锁定驱动器

有时我们为了保护个人隐私，往往需要锁定某个分区。在“E-神加密文件夹”中就提供了一个驱动器锁定功能，能快速地锁定指定的分区。锁定时在驱动器盘符上单击右键，并选择“设置”按钮，在“禁止电脑访问以下磁盘”的列表框里选上要锁定的驱动器，单击“应用”。屏幕经过一阵闪动之后即完成操作。这样以后只有知道密码的人才能进入这个分区。

七、设置软件的使用权限

如果不希望别人乱用自己安装的软件，可以为这些用户设置软件使用权限。Folder Guard 可以帮助我们完成这一切。

Folder Guard 可以把电脑里的目录隐藏来，也可以对某些应用软件进行权限设置，防止他人使用。隐藏某些文件夹时，可以在 Folder Guard 主界面的目录中打开需要隐藏的文件夹，随后单击右键选择“Hidden”（隐藏）命令，确定后就会将该文件夹中的所有的文件隐藏起来。

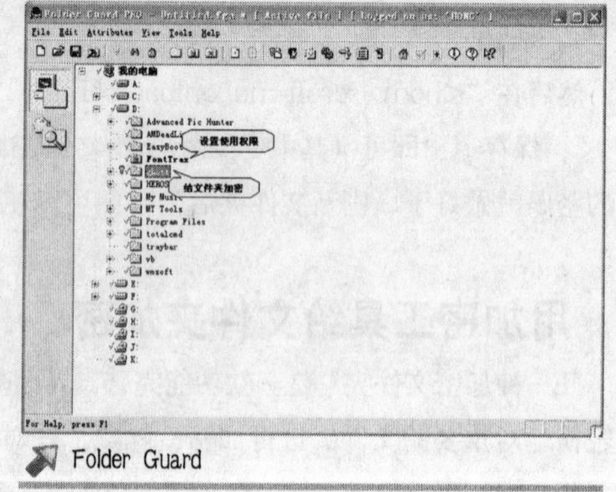

Folder Guard

如果你不希望其他用户使用你安装的软件，我们可以在该窗口中选中某软件所在的文件夹，单击右键，选择“Restricted”（受限）命令，以后其他用户从“开始”菜单中单击该软件的快捷图标也不能启动该软件。

此外，Folder Guard 还能对控制面板、系统文件等进行权限设置。

八、密码管理

设置了较多的密码，如何既不会使自己忘记密码呢？在此向大家推荐一款优秀的密码管理工具 Big Crocodile（大嘴鳄鱼）。该软件具有专业级的加密算法，可以轻松地帮你收藏密码，只要记住该软件的登录密码就可以了。

1. 新建一个保险箱

在使用 Big Crocodile 管理密码前要建立一个自己的保险箱，也就是你的密码保险箱(密码保存文件后缀为BIG)。你可以将所有的密码都保存到该文件中。随后密码保存文件将以列表形式显示在该窗口中，以后查看时直接选择自己的保存的密码文件即可。

新建密码保存文件时，单击“New”按钮，在弹出的窗口中输入保存文件的文件名，单击“保存”后会弹出综合密码(General)设置窗口。在这里你可以手工输入密码，也可以单击“Generate”按钮由系统自动生成密码。

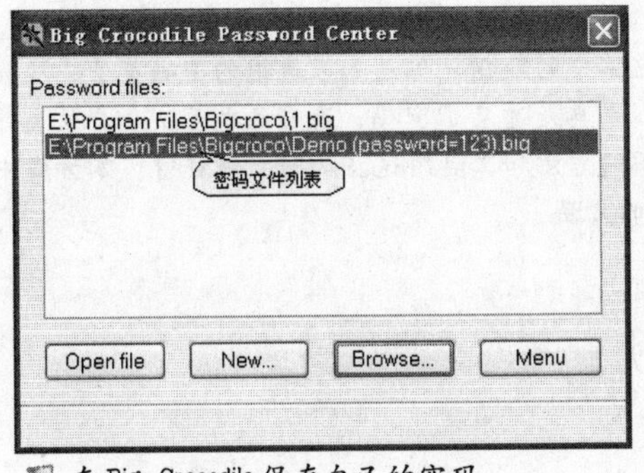

在Big Crocodile保存自己的密码

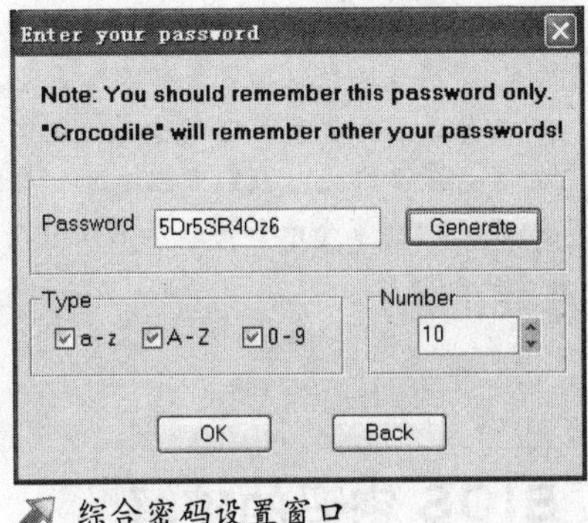

综合密码设置窗口

设置完成后，点击“OK”即可进入Big Crocodile的主界面。Big Crocodile支持多用户，在系统托盘区显示一只小鳄鱼图标。单击此图标，弹出一个快捷菜单，在此选择“File”→“Create Shortcut”→“Desktop Shortcut”命令，可以为不同用户创建桌面快捷图标，方便多用户的使用。

2. 管理密码账户

怎么样创建密码用户呢？建立密码账户时单击“锁头”按钮或按F2键，弹出添加账户窗口，依次输入账户名称、用户名、密码、描述等信息，点击“OK”就建成了一个账户。如法炮制，将所有密码都收藏到保险箱中。

Big Crocodile提供了方便的目录功能，可对密码账户进行分类存放，例如分为文件、邮件、图片等类别，便于查找。单击“文件夹”按钮或按F3键，在弹出的窗口中输入文件夹名称，可建立多级目录结构。建立好目录分类后，再分别在各个目录中添加相应的密码账户，便于以后查找。在进行目录的访问和返回操作时，单击“目录层次”下拉列表按钮可以快速返回。

密码添加之后，我们以后可以通过“Edit Record”和“Delete Record”按钮编辑、删除账户记录或文件夹；利用鼠标拖放可以实现文件夹或账户文件的复制、移动，配合Ctrl、Shift键还能进行批量操作。

3. 备份密码文件

除了强大的密码管理功能外，Big Crocodile还提供了周到的数据备份功能。在菜单“Option”→“Backup”中可以设置备份路径，这样每次保存或退出时都会自动生成一个备份文件。也可利用菜单“File”→“Export”将数据以CSV格式输出，用Excel打开后可以编辑、打印，作为书面备份。当然也可从CSV文件中导入数据；用“Save As”可以随时将数据导出为Big文件。

方案二 破解遗失的密码

通过给数据加密，可以防止他人偷看电脑中的数据，但是如果使用的密码多了，往往会导致密码混乱或密码遗忘的现象发生。如果真是遗忘了密码，连自己也无法查看该文件了。怎么办呢？我们可以求助一些破解密码的方法和工具给这些加密文件解密。本方案中我们向大家介绍如何给加密文件进行解密的方法。

一、BIOS 密码的破解

当我们给 BIOS 加密后，时间一长如果忘记了密码，破解起来非常困难。BIOS 密码根据用户设置的不同一般分为两种不同情况，一种就是 Setup 密码，采用此方式加密时，系统可直接启动，而仅仅只在进入 BIOS 设置时要求输入密码；另一种就是 System 密码，采用此方式加密时，无论是直接启动还是进行 BIOS 设置都要求输入密码，没有密码将一事无成。对于用户设置的这两种密码，我们的破解方法是有所区别的。我们可以尝试下面几种方法来破解 BIOS 密码。

1. 放电法

当我们给 BIOS 设置了密码后，如果在 BIOS 中安全设置处于“SYSTEM”状态，这样计算机在开机时就会提示我们输入密码。只有输入开机密码后才能运行系统。如果我们将 BIOS 开机密码忘记，就只能用“放电法”法来清除密码。

打开主机箱盖，找到主板上的 CMOS 跳线。该跳线有 3 个脚针，跳线旁边有标识。在正常时跳线帽插在 1、2 针上。给电脑放电时，将 CMOS 放电的跳线帽从 1、2 针脚移到 2、3 针脚，几秒钟后再移回 1、2 针脚，开机后即可正常启动。

小提示

放电的办法有一定的危险性，因为这需要打开机箱。如果没有放电的跳线，把 CMOS 的电池取下，用一块金属物体来对电池槽上的正负极短接也可达到预期效果。

2. 用 Debug 清除口令密码

如果你在 BIOS 安全项中设置了 Setup 密码，这样清除密码就方便多了。清除时，首先用系统启动盘引导到 DOS 界面。在 DOS 命令行运行 Debug 程序，并输入以下命令：

```
-O    70    16
```

–O 71 16

–Q

或

–O 70 10

–O 71 0

–Q

输入完后重启电脑即可。

BIOS中的数据访问是通过70和71这两个I/O端口来实现的。端口70H是一个字节的地址端口，用来设置CMOS中数据的地址，而端口71H则是用来读写端口70H设置CMOS地址中的数据单元内容。

二、破解Windows XP登录密码

Windows XP强大而友好的系统界面博得了越来越多用户的青睐，然而它对用户安全性的审核却是非常严格的。如果忘记了设置的密码，可以利用下面的方法来对Windows XP系统的登录密码进行破解。

1. 直接删除法

如果安装了Windows 98和Windows XP两个系统，丢失了Windows XP密码后，可以先进入到Windows 98操作系统，再进入Windows XP下的X:\Windows\System32\Config文件夹(X:为系统盘符)，找到Sam文件，并将其删除。重新启动计算机就可以不用密码而直接登录，然后再重新设置Windows用户登录密码即可。

2. DOS恢复法

如果当前电脑没有使用多个操作系统，用上面的方法删除就有点困难了。这时我们可以用下面的方法删除用户的登录密码。

开机启动Windows XP，当运行到“正在启动Windows XP”的提示界面时，按“F8”键调出系统启动选择菜单，选择“带命令行安全模式”。当运行停止后，会列出“Administrator”和其他用户的选择菜单(本例的其他用户以ABC为例)。

选择“Administrator”后按回车键，进入命令行模式。在此键入“net user ABC 1234/ADD”命令，这是更改该用户密码的命令，命令中的“1234”是更改后的新密码。如果键入的用户不存在，那么系统会自动添加这个用户。随后重启计算机即可用新用户来进行登录了。

小提示

另外还可以使用“net localgroup administrator ABC /ADD”命令，把ABC这个用户升为超级用户，即拥有所有权限。还要注意的是，用DOS法破解密码，用户名中不带中文，并且分区应该采取FAT32格式。

三、文件的密码破解

通过上面的方法可以我们可以破解BOIS和系统中的登录密码。那么对于我们加密过的文档密码丢失如何处理呢？我们可以使用软件来找回丢失的密码。目前解密软件非常多，功能也比较完善。下面我们就以Advanced系列的解密软件为例来了解一下给文档解密的过程。

Elcom公司是一家出品安全软件的软件公司，其代表产品就是Advanced系列的解密软件。该系列的解密软件具有算法优异、解密速度极快的特点，应该算得上解密类软件的精品。Advanced系列包括Advanced Word Password Recovery、Advanced Excel Password Recovery、Advanced Access Password Recovery、Advanced Office Password Recovery和Advanced ZIP Password Recovery、Advanced ARJ Password Recovery。

下面我们就以Advanced ZIP Password Recover（以下简称AZPR）为例介绍文档的解密过程。该软件的作用就是能够很快地帮助我们找回用 Winzip或Pkzip生成的ZIP 压缩文件的密码。它的操作很简单，程序还支持ZIP 文件生成的各种不同的应用软件文件包，可以解开多达128位密码。它具有显示解开密码所需要的时间、随时中断计算、恢复并继续上次计算的功能。

1．选择语言

在用AZPR解密前首先要对软件进行相应的设置。在软件的主界面中单击“选项”标签项，在“语言选择”项中单击下拉菜单按钮，从中选择“简体中文”，软件就变成了中文界面。

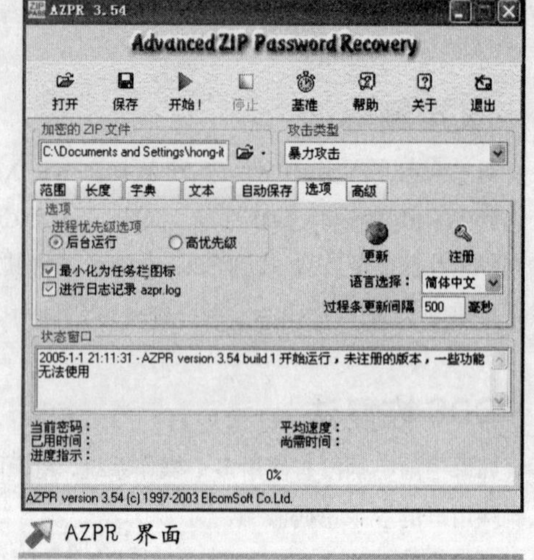

AZPR 界面

2．选择解密类型

该软件提供了四种解密类型包括：暴力法、掩码法、字典法和文本攻击法，可以根据需要进行选择。

（1）暴力法（也叫做穷举法），是在不知道密码特征的情况下惟一可采用的方法，也是最常用的方法。它需要知道密码的字符组成（在“范围”中设定）以及密码长度（在“长度”中设定），采用排列组合的方法一一去试，最后破解出密码。它是最耗时的方法。

（2）掩码法（Mask）是我们知道了密码的某几位之后所采用的几种方法之一，它是暴力法和字典法的结合体。比如知道某一个密码是8位，以8开头而以9结尾其余都是大写字母或小写字母。那么我们就在“范围”里的“开头”项中设置“8”，然后在“假设”项中设置“8？？？？？？？9”，其中“？”作为通配符，如果你不能确定密码中是否包含“？”，则可以在“假设符号”项中把“？”改成别的特殊字符如“*”、“！”等。在这里“负荷”一下AZPR预设的大写字母和小写字母的chr档就可以了（在读取两个以上的字符设置文件时，应用“增加加密文件”选项）。

（3）字典法：使用时在“字典”选项卡中添上该字典档的路径就可以了。

（4）文本攻击法：就是程序对加密的文件进行预算，并将预算后的密码自动输入到指定的文档中。

3. 软件设置

切换到“范围设置”标签项下，在该项中设定加密时所用的字符，包括大写、小写、特殊字符、空格和所有可打印的字符。在不能确定的情况下，可选择大写、小写和特殊字符等。

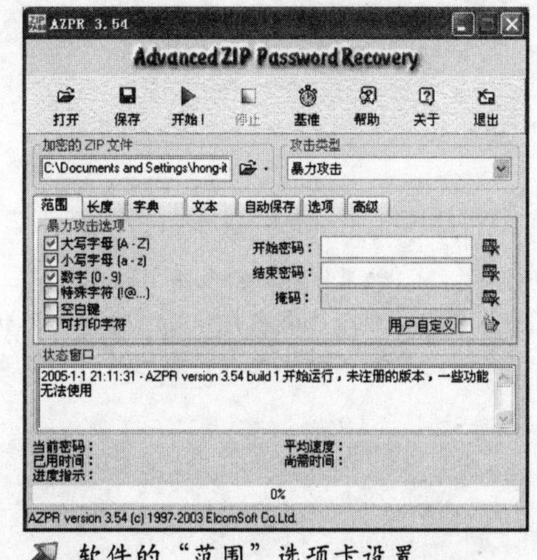

软件的“范围”选项卡设置

在“长度”项中我们可以设定解密时的最小密码和最大密码的长度。

在“字典”标签项下程序给出了要使用的“字典”方式解密的路径。

4. 给文档解密

解密时首先单击主界面中的“加密的 ZIP 文件”项右侧的按钮，选择需要解密的 ZIP 文件，随后选择的 ZIP 文件将出现在“加密的 ZIP 文件”文本框中。随后在右侧的“攻击类型”中选择解密的类型，一般选择“暴力法”，这是最常用也是解密速度最慢的一种解密方法。

随后切换到“选项”标签项下，在“进程优先级”项中提供了“后台运行”和“高优先级”两个设置项，依具体情况而定。其他如“最小化到任务栏”、“记录日志记录”、“进度条更新间隔”等、可根据自己的习惯而定。

切换到“自动保存”标签项下。在此每隔一段指定的时间将自动保存进度和自动存为指定文件，并在下面的“自动保存目录”项中选择一个文件保存的路径。解密后该密码将会存放在该文件中。

以上各项设置后单击“开始！”按钮，软件便对指定文件进行解密。

方案三 隐藏文件及文件夹

如果你是和他人共用一台电脑，那么私人秘密就很容易被发现，即使你把这些文件加密，别人也很容易将其删除。因此我们有时候需要将一些重要的文件或文件夹隐藏起来，这样就不会让他人轻易地破坏自己的重要文件了。

一、系统中的自动隐藏功能

为了保护我们的重要数据，Windows系统提供了一个文件或文件夹隐藏功能，比较方便、实用。

隐藏文件夹时，用鼠标右键单击需要隐藏的文件夹，在弹出的右键菜单中选择“属性”命令，随后弹出一个“文件夹属性”对话框。在该对话框的“常规”选项卡的“属性”设置中，软件提供了只读、隐藏、存档三种属性。在此勾选“隐藏”复选框，弹出一个“确认属性更改”对话框。

软件提供了“只将更改应用于该文件夹”、“将更改应用于该文件夹、子文件夹和文件”两个单选项。如果选择“只将更改应用于该文件夹”，文件夹隐藏后处于隐藏状态，而其中的子文件夹和文件属性并不是隐藏状态。如果你选择了“将更改应用于该文件夹、子文件夹和文件”项，该文件夹及下面的子文件夹、文件都处于隐藏状态。在此我们可以根据需要进行选择。

点击“确定”按钮后，文件夹及其中的文件会自动隐藏起来。如果设置后文件还没有被隐藏起来，可以单击“控制面板”项下面的“文件夹选项”，弹出“文件夹选项”对话框。在该对话框中切换到“查看”标签项下，在该项中找到“隐藏文件和文件夹”项，点选下面的

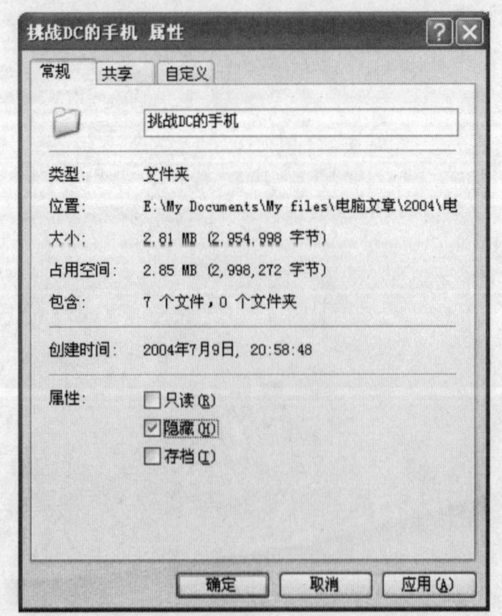

文件夹属性对话框

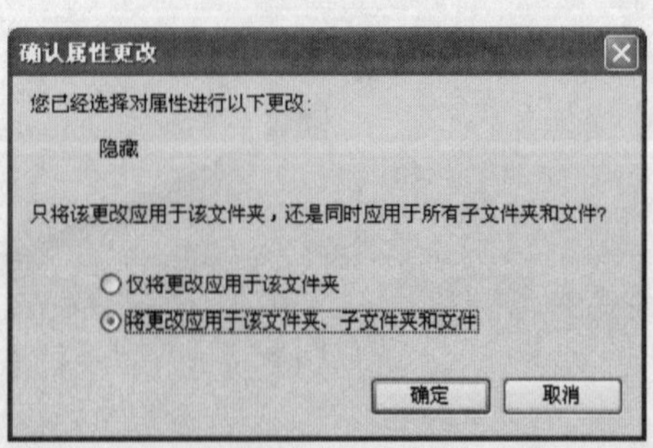

“确认属性更改”对话框

“不显示隐藏的文件和文件夹”单选项，随后单击“确定”按钮，按下键盘上的F5键刷新后我们就看不到隐藏的文件夹了。

下次查看时，我们只要从“文件夹选项”对话框中改选“显示所有文件和文件夹”单选项即可显示隐藏的文件夹。

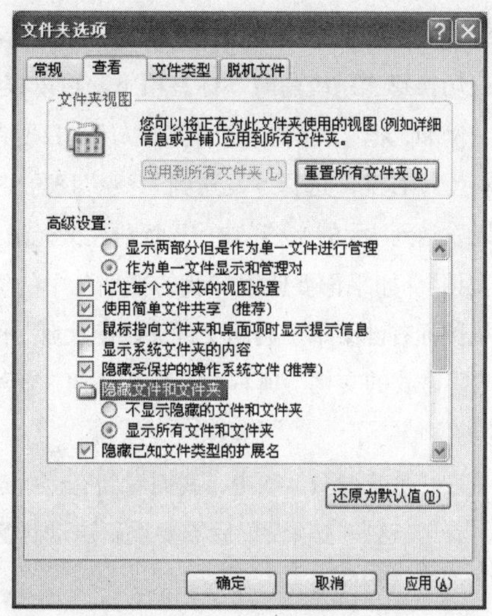

“文件夹选项”对话框

小提示

在Windows系统下隐藏文件与隐藏文件夹的方法是一样的，我们可以按照隐藏文件夹的方法来隐藏需要的文件。

二、用“文件夹隐藏大师”隐藏文件夹

“文件夹隐藏大师”是一款功能强大的文件夹隐藏工具，它主要的功能包括：彻底隐藏文件夹，保护个人资料，即使在“文件夹选项”中选中“显示所有文件”也一样看不到。该软件还包含了一个巨大的图标库，不但可以让文件夹伪装成像DLL、BAT等系统文件样式，还可以将文件夹的外观改成各种有趣的图案，美化文件夹。另外，软件还提供了密码设置、右键菜单启动等功能，方便用户使用。

1. 文件夹隐藏

首先启动“文件夹隐藏大师”。软件的主界面中共有四个标签项，在“文件夹隐藏”标签项里的“系统文件夹列表”中选择要隐藏的文件夹，单击该界面右侧的“隐藏”按钮，文件夹就被隐藏起来了。再次进入这个文件夹时，单击该界面中的“打开”按钮即可打开该文件夹。

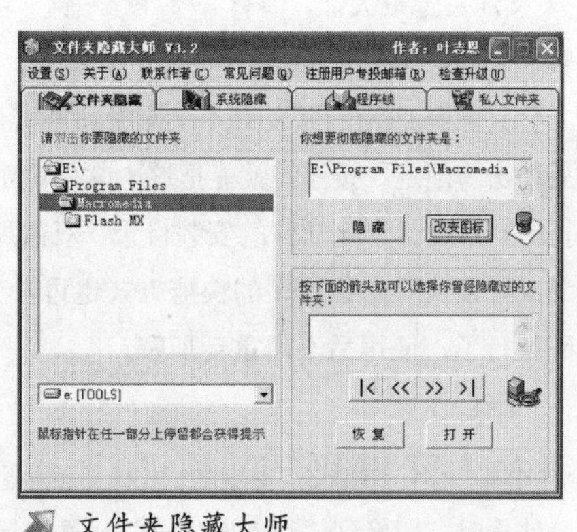

文件夹隐藏大师

有时根据需要，我们还可以把文件夹换成一些像“*.dll”、“*.sys”的图标（这些图标都集成在“隐藏大师的图标库”里），使别人误以为这是系统文件，不会贸然打开。

选择需要改变图标的文件夹后，单击“改变图标”按钮，弹出“更改文件夹图标”对话框。单击“选择图标”按钮，出现“精选漂亮图标”和“用于伪装的图标”两个文件夹，可以根据需要选择打开，并选一个自己满意的图标。

2. 系统隐藏

软件还提供了一些系统的隐藏\禁止的功能设置，可以有效地防止别人更改你的计算机系统，提高

系统的安全性，非常适合公共机房、网吧等使用。

切换到“系统隐藏”标签项下，可以根据需要隐藏或禁止某些系统文件夹。

例如，把“我的文档”隐藏以后，只要在重要的资料上按右键，选择“发送到”→“我的文档”，就可以发送到“我的文档”中了，而别人又无法打开“我的文档”。如果你要使用“我的文档”中的资料，只需从鼠标右键菜单中启动文件夹隐藏大师，再点击一下“隐藏我的文档”项右边的那个按钮，就可以打开“我的文档”了。

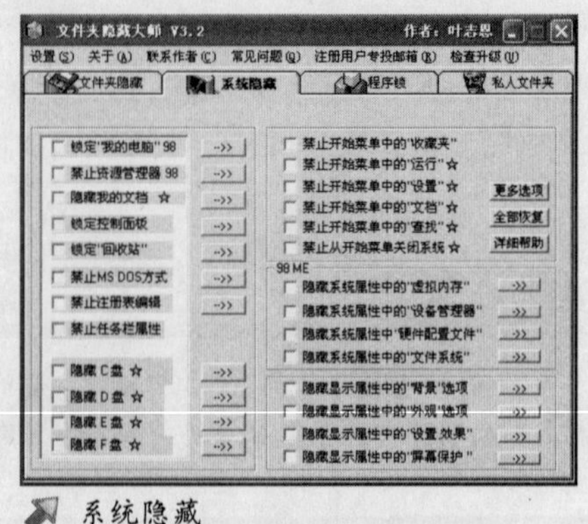

系统隐藏

在“系统隐藏”项中，我们看到有一些选项旁边带“☆”，这些选项设置后需要重新启动计算机，才能实现隐藏功能。

由于有某些选项在不同的操作系统下的效果是不同的，所以如果有的选项旁边有个“98”，就代表只在Windows 98下有效，有的带有“98 ME”就代表在Windows 98和Windows Me下有效。其他没有标识的，就代表在Windows系统中都有效。“系统隐藏”这个系列的功能在Windows 98下才能发挥最佳的效果。

3. 程序锁功能

有时我们并不想他人运行电脑上的某些软件，例如Outlook、QQ等，而使用加密软件加密又十分繁锁。“文件夹隐藏大师”中有一个“程序锁”功能，可以轻松地解决上述烦恼。

你只需将加密的EXE文件添加到加密列表中，然后单击“锁定”按钮，就能把这个软件锁定。需要运行时，只需打开该软件的安装目录，双击那把“钥匙”(或者直接双击该程序的快捷方式也可)，再输入密码就行了，使用后不用重新加密。

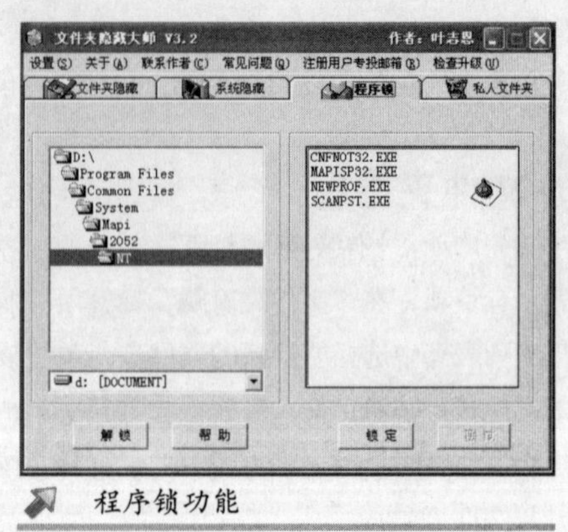

程序锁功能

4. 私人文件夹

使用时，切换到“私人文件夹”文件夹标签项下，在窗口的右侧有三个操作步骤按钮。单击“步骤1”按钮，弹出一个对话框。在此我们要输入私人文件夹的名称并选择好路径，然后单击下边的“》”按钮返回上一级界面。接着单击“步骤2按钮”，在此输入一个用户名及密码。单击“步骤3”按钮，私人文件夹建立完成并进行测试（该文件夹处于隐藏状态，在正常情况下是看不到的）。

“私人文件夹”设置完成后，我们就可以将一些重要的资料发送到该文件夹中。发送个人文件时在该文件（文件夹除外）上单击右键，随后弹出一个右键快捷菜单，在此选择“私人文件夹”。随后弹出一个“身份验证”对话框，在此输入刚刚设置好的用户名和密码，单击“确定”，即可将该私人文件夹打开。这时我们便可以将文件送到该文件夹中，以后这些文件只有自己可以使用了。

方案四 将病毒、木马一扫而光

随着互联网的普及，网络应用深入到千家万户。但是正因为如此，互联网上一些搞恶作剧的人也逐渐增多，病毒、木马等随之而来，破坏用户的电脑系统，为大家的工作和生活带来了诸多不便。如何防止病毒和黑客侵害？受侵害后该如何处理呢？下面将介绍解决方法。

一、 常见病毒的种类

1．病毒具体的种类

目前病毒按照传播和毁坏性可分为以下几种：

（1）引导区电脑病毒

引导区病毒会感染软盘在内的引导区及硬盘，而且也能够感染用户硬盘内的主引导区(MBR)。该病毒隐藏在磁盘内，在系统文件启动前驻留在内存中。这样一来，电脑病毒就可完全控制DOS中断功能，以便进行传播和破坏活动。一但电脑中毒，每一个经感染电脑读取过的软盘都会受到感染。但是这类的电脑病毒已经比较罕见了。

（2）文件型电脑病毒

该病毒又称寄生病毒，通常感染EXE文件，但是也有些会感染其他可执行文件，如DLL、SCR等。每次执行受感染的文件时，电脑病毒便会发作，将自己复制到其他可执行文件，并且继续执行原有的程序，以免被用户所察觉。

CIH会感染Windows 95/98的EXE文件，并在每月的26号发作日试图把一些随机资料覆写在系统的硬盘，令该硬盘无法读取原有资料。

（3） 宏病毒

宏病毒专门针对特定的应用软件，可感染依附于某些应用软件内的宏指令，它可以很容易透过电子邮件附件、软盘、文件下载和群组软件等多种方式进行传播。宏病毒采用程序语言撰写，例如VisualBasic或CorelDraw，而这些又是易于掌握的程序语言。

（4） 蠕虫

蠕虫是另一种能自行复制和经由网络扩散的程序。它跟电脑病毒有些不同，电脑病毒通常会专注感染程序，但蠕虫是专注于利用网络去扩散。随着互联网的普及，蠕虫利用电子邮件系统去复制，例如把自己隐藏于附件并于短时间内发送给多个用户。有些蠕虫(如 CodeRed)，更会利用软件上的漏洞去扩散和进行破坏。

2. 防止病毒入侵的几种预防措施

(1) 安装功能强大的杀毒工具和防火墙工具，并及时对病毒库进行升级。

(2) 定时查杀病毒。防病毒程序都能够设置成在计算机每次启动时扫描系统或者在定期计划的基础上运行。一些程序还可以在你连接到互联网上时在后台扫描系统。定期扫描系统是否感染有病毒，最好成为你的习惯。

(3) 不要轻易接收来路不明的E-mail邮件，更不要轻易执行附件中的EXE和COM等可执行程序，以防带有计算机病毒或是黑客程序。对于认识的朋友和陌生人发过来的电子邮件中的可执行程序附件都必须检查，确定无异后才可使用。

(4) 及时更新系统文件，安装系统补丁程序。

二、用好杀毒软件查杀病毒

目前可选择的杀毒软件非常多，如国产的金山毒霸、瑞星2005杀毒软件、江民杀毒软件和国外的诺顿等都是非常优秀的杀毒工具。我们可以根据需要选择。

下面以“瑞星2005杀毒工具”为例，来了解一下杀毒工具的使用。杀毒软件安装后，都会在系统的任务栏中生成一个系统监视图标，随时监视系统。如发现文件中感染病毒，监控系统会自动启动杀毒程序进行杀毒。

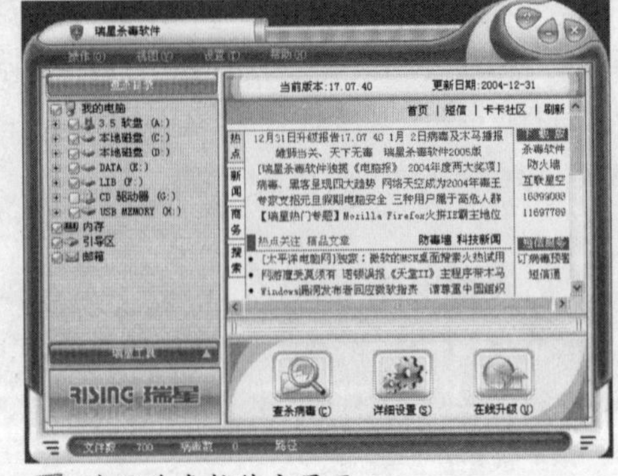

瑞星杀毒软件主界面

瑞星监控中心包括文件监控、内存监控、邮件监控、网页监控、引导区监控、注册表监控和漏洞攻击监控。拥有这些功能，瑞星杀毒软件能在你打开陌生文件、访问软盘、收发电子邮件和浏览网页时，查杀和截获病毒，全面保护你的计算机不受病毒侵害。用鼠标双击该监控系统，便可打开杀毒软件的主界面。

1. 及时更新病毒库

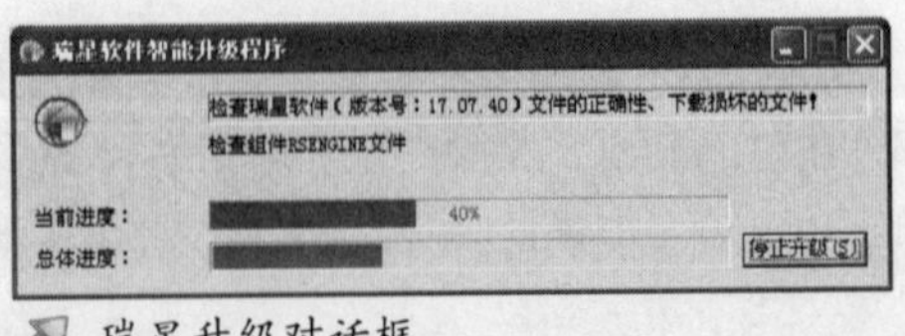

瑞星升级对话框

瑞星2005提供了智能升级功能，为升级提供了方便。升级时单击主界面中的“在线升级”按钮，弹出升级对话框，程序自动链接到网站更新程序，整个过程不需要我们干涉。

小提示

安装杀毒软件时，程序会提示我们输入产品序列号和用户ID号，其中用户ID号是用来升级的。我们只有输入正确才能升级，才能享受正常的升级服务。

2.手工查杀病毒

在软件主界面中勾选需要查杀病毒的盘符，单击“查杀病毒”，则开始扫描相应目标，发现病毒立即清除。扫描过程中可随时点击“暂停杀毒”按钮来暂时停止扫描，按“继续杀毒”按钮则继续扫描，或点击“停止杀毒”按钮来停止扫描。

扫描中，带毒文件或系统的名称、所在文件夹、病毒名称将显示在查毒结果栏内，可以使用右键菜单对染毒文件进行处理。扫描结束后，扫描结果将自动保存到杀毒软件工作目录的指定文件中，可以通过历史记录来查看以往的扫描结果。

3.定时查杀病毒

定时查毒功能可以帮助我们在指定的时段内对系统进行自动杀毒，为用户提供了自动化的、个性化的杀毒方式。例如，对上班族而言，可利用午餐时间对系统进行自动杀毒，设置步骤是：在瑞星杀毒软件主程序界面中，选择“设置”→“详细设置”→“定制任务”→“定时扫描”。在右侧出现“定时扫描”窗口，将“扫描频率”设为“每天一次”，“时间”设为12:00，再按“确定”保存设置。以后每天12:00时，瑞星杀毒软件即自动查杀病毒。

定时设置

另外一种方法就是启动屏保杀毒功能，充分利用计算机的空闲时间。

三、安装防火墙防止黑客入侵

除了病毒不断地对我们进行骚扰外，黑客也是系统安全的劲敌，因此在安装杀毒软件的同时还要为系统安装一个防火墙工具。

1.启用Windows XP自带的防火墙

Windows XP增强了防火墙功能，该防火墙的功能非常强大，能有效地拦截互联网上的黑客及恶意文件的进入，有效地保护了我们的文件。

(1) 启动防火墙

启用Windows XP自动的防火墙时，首先打开“控制面板”中的“网络连接”。在启用的“本地连接”图标上单击右键，选择“属性”命令，随后弹出一个“本地连接属性”对话框。在此切换到“高

小知识

什么是防火墙？

防火墙的英文为“Internet Connection Firewall”，简称ICF(Windows XP SP2中称Windows Firewall简称WF)。ICF建立在你的电脑与因特网之间，可以让你请求的数据通过，而阻碍你没有请求的数据包。所以，ICF的第一个功能就是不响应Ping命令，而且禁止外部程序对本机进行端口扫描，抛弃所有没有请求的IP包。个人电脑同服务器不一样，一般不会提供诸如FTP、Telnet、POP3等服务，可以被黑客们利用的系统漏洞就很少。所以，ICF可以在一定的程度上很好地保护我们的个人电脑。

级”标签项下，勾选“Internet连接防火墙”项下面的“通过限制或阻止来自Internet的对此计算机的访问来保护我的计算机和网络”复选框。这样就可以开启Windows XP自动的防火墙。

(2) 防火墙设置

为了让防火墙充分发挥功效，保护系统中的重要数据不会被丢失，还需要对其进行相应的设置。设置时在“本地属性”对话框中单击下面的“设置”按钮，打开“高级设置”对话框。

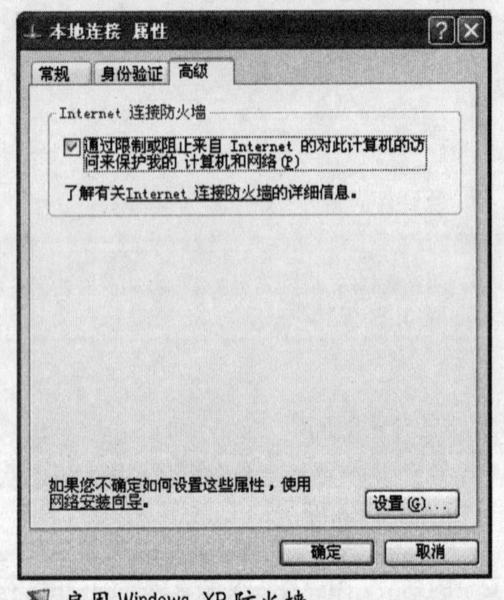

启用Windows XP防火墙

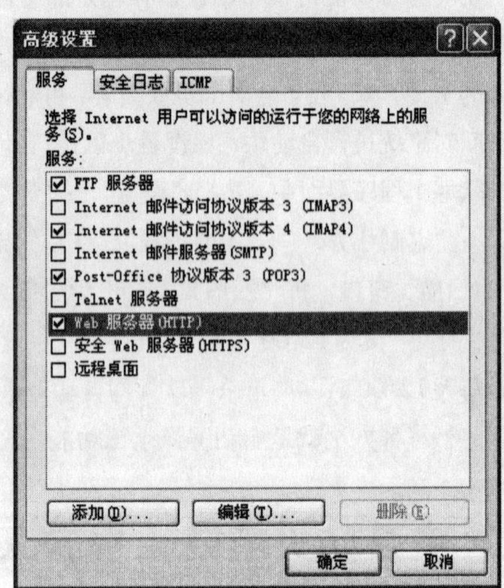

选择需要运行的服务

在“服务”标签项下程序提供了Internet用户可以访问的网络上的服务。在此可以根据需要勾选适当的服务，如远程桌面、FTP、Telnet等。对于一些常见的网络服务，如POP3、SMTP、HTTP等，系统会在需要的时候开放。

(3) 添加服务

除了上面系统提供的服务外，我们还可以根据需要添加自己的服务。下面以常见的Messenger文件传输为例，了解一下添加过程。

添加时单击“添加”按钮，打开“服务设置”对话框，在“描述”项中输入一个服务名称，在“本

小提示

Messenger 的文件传输采用 TCP6891—6900 端口，只要在 Windows XP 的防火墙设置中增加 TCP6891 号端口，文件就可以顺利发送了。

机的 IP 地址”项中输入计算机的 IP 地址，随后在“使用的外部端口号”和“使用内部端口号”中分别输入 6891，然后“确定”即可。

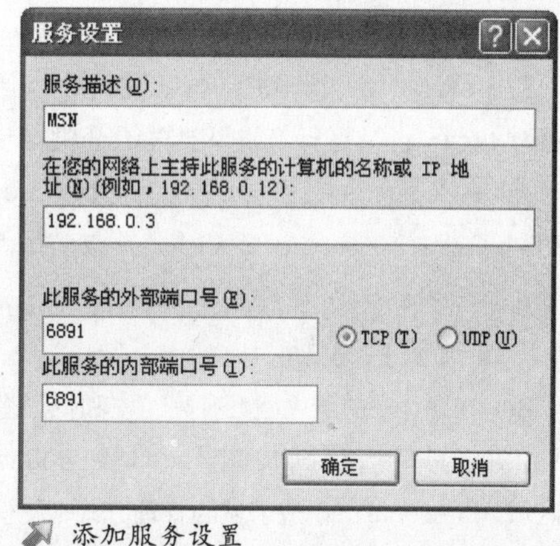

添加服务设置

(4) 安全日志

安全日志可以帮助我们随时查看防火墙对端口监视的信息，生成安全日志时使用的格式是 W3C 扩展日志文件格式，这与常用日志分析工具中使用的格式类似。

打开“网络连接”，单击要在其上启用 Internet 连接防火墙（ICF）的连接，然后在“高级设置”对话框中切换到“安全日志记录”项下，在“记录选项”中选择下面的“记录被丢弃的包”和“记录成功的连接”项。

小提示

如果启用对不成功的入站连接进行尝试记录，在此可以选中“记录丢弃的数据包”复选框，否则程序默认为禁用。

随后在下面的“日志文件选项”中输入日志文件保存的路径即可。

(5) 应用 Internet 控制消息协议

在“高级设置”对话框中切换到“ICMP”标签项下，选中希望计算机响应的请求信息类型旁边的复选框。

通过以上的设置，就可以使用系统自动的防火墙阻止互联网上的黑客文件入侵了。

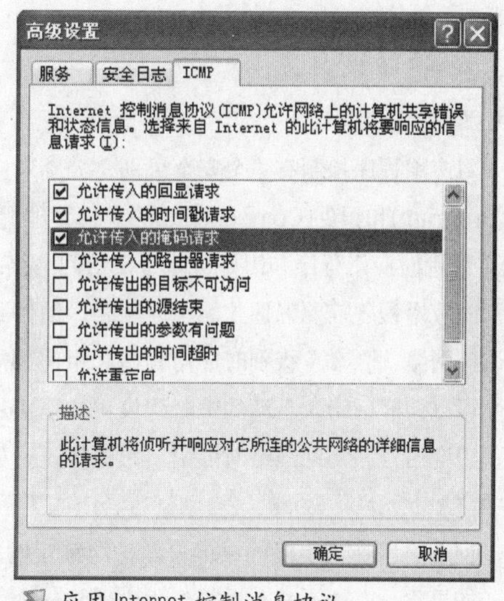

应用 Internet 控制消息协议

3. 安装防火墙工具

如果你不习惯系统自带的防火墙，还可以下载其他的防火墙使用。当然一些杀毒软件，如瑞

星、金山、诺顿等，都提供了防火墙工具，可以根据自己的需要选择。

ZoneAlarm 是一款优秀的综合性的防火墙软件。除了防火墙功能外，它还包括一些个人隐私保护工具以及弹出广告屏蔽工具，同时还具有一个高级邮件监视器，可以监视每一个有可能是病毒导致的可疑行为，并具备网页过滤功能。另外，它还将对网络入侵者的行动进行汇报。

(1) 启用 ZoneAlarm 防火墙

ZoneAlarm 能够进行自我配置，以便与系统默认的浏览器相兼容。默认设置下次开机时 ZoneAlarm 自动运行，如果要关闭开机自动运行。在“Overview”菜单→“Preference”(参数)选项卡→“General”(常规)中取消选择“Load Zone Labs security software at startup ”就可以了。

(2) 设置安全级别

ZoneAlarm 的防火墙具有高、中和低三个安全级别，并将其安全范围分成锁定、本地和 Internet 三个区域。ZoneAlarm 创造了域的管理方式，使得用户管理更简单：把对象简单地分为 3 个域，可以信赖的对象组成的域——Trusted Zone 、绝对不可以信任的对象组成的域——Blocked Zone 和不能确定是否能信赖的对象组成的域——Internet Zone。域的对象可以是一个网段，一个主机，一个网址等。我们可以通过“FireWall”界面中“Internet Zone Security”(Inetrnet 域)、“Trusted Zone Security”(本地域)两个选项进行设置。

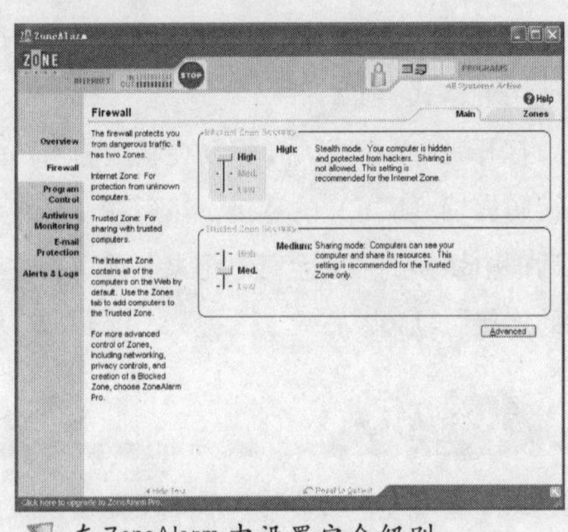

在 ZoneAlarm 中设置安全级别

上面两项设定后，程序会自动阻止禁用的网页，有效保护电脑系统的安全。

(3) 软件控制

对应用程序控制有 4 个安全级别，分别对应用程序(Program)和组件(Components)的进行管理。设置为“低”级别时应用程序和组件可以直接访问网络；“中”级别时应用程序需要确认才能访问网络，组件可以直接访问网络；而“高”级别时应用程序和组件都需要确认才可以访问网络。自动的策略建议也是很实用的功能，用应用程序访问网络时会给出策略建议。如果你选中“Automatic Lock”(自动锁定) 中的“ON”选项，那么可以在指定时间或屏幕保护时锁定网络。

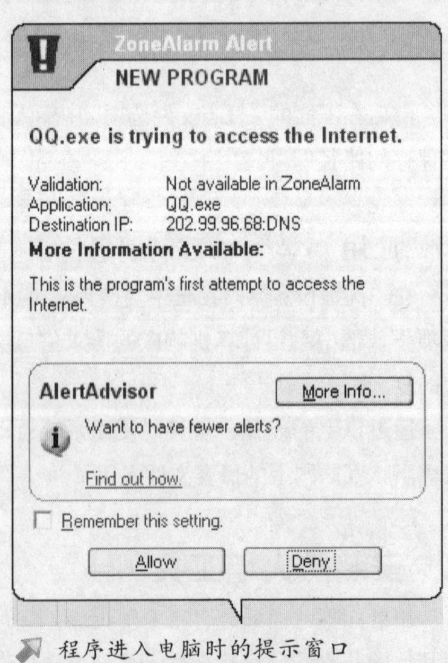

程序进入电脑时的提示窗口

如果Zone Alarm 在运行过程中碰到一个新程序

(如QQ)需要和网络连接，它就会跳出一个确认对话框，询问我们是否允许该程序访问网络。单击“Allow”按钮即可允许连接。对外而言，有信息想进入我们系统时，程序依然会弹出一个提出窗口，询问我们是否阻止该程序进入，在此我们根据需要选择是否通过即可。

四、几种典型病毒的预防和中毒后的处理

1. 冲击波病毒

(1) 冲击波病毒染毒现象

“冲击波”病毒是根据互联网上早已公布了的安全漏洞信息编制的。该病毒利用电脑的135端口进行扫描和传播，并打开端口69进行监听，扫描互联网，尝试连接至其他目标系统的135端口并对它们进行攻击。为了复制病毒代码而给自己开了一个后门(即4444端口)，“冲击波”病毒向其他电脑扫描和感染的数量是每次20个左右，而过去的“红色代码”病毒是100至200个左右，其传播速度远未达到登峰造极的地步。

如果你的电脑感染了病毒， Word、Excel、Powerpoint等文件无法正常运行，弹出找不到链接文件的对话框，一些功能如“粘帖”等无法正常使用，控制面板出现异常、系统文件无法正常显示、Windows界面下的功能无法正常使用、计算机反复重新启动等。受到病毒攻击的网站会因收到的服务请求太多而不能处理正常的请求。有时我们刚刚启动计算机，系统就无故重启，这也是中了该病毒出现的现象。

(2) 解决病毒的方法

① 终止恶意程序

同时按“Ctrl+Alt+Delete”三键，打开Windows任务管理器，在运行的程序清单中查找进程“Msblast.exe”，终止该进程的运行。

② 如果你是管理员可以对135端口、69端口的访问进行过滤，使得只能受信任以及内部的站点访问。设置时在控制面板中双击“网络连接”，右击“本地连接”，选择“属性”。随后弹出一个弹出一个设置对话框，在此选择“Internet协议”，单击“高级”按钮，然后在“高级TCP/IP筛选”对话框中勾选“启用高级TCP/IP筛选”，并将下面的“全部允许”改为“只允许”。随后单击“添加”按钮，添加需要的端口即可。

我们还可以使用“东方卫士－系统漏洞检测精灵”、“ZoneAlarm”等工具对135端口、69端口进行监测。

③ 删除注册表中的自启动项目

单击“开始”→“运行”,输入“Regedit”,然后按回车键打开注册表编辑器。在左侧面板中依次打开HKEY_LOCAL_MACHINE\Software\Microsoft\Windows\CurrentVersion\Run，在右边的列表中查找并删除Windows auto update = Msblast.exe键值项，关闭注册表编辑器。

④ 更改服务设置

首先在“开始”菜单中，右键单击“我的电脑”→“管理”，弹出计算机管理对话框。在该对话框中我们左侧树状列表中选择“服务”选项，随后在右侧窗口中出现计算机当前的所有服务列表，在此找到Remoter Procedure Call(RPC)项。

在该服务项中单击右键，在弹出菜单中选择“属性”，随后弹出“属性”对话框，切换到“恢复”标签项下，可以看到该项下“第一次失败”、“第二次失败”和“后续失败”这三个选项中都设置“重启计算机”。这时我们将“第一次失败”、“第二次失败”和“后续失败”的下拉框中都选择“不操作”，再单击“确定”就可以了。

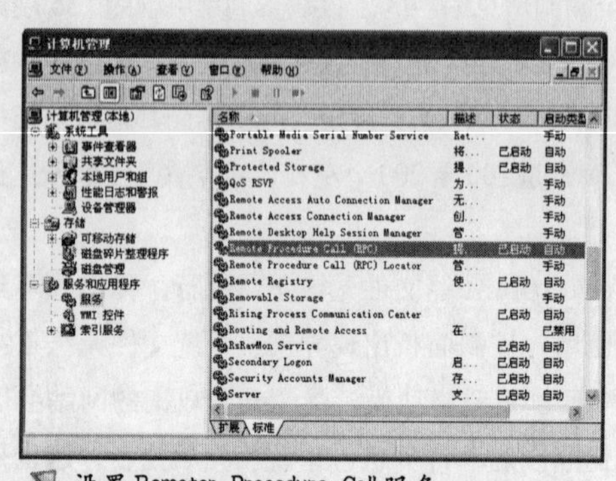

设置 Remoter Procedure Call 服务

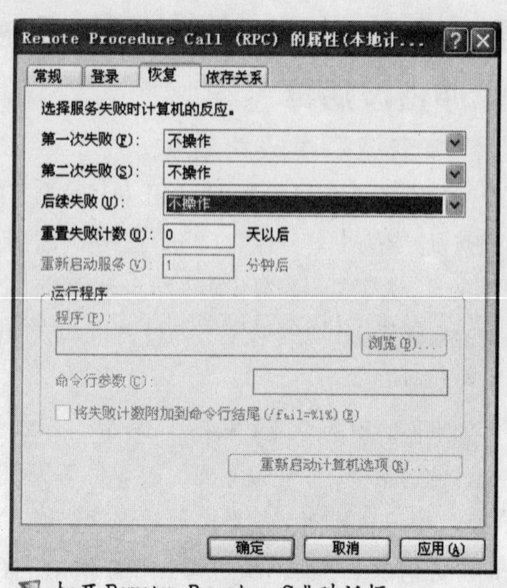

打开 Remoter Procedure Call 对话框

⑤ 安装补丁程序

如果你很幸运还没有中 W32.Blaster.Worm 病毒，这时预防最为关键。先到微软网站下载一个名为：WindowsXP-KB823980-x86-CHS.exe RPC 漏洞补丁。下载地址为：http://www.microsoft.com/downloads/details.aspx?FamilyID=2354406c-c5b6-44ac-9532-3de40f69c074&DisplayLang=zh-cn。下载后安装到系统中。

Windows 2000 要升级到 SP4 才能安装 RPC 漏洞补丁文件。SP4 的下载地址：http://www.microsoft.com/china/windows2000/downloads/SP4.asp。

Windows 2000 RPC 漏洞补丁程序 Windows2000-KB823980-x86-CHS.exe 下载地址：http://www.microsoft.com/downloads/details.aspx?FamilyID=c8b8a846-f541-4c15-8c9f-220354449117&DisplayLang=zh-cn

Windows server 2003 RPC 漏洞补丁升级程序 WindowsServer2003-KB823980-ia64-ENU.exe 的下载地址为 http://microsoft.com/downloads/details.aspx?FamilyId=2B566973-C3F0-4EC1-995F-017E35692BC7&displaylang=en。

（3）及时升级杀毒软件

除了做好上面的工作外，我们还要及时升级杀毒软件及其病毒库。杀毒时最好在 MS-DOS 或安全模式下进行，杀毒后重新启动计算机即可。

好了，通过以上介绍我们就可以彻底封杀冲击波病毒，不会再担心感染了。

2. 振荡波病毒

(1) 振荡波病毒染毒现象

2004年5月1日，互联网上出现了一个新的高威胁病毒——Worm.Sasser又名振荡波病毒(svserve.exe)。该病毒会对被感染的电脑(Windows NT、Windows 2000、Windows XP、Windows Server 2003操作系统)造成巨大的危害。该病毒通过FTP的5554端口攻击电脑，使系统文件崩溃，造成电脑反复重启。病毒如果攻击成功，会在C:\Windows目录下产生名为Avserve.exe的病毒体（用户可以通过查找该病毒文件来判断是否中毒）。

“振荡波”病毒会随机扫描IP地址，对存在有漏洞的计算机进行攻击，并会打开FTP的5554端口，用来上传病毒文件，该病毒还会在注册表HKEY_LOCAL_MACHINE\SOFTWARE\Microsoft\Windows\CurrentVersion\Run中建立:"avserve.exe"=%windows%\avserve.exe的病毒键值，并进行自启动。

该病毒会使“安全认证子系统”进程——Lsass.exe崩溃，出现系统反复重启的现象，并且使跟安全认证有关的程序出现严重运行错误。

(2) 清除方法:

首先按“Ctrl + Alt + Del”组合键调出任务管理器 在进程中关闭 Avserve.exe。然后还要登录到微软网站，安装KB837001、KB828741、KB835732等3个补丁程序。

随后进入注册表,删除注册表的HKEY_LOCAL_MACHINE\SOFTWARE\Microsoft\Windows\CurrentVersion\Run键中的“avserve.exe”=%windows%\avserve.exe键值项。

删除C:\Windows(或 c:\winnt)下的 Avserve.exe 。

最后到瑞星网站（http://it.rising.com.cn/service/technology/tool.htm）免费下载一款名为“震荡波(Worm.Sasser)病毒” 专杀工具查杀系统中的病毒文件。

4. 爱情后门病毒

爱情后门病毒(Worm.LovGate)除了具有蠕虫、黑客、后门等病毒特性外，目前还出现了多种变异，增加了感染系统文件、盗窃密码两大全新功能，具有很大的危害性。

“爱情后门”病毒一般是以电子邮件附件的形式发到我们邮箱中，当我们执行了附件中的EXE文件就会感染该病毒。目前“爱情后门变种T”病毒具有更大的危险性。该病毒会搜索系统中的所有可执行文件，在尾部加入一个远程窃取信息的病毒模块。只要被感染的文件运行，就会激活该病毒模块，然后搜索包含如下字眼的窗口：“登录”、“注册”、“密码”、“口令”、“账号”、“pass”，偷盗这些窗口中的密码信息，并存于Syszsl.dll文件之中，通过网络泄露出去。

病毒运行时还会将自己复制到系统目录下，通过修改注册表和Win.ini文件两种方式进行自启动，大大增强了病毒运行的可能性。病毒被激活时会通过猜密码的方式破译局域网计算机的管理员密码，取得最高权限，成功后便能控制该计算机。如果不能成功，病毒还会将自己拷贝到局域网计算机的共享目录下，诱使局域网中的其他计算机用户运行该病毒。感染“爱情后门”病毒后，在电脑的每个分区中都会有几个RAR压缩包文件，且用鼠标双击分区盘符，无法打开。随后系统便会频繁的出现死机现象。

感染“爱情后门”病毒后可以到瑞星网站下载“爱情后门(Worm.LovGate)病毒专杀工具”，安装后单击“杀毒”按钮即可清除。

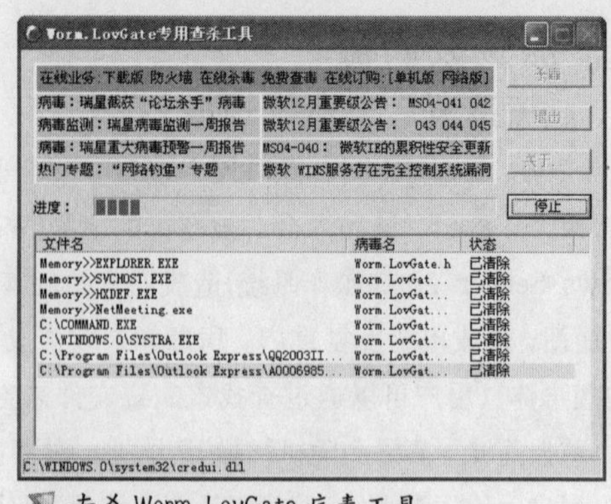

专杀 Worm.LovGate 病毒工具

5. 清除系统中的木马、蠕虫等恶意文件

木马、蠕虫、Adware 、Spyware 等恶意软件能驻留在用户的计算机中监视用户行为，窃取电脑中的账号、密码。因此我们要及时对这些恶意文件进行查杀。

“3721 反间谍专家”能够通过扫描系统薄弱环节以及全面扫描硬盘，智能地检测和查杀超过上万种木马、蠕虫、Adware、Spyware，如SCO炸弹、五毒虫、网银大盗、MSN骗子、QQ尾巴病毒、寄生木马、冰河类文件关联木马、密码解霸、传奇、奇迹等游戏密码偷窃木马等，终止它们的恶意行为。当检测到可疑文件时，反间谍专家还可以将其隔离，从而全面保护你的网络安全。

软件运行后，单击程序界面中的“开始查毒”按钮，软件便自动对系统进行搜索。发现恶意文件后，软件自动进行查杀，并且在程序中显示出扫描的恶意代码文件的个数。

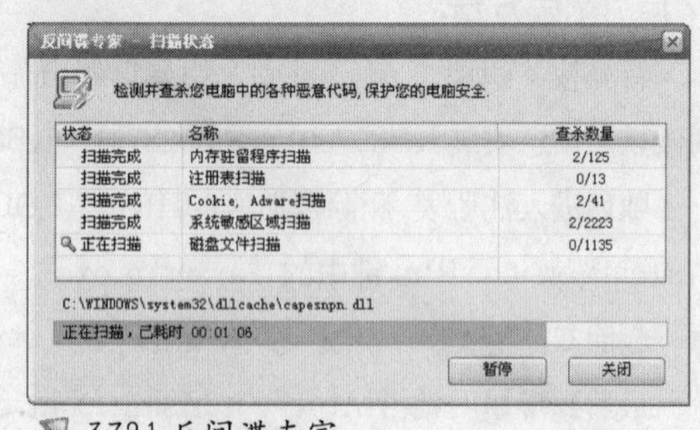

3721 反间谍专家

此外，“反间谍专家”提供超强系统免疫功能，确保操作系统不再受到恶意网站、间谍软件、有害ActiveX的侵扰，并且能够快速地恢复被恶意代码篡改的IE浏览器。

网管成长日记

网络规划、组建、管理、维护、故障排除全程实录

2005年全新打造的网管案头藏书

解读网管工作，通过日记谈技术

网管技术从头学，组网实例全过程

要目：

网管员必备的基础技能

各类服务器搭建步骤详解

网络中各类软、硬件的管理

局域网中软、硬件升级的实现

提供网络安全、网络故障解决方案

304页图书 + 配套光盘　　定价：28元

光盘收录：

- 组建局域网教学视频
- 实用网络管理软件
- 服务器软件
- 网络监测软件
- 远程监控软件
- 网络辅助软件